Der große Kosmos
Pflanzenführer

HEIKO BELLMANN

Der große Kosmos Pflanzenführer

unter Mitarbeit von
BRUNO P. KREMER, INGE GOTZMANN
und **LOTHAR KRIEGLSTEINER**

KOSMOS

Inhalt

Bäume und Sträucher   10

Gräser und Kräuter kann man schon einmal übersehen, aber Bäume und Sträucher, die großen Gehölze, sind immer attraktive Blickfänge. Gemeinsam ist ihnen ihr stabiles und dauerhaftes Holz, ein wunderbarer Werkstoff, mit dem sie buchstäblich die Zeiten überstehen. Hainbuche und Hartriegel, Hasel und Holunder sind nur einige von vielen heimischen Arten. Sie prägen das Gesicht der Landschaft und sind eine stille, aber starke Freude für den Menschen – zur Blütezeit, als sommerlich grüne Zierde, im Fruchtschmuck und im bunten Herbstkleid.

Lilienverwandte und Gräser   34

Es sind schlanke, grazile Gestalten, ihre schmalen Blätter tragen aparten Streifenlook und die Blüten leuchten in der gesamten Farbpalette zwischen Zartgrün, Gelb und Violett – so könnte der Steckbrief der Einkeimblättrigen Pflanzen lauten, zu denen außer Liliengewächsen wie Schachblume und Türkenbund auch die heimischen Orchideen wie Frauenschuh und Hohlzunge zählen. Gräser, Seggen und Binsen sind ebenfalls ein wichtiger Teil dieser Gruppe. Obwohl sie einfach gebaut sind, faszinieren sie – doch ihre Schönheit steckt eher im Detail.

Korbblütlerverwandte   60

Gänseblümchen und Kamille, Löwenzahn und Huflattich weisen ein besonders überraschendes Familienmerkmal auf: Was wie eine üppige Blume aussieht, ist tatsächlich ein vielteiliger Blütenstand, zusammengesetzt aus zahlreichen, kleinen Einzelblüten. Dieses Blütenkorb-Prinzip ist wohl ziemlich erfolgreich, denn die Korbblütler sind eine der artenreichsten heimischen Pflanzenfamilien. Zu ihrem verwandtschaftlichen Umfeld gehören die schmucken Glockenblumen, die Baldriangewächse und die verführerisch nach Honig duftenden Labkräuter.

Rachenblütlerverwandte   78

Leinkraut und Löwenmäulchen machen es ihren Blütenbesuchern nicht gerade einfach: Bevor eine Biene oder Hummel zum Nektar vordringen kann, muss sie ihren Kopf durch den sperrigen Eingang der Rachenblüte zwängen. Ziemlich umständlich ist auch der Weg in die Blüten der Raublattgewächse wie Lungenkraut oder Beinwell. Nur bei den Lippenblütlern wie Salbei und Taubnessel ist der Empfang etwas freundlicher: Die Blüten bieten dem Besucherinsekt Landeplatz, Wegweiser und oft auch noch eine Einfädelhilfe für den Saugrüssel an.

Enzianverwandte 98

Farbe satt zeigen viele Arten der Pflanzenfamilien in diesem Kapitel: Das tiefe Blau der Enziane oder die Purpurtöne der Storchschnabel-Arten sind ihr nicht zu übersehendes Markenzeichen. Ein eher zartes Design kennzeichnet eine weitere wichtige Familie: Die meisten Doldenblütler wie Kümmel, Giersch und Bärwurz blühen in zarten Farben. Dafür protzen sie mit Düften – der Grund für ihre Karriere in Apotheke und Kräuterküche.

Rosenverwandte 116

Zwei Grundmuster des Blütenbaus zeigen sich bei den beiden wichtigsten Pflanzenfamilien dieses Kapitels: Rosengewächse wie Nelkenwurz und Fingerkraut tragen übersichtlich konstruierte Blüten mit einem strahlig-sternförmigen Bauplan. Bei Schmetterlingsblütlern wie Wicken, Platterbsen und Klee-Arten sind sie dagegen spiegelbildlich gestaltet. Damit Insekten trotzdem ohne große Mühe den Weg in die Blüte finden, kommen ihnen diese hilfreich entgegen: Mit Schleudern, Pinseln und vielen anderen Tricks verteilen sie ihren Pollen an die Besucher.

Kreuzblütlerverwandte 134

Meerkohl, Meersenf und Pfeilkresse erinnern daran, dass die Kreuzblütengewächse uns viele wertvolle Nutzpflanzen liefern. Ihre Samen enthalten fette Öle, die man in der Technik oder als Speiseöle verwendet, während die übrigen Pflanzenteile typische Geschmacksstoffe zwischen Kohl und Knoblauch aufweisen. Eher an die Augen richten sich die schmucken Mohn-, Veilchen- und Nelkengewächse, und besonders prachtvoll fallen die Blüten bei Adonisröschen, Eisenhut, Kuhschelle sowie anderen Hahnenfußgewächsen aus.

Farne, Moose, Algen, Flechten 160

Auffällige Blüten entwickeln sie nicht. Dennoch haben auch die eher unscheinbaren, als Niedere Pflanzen zusammengefassten Farne wie der Tüpfelfarn, die Moose wie das Goldene Frauenhaarmoos oder Algen wie der Blasentang durchaus Ansehnliches aufzuweisen. Außerdem erfüllen sie alle wichtige Aufgaben im Naturhaushalt, unter anderem als Nahrung oder Versteck für Kleintiere. Die Flechten sind wohl die eigenartigsten Formen dieses Kapitels. Sie bestehen immer aus einer Alge und einem Pilz und sind daher als Doppelwesen organisiert.

Pilze 180

Traditionell behandelt man Täubling, Teuerling, Trichterling und die gesamte übrige Schar der Schwammerl, Boviste, Champignons und Pfifferlinge in der Botanik, weil man sie früher als besonders seltsame Pflanzen auffasste. Doch Pilze passen nach Aufbau und Lebensweise in keine der üblichen Pflanzengruppen. So hat man ihnen schließlich ein eigenes Organismenreich zugestanden. Heute verteilt man die größeren Lebewesen dieser Erde daher auf die Tiere, Pflanzen - und eben die Pilze.

Vorwort

Der hier vorgelegte Pflanzenführer führt den Leser in die bunte Welt der heimischen Flora. Er beschränkt sich dabei aber keineswegs auf die meist auffälligen Blütenpflanzen, sondern möchte darüber hinaus auch eine Übersicht über die wichtigsten Formen der Niederen Pflanzen, also die Farne, Moose, Flechten, Algen und Pilze geben. Die letzteren werden heute meist einem eigenen Organismenreich zugeordnet, das dem Pflanzen- und Tierreich gleichberechtigt gegenübersteht, da sie sich durch verschiedene Eigenarten deutlich von den Pflanzen unterscheiden und sogar teilweise Merkmale besitzen, die eher an Tiere erinnern (etwa die kriechende Beweglichkeit der Schleimpilze).

Die große Zahl der in Mitteleuropa heimischen Pflanzen – allein in Deutschland kommen über 3000 verschiedene Arten von Blütenpflanzen vor – macht es indes unmöglich, alle Formen in einem einzigen Buch vorzustellen und abzubilden. Auch ist es in vielen Fällen nur Spezialisten möglich, die nur nach minimalen Unterschieden erkennbaren Kleinarten innerhalb mancher Artgruppen auseinander zu halten. Als auch für erfahrene Botaniker abschreckendes Beispiel seien hier etwa die Brombeeren erwähnt, von denen etwa 300 verschiedene heimische Arten beschrieben sind.

Die hier gezeigte Auswahl beschränkt sich daher größtenteils auf Arten, die gut zu erkennen und allgemein verbreitet sind. Zum Teil werden aber auch besonders attraktive oder aus anderen Gründen interessante Arten vorgestellt, um so den Leser mit speziellen Highlights der heimischen Flora bekannt zu machen und vielleicht zu eigenen Nachforschungen anzuregen.

Einteilung des Buches nach der Verwandtschaft der Pflanzen

Die Anordnung der Arten erfolgt nach ihrer Verwandtschaft, nicht nach Blütenfarben, wie der Leser dies sonst vielleicht gewohnt ist. Hierdurch ergibt sich der Vorteil, dass so die durch ihre verwandtschaftliche Nähe ähnlichen Arten, etwa die Orchideengewächse oder die Hahnenfußgewächse, auch nahe beieinander behandelt werden. Der Leser bekommt dadurch mit der Zeit ein besseres Gespür dafür, welche Pflanzen auch tatsächlich einander nahe stehen.

Und mit einer gewissen Erfahrung ist vielfach eine unbekannte Pflanze eher einem bestimmten Verwandtschaftskreis als einer Blütenfarbe zuzuordnen, man denke nur an die Farben Blau und Rot, die in allen denkbaren Zwischentönen zu finden sind und in der Fotografie oft vollkommen anders aussehen als in der Natur. Sehr oft sind Blüten außerdem aus verschiedenen Farben zusammengesetzt, oder die Farben sind

bei verschiedenen Exemplaren der gleichen Art ganz unterschiedlich. Natürlich gibt es auch eine ganze Reihe von Pflanzen, die sich auch für einen erfahrenen Botaniker nicht ohne weiteres in den richtigen Verwandtschaftskreis einordnen lassen, doch in solchen Fällen hilft eben einfach nur das Blättern.

Dass selbst Fachleute sich oft uneins über die richtige Ordnung im System sind, zeigt im übrigen ein Blick in die botanische Fachliteratur der zurückliegenden Jahre. Bei verschiedenen Autoren und in verschiedenen Zeitepochen findet man die gleichen Pflanzenfamilien an ganz unterschiedlichen Stellen im System. Pflanzenfamilien, die früher oder bei bestimmten Autoren als besonders abgeleitet und damit hoch entwickelt galten, gelten in neuerer Zeit allgemein als eher ursprünglich. Wieder ganz neue Erkenntnisse ergeben sich aus den molekulargenetischen Untersuchungen der jüngsten Vergangenheit (s. Einführung Kapitel Kreuzblütlerverwandte, Seite 134). Sie werden vermutlich in der nächsten Zeit für erneute Umstellungen in der Pflanzensystematik führen. Doch diese ständigen Veränderungen sind letztlich nicht Ausdruck einer Unsicherheit bei der Einschätzung der wahren Verwandtschaftsverhältnisse, sondern eher auf ein immer besseres Verständnis der tatsächlichen Zusammenhänge zurückzuführen.

Aus praktischen Gründen erschien es allerdings sinnvoll, die Bäume und Sträucher (ab Seite 10) von den krautigen Pflanzen (ab Seite 34) zu trennen, da holzige Pflanzen in aller Regel gut zu erkennen sind. Aber auch diese Trennung zeigt ihre Tücken, wie beispielsweise bei einigen Schmetterlingsblütlern (etwa dem Flügelginster), die mancher vielleicht eher als zu den Kräutern gehörend angesprochen hätte. Auch führen manche Namen in die Irre, so etwa beim Heidekraut, das ja in Wahrheit ein Strauch ist.

Die wichtigsten Fachbegriffe werden im Glossar erläutert; auf der folgenden Doppelseite (Seite 8/9) werden außerdem die wichtigsten Begriffe, die bei der Beschreibung der Pflanzenmerkmale verwendet werden, schematisch dargestellt.

Alle Fotos stammen vom natürlichen Standort

Leider wird es sich nicht immer ganz vermeiden lassen, dass der Leser auch öfter einmal hin und her blättern muss, bis er zum Ziel gelangt. Doch vielleicht werden ihn dafür die Bilder entschädigen, die in sehr mühevoller Arbeit fast ausnahmslos an Naturstandorten entstanden sind. Oft waren hierfür speziell geplante Reisen notwendig, und keineswegs immer waren diese Reisen auch von Erfolg gekrönt. Die Auf-

6

nahmen sind über einen Zeitraum von fast 30 Jahren entstanden; fast die Hälfte der Bilder entstand aber erst in den vergangenen zwei Jahren in digitaler Technik. Trotzdem ist es mir nicht gelungen, alle erforderlichen Motive selbst zusammen zu bekommen. Ich danke daher besonders Heinz Schrempp, der viele der fehlenden Arten beisteuern konnte; auch Dr. Bruno P. Kremer und Dr. Lothar Krieglsteiner, denen ich ebenfalls zu Dank verpflichtet bin, waren mit Bildern aus ihren Archiven behilflich (s. Bildnachweis Seite 208).

Pflanzliche Einwanderer

Fast alle der im Buch gezeigten Pflanzenarten kommen in Deutschland vor; vereinzelt werden aber auch Arten vorgestellt, die nur im benachbarten österreichischen oder schweizerischen Alpenraum zu finden sind. Viele bei uns vorkommende Arten sind aber nicht tatsächlich heimisch, sondern gelangten erst unter dem Einfluss des Menschen nach Mitteleuropa, etwa als ursprüngliche Zierpflanzen, die aus Gärten verwilderten, oder als Kulturpflanzenbegleiter, die unabsichtlich verschleppt wurden.

Solche Neubürger der heimischen Flora, die man (sofern sie erst in der Neuzeit zu uns kamen) auch als Neophyten bezeichnet, bereiten vielfach große Probleme, indem sie die heimische Flora massiv zurückdrängen. Bekannte Beispiele hierfür sind etwa die Kanadische Goldrute *(Solidago canadensis)* und das Drüsige Springkraut *(Impatiens glandulifera)*, die sich beide an ihren neu eroberten Standorten stark ausbreiten und riesige Reinbestände entwickeln.

Unsere schöne Natur schützen

Dieses Neophyten-Problem trägt sicher mit zum Rückgang bestimmter Arten bei. Noch bedrohlicher aber ist das ganz allgemeine Verschwinden naturnaher Lebensräume und der damit verbundene Rückgang der Pflanzenarten. Derzeit werden etwa 30% aller in Deutschland heimischen Blütenpflanzen auf der Roten Liste der gefährdeten Pflanzen geführt. Etwa 50 Arten gelten danach sogar bereits als ausgestorben oder verschollen. Viele Lebensräume verschwinden für immer unter Siedlungs- und Straßenflächen, andere gehen durch Umwandlung in landwirtschaftliche Intensivnutzflächen verloren. Und auch die noch verbliebenen Flächen an »Restnatur« leiden immer mehr unter der Beanspruchung durch die Erholung suchende Bevölkerung. Es ist daher ein ganz wesentliches Anliegen dieses Werkes, den Blick für die Schönheiten unserer Natur zu schärfen und damit ein breites Bewusstsein dafür zu fördern, was alles verloren geht, wenn wir so weitermachen wie bisher.

Der Gesetzgeber versucht seinen Beitrag zum Schutz der heimischen Flora zu leisten, indem viele Pflanzen unter das Naturschutzgesetz gestellt wurden. Leider bewirken solche Schutzmaßnahmen wenig, solange auch weiterhin Jahr für Jahr wertvolle Naturflächen für Baumaßnahmen und ähnliche Erschließungen geopfert und sogar in vielen Naturschutzgebieten landwirtschaftliche Intensivmaßnahmen wie etwa das Ausbringen von Gülle und Kunstdünger geduldet werden. Letztlich kann aber jeder seinen Teil dazu beitragen, dass es nicht noch weiter abwärts geht. Dazu gehört beispielsweise ein verantwortungsvolles Verhalten gegenüber den anderen Lebewesen, etwa durch Beachtung der naturschutzrechtlichen Gesetzgebung. Die geschützten Pflanzen wurden in diesem Band daher mit dem Symbol ▽ gekennzeichnet. Für einen wahren Naturfreund ist es allerdings selbstverständlich, auch andere Pflanzen nicht sinnlos abzureißen.

Die Arbeit für diesen Pflanzenführer war doch sehr viel umfangreicher als zunächst erkennbar. Sie war daher nur dank der Hilfe einiger Fachkollegen zu bewältigen. Herr Dr. Bruno P. Kremer und Frau Inge Gotzmann nahmen mir dankenswerterweise die Textarbeiten bei den Zweikeimblättrigen Pflanzen (Seite 34–159) ab. Herr Kremer schrieb außerdem alle Einführungskapitel und die Texte für die Algen. Herr Dr. Krieglsteiner übernahm die Texte bei den Pilzen. Ihnen allen sei dafür herzlich gedankt.

Lonsee, im Oktober 2006
Dr. Heiko Bellmann

Geschütze Arten sind jeweils mit einem Dreieck (▽) am Ende des Absatzes »Wissenswertes« gekennzeichnet.

Botanische Grundbegriffe

Auf dieser Seite sind Begriffe im Bild dargestellt, die bei der Beschreibung von Blättern und Blütenständen der Pflanzen häufig verwendet werden. Sie sind bei der Bestimmung der Arten sehr hilfreich.

Blattstellung

wechselständig

zweizeilig

gekreuzt gegen-
ständig

quirlständig

Blattaderung

fiedernervig

netznervig

handnervig

parallelnervig

gitternervig

gabelnervig

Verschiedene Blattformen einfacher Blätter

lineal

länglich

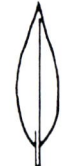
lanzettlich

eilänglich-eiförmig

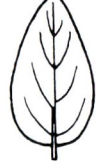
eiförmig

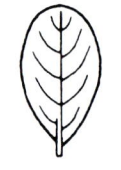
verkehrt eiförmig

elliptisch

spatelig

löffelförmig

keilförmig

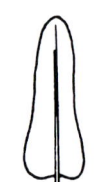
zungenförmig

rundlich

schildförmig

dreieckig

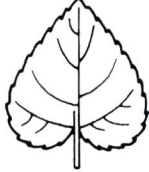
herzförmig

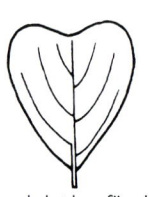
verkehrt herzförmig

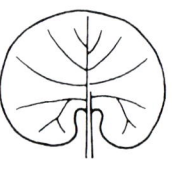
nierenförmig

pfeilförmig

spießförmig

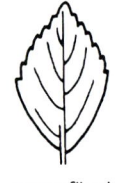
rautenförmig

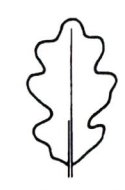
fiederförmig gelappt

handförmig gelappt

fiedrig eingeschnitten

handförmig
eingeschnitten

fiederspaltig

mehrfach
fiederschnittig

leierförmig

schrotsägeförmig

Verschiedene Blattformen zusammengesetzter Blätter

dreiteilig (dreizählig)

doppelt dreiteilig

mehrfach gegabelt

schildförmig geteilt

fußförmig geteilt

gefingert

einfach (unpaarig) gefiedert

unterbrochen gefiedert

doppelt gefiedert

mehrfach gefiedert

(einfach) paarig gefiedert mit Spitzchen

paarig gefiedert mit Ranke

Ausgestaltungen des Blattrandes

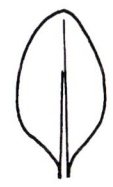
ganzrandig

gesägt

doppelt gesägt

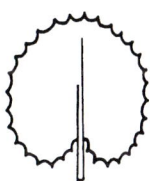
gezähnt

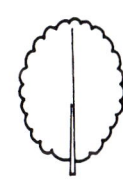
gekerbt

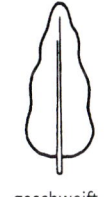
geschweift

gebuchtet

Die wichtigsten Blütenstände

Ähre

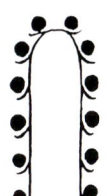
Kolben

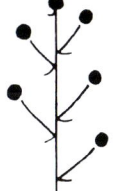
Traube

einseitswendige Traube

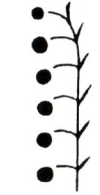
Wickel

Schraubel

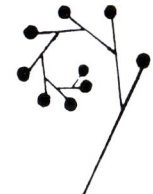
Rispe

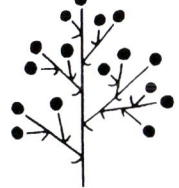
Dolde mit Hülle

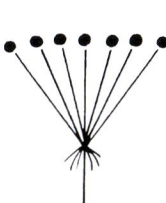

zusammengesetzte Dolde mit Hülle und Hüllchen

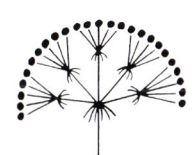
Quirle

Gabelstand (Dichasium)

Doldentraube

Doldenrispe

Spirre

Köpfchen

Körbchen

Kätzchen

Zapfen

9

Bäume und Sträucher – ein Erfolgskonzept

Im Vergleich zu Gräsern und Kräutern verkörpern die Gehölze die mit Abstand erfolgreichste pflanzliche Lebensform. Ihr auffälligstes Kennzeichen ist neben der Wuchshöhe die dauerhafte Verholzung nahezu aller Gewebe in der Wurzel und in der Sprossachse, woraus sich eben ein besonderes Wuchsbild ergibt. Während sich Bäume wie Fichten oder Linden durch einen einzeln aufragenden Hauptstamm auszeichnen, verzweigen sich Sträucher wie die Haselnuss oder der Schlehdorn schon tief unten am Boden in mehrere gleich starke Stämme. Einen Strauch könnte man daher als Baumkrone bezeichnen, die unmittelbar dem Boden aufsitzt.

Auch die größten Bäume und Sträucher beginnen ihr Leben als winzige Sämlinge, die aus mancherlei Gründen nur eine geringe Überlebenschance aufweisen. Erst mit zunehmender Größe sind sie an geeigneten Wuchsorten allen übrigen Pflanzen überlegen. Der sichtlich überragende Erfolg der Wuchsform Baum findet seinen Ausdruck in der natürlichen Entwicklung der Pflanzendecke. Wo das jeweilige Klima überhaupt Baumwuchs zulässt, endet die ungestörte Entwicklung der Vegetation fast immer mit Wäldern. Solche Durchsetzungskraft und Überlegenheit gründen sich auf drei biologische Besonderheiten, die es so nur bei Gehölzen gibt: Neben dem respektablen Höhenwachstum sind es die Ausbildung eines standfesten Stützsystems und eine beachtliche Langlebigkeit.

Höher, stabiler, älter

Auch wenn die langhalsigen Dinosaurier ihren Kopf auf über 12 m Höhe erheben konnten, sind Bäume die größten Lebewesen: Wuchshöhen von 30–50 m sind eher die Regel als die Ausnahme. Manche Baumarten werden sogar bis 120 m hoch. Die Obergrenze ihres Längenwachstums ist jedoch kein mechanisches, sondern in erster Linie ein Problem der Wasserleitung: Ab etwa 120 m versagen die Kapillarkräfte, die das Wasser automatisch aus den Wurzeln bis in die höchsten Verzweigungen aufsteigen lassen.

Die zuverlässige Standfestigkeit der Gehölze leistet das stabile Holzgewebe: In die Zellwände von Stämmen, Ästen und Zweigen ist nämlich die bemerkenswert druck- und zugfeste Holzsubstanz eingelagert. Sie bildet ein nach allen Raumrichtungen verknüpftes Netzwerk, das gleichsam wie die Strickmaschen eines Pullovers zusammenhängt. Etwas übertrieben kann man die gesamte Holzsubstanz eines Strauches oder Baumes sogar als einziges Riesenmolekül auffassen.

Von den krautigen Pflanzenarten unserer Klimazone geben fast alle mehrjährigen am Ende der Wachstumssaison ihre oberirdischen Teile auf. Die einjährigen Kräuter sterben dagegen unwiderruflich ab, nachdem sie eine reiche Samenproduktion in die Welt gesetzt haben. Neue krautige Biomasse entwickelt sich im folgenden Jahr aus Reserveorganen im Boden oder aus Samenkörnern. Gehölze wie etwa Linden oder Fichten verfahren in dieser Hinsicht völlig anders: Sie legen ihre jährliche Zuwachsleistung in der dauerhaften Holzssubstanz fest und überstehen damit buchstäblich die Zeiten. Bäume sind deswegen langlebiger als jedes andere Lebewesen. Die heimischen Linden werden über 1000 Jahre alt, Fichten etwa 500. Die kalifornischen Mammutbäume etwa erreichen sogar ein Alter von mehreren tausend Jahren. Das heißt: Als die ältesten heute noch lebenden Exemplare in Nordamerika keimten, ging bei uns in Mitteleuropa gerade die Bronzezeit zu Ende.

weibliche Blüte

männliche Blüte

Wegen ihres stabilen Holzes ist die Gewöhnliche Fichte (Picea abies) *in Mitteleuropa die wichtigste Nutzbaumart. Wie bei den meisten Nadelhölzern sitzen männliche und weibliche Blüten auf getrennten Zweigen.*

Die Eiszeit trägt die Schuld

Es ist doch recht erstaunlich, dass in Mitteleuropa von Natur aus nicht einmal 50 verschiedene Baumarten vorkommen. Ihnen stehen zwar mehr als 100 heimische Straucharten zur Seite, aber dennoch ist der Artenbestand heimischer Gehölze damit vergleichsweise bescheiden. Darin drücken sich die Folgen der verschiedenen Eiszeiten aus. Denn nur verhältnismäßig wenige Arten haben die eiszeitliche Klimaverschlechterung überlebt, weil ihnen die in Europa ost-westlich verlaufenden Hochgebirgsriegel der Karpaten, Alpen und Pyrenäen den rettenden Rückzug in südlicher gelegene Ausweichquartiere versperrten. In Nordamerika und Ostasien verlaufen die großen Faltengebirge dagegen in Nord-Süd-Richtung. Hier konnten die wärmebedürftigen Arten deshalb eher südlichere Gebiete erreichen und nach der Klimaverbesserung wieder zurückwandern.

In Mitteleuropa verursachten die Eiszeiten daher eine gewaltige Artenverarmung: Bei uns sind heute von Natur aus nur vier Ahorn-Arten heimisch, im klimatisch vergleichbaren Nordamerika mehr als zwei Dutzend. In Ostasien oder Nordamerika kommen im gleichen Klimagebiet mehrere hundert Gehölzarten vor – verständlich, dass in Parks und Gärten viele Anleihen aus anderen Kontinenten eine neue Heimat gefunden haben.

Die hängenden Blütenstände der Winter-Linde (Tilia cordata) *sind mit einem Hochblatt-Segel ausgestattet. Dieses Hilfsmittel erleichtert die Verbreitung durch den Wind.*

als Segel dienendes Hochblatt

männliche Blüte

weibliche Blüte

Die Hasel (Corylus avellana) *ist zweihäusig: Die männlichen Kätzchen und die weiblichen Blüten, aus denen sich die Haselnüsse entwickeln, sitzen auf verschiedenen Pflanzen.*

kommt, aber vor allem im Freistand auch zum Holunderbaum werden kann. Unter besonderen Wuchsbedingungen unterliegen selbst sehr festgelegte Gehölzarten einem markanten Gestaltwandel: Die Rot-Buche, die üblicherweise imposante Baumgestalten zustande bringt, wird nahe der klimatischen Baumgrenze im Hochgebirge oder auch in Nordeuropa zum breitwüchsigen Strauch mit tief reichenden Ästen. Auch ist der deutsche Name nicht immer eine gute Entscheidungshilfe: Buchsbaum, Essigbaum, Faulbaum, Judasbaum, Sadebaum oder Spindelbaum sind meist nur mittelgroße bis große Sträucher.

Geschickte Überlebenskünstler

Wuchsform und Lebensstil der Gehölze bedingen sich gewöhnlich gegenseitig. Wer besondere Standorte erfolgreich erobern möchte, muss auch die entsprechenden Anpassungen aufweisen. So weichen also etliche Straucharten vom Normalbild stärker ab, weil sie sich auf besondere Lebensumstände eingerichtet haben.

Die immergrünen Hartlaubsträucher steifen ihre äußere Blatthaut aus, eine zusätzliche Wachsimprägnierung dichtet die Oberfläche ab und garantiert einen noch besseren Verdunstungsschutz. Solche Arten sind daher auf anhaltende sommerliche Trockenheit optimal vorbereitet: Immergrüne, derblaubige Arten wie etwa Buchsbaum oder Stechpalme schätzen den trockenwarmen Süden, reichen mit ihren Vorkommen aber weit in die wintermilden Gebiete des westlichen Mitteleuropa hinein.

Eine andere Anpassung an ständig knappe Wasserversorgung zeigen die Rutensträucher. Aus Gründen der Wasserökonomie werfen sie ihre Blätter eventuell schon sehr frühzeitig ab. Die Photosynthese fällt dann den grünen Ästen und Zweigen zu. Solche Anpassungsleistungen zeigt beispielsweise der Besenginster mit seinen schlanken, dunkelgrünen Zweigen.

Im Unterschied zu den Bäumen gibt es bei den Sträuchern Kletterformen. Die langen, rückwärts gebogenen Stachel der Brombeeren und Rosen schützen nicht nur vor Fraß, sondern sind auch eine perfekte Kletterhilfe, die nach dem Spreizhaken- und Kletereisen-Prinzip arbeitet. Brombeergestrüpp und Rosenhecken sind deswegen so völlig undurchdringlich, weil die Äste und Zweige sich auch gegenseitig Halt bieten. Seltsame

Sträucher sind auch die nach Lianenmanier aufsteigenden Schling- und Windepflanzen, die Mauern, Drahtzäune oder die Kronenregion der Bäume mühelos vereinnahmen. Die Waldrebe klettert dabei mit ihren Blattstielen. Der Efeu ist dagegen ein Wurzelkletterer. Mit raffinierten Haftscheiben befestigen sich die Jungfernreben an völlig glatten Hausfassaden.

Ein Sonderfall unter den Strauchgehölzen sind die eigenartigen Misteln – kugelige Kleingehölze mit regelmäßig gabelig verzweigten Ästen und ledrigen Blättern. Sie haben gleichsam den Boden unter ihren Füßen verloren und sind darauf spezialisiert, sich auf bestimmten Laub- oder Nadelbaumarten anzusiedeln. An ihrem Wuchsplatz schließen sie sich an die Wasserleitung ihrer Wirtspflanzen an. Sie entnehmen ihnen aber nur Wasser und die darin gelösten Mineralsalze. Organische Stoffe zweigt die Mistel nicht für sich ab, denn diese Substanzen baut sie durch Photosynthese in ihren grünen Organen selber auf.

Sträucher – eine große Vielfalt

Bäume zeigen fast immer das gleiche Grundmuster aus Hauptstamm und verzweigter Krone. Sträucher sind dagegen viel variantenreicher. Außer der sommergrünen Standardversion wie die Hasel und die Schlehe überraschen sie mit vielen ungewöhnlichen Sonderanpassungen. Eine bemerkenswerte Variante sind beispielsweise die so genannten Halbsträucher: Sie zeigen fließende Übergänge zu Kräutern oder Stauden. Nur ihre Stämmchenbasis und die Hauptäste sind verholzt, während die jüngeren Zweige zunächst noch weich und krautig bleiben und erst nach Jahren verholzen. Viele bewährte Duft- und Aromapflanzen wie Salbei oder Thymian sind somit keine Kräuter, sondern eben so genannte Halbsträucher.

Manche Gehölzarten können sich sowohl zur Strauch- als auch zur Baumgestalt entwickeln wie etwa der Schwarze Holunder, der zwar meist als Hollerbusch vor-

Der Besenginster (Cytisus scoparius) *betreibt auch mit seinen grünen Zweigen Photosynthese.*

Der Schlehdorn (Prunus spinosa) *ist dank seiner langen, spitzen Dornen hervorragend vor Fraßfeinden geschützt. Wegen der fast schwarzbraunen Rinde wird er auch Schwarzdorn genannt.*

Alpen-Heckenkirsche
Lonicera alpigena
Geißblattgewächse

Rote Heckenkirsche
Lonicera xylosteum
Geißblattgewächse

Wald-Geißblatt
Lonicera periclymenum
Geißblattgewächse

Merkmale Bis 3 m hoher, aufrechter Strauch. Blüten zweilippig, weinrot bis rotbraun, jeweils zu zweit am Fruchtknoten miteinander verwachsen, 2–5 cm lang gestielt; Blütezeit Mai–Juli. Frucht eine breit eiförmige, etwa 1 cm große, leuchtend rote Beere. In lockeren Wäldern und Gebüschen; besonders im Bergland an kalkreichen, etwas feuchten Stellen; v. a. im Alpenvorland.
Wissenswertes Gebietsweise schon recht selten geworden. Hauptgrund hierfür ist offenbar die intensive Waldbewirtschaftung. Giftig.

Merkmale 1–3 m hoher, reich verzweigter Strauch; Blätter oval bis breit elliptisch, dunkelgrün. Blüten weiß, außen leicht rötlich, paarig in den Blattachseln junger Triebe, Kronröhre trichterförmig, im unteren Teil leicht bauchig, zweilippig; Blütezeit Mai–Juni. Frucht eine rote Beere. Meist in Laub- und Nadelmischwäldern mit krautigem Unterwuchs; Flachland bis Hochgebirge; fehlt im nördlichen Deutschland.
Wissenswertes Die Früchte sind wie bei allen Heckenkirschen-Arten leicht giftig.

Merkmale 4–5 m hoher und 2–5 m breiter, reich verzweigter, dichtlaubiger Schling- bzw. Kletterstrauch; Triebe winden rechts um die Wuchsunterlage – was in der europäischen Flora selten vorkommt. Blätter länglich oval, spitz oder leicht gerundet, ohne gegenseitige Verwachsungen, oberseits dunkelgrün, unterseits bläulich. Blüten gelblich cremeweiß, zu mehreren in endständiger, kopfig gedrängter Dolde; Blütezeit Mai–August. Früchte korallenrote Beeren, erscheinen im August–September. In Wäldern, Gärten und Hecken, v. a. aber an Waldrändern und Gebüschsäumen weit verbreitet; vom Flachland bis ins Mittelgebirge; in Deutschland nach Osten seltener, in Europa von Südskandinavien bis in den Mittelmeerraum (Nordafrika).
Wissenswertes Gegen Abend duften die schlanken Blüten besonders intensiv und sehr angenehm. Sie werden vorzugsweise von langrüssligen Nachtfaltern – v. a. von Schwärmer-Arten – besucht und bestäubt; die Pflanze ist in Norddeutschland auch als »Jelängerjelieber« bekannt.

Wolliger Schneeball
Viburnum lantana
Geißblattgewächse

Gewöhnlicher Schneeball
Viburnum opulus
Geißblattgewächse

Trauben-Holunder
Sambucus racemosa
Geißblattgewächse

Schwarzer Holunder
Sambucus nigra
Geißblattgewächse

Merkmale 1–4 m hoher, kräftiger Strauch; Blätter breit oval, an beiden Enden gerundet, oberseits mattgrün, unterseits graufilzig. Blüten cremeweiß, zahlreich in 5–10 cm breiten, meist siebenstrahligen, leicht gewölbten Schirmrispen ohne vergrößerte Randblüten, duften etwas unangenehm; Blütezeit April–Juni. Früchte anfangs leuchtend rot, reif glänzend schwarz. In lichten Wäldern, an Wegrändern; überall ziemlich häufig.
Wissenswertes Die Früchte sind leicht giftig.

Merkmale 1–4 m hoher, recht buschiger Wildstrauch; ausgebreitete, etwas überhängende Äste. Blätter breit oval, drei- bis fünflappig, oberseits dunkelgrün, unterseits graugrün. Blüten reinweiß, in endständigen, bis 10 cm breiten Schirmrispen; Randblüten stark vergrößert, steril; Blütezeit Mai–Juni. Leuchtend rote Steinfrüchte. Gern an feuchten Stellen, z. B. schattige Wald- und Wegränder; vom Flachland bis ins Hochgebirge (bis 1700 m); fast überall häufig.
Wissenswertes Früchte leicht giftig.

Merkmale 1–3 m hoher, mäßig verzweigter Strauch, Äste aufrecht oder leicht überhängend. Blätter fünfzählig unpaarig gefiedert, Fiedern schmal lanzettlich, schlanker als beim Schwarzen Holunder. Blüten grünlich gelb, zahlreich in aufrechten Rispen, angenehm duftend; Blütezeit April–Mai. Scharlachrote Steinfrucht mit dreikantigem Kern. Meist in Nadelwäldern; recht häufig.
Wissenswertes Früchte leicht giftig. Auch als Berg-Holunder, Roter Holunder oder Hirsch-Holunder bekannt.

Merkmale 3–7 m hoher, breiter Strauch, seltener auch kleiner Baum mit krummem Stamm, als Baum bis 9 m hoch. Blätter fünf- bis siebenzählig unpaarig gefiedert. Blüten cremeweiß, zahlreich in flachen, bis 8 cm großen Schirmrispen, starker, sehr angenehmer Duft; Blütezeit Mai–Juni. Schwarze Steinfrüchte im August–September. Häufig, v. a. an Waldrändern und in Wäldern.
Wissenswertes Früchte als »Fliederbeeren« bekannt, roh giftverdächtig, ergeben abgekocht leckeren Saft.

Moosglöckchen
Linnaea borealis
Geißblattgewächse

Merkmale Bis 15 cm hoher Zwerg-strauch mit am Boden kriechendem Stängel. Blätter ledrig, rundlich bis eiförmig, gegenständig. Blüten weiß-lich rosa oder weiß, nickend, fünfzäh-lig, meist zu zweit an gabelig verzweig-tem Stiel; Blütezeit Juli–August. In moosreichen Nadelwälder; ziemlich selten; außer in Nordeuropa sehr ver-einzelt in Norddeutschland, außerdem in den Zentralalpen.
Wissenswertes War die Lieblingspflan-ze des schwedischen Naturwissen-schaftlers Carl von Linné. ▽

Efeu
Hedera helix
Efeugewächse

Merkmale Bis 20 m hoher, 1–5 (10) m breiter, kriechender oder an Mauern und Bäumen kletternder Strauch. Rinde hellbraun, an älteren, allseits beschat-teten Stämmen rundum mit kurzen Haftwurzeln besetzt. Blätter immer-grün, an nicht blühenden Trieben drei- bis fünflappig, 5–7 cm lang und fast ebenso breit, am Grund herzförmig, an blühenden Trieben dagegen eher rau-tenförmig bis elliptisch, oberseits glän-zend dunkelgrün mit oder ohne weißli-cher Zeichnung, unterseits rötlich. Blü-ten gelbgrün, zahlreich in endständigen,

doldenartigen Rispen, Kelchblätter un-scheinbar, Kronblätter lanzettlich, zwittrig; Blütezeit September–Oktober. Blauschwarz bereifte Steinfrüchte im Februar–April, reifen ausnahmsweise über Winter! Meist in etwas feuchten Wäldern, Steinbrüchen, auf Friedhöfen und im Siedlungsbereich; fast überall ziemlich häufig.
Wissenswertes Enthält verschiedene Giftstoffe, v. a. in den Früchten. Die sehr spät erscheinenden Blüten sind eine wichtige Futterquelle für Insekten, wie Wildbienen und Schwebfliegen.

Kleines Immergrün
Vinca minor
Hundsgiftgewächse

Merkmale Halbstrauch (Bodendecker) mit kriechenden, an den Knoten wur-zelnden Sprossen und aufsteigenden oder herabgebogenen Zweigen, bis 0,3 m hoch. Blätter ledrig, elliptisch, dunkelgrün und 2–5 cm lang. Blüten blauviolett, einzeln in den Blattachseln aufrechter Blühsprosse; Blütezeit März–April. In Wäldern, Gebüschen, auf Friedhöfen, in Gärten und Parks; weit verbreitet und stellenweise häufig.
Wissenswertes In allen Teilen giftig. Die meisten Vorkommen gehen auf Anpflanzung zurück. Giftig.

Feld-Ahorn
Acer campestre
Ahorngewächse

Merkmale 10–15 m, selten bis 25 m hoher, kleinerer Baum, rundliche Krone, niedriger, meist gekrümmter Stamm, auch mehrstämmiger Strauch. Blätter fünflappig buchtig geteilt, an den Enden abgerundet. Blüten gelbgrün, zu 10–25 in kurzen Rispen; Blütezeit im Mai mit dem Laub. Frucht bräunliche, bis 3,5 cm lange Flügelnuss, Flügel stehen fast ge-radlinig auseinander. Meist an Waldrän-dern, in offenem Gelände; recht häufig.
Wissenswertes Blüht erst mit ca. 25 Jahren, wird nicht älter als ca. 200 Jahre.

Spitz-Ahorn
Acer platanoides
Ahorngewächse

Merkmale 20–30 m hoher Baum, rund-liche Krone, gerader Stamm, oft mehr-stämmig. Blätter mit 5–7 ungleich großen Lappen, mit weiten Bögen und schlan-ken Spitzen. Blüten gelbgrün, in doldi-ger Rispe, eingeschlechtige und zwittri-ge im gleichen Blütenstand; Blütezeit April–Mai, vor dem Laub. Frucht bräun-liche Flügelnuss, Teilfrucht bis 5 cm lang und 1,5 cm breit; Flügel schließen stumpfen Winkel ein. In Wäldern, offe-nem Gelände; vom Flachland bis in ca. 1000 m; in den Alpen; überall häufig.

Berg-Ahorn
Acer pseudoplatanus
Ahorngewächse

Merkmale 25–35 m hoher, meist statt-licher Baum mit breiter Krone, kräftiger Stamm; Blätter meist fünflappig, die vorderen 3 Lappen etwa gleich groß, die beiden unteren z. T. nur angedeutet. Blüten gelbgrün, zahlreich, in hängen-den, ca. 10 cm langen Rispen; Blütezeit April–Mai, nach dem Laubaustrieb. Frucht bräunliche Flügelnuss, die beiden Flügelfrüchte eines Paares bilden etwa einen rechten Winkel. Meist im Bergland in schattigen Hangwäldern, im Flach-land oft als Straßen- und Parkbaum.

Wissenswertes Ist vergleichsweise unempfindlich gegenüber Spätfrosten und steigt daher in den Alpen z. T. bis an die Waldgrenze. Bildet hier manchmal sogar Reinbestände, die auf alten Wei-deflächen vielfach als »Ahornböden« bekannt sind. Die bis zu 500 Jahre alten Baumveteranen sind hier nicht nur ein-drucksvolle Baumgestalten, sondern zugleich auch wertvolle Wuchsorte für extrem gefährdete Moos- und Flechten-Arten, die heute fast nur noch in alpi-nen Reinluftgebieten vorkommen.

Gewöhnliche Esche
Fraxinus excelsior
Ölbaumgewächse

Gewöhnlicher Flieder
Syringa vulgaris
Ölbaumgewächse

Gewöhnlicher Liguster
Ligustrum vulgare
Ölbaumgewächse

Merkmale 25–40 m hoher Baum, gelegentlich noch höher, schlanke oder breit gewölbte Krone auf langem, geradem Stamm. Blätter unpaarig gefiedert, 20–35 cm lang; 9–13 Blattfiedern, diese oval länglich und spitz, bis auf die gestielte Endfieder sitzend. Blüten unscheinbar grünlich (vor dem Aufblühen dunkelrot), zahlreich in seitenständigen Rispen, zwittrig oder eingeschlechtig (manche Bäume sogar nur mit männlichen oder weiblichen Blüten), windblütig; Blütezeit Mai. Frucht eine lang gestreckte, bis 4 cm lange, hellbraune Flügelnuss, in großer Zahl in dichten, hängenden Rispen; bleiben lange an den Ästen hängen, lösen sich oft erst im Folgejahr. Vorwiegend in Feuchtgebieten, etwa an Gewässerufern und in Auwäldern, oft auch gepflanzt als Park- oder Straßenbaum; überall häufig.

Wissenswertes Die Gewöhnliche Esche gehört zu den hochwüchsigsten heimischen Laubgehölzen. Sie ist recht lichtbedürftig, kann aber dank ihrer Hochwüchsigkeit auch in dichten Wäldern ihre Lichtbedürfnisse befriedigen.

Merkmale Bis 10 m hoher, sommergrüner Strauch oder Baum. Blätter eiförmig mit lang ausgezogener Spitze. Blüten wohlriechend, lilafarben (Zuchtsorten auch rot oder weiß), vierzählig in bis 20 cm langen Rispen; Blütezeit April–Juni. Aus Südosteuropa stammende Gartenpflanze, oft in Gebüschen und Hecken verwildert.

Wissenswertes War in früheren Zeiten den vornehmen Gärten begüterter Kreise vorbehalten. Blüten mit ätherischen Ölen, die zur Parfümherstellung verwendet werden.

Merkmale 1–3 (5) m hoher Strauch mit dünnen und ziemlich biegsamen Zweigen. Blätter lanzettlich oval mit kräftiger Mittelrippe, oberseits dunkelgrün, unterseits heller, 3–6 cm lang und bis 2,5 cm breit. Blüten reinweiß bis leicht gelblich, angenehmer Duft, zahlreich in endständigen Rispen; Blütezeit Juni–Juli. Schwarze, ungenießbare Steinfrüchte. Besonders in Auwäldern und Waldsäumen in Süd- und Westdeutschland, häufig in Hecken gepflanzt.

Wissenswertes Wertvolles Nist-, Deckungs- und Futtergehölz für Singvögel.

Gewöhnliche Pimpernuss
Staphylea pinnata
Pimpernussgewächse

Gewöhnliche Rosskastanie
Aesculus hippocastanum
Rosskastaniengewächse

Faulbaum
Frangula alnus
Kreuzdorngewächse

Purgier-Kreuzdorn
Rhamnus cathartica
Kreuzdorngewächse

Merkmale Bis 5 m hoher Strauch oder Baum. Blätter unpaarig gefiedert, bis 18 cm lang. Blüten in hängenden Rispen, gelblich weiß, fünfzählig, Kelchblätter ähnlich Kronblättern; Blütezeit Mai–Juni. Frucht 3–4 cm große, runde oder birnenförmig aufgeblasene Kapsel. An warmen Orten, v. a. in lockeren Wäldern, an steinigen Hängen; Südosteuropa bis südliches Mitteleuropa; in Deutschland selten.

Wissenswertes Die aufgeblasenen, ziemlich leichten Früchte werden mit dem Wind verbreitet. ▽

Merkmale 15–25 m hoher Baum mit dichter Krone. Blätter handförmig. Blüten cremeweiß, mit gelbem bis rotem Farbmal, zahlreich in aufrechten, bis 30 cm langen Scheinrispen; Blütezeit April–Mai. Frucht grünliche, bis 6 cm große, kugelige Kapsel mit 2–3 braunen »Kastanien«. Heimisch auf der südöstlichen Balkanhalbinsel; bei uns häufig in Alleen, Parks und Wäldern gepflanzt.

Wissenswertes Wird seit Jahren stark durch die Raupen der Kastanien-Miniermotte (Kleinschmetterling) geschädigt.

Merkmale 2–3 m hoher, aufrechter, dornenloser Strauch oder bis 6 m hoher Baum. Blätter oval bis elliptisch, 3–6 cm lang und bis 3 cm breit. Blüten grünlich weiß, zu 3–7 in den Blattachseln; Blütezeit Mai–Juli. Schwarze, ca. 0,7 cm große Steinfrucht mit 2–3 Kernen. Gern auf staunassen, sauren Böden in Mooren und an Ufern, doch auch in trockenen Gebieten wie Wäldern und sogar auf Trockenrasen; überall ziemlich häufig.

Wissenswertes Die Pflanze ist in allen Teilen giftig.

Merkmale 1–3 m hoher, sparriger Strauch, nahezu rechtwinklig abstehende Zweige, diese enden gewöhnlich in langen Sprossdornen. Blätter elliptisch, matt dunkelgrün. Blüten gelbgrün, mit schmalen Kronblättern, zu 2–7 in Scheindolden; Blütezeit Mai–Juni. Schwarze, etwa 0,7 cm große, kugelige Steinfrucht. An feuchten und trockenen Stellen, gern auf Kalkböden, z. B. in Wäldern, Mooren und auf Trockenrasen; ziemlich häufig.

Wissenswertes Der unauffällige Strauch ist in allen Teilen giftig.

Europäischer Buchsbaum
Buxus sempervirens
Buchsbaumgewächse

Stechpalme
Ilex aquifolium
Stechpalmengewächse

Gewöhnliches Pfaffenhütchen
Euonymus europaea
Spindelbaumgewächse

Merkmale Bis 1 m hoher Strauch, seltener bis 6 m hoher Baum mit immergrünen, rundlich bis länglich eiförmigen, bis 3 cm langen Blättern. Einhäusig, mit blattachselständigen Knäueln unscheinbarer, grünlich gelber, getrenntgeschlechtlicher Blüten; Blütezeit März–April. Vereinzelt in Laubmischwäldern im südwestlichen und südöstlichen Mitteleuropa, häufig in Gärten und auf Friedhöfen gepflanzt.
Wissenswertes Der in allen Teilen giftige Strauch kann über 500 Jahre alt werden. ▽

Merkmale 1–5 m hoher, stark verzweigter Strauch oder kleiner Baum, als Baum bis 10 m hoch und 1–3 m breit. Blätter ledrig derb, länglich oval, an jeder Seite mit 5 oder mehr langen, dornigen Stachelspitzen. Blüten weiß, zu mehreren in den Blattachseln, eingeschlechtig (Art zweihäusig); Blütezeit Mai–Juni. Rote Steinfrüchte, bis 0,8 cm, bleiben im Winter an den Zweigen. Am häufigsten in Nord- und Westdeutschland; in Wäldern, Gebüschen, oft in Gärten gepflanzt.
Wissenswertes Besonders die Früchte sind mäßig giftig.

Merkmale 2–8 m hoher, sparrig verzweigter Strauch oder auch kleiner Baum. Triebe grünlich, rundlich oder etwas kantig, mitunter mit schmalen Korkleisten. Blätter oval lanzettlich, zugespitzt, oberseits dunkelgrün, unterseits etwas heller, 5–8 cm lang und 2–3 cm breit, im Herbst oft tiefrot überlaufen. Blüten gelblich grün, meist vierzählig, sehr selten fünfzählig, zu 2–8 in Scheindolden in den Blattachseln, meist zwittrig, gelegentlich aber auch eingeschlechtig; Blütezeit Mai–Juni. Frucht eine karminrote, 1–1,5 cm große, vierklappige Kapsel. Samen groß, weißlich, von einem kontrastreich orangeroten Samenmantel umgeben. Meist im Bergland (in den Alpen nur bis etwa 1200 m Höhe) allgemein verbreitet, im Flachland und in Sandgebieten selten; besonders in Wäldern und Gebüschen sowie an Wald- und Wegrändern, häufig in Gärten und Parkanlagen gepflanzt.
Wissenswertes Der Strauch ist in allen Teilen mäßig giftig. Besonders die Samen enthalten herzwirksame Glycoside und Alkaloide.

Laubholz-Mistel
Viscum album
Mistelgewächse

Sanddorn
Hippophae rhamnoides
Sanddorngewächse

Merkmale Bis 1 m hoher und breiter Strauch, sehr reichästig und regelmäßig gabelig verzweigt, kugelig. Blätter ledrig derb, länglich zungenförmig, beidseitig gelbgrün, um 5 cm lang und bis 1 cm breit, immergrün. Blüten gelblich grün, zu 2–4 in den Gabelästen, eingeschlechtig. Pflanzen zweihäusig (rechtes Bild: links männliche, rechts weibliche Blüten), vierzählig, z. T. auch drei- oder fünfzählig; Blütezeit von Februar–April. Weißliche, beerenartige Früchte. Auf Laubbäumen, besonders auf Pappeln, Linden und Apfelbäumen, nie auf Buchen oder Eichen. In Wäldern und offenem Gelände z. T. häufig, v. a. in luftfeuchten, wintermilden Lagen.
Wissenswertes Als Halbschmarotzer entnimmt die Mistel ihrem Wirtsbaum nur Wasser und Mineralsalze, aber keine organischen Baustoffe aus der Produktion des Wirtes. Zwei von dieser kaum zu unterscheidende heimische Mistel-Arten, die Tannen-Mistel *(Viscum abietis)* und die Kiefern-Mistel *(Viscum laxum)* besiedeln Nadelbäume.

Merkmale 2–3 m hoher, dicht verzweigter, Strauch oder kleiner, bis 6 m hoher Baum; Zweige mit vielen Kurztriebdornen. Blätter schmal lanzettlich, spitz oder abgestumpft, am Grund keilförmig, oberseits graugrün, unterseits silbriggrau, bis 7 cm lang, aber höchstens 1 cm breit. Blüten unscheinbar, grünlich braun, in kleinen Gruppen am Grund junger Zweige, eingeschlechtig (Art zweihäusig); Blütezeit vor oder mit dem Blattaustrieb im März–April. Beerenartige, runde bis eiförmige, orangerote Steinfrüchte. Meist auf kalk- oder salzhaltigen Sand- und Kiesböden, in Dünen an den Küsten und im Alpenvorland in Schotterauen und in Kiesgruben; oft an Straßenböschungen gepflanzt.
Wissenswertes Eignet sich dank ihrer Salztoleranz und Ausläuferbildung besonders gut zur Befestigung von Böschungen, selbst an stark befahrenen Autobahnen. Die orangeroten Sanddorn-Früchte weisen ein Vielfaches vom Vitamin-C-Gehalt der Zitrusfrüchte sowie Vitamine der A- und B-Gruppe auf.

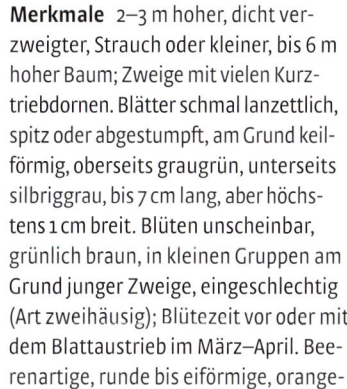

Kornelkirsche
Cornus mas
Hartriegelgewächse

Roter Hartriegel
Cornus sanguinea
Hartriegelgewächse

Lorbeer-Seidelbast
Daphne laureola
Seidelbastgewächse

Merkmale 2–3 m hoher, sparrig verzweigter Strauch oder bis 6 m hoher, kleiner Baum. Blätter oval bis elliptisch, an der Basis breit keilförmig bis rundlich, schmal zugespitzt, beiderseits grün, oberseits leicht glänzend, 5–8 cm lang und bis 4 cm breit. Blüten hellgelb, zahlreich in gedrängten Dolden, Kelchblätter kurz, spitz, Kronblätter 0,2–0,3 cm lang; Blütezeit Februar–März, öffnen sich lange vor den Blättern. Scharlachrote, bis 2 cm lange und 1,5 cm breite, essbare Steinfrucht. In lockeren Laubwäldern, an Waldrändern und in Hecken weit verbreitet, nach Norden bis ins Rheinland; oft in Gärten und Parks gepflanzt.
Wissenswertes Die säuerlich schmeckenden, Vitamin-C-haltigen Früchte können zur Herstellung von Marmelade verwendet werden. Sie sind auch bei Vögeln beliebt. Das sehr harte Holz wird gern zur Herstellung von Spazierstöcken und Hammerstielen verwendet. Der wissenschaftliche Gattungsname (*Cornu* heißt auf deutsch Horn) nimmt auf die Festigkeit des Holzes (hart wie Horn) Bezug.

Merkmale 2–3 m hoher Strauch oder bis 5 m hoher Baum. Blätter elliptisch, zugespitzt, mit meist 3 Bogennervenpaaren, mattgrün, im Herbst leuchtend weinrot, 4–8 cm lang und bis 3 cm breit. Blüten weiß, zahlreich in dichten Schirmrispen, riecht unangenehm nach Fisch (Trimethylamin); Blütezeit Mai–Juni. Bis 0,8 cm große, matt schwarzblaue, weißlich punktierte Steinfrüchte. Recht häufig, v. a. in Hecken und an Waldrändern.
Wissenswertes Der lateinische Artname bezieht sich auf die blutrote Herbstfärbung des Laubes.

Merkmale Bis 120 cm hoher Strauch mit lorbeerartigen, 3–12 cm langen, immergrünen Blättern. Blüten vierzählig, gelblich grün, meist zu 5 nahe den Zweigspitzen in Trauben; Blütezeit Februar–April. Frucht beerenartige, am Ende etwas zugespitzte, schwarze Steinfrucht. Meist im kalkreichen Bergland in steinigen, etwas feuchten Laubwäldern. Von Südeuropa bis ins südwestliche Mitteleuropa, in Deutschland sehr selten.
Wissenswertes Oft in Gärten gepflanzt, gedeiht nur bei mildem, ausgeglichenem Klima. Giftig. ▽

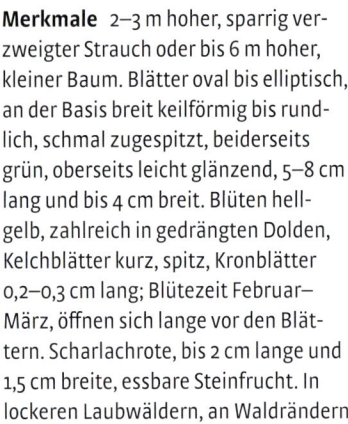

Gestreifter Seidelbast
Daphne striata
Seidelbastgewächse

Gewöhnlicher Seidelbast
Daphne mezereum
Seidelbastgewächse

Heideröschen
Daphne cneorum
Seidelbastgewächse

Merkmale Bis 30 cm hoher, reich gabelig verzweigter Zwergstrauch. Blätter schmal eiförmig bis spatelförmig, am Ende meist mit einer feinen, aufgesetzten Spitze, etwa 2 cm lang und 3–5 mm breit. Blüten angenehm nach Flieder duftend, wie bei allen Seidelbast-Arten ohne Blütenblätter, mit 4 Kelchzipfeln am Ende einer bis 2 cm langen, kahlen Kelchröhre, hellrot mit feinen Längsstreifen, in Köpfchen zu 8–15 an den Zweigspitzen; Blütezeit Mai–Juli. Frucht orangegelbe, beerenähnliche Steinfrucht. Nur in den Alpen, meist auf Kalk; von der Nadelwaldstufe bis in über 2500 m Höhe, nur selten unterhalb von 1000 m; meist an steinigen, trockenen Stellen in lichten Wäldern und auf Zwergstrauchheiden. In den deutschen Alpen selten, in Österreich und der Schweiz häufiger.
Wissenswertes Auch als Steinröschen bekannt, wird wegen ihrer Giftigkeit vom Weidevieh gemieden. Die Blüten werden von Faltern besucht; nur Schmetterlinge mit mindestens 1 cm langem Rüssel erreichen den Nektar. Giftig. ▽

Merkmale 0,4–1,5 m hoher Strauch mit rutenförmigen, biegsamen Zweigen. Blätter länglich lanzettlich, stumpf oder leicht zugespitzt, 3–8 cm lang, ca. 1 cm breit. Blüten rosa purpurn bis karminrot, büschelig an tieferen Seitenknospen älterer Äste, duften stark und angenehm; Blütezeit Februar–April, vor dem Laubaustrieb. Frucht korallenrote, bis 0,6 cm große, ovale Steinfrucht. In Laubwäldern im Bergland; meist in geringer Zahl.
Wissenswertes Für Säugetiere giftig, für Vögel nicht. ▽

Merkmale Immergrüner, bis 30 cm hoher Zwergstrauch. Ähnlich dem Gestreiften Seidelbast, aber Zweige und Kronröhre fein filzig behaart. Blüten kräftiger rosa, zu 5–10 in dichten Köpfchen an den Zweigspitzen; Blütezeit April–Juni. Meist an kalkhaltigen, trockenen Stellen; v. a. in lichten Wäldern und auf Bergmatten, auch außerhalb der Alpen, aber überall ziemlich selten.
Wissenswertes Hat an den meisten Fundorten stark abgenommen, hochgradig gefährdet. Giftig. ▽

Blasenstrauch
Colutea aborescens
Schmetterlingsblütler

Merkmale Bis 4 m hoher Strauch mit unpaarig gefiederten Blättern, diese mit 3–6 Fiederpaaren. Blüten 15–20 mm groß, leuchtend gelb mit rotbraun gestreifter Fahne, zu 2–8 in aufrechten, lockerblütigen Trauben. Frucht eine stark aufgeblasene, etwas durchscheinende, 6–8 cm lange und 2–3 cm dicke Hülse; Blütezeit Mai–August. Vorwiegend an felsigen, trockenen Stellen in sonnigen Lagen. In Deutschland wild wohl nur am Oberrhein, aber oft gepflanzt in Gärten und an Straßenrändern.
Wissenswertes Die sehr leichten, ballonartigen Hülsenfrüchte werden mit dem Wind verweht und sorgen auf diese ungewöhnliche Weise für die Ausbreitung der Samen.

Strauchiger Hufeisenklee
Hippocrepis emerus
Schmetterlingsblütler

Merkmale Bis 1 m, selten 2 m hoher Strauch mit unpaarig gefiederten, dünnen Blättern mit 3–4 Fiederpaaren. Blüten bis 2 cm groß, hellgelb, in meist zwei- bis fünfblütigen Dolden; Blütezeit Mai–Juni. Hülse 5–11 cm lang und bis 3 mm breit, zerfällt nach der Reife in längliche Glieder, die jeweils mehrere Samen enthalten. In lockeren Wäldern und Gebüschen an warmen Stellen; nur im südlichen Mitteleuropa. In Deutschland vor allem am Oberrhein zu finden, im Bodenseegebiet und an wärmebegünstigten Stellen am Alpenrand.
Wissenswertes Wurde bisher der Gattung *Coronilla* (Kronwicke) zugeordnet, ist aber nach neueren Erkenntnissen eng mit dem Hufeisenklee verwandt.

Robinie
Robinia pseudoacacia
Schmetterlingsblütler

Merkmale Baum mit offener, lichter, nach oben an Breite zunehmender und etwas unregelmäßiger Krone, bis 25 m hoch und 5–9 m breit. Blätter unpaarig gefiedert, mit 11–17 ovalen Fiedern, bis 25 cm lang und 10 cm breit. Blüten weiß, zahlreich in hängenden, bis 15 cm langen Trauben, angenehm duftend; Blütezeit Mai–Juni. Frucht 5–10 cm lange braune, zwischen den Samen leicht eingeschnürte Hülse. Meist auf sandigen Böden in lockeren Wäldern und Gebüschen sowie in Siedlungen oft gepflanzt, an vielen Orten eingebürgert.
Wissenswertes Englische Kolonisten entdeckten den Baum 1607 im Gebiet des heutigen Jamestown/Virginia; der Hofgärtner Ludwigs XIII., Jean Robin, brachte ihn um 1640 nach Frankreich.

Goldregen
Laburnum anagyroides
Schmetterlingsblütler

Merkmale 3–7 m hoher Strauch oder kleiner Baum. Blätter dreizählig gefiedert, mit kurz gestielten, länglich ovalen, bis 8 cm langen Fiedern. Blüten goldgelb, bis 2 cm lang, zahlreich in hängenden, 10–25 cm langen Trauben; Blütezeit Mai–Juni. Frucht hellbraune, 3–8 cm lange, abgeflachte Hülse, zwischen den Samen leicht eingeschnürt. Meist in lockeren Gebüschen und im Siedlungsbereich; heimisch in den Südalpen, in Deutschland nur angepflanzt und teils eingebürgert, z. B. am Oberrhein und im Schwäbisch-Fränkischen Jura.
Wissenswertes Sehr giftig, v. a. die Samen. Angepflanzt werden meist Sorten, die aus dem Bastard mit dem Alpen-Goldregen entstanden sind.

Dornige Hauhechel
Ononis spinosa
Schmetterlingsblütler

Merkmale Bis 80 cm hoher, niederliegender oder aufrechter Strauch. Zweige meist lang bedornt, wenigstens im unteren Bereich. Blätter dreizählig gefiedert. Blüten bis 10–15 mm groß, rosa, seltener weiß, zu 1–3 an oft verdornten Kurztrieben; Blütezeit April–September. Frucht aufgeblasene, etwa 1 cm lange Hülse. Meist an sonnigen, trockenen Stellen auf Kalkboden; in Mitteleuropa weit verbreitet, im Flachland seltener.
Wissenswertes Sehr variabel in der Ausbildung der Dornen und im Verholzungsgrad, daher schwer von nahe verwandten Arten zu unterscheiden. Die ähnliche, oft an den gleichen Standorten wachsende Kriechende Hauhechel *(O. repens)* ist stets unbedornt.

Gewöhnlicher Stechginster
Ulex europaeus
Schmetterlingsblütler

Merkmale Bis 2 m hoher, sehr stark bedornter Strauch. Verzweigte Dornen, bis 25 mm lang. Blätter stark reduziert, nur noch aus dem dornenartig abgewandelten Blattstiel bestehend, 5–10 mm lang. Blüten leuchtend gelb, bis 20 mm groß, an Kurztrieben in ähren- oder doldenförmigen Blütenständen; Blütezeit April–Juli. In Heidegebieten und lockeren Laubwäldern; vom westlichen Mittelmeerraum bis ins südliche Skandinavien, in Deutschland wild nur im Norden und Westen in wintermilden Lagen auf kalkarmen Sand- und Lehmböden, öfters aber angepflanzt und verwildert.
Wissenswertes Wird gebietsweise zur Dünenbefestigung und auch als Wildfutter gepflanzt.

Besenginster
Cytisus scoparius
Schmetterlingsblütler

Merkmale 1–2 m hoher, reichästiger Strauch mit kantigen, grünen, rutenförmigen, meist aufrechten Zweigen. Blätter dreizählig gefiedert, dunkelgrün, oft anliegend behaart. Blüten goldgelb, bis 2 cm lang, zu 1–2 in den Blattachseln; Blütezeit Mai–Juli. Auf mäßig sauren Böden an Straßen- und Wegrändern, auf Heiden und in lockeren Wäldern; ziemlich häufig, in Kalkgebieten selten.
Wissenswertes Die rutenförmigen Zweige der frostempfindlichen Art wurden früher oft zum Besenbinden verwendet.

Schwarzwerdender Geißklee
Cytisus nigricans
Schmetterlingsblütler

Merkmale 30–120 cm hoher Strauch mit kurzen, stark verzweigten Ästen und zahlreichen rutenförmigen Zweigen. Blätter dreizählig gefiedert, mit 1–4 cm langen Stielen. Blüten goldgelb, bis 12 mm groß, bis zu 100 in endständigen, unbeblätterten Trauben; Blütezeit Juni–August, blüht oft im Herbst ein zweites Mal. In lockeren Wäldern, an Waldrändern und an steinigen Hängen in warmen Lagen; nur im südlichen Deutschland etwa bis zur Mainlinie.
Wissenswertes Die ganze Pflanze verfärbt sich beim Trocknen schwarz.

Regensburger Geißklee
Chamaecytisus ratisbonensis
Schmetterlingsblütler

Merkmale 10–50 cm hoher Zwergstrauch, kriechend bis aufrecht wachsend, unbedornt. Blätter dreizählig gefiedert, mit 10–25 mm langen Stielen. Blüten gelb, Fahne meist rotbraun gefleckt, bis 14 mm groß, in Büscheln zu 1–3 an Kurztrieben; Blütezeit Mai–Juni. Auf Magerwiesen und Trockenrasen, auch in lockeren, trockenen Wäldern; in Deutschland selten, erreicht im Lechtal die Westgrenze seines vorwiegend osteuropäischen Verbreitungsgebietes.
Wissenswertes Zeigerpflanze für magere Bodenverhältnisse.

Flügelginster
Chamaespartium sagittale
Schmetterlingsblütler

Merkmale 10–25 cm hoher Zwergstrauch mit unterirdisch kriechenden, holzigen Ästen und aufsteigenden, unverholzten, grünen Stängeln. Nicht blühende Stängel breit zweiseitig, blühende Stängel drei- und mehrseitig geflügelt. Wenige ungeteilte, bis 20 mm lange Blätter. Blüten bis 14 mm lang, gelb; Blütezeit Mai–Juli. Meist auf Heiden und Magerrasen; im süddeutschen Bergland ziemlich verbreitet, sonst seltener.
Wissenswertes Die geflügelten, grünen Stängel erfüllen anstelle der Blätter die Aufgabe der Photosynthese.

Deutscher Ginster
Genista germanica
Schmetterlingsblütler

Merkmale Bis 60 cm hoher Strauch. Junge Zweige grün und behaart, unbedornt, ältere Zweige braun und kahl, mit bis zu 2,5 cm langen, teilweise verzweigten Dornen. Blätter ungeteilt, bis 20 mm lang, 8 mm breit. Blüten leuchtend gelb, bis 12 mm groß; Blütezeit Mai–August. Auf Heiden, Magerwiesen und in lichten Wäldern, bevorzugt kalkarme, trockene Sandböden. In Süddeutschland im niederen Bergland (bis 800 m).
Wissenswertes Die Äste enthalten Gerbstoffe und einen gelben Farbstoff.

Englischer Ginster
Genista anglica
Schmetterlingsblütler

Merkmale Bis 60 cm hoher, gelegentlich auch höherer Strauch mit stark bedornten Zweigen, nur die jungen Zweige unbedornt. Junge Triebe meist unbehaart. Blätter bis 10 mm lang, leuchtend gelbe Blüten bis 9 mm groß, beide kleiner als beim Deutschen Ginster; Blütezeit Mai–Juli. In Heiden, Mooren und lockeren Wäldern, meist auf etwas feuchten, kalkarmen Böden; nur in Nord- und Westdeutschland, v. a. in Küstennähe.
Wissenswertes Ein typischer Vertreter des atlantischen Florengebietes.

Färber-Ginster
Genista tinctoria
Schmetterlingsblütler

Merkmale 0,3–1 m hoher, verzweigter, unbedornter Strauch mit aufrechten, teils liegenden Ästen. Blätter lanzettlich, ungeteilt, bis 4,5 cm lang und ca. 0,5 cm breit. Blüten goldgelb, bis 1,5 cm lang, in aufrechter Traube; Blütezeit Juni–Juli. In lockeren Wäldern und auf Magerwiesen; im Bergland des südlichen und mittleren Deutschland meist nicht selten, fehlt nördlich der Mittelgebirge.
Wissenswertes Die Pflanze verwendete man früher zum Gelbfärben von Leinen und Wolle – daher der Name.

Behaarter Ginster
Genista pilosa
Schmetterlingsblütler

Merkmale 10–40 cm hoher (selten höherer), niederliegender oder aufrechter, unbedornter Strauch. Blätter lanzettlich, bis 15 mm lang, zunächst behaart, später oft kahl. Blüten um 10 mm lang, gelb; Blütezeit April–August. Meist auf kalkarmen, sandigen Böden in wintermilden Lagen, z. B. auf Heideflächen und Magerrasen; v. a. im norddeutschen Flachland und kalkarmen Bergland.
Wissenswertes Eignet sich wegen des niedrigen Wuchses und der dichten Blüten sehr gut für Steingärten.

Zwergbuchs
Polygala chamaebuxus
Kreuzblumengewächse

Rote Johannisbeere
Ribes rubrum
Stachelbeergewächse

Stachelbeere
Ribes uva-crispa
Stachelbeergewächse

Merkmale 10–30 cm hoher, reich verzweigter Halbstrauch mit kriechender Grundachse und vielen Ausläufern. Blätter ledrig, immergrün, elliptisch bis lanzettlich. Blüten 13–15 mm lang, ähnlich einer Schmetterlingsblüte, doch ganz anders zusammengesetzt: von den 5 Kelchblättern 2 kronblattartig, bilden die »Flügel«, die eigentlichen 3 Kronblätter liegen röhrenartig zusammen. Kronblätter und Flügel meist blassgelb, erstere mit dunkler gelben Spitzen, die sich später meist braunrot verfärben. Blütezeit April–September.

In lockeren Wäldern, auf steinigen Magerrasen und in alpinen Zwergstrauchheiden, meist auf kalkreichem Untergrund; in den Alpen gebietsweise ziemlich häufig, nördlich der Alpen nur vereinzelt (z. B. auf der Schwäbischen und Fränkischen Alb sowie im Erzgebirge). **Wissenswertes** Die Art bildet örtlich verschiedene Farbformen aus. Am auffälligsten ist die Form *grandiflora*, bei der die Flügel kräftig rosarot gefärbt sind (rechtes Bild). Sie tritt v. a. in den Südalpen auf (z. B. im Tessin und im Gardaseegebiet).

Merkmale 1–2 m hoher, buschiger Strauch. Blätter 4–10 cm lang und bis 7 cm breit, drei- bis fünflappig, am Rand grob gesägt. Blüten grünlich gelb bis rötlich, zu 6–15 in hängenden Trauben; Blütezeit April–Mai. Beeren 6–7 mm Durchmesser, rot, bei Kultursorten auch hell gelblich. Wild in Auwäldern (sehr selten), aber häufig gepflanzt und verwildert. **Wissenswertes** Wird wegen der wohlschmeckenden, etwas säuerlichen Früchte schon seit dem 15. Jh. kultiviert. Heute gibt es viele Sorten mit unterschiedlichen Fruchtgrößen und Reifezeiten.

Merkmale 50–150 cm hoher Strauch, stark verzweigt, Zweige bestachelt. Blätter bis 4 cm breit, rundlich und in 3–5 am Rand gekerbte Lappen geteilt. Blüten einzeln oder zu 2–3, hängend, mit zur Blüte zurückgeschlagenen, innen rötlichen Kelchblättern und nur halb so langen, weißlichen Kronblättern; Blütezeit April–Mai. Früchte kugelig bis etwas länglich, grünlich, bei Kultursorten auch rot. In schattigen, etwas feuchten Wäldern, v. a. im Bergland. **Wissenswertes** Wird wegen der Früchte schon seit dem 14. /15. Jh. kultiviert.

Gewöhnliche Pflaume
Prunus domesticus
Rosengewächse

Traubenkirsche
Prunus padus
Rosengewächse

Schlehe
Prunus spinosa
Rosengewächse

Merkmale Strauch oder bis 10 m hoher Baum, Zweige bedornt oder unbedornt. Blätter länglich elliptisch, bis 8 cm lang, am Rand gekerbt oder gesägt. Blüten 2–4 cm, weiß bis grünlich; Blütezeit März–April. Frucht kugelig bis eiförmig, 1–8 cm lang, blau, violett, rot, gelb oder grünlich, meist etwas bereift, mit abgeflachtem Steinkern. In vielen Sorten gepflanzt, öfters auch verwildert. **Wissenswertes** Die verschiedenen Zuchtformen sind auch als Zwetschge, Mirabelle oder Reneklode bekannt.

Merkmale 2–5 m hoher Strauch oder kleiner, bis 10 m hoher Baum, überhängende Zweige, schlanker Stamm. Blätter elliptisch, 5–9 cm lang, 3–7 cm breit. Blüten weiß, bis 2 cm breit, zahlreich in 7–12 cm langen Trauben; Blütezeit Mai–Juni. Schwarzrote, etwas längliche, knapp 1 cm große Steinfrüchte. Meist an feuchten Stellen an Waldrändern, in Auwäldern oder an Ufern; bei uns weit verbreitet und fast überall häufig. **Wissenswertes** Fruchtfleisch essbar, der Stein enthält Blausäureglycoside.

Merkmale 1–4 m hoher, gelegentlich höherer, 2–5 m breiter, sparrig vezweigter, Strauch mit kräftigen Kurztriebdornen. Blätter elliptisch bis verkehrt eiförmig, 3–4 cm lang und um 2 cm breit. Blüten weiß, einzeln an zahlreichen Kurztrieben vor dem Blattaustrieb; Blütezeit März–April. Blauschwarz bereifte, um 1 cm große, essbare Steinfrüchte, vor strengeren Frösten stark gerbstoffreich, nach Frost erfrischend säuerlich. An Wald- und Wegrändern, in Hecken und Gebüschen; fast überall häufig.

Wissenswertes Die Schlehe, auch Schwarzdorn genannt, ist auf kultivierten Flächen ein zähes, kaum ausrottbares Unkraut. Sie kann sich über Wurzelbrut schnell ausbreiten und ist daher schwer zu bekämpfen. Auf der anderen Seite ist dieser Strauch eine der wichtigsten Futterpflanzen für Schmetterlingsraupen. Die meisten Raupen seltener Arten findet man allerdings nicht im dichten Schlehengestrüpp, sondern meist an schlecht wüchsigen Krüppelschlehen.

Süß-Kirsche
Prunus avium
Rosengewächse

Merkmale 15–20 m hoher Baum mit schmaler, hoher Krone. Blätter verkehrt eiförmig bis länglich oval, zugespitzt, an der Basis keilförmig, mit 2–4 großen roten Nektardrüsen. Blüten weiß, zu mehreren büschelig an Kurztrieben; Blütezeit April–Mai. Hellrote bis schwarzrote, bis 2 cm große Steinfrüchte. Außer im Siedlungsbereich oft auch in Wäldern gepflanzt und vielerorts verwildert.
Wissenswertes Die Wildform der Süß-Kirsche, die Vogel-Kirsche, kommt verbreitet in Wäldern vor und ist oft kaum von Zuchtformen zu unterscheiden.

Felsen-Kirsche, Steinweichsel
Prunus mahaleb
Rosengewächse

Merkmale 1–4 m hoher, sparrig verzweigter Strauch. Blätter rundlich oval, vorn kurz zugespitzt, 3–6 cm lang und fast ebenso breit. Blüten weiß, zu mehreren in gestielten hängenden oder abstehenden Trauben; Blütezeit April–Mai. Anfangs dunkelrote, reif schwarze, glänzende Steinfrucht mit ca. 8 mm Durchmesser. In Trockenwäldern und lichten Felsgebüschen warmer Lagen; bei uns v. a. im mittleren Rheintal und im Schwäbisch-Fränkischen Jura; selten.
Wissenswertes Dient oft als Pfropfunterlage für Süß- und Sauerkirschen.

Holzapfel
Malus sylvestris
Rosengewächse

Merkmale Strauch oder kleiner, 5–10 m hoher Baum; Äste oft bedornt. Blätter elliptisch, 4–10 cm lang und bis 5 cm breit. Blüten 3–4 cm im Durchmesser, weiß oder rötlich überlaufen, v. a. außen; Blütezeit April–Mai. Früchte kugelig, 2–4 cm im Durchmesser, grün oder leicht rötlich überlaufen, holzig. Meist in Auwäldern und etwas feuchten, steinigen Gebüschen; ziemlich selten, fehlt gebietsweise (z. B. im Tiefland) .
Wissenswertes Stammform vieler Apfelsorten, oft schwer von verwilderten Zuchtsorten zu unterscheiden.

Wildbirne
Pyrus pyraster
Rosengewächse

Merkmale 5–15 m, gelegentlich bis 20 m hoher Baum. Ältere Zweige meist mit vielen Kurztriebdornen. Blätter rundlich-elliptisch, 3–7 cm lang, fast ebenso breit. Blüten weiß, bis 4 cm im Durchmesser; Blütezeit mit dem Laubaustrieb im April–Mai. Früchte rundlich, zum Stiel etwas verschmälert, 2–3 cm lang und ebenso breit, grünlich bis bräunlich gelb, holzig. Vorwiegend in warmen, meist etwas feuchten Wäldern; ziemlich selten, doch öfters als Wildfutter angebaut.
Wissenswertes Eine von mehreren Stammformen der Kulturbirnen.

Eingriffeliger Weißdorn
Crataegus monogyna
Rosengewächse

Merkmale 3–8 m hoher, dicht verzweigter, bedornter Strauch oder Baum. Blätter rautenförmig, tief drei- bis siebenlappig, weit über die Spreitenmitte eingebuchtet, 3–7 cm lang, fast ebenso breit. Blüten weiß, 8–15 mm, in Doldenrispen; Blütezeit Mai–Juni. Scharlachrote, 1 cm große, ungenießbare Apfelfrucht. An Waldrändern und in Gebüschen, oft in Hecken oder an Straßenrändern gepflanzt; fast überall häufig.
Wissenswertes Die Art ist sehr schwer von mehreren nahe verwandten Arten zu unterscheiden. Sie bildet außerdem mit dem Zweigriffeligen Weißdorn (zwei Griffel, weniger tief gelappte Blätter, breitere Blattlappen) fruchtbare Hybriden, die in den Blattmerkmalen zwischen den Eltern stehen und die Unterscheidung noch erschweren. Extrakte aus Blättern, Blüten und Früchten werden medizinisch als Herz stärkende Mittel und gegen Bluthochdruck verwendet. Das relativ harte Holz wurde früher oft zu Werkzeugstielen und Drechselerzeugnissen verarbeitet.

Echte Mispel
Mespilus germanica
Rosengewächse

Merkmale 4–6 m hoher Strauch, selten bis 10 m hoher Baum. Blätter länglich oval bis verkehrt eiförmig, fast ungestielt, 5–12 cm lang, 2–4 cm breit. Blüten meist einzeln, weiß, bis 6 cm groß; Blütezeit Mai–Juni. Frucht apfelähnlich, braun, 2–3 cm im Durchmesser, auffallend durch die 5 kronenartigen Kelchzipfel. Heimisch in Südosteuropa, in Mitteleuropa oft angepflanzt, in klimatisch begünstigten Gebieten verwildert.
Wissenswertes Die Früchte sind erst nach stärkerer Frosteinwirkung essbar.

Gewöhnliche Zwergmispel
Cotoneaster integerrimus
Rosengewächse

Merkmale 1–2 m hoher, reich verzweigter Strauch. Blätter breit eiförmig, 1,5–4 cm lang und bis 2,5 cm breit, oberseits dunkelgrün, unterseits hellgrün bis graufilzig. Blüten weiß oder hell rötlich, 4–7 mm; Blütezeit April–Mai. Früchte rot, kugelig, bis 8 mm groß. In Felsspalten und auf Felsschutt, auch in lichten Wäldern; v. a. auf Kalk, seltener auch auf Urgestein; im Bergland im südlichen und mittleren Deutschland; nicht häufig. Verbreitungsschwerpunkt vom östlichen Mittelmeerraum bis Kleinasien.

Felsenbirne
Amelanchier ovalis
Rosengewächse

Merkmale 1–3 m hoher Strauch. Blätter breit oval, an beiden Enden abgerundet, oberseits mattgrün und kahl, unterseits gelblich, zunächst filzig, 2,5–5 cm lang, bis 2,5 cm breit. Blüten weiß, mit sehr schmalen Kronblättern, zu 3–8 in endständigen Trauben; Blütezeit April–Juni. Früchte kugelig, blauschwarz bereift, um 1 cm groß. Auf Felsbändern, an steinigen Abhängen, v. a. auf Kalk; zerstreut im süd- und mitteldeutschen Bergland und in den Alpen (bis 2000 m).
Wissenswertes Essbare Früchte, sie schmecken süß, aber etwas fad.

Gewöhnliche Mehlbeere
Sorbus aria
Rosengewächse

Merkmale Meist kleinerer, 5–15 m hoher Baum mit rundlicher Krone. Blätter ungeteilt, länglich oval, an der Basis keilförmig, oberseits glänzend dunkelgrün, unterseits dicht silbrig behaart, 6–9 cm lang und bis 6 cm breit. Blüten cremeweiß, bis 1,5 cm, zahlreich in flach gewölbten Schirmrispen; Blütezeit Mai–Juni. Früchte orange- oder korallenrot, rund, bis 1,3 cm. Im Bergland in lichten, etwas feuchten Laubwäldern und Gebüschen, oft als Straßenbaum gepflanzt.
Wissenswertes Die mehligen Früchte sind essbar, schmecken aber etwas fad.

Gewöhnliche Eberesche
Sorbus aucuparia
Rosengewächse

Merkmale Meist kleiner, 5–15 m hoher Baum mit unregelmäßiger, meist offener, rundlicher oder ovaler Krone. Blätter unpaarig gefiedert, bis 20 cm lang, mit 9–17 Fiedern. Blüten cremeweiß, zahlreich in flachen Schirmrispen; Blütezeit Mai–Juni. Früchte korallenrot, kugelig, bis 1 cm groß. Überall häufig an Waldrändern, in lichten Laubwäldern und als Pioniergehölz auf Kahlschlägen, oft an Straßenrändern gepflanzt.
Wissenswertes Die bei Vögeln sehr beliebten Früchte – die Art ist auch unter dem Namen »Vogelbeere« bekannt – bleiben den Winter hindurch an den Zweigen. Sie sind für Menschen in rohem Zustand leicht giftig und können z. B. Erbrechen und Durchfall auslösen. Die Giftwirkung verschwindet aber mit dem Kochen. Es gibt spezielle, an Bitterstoffen arme Sorten, die sich besonders zur Herstellung von Marmelade oder Kompott eignen. Früher wurde aus den Früchten Sorbitol gewonnen, das als Süßungsmittel für Diabetiker verwendet wird, daneben aber auch als mild wirkendes Abführmittel.

Speierling
Sorbus domestica
Rosengewächse

Merkmale Strauch oder bis 15 m hoher Baum. Blätter unpaarig gefiedert, mit 13–21 Fiedern, bis 26 cm lang. Blüten weiß oder rötlich, 1–1,5 cm Durchmesser, in halbkugeligen Doldenrispen; Blütezeit Mai–Juni. Früchte birnenförmig, 1,5–3 cm lang, gelblich bis oliv. Selten in Laubwäldern an warmen Plätzen, öfters gepflanzt und verwildert.
Wissenswertes Die gerbstoffreichen Früchte sind erst genießbar, wenn sie weich geworden sind. Mit ihnen wurde früher oft Apfelmost haltbarer gemacht.

Kratzbeere
Rubus caesius
Rosengewächse

Merkmale Bis 1 m hoher Strauch, locker verzweigt; Zweige zunächst aufsteigend, dann überhängend und an den Spitzen wieder festwachsend. Blätter meist dreizählig, bis 9 cm lang, 6 cm breit. Blüten weiß, ca. 3 cm Durchmesser, in Doldentrauben; Blütezeit Juni–August. Sammelfrucht aus wenigen Teilfrüchten, bläulich, bereift, säuerlicher Geschmack. Meist an etwas feuchten Waldrändern und in Auwäldern; häufig.
Wissenswertes Nicht sehr schmackhafte Früchte, die v. a. Krähen verzehren.

Brombeere
Rubus fruticosus agg.
Rosengewächse

Merkmale 1–3 m hoher, 2–4 m breiter, teils noch breiterer, kräftiger Strauch. Blätter meist fünfzählig gefiedert, Fiedern gestielt, breit elliptisch, vorn zugespitzt, am Grund abgerundet, dunkelgrün, mitunter rötlich (im Herbst kräftig karminrot), 10–20 cm lang, 5–10 cm lange Fiedern. Blüten weiß oder hellrosa, zahlreich in endständigen Rispen an vorjährigen Zweigen; Blütezeit Mai–August. Zunächst rote, reif schwarze, 1–1,5 cm große Sammelsteinfrucht, August–Oktober, essbar. An Wald- und Wegrändern überall sehr häufig, vor allem auf nährstoffreichen, überdüngten Böden.
Wissenswertes Die Brombeere ist eine äußerst formenreiche Sammelart, die heute in Mitteleuropa in weit über 200 verschiedene Kleinarten unterteilt wird. Diese unterscheiden sich v. a. in der Bestachelung, der Blattform und der Behaarung. Viele von ihnen haben eine sehr begrenzte Verbreitung. Eine sichere Unterscheidung ist meist nur gut eingearbeiteten Spezialisten möglich.

Himbeere
Rubus idaeus
Rosengewächse

Merkmale 0,5–1,5 m hoher, 2–4 m (oder mehr) breiter Strauch mit rutenförmigen Ästen und vielen Ausläufern. Blätter meist drei-, seltener fünf- bis siebenzählig gefiedert, Endfieder am größten, gestielt, seitliche Fiedern sitzend, oberseits kahl, unterseits auffällig weiß filzig, 5–10 cm lang und breit. Blüten weiß, in Rispen; Blütezeit Mai–Juni. Rote Sammelsteinfrucht, 1–1,5 cm groß, Juli–August; essbar. Auf Waldlichtungen, an Waldrändern, in Gebüschen; häufig.
Wissenswertes Neben der Wildform gibt es zahlreiche Zuchtformen.

Hunds-Rose
Rosa canina
Rosengewächse

Merkmale 1–3 m hoher, rundlicher, stark bestachelter Strauch mit Ausläufern. Blätter fünf- bis siebenzählig gefiedert, Fiedern 2–4 cm lang, 2 cm breit. Blüten hellrosa, einzeln oder max. zu dritt, 5–6 cm Durchmesser; Blütezeit Juni–August. Früchte rot, bis 2,5 cm lang, 1,4 cm breit. Meist an Wald- und Wegrändern, in Gebüschen; häufig.
Wissenswertes Die Früchte (Hagebutten) dieser auch als Hecken-Rose bezeichneten Wildrose enthalten viel Vitamin C und werden daher oft für Marmeladen verwendet.

Bibernell-Rose
Rosa spinosissima
Rosengewächse

Merkmale 0,3–0,5 m hohe, auffallend kleinstrauchige Wildrose mit Ausläufern und wenigen aufrechten Ästen; Zweige dicht mit geraden Stacheln und Stachelborsten besetzt. Blätter meist sieben- bis neunzählig unpaarig gefiedert, Fiedern rundlich elliptisch, um 1 cm lang. Blüten cremeweiß, in der Mitte gelblich, selten auch blassrosa, meist einzeln, 4–6 cm breit; Blütezeit Mai–Juni. Frucht kugelige, braunschwarze bis tief schwarze Hagebutte, 1 cm groß, weich. Auf Dünen an der Nordseeküste – daher auch Dünen-Rose genannt –, im Bin-nenland v. a. an klimatisch begünstigten Stellen im Bergland in trockenen Gebüschen und an sonnigen Waldsäumen.
Wissenswertes Die Art gehört zu den kleinsten heimischen Rosen. Sie ist die einzige mit schwarzen Hagebutten und daher v. a. im Spätsommer leicht zu erkennen. Sie eignet sich durch ihre starke Ausläuferbildung sehr gut zur Bodenbefestigung. Außer dieser Art und der Hunds-Rose gibt es in Mitteleuropa viele weitere, meist rosa blühende Wildrosen-Arten, deren sichere Unterscheidung oft auf schwierig ist.

Gewöhnliche Waldrebe
Clematis vitalba
Hahnenfußgewächse

Merkmale Bis über 10 m hoch kletternder Strauch. Blätter bis 25 cm lang, unpaarig gefiedert; 5–7 Fiederblättchen, weit voneinander entfernt. Blüten cremeweiß; Blütezeit Juni–September. Frucht eine Nuss mit silbrigem Flugorgan, bleibt im Winter an der Pflanze. In feuchten Wäldern, an Waldrändern und in Gebüschen; v. a. in den Mittelgebirgen.
Wissenswertes Eine der wenigen heimischen Lianen, die aber keine Haftwurzeln bildet, sondern sich mit den Blattstielen an der Unterlage festhakt.

Alpen-Waldrebe
Clematis alpina
Hahnenfußgewächse

Merkmale 1–3 m hoch kletternde Strauch. Blätter dreizählig oder doppelt dreizählig gefiedert; Fiederblättchen lanzettlich bis schmal eiförmig. Blüten einzeln, nickend, hellblau oder violett, selten weiß, 2–4 cm groß; Blütezeit Mai–Juli. Nussfrucht mit bis 3 cm langem, fedrig behaartem Griffel. In den Alpen v. a. auf sauren Böden in lockeren Bergwäldern, auf Schutthalden (1000–2400 m).
Wissenswertes Die Alpen-Waldrebe ist die einzige in den Alpen vorkommende Liane. ▽

Schwarze Krähenbeere
Empetrum nigrum
Krähenbeerengewächse

Merkmale 0,2–0,5 m hoher, 0,5–1,5 m breiter Zwergstrauch mit liegenden, wurzelnden sowie aufsteigenden Ästen und Zweigen. Blätter immergrün, linealisch bis schmal elliptisch, glänzend dunkelgrün, bis 8 mm lang und 2 mm breit. Blüten grünlich rosa bis purpurfarben, einzeln in den Blattachseln, bei der Hochgebirgsform meist zwittrig; Blütezeit April–Juni. Frucht eine schwarze, bis 0,8 cm große Steinfrucht mit mehreren Steinkernen, erscheint August–September. Auf sauren Böden; im norddeutschen Flachland in Mooren, auf Heiden und in lockeren Nadelwäldern, in alpinen Bergwäldern und auf Zwergstrauchheiden bis über die Baumgrenze.
Wissenswertes Es gibt zwei Unterarten, die manche Autoren als eigenständige Arten betrachten: im küstennahen Tiefland die Unterart *nigrum* mit eingeschlechtigen, in den Alpen die Unterart *hermaphroditum* mit meist zwittrigen Blüten. Die Tieflandform wurzelt an den 1,2 m weit kriechenden Zweigen, die andere nicht.

Heidekraut, Besenheide
Calluna vulgaris
Heidekrautgewächse

Merkmale 0,2–0,5 m hoher, dicht ästiger Zwergstrauch mit liegenden, aufsteigenden oder aufrechten Zweigen. Blätter immergrün, Blattrand nach unten umgeschlagen, an den Säumen durch Haare verbunden, 1–3 mm lang und um 1 mm breit. Blüten rosafarben oder hellviolett, in endständigen, 5–15 cm langen Trauben; Blütezeit August. In lichten Wäldern und auf Heiden, auf sauren, meist sandigen Böden; häufig.
Wissenswertes Die auch als Heidekraut bekannte Pflanze kann auf mageren Böden Massenbestände bilden, ist aber zur Verjüngung auf offene Bodenstellen angewiesen. Nach dem Absterben alter Sträucher bildet sich eine dicke Schicht schwer verrottbarer Reste, auf der die Samen nicht keimen können.

Glocken-Heide
Erica tetralix
Heidekrautgewächse

Merkmale Bis 70 cm hoher Zwergstrauch mit aufrechten, recht dünnen Stämmen und Zweigen. Blätter immergrün, linealisch bis lanzettlich, bis 6 mm lang, meist in vierzähligen Quirlen. Blüten hellrosa, krugförmig mit 4 Kronblattzipfeln, bis 9 mm lang, in fünf- bis fünfzehnblütigen Dolden an den Zweigspitzen; Blütezeit Juli–September. Auf sauren Böden in Mooren und Feuchtheiden, in moorigen Kiefernwäldern; im nordwestdeutschen Flachland verbreitet und fast überall häufig, im übrigen Deutschland praktisch fehlend.
Wissenswertes Die Glockenheide gehört zu den klassischen atlantisch verbreiteten Pflanzen. Ihr Verbreitungsgebiet deckt sich in Mitteleuropa fast ganz mit dem Bereich des atlantischen Klimaeinflusses.

Schnee-Heide
Erica carnea
Heidekrautgewächse

Merkmale Nur bis 25 cm hoher, kriechender immergrüner Zwergstrauch mit niederliegenden, dünnen Zweigen. Blätter linealisch, bis 8 mm lang, meist zu viert in Quirlen angeordnet, an den Rändern nach unten eingerollt und dadurch die Blattunterseite verdeckend. Blüten rosa oder fleischfarben, mit röhrenförmiger, vierzipfliger Blütenkrone, aus der die dunklen Staubgefäße hervorragen, nickend, in meist einseitswendigen Trauben; Blütezeit März–Juni. In lockeren Kiefernwäldern und Felsgebieten, meist auf Kalk; vom Alpenvorland bis oberhalb der Waldgrenze.
Wissenswertes Die oft schon vor der Schneeschmelze erscheinenden, auffallenden Blüten machten die Art zu einer sehr beliebten Gartenpflanze.

Preiselbeere
Vaccinium vitis-idaea
Heidekrautgewächse

Merkmale Bis 0,3 m hoher, 0,5 m breiter Zwergstrauch mit kriechenden Sprossachsen und aufsteigenden, mäßig verzweigten Ästen. Blätter oberseits glänzend dunkelgrün, unterseits hellgrün mit dunkleren Punkten, bis 2 cm lang und 1 cm breit, immergrün. Blüten cremeweiß, teils leicht rötlich überlaufen, in hängenden Trauben; Blütezeit Mai–September. Früchte scharlachrot, 0,5–0,8 cm, im August–Oktober; essbar. In lichten Nadelwäldern, an Morrändern, auf Zwergstrauchheiden; vom Tiefland bis in etwa 3000 m Höhe.
Wissenswertes Auch als Kronsbeeren bekannt. Die etwas säuerlichen Beeren enthalten Benzoesäure, die das sehr beliebte Kompott etwas haltbar macht.

Immergrüne Bärentraube
Arctostaphylos uva-ursi
Heidekrautgewächse

Merkmale Immergrüner, niederliegender Zwergstrauch mit bis 1,5 m langen Trieben. Blätter ledrig, verkehrt eiförmig bis lanzettlich, bis 30 mm lang und 12 mm breit. Blüten weißlich oder rötlich, oft nur mit rötlichen Spitzen, krugförmig mit 5 Blütenblattzipfeln, in etwa zehnblütigen, nickenden Trauben; Blütezeit März–Juli. Früchte scharlachrot, kugelig, mehlig. Im Tiefland in lockeren Wäldern auf Sandboden (selten) sowie in den Alpen bis in ca. 2500 m Höhe auf felsigem Grund in Zwergstrauchheiden (ziemlich häufig).
Wissenswertes Die für uns ungenießbaren Früchte werden gern von Vögeln gefressen, die dadurch für die Verbreitung der Samen sorgen. ▽

Rauschbeere
Vaccinium uliginosum
Heidekrautgewächse

Merkmale Bis 1 m hoher, sommergrüner Strauch mit weit kriechendem Spross. Blätter verkehrt eiförmig, am Ende stumpf oder etwas zugespitzt, ca. 25 mm lang und 12 mm breit. Blüten weiß oder rötlich, bis 6 mm lang, in ein- bis dreiblütigen, nickenden Trauben; Blütezeit Mai–Juli. Frucht dunkelblaue, bereifte Beere, ca. 10 mm, im August. In Moorwäldern und am Rand von Hochmooren, auch in alpinen Zwergstrauchheiden bis etwa 3000 m; ziemlich häufig.
Wissenswertes Die süßlichen, etwas faden Beeren sind essbar. Sie sollen aber beim Verzehr größerer Mengen leicht narkotisierend wirken, daher auch die Namen Trunkelbeere und Schwindelbeere.

Bäume/Sträucher

Heidelbeere
Vaccinium myrtillus
Heidekrautgewächse

Merkmale Bis 0,5 m hoher, reich verzweigter, dichtblättriger Zwergstrauch. Blätter länglich oval, zugespitzt, an der Basis gerundet, matt hellgrün, im Herbst prächtig goldgelb bis karminrot, 2–3 cm lang, etwa 1 cm breit. Blüten grünlich weiß oder rötlich, Krone krugförmig glockig, vier- oder fünfzählig (erkennbar nur an den Zipfeln der krugförmigen Krone), zu 1–2 in den Blattachseln an den Zweigenden; Blütezeit Mai–Juni. Beeren blauschwarz bereift, bis 1 cm, erscheinen im Juli–August; essbar. In lichten Nadelwäldern auf sauren Böden, in Mooren und alpinen Zwergstrauchheiden (bis über 2500 m); recht häufig, nur in ausgesprochenen Kalkgebieten selten.
Wissenswertes Die sehr wohlschmeckenden Beeren werden z. T. sogar erwerbsmäßig gesammelt. Sie sind auch als Blaubeeren oder (in Norddeutschland) als Bickbeeren bekannt. Der im Saft enthaltene, kräftig rote Farbstoff wurde früher zum Färben von Wein benutzt. In Gärten wird oft die größere Früchte tragende, bis 2 m hohe Strauch-Heidelbeere *(Vaccinium corymbosum)* aus Nordamerika angepflanzt.

Gewöhnliche Moosbeere
Vaccinium oxycoccus
Heidekrautgewächse

Merkmale Immergrüner Zwergstrauch mit bis 80 cm langen, dünnen, kriechenden Sprossen. Blätter eiförmig bis länglich eiförmig, am Ende zugespitzt, bis 10 mm lang, 5 mm breit. Blüten karminrosa, nickend, lang gestielt, vierzählig, mit bis 6 mm langen, zurückgeschlagenen Kronblattzipfeln, in endständigen Trauben an kurzen, aufgerichteten Trieben; Blütezeit Mai–Juli. Beeren leuchtend rot, meist kugelig, etwa 1 cm groß, mit herabgekrümmtem Stiel am Boden liegend. Am Rand von Moorschlenken in Hoch- und Zwischenmooren, hier in dichten Rasen auf den Torfmoospolstern; am häufigsten in Norddeutschland und im Alpenvorland, in den Alpen nur bis etwa 1300 m.
Wissenswertes Die sauren Beeren schmecken erst nach Frosteinwirkung angenehm. Daneben kommen bei uns sehr viel seltener die Kleinfrüchtige Moosbeere *(Vaccinium microcarpum)* mit birnenförmigen Beeren und die aus Nordamerika stammende Großfrüchtige Moosbeere *(Vaccinium macrocarpum)* vor, die an ihren aufrechten Sprossen zu erkennen ist.

Gämsheide
Loiseleuria procumbens
Heidekrautgewächse

Merkmale Immergrüner, niederliegender Zwergstrauch, bildet mit bis 50 cm langen, stark verzweigten und immer wieder fest wurzelnden Trieben dichte Matten. Blätter länglich, mit abgerundeter Spitze und nach unten eingerollten Rändern, bis 7 mm lang und 2 mm breit. Blüten rosa, fünfzählig, bis 6 mm Durchmesser, zu 2–5 in endständigen Dolden; Blütezeit Juni–Juli. Frucht eine bis 4 mm große, rötliche Kapsel. Auf kalkfreiem Untergrund in Felsspalten und auf Rohhumusböden, in Mitteleuropa nur in den Alpen zwischen 1500 und 3000 m Höhe; in den Zentralalpen häufig, in den deutschen Alpen seltener, auch in Nordeuropa weit verbreitet.
Wissenswertes Der auch als Alpenazalee bekannte Strauch bildet v. a. an stark ausgesetzten, bereits sehr früh im Jahr schneefreien Stellen seine dichtesten Bestände aus. Da er bereits unmittelbar nach der Schneeschmelze zu blühen beginnt, prägt er mit seinen rosafarbenen Blüten meist als erste Pflanze den Vorfrühling im Hochgebirge.

Rosmarinheide
Andromeda polifolia
Heidekrautgewächse

Merkmale Bis 40 cm hoher, immergrüner Zwergstrauch mit kriechendem Spross und aufsteigenden Zweigen. Blätter linealisch bis schmal lanzettlich, bis 4 cm lang, oberseits dunkelgrün, unterseits weißlich bereift. Blüten hellrosa, krugförmig, in dolden-ähnlichen Trauben; Blütezeit Mai–Juli. Auf sauren Böden in Torfmooren und Nadelwäldern; v. a. im norddeutschen Tiefland und im Alpenvorland, in den Alpen bis 1400 m.
Wissenswertes Auch als Gränke oder Lavendelheide bekannt.

Sumpfporst
Ledum palustre
Heidekrautgewächse

Merkmale Bis 1,5 m hoher, immergrüner Strauch. Blätter linealisch bis schmal elliptisch, bis 5 cm lang und 12 mm breit, oberseits dunkelgrün, unterseits rostrot. Blüten weiß, fünfzählig, bis 15 mm; Blütezeit Mai–Juni. Frucht eine hängende Kapsel. In Moorwäldern, am Rand von Hochmooren; in Deutschland v. a. im Nordosten, nach Westen vereinzelt bis in die Lüneburger Heide.
Wissenswertes Die Art ist an ihren westlichsten Fundorten fast überall ausgestorben. ▽

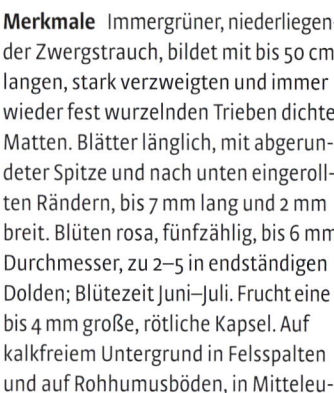

Zwerg-Alpenrose
Rhodothamnus chamaecistus
Heidekrautgewächse

Bewimperte Alpenrose
Rhododendron hirsutum
Heidekrautgewächse

Rostblättrige Alpenrose
Rhododendron ferrugineum
Heidekrautgewächse

Merkmale Bis 40 cm hoher, immergrüner Zwergstrauch. Blätter ledrig, lanzettlich bis schmal eiförmig, borstig bewimpert, bis 15 mm lang, 7 mm breit. Blüten hellrosa, radförmig ausgebreitete, bis 3 cm breite Krone, zu 1–3 in den Blattachseln vorjähriger Triebe; Blütezeit Juni–Juli. In den Ostalpen an felsigen Hängen und auf Geröllhalden, meist auf Kalk; v. a. in Höhen von 1500–2200 m.
Wissenswertes Die Zwerg-Alpenrose ist eine sehr alte Reliktart; sie hat keine näheren Verwandten und hat ein recht kleines Verbreitungsgebiet. ▽

Merkmale Bis 1 m hoher, immergrüner Strauch. Blätter schmal eiförmig, bis 3 cm lang, 1,2 cm breit, am Rand leicht eingekerbt, lange Borstenhaare, grün. Blüten rosa, trichterförmig mit glockig erweiterten Kronblattzipfeln, bis 14 mm lang; Blütezeit Mai–Juli. In den Alpen v. a. auf etwas feuchten, kalkhaltigen Böden in 1500–2500 m Höhe; in den Kalkalpen teils nicht selten, in den Zentralalpen seltener als die andere Art.
Wissenswertes Bildet, wo sie mit der Rostblättrigen Alpenrose auftritt, oft Bastarde mit dieser. ▽

Merkmale Bis 1,2 m hoher, immergrüner, stark verzweigter Strauch. Blätter ledrig, schmal elliptisch, am Ende zugespitzt, oberseits glänzend dunkelgrün, unterseits rostrot beschuppt, 1,5–4 cm lang und 1–2 cm breit. Blüten kräftig rosarot, mit trichterförmigem Grund und glockig abstehenden Zipfeln, bis 15 mm lang; Blütezeit Juni–August. Frucht eine holzige Kapsel mit sehr kleinen Samen. Meist auf sauren, kalkarmen Böden in den Alpen, v. a. in Höhe der Waldgrenze, bildet hier oft dichtere Bestände; in den Zentralalpen häufig, in den Kalkalpen und im Alpenvorland (v. a. im Randbereich von Mooren) selten.
Wissenswertes Blätter und manchmal auch Blüten werden häufig von einem gallbildenden Pilz *(Exobasidium rhododendri)* befallen. Er bildet im Sommer an den Triebspitzen der beiden Rhododendron-Arten kugelige oder blumenkohlartige, bis 4 cm große, hohle Wucherungen, die ‚man »Alpenrosenäpfel« oder »Saftäpfel« nennt. Die zunächst grünen oder roten Gebilde bekommen später durch austretende Sporen einen grauweißlichen Belag. ▽

Gagelstrauch
Myrica gale
Gagelgewächse

Sal-Weide
Salix caprea
Weidengewächse

Merkmale 0,5–1,4 m hoher, 0,5–2 m breiter Strauch. Zweige dunkelbraun, mit goldglänzenden Harzdrüsen, junge Triebe beim Zerreiben aromatisch duftend. Blätter ledrig, schmal verkehrt eiförmig, oberseits mattgrün, unterseits graugrün, 2–6 cm lang, bis 1,5 cm breit, sommergrün. Blüten zweihäusig, in gelbbraunen bis rotbraunen Kätzchen, männliche (linkes Bild) länglich, bis 1,5 cm, weibliche kugelig, bis 0,7 cm lang; Blütezeit April–Mai, vor dem Laubaustrieb. Frucht eine 2–3 mm große, dreispitzige Steinfrucht. Meist in Mooren, feuchten Kiefernwäldern, an Gräben; im nordwestdeutschen Tiefland ziemlich häufig, vereinzelt bis zum Niederrhein und an die Ostseeküste.
Wissenswertes Wird in Nordwestdeutschland oft als »Porst« bezeichnet und daher oft mit dem Sumpfporst *(Ledum palustre)* verwechselt. Früher setzte man in Norddeutschland und Skandinavien oft anstelle von Hopfen dem Bier Blätter des Gagelstrauchs zu, um die berauschende Wirkung zu erhöhen.

Merkmale 3–10 m hoher, bis 5 m breiter großer Strauch oder Baum mit breiter, meist dichtlaubiger Krone; Zweige braun oder rötlich bis fast schwarz, in der Jugend grünlich und fein weiß behaart, Holz älterer Zweige (nach Abziehen der Rinde) ohne Längsrippen. Blätter breit elliptisch, am Ende zugespitzt, bis 12 cm lang, 6 cm breit, oberseits dunkelgrün, unterseits graugrün und dicht flaumig behaart bleibend. Männliche Kätzchen zunächst silbrig, dann gelb, weibliche grünlich, beide aufrecht oder aufgebogen, ca. 3 cm lang, wie alle Weiden zweihäusig; Blütezeit März–April, vor dem Laubaustrieb. Frucht eine bräunlich grüne, bis 1 cm große Kapsel, Samen mit weißen Flughaaren. An meist etwas feuchten Stellen, z. B. auf Waldlichtungen, an Waldrändern und Kiesgruben; fast überall häufig.
Wissenswertes Die sehr zeitig im Jahr erscheinenden »Palmkätzchen« sind ein beliebter Vorfrühlingsschmuck. In katholischen Gegenden schmückt man mit ihnen am Palmsonntag die Kirche.

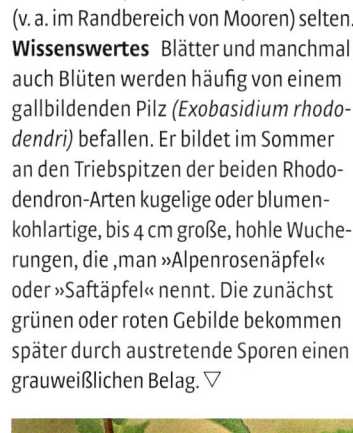

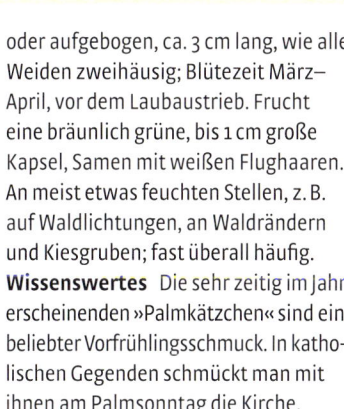

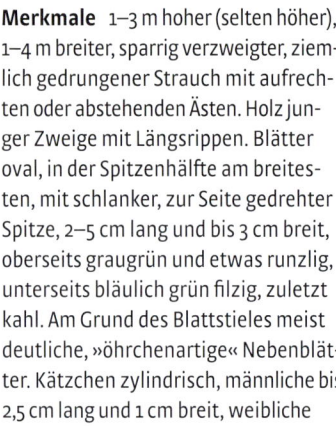

Ohr-Weide
Salix aurita
Weidengewächse

Grau-Weide
Salix cinerea
Weidengewächse

Mandel-Weide
Salix triandra
Weidengewächse

Merkmale 1–3 m hoher (selten höher), 1–4 m breiter, sparrig verzweigter, ziemlich gedrungener Strauch mit aufrechten oder abstehenden Ästen. Holz junger Zweige mit Längsrippen. Blätter oval, in der Spitzenhälfte am breitesten, mit schlanker, zur Seite gedrehter Spitze, 2–5 cm lang und bis 3 cm breit, oberseits graugrün und etwas runzlig, unterseits bläulich grün filzig, zuletzt kahl. Am Grund des Blattstieles meist deutliche, »öhrchenartige« Nebenblätter. Kätzchen zylindrisch, männliche bis 2,5 cm lang und 1 cm breit, weibliche etwas größer; Blütezeit März–April, vor dem Laubaustrieb. Von der Küste bis in die Alpen – hier etwa bis zur Baumgrenze – an feuchten Stellen wie Mooren, Bruchwäldern und bachbegleitenden Gebüschen, meist auf saurem Boden; in den meisten Gebieten ziemlich häufig.

Wissenswertes Neigt wie viele Weiden stark zur Ausbildung von Bastarden, insbesondere mit der Grau-Weide und der Sal-Weide. Diese an manchen Stellen zahlreichen Kreuzungsprodukte machen eine sichere Bestimmung der Art oft außerordentlich schwierig.

Merkmale Bis 4 m hoher Strauch, selten bis 6 m hoher Baum. Sehr ähnlich der Sal-Weide, doch Holz zwei- bis vierjähriger Zweige unter der Rinde mit feinen Längsrippen besetzt; junge Zweige heller oder dunkler braun, Behaarung fein, grau. Blätter 8–10 cm lang, 3–4 cm breit. Kätzchen 3–5 cm lang, um 2 cm breit; Blütezeit März–April. In Gebüschen, an Moorrändern, seltener als Sal-Weide.

Wissenswertes Die Kätzchen sind wie die der Sal-Weide im zeitigen Frühjahr eine wichtige Nahrungsquelle für Bienen und andere früh fliegende Insekten.

Merkmale Als Strauch bis 4 m, als Baum bis 7 m hoch. Blätter lanzettlich, 5–10 cm lang und etwa 2 cm breit, am Rand fein gezähnt, nur jung etwas behaart. Männliche Kätzchen mit 3 Staubblättern je Einzelblüte, 6–8 cm lang, um 1 cm breit, weibliche etwas kleiner; Blütezeit April–Mai mit dem Laubaustrieb. An Flussufern und auf öfters überschwemmten Flächen; nicht häufig.

Wissenswertes Die einzige Weide mit 3 Staubblättern unter jedem Tragblatt der Kätzchen; die anderen Arten haben 2 oder mindestens 4 Staubblätter.

Korb-Weide
Salix viminalis
Weidengewächse

Purpur-Weide
Salix purpurea
Weidengewächse

Silber-Weide
Salix alba
Weidengewächse

Merkmale 2–4 m hoher Strauch oder bis 10 m hoher Baum mit grünlichen oder braunen, in der Jugend fein grau behaarten Zweigen. Blätter schmal lanzettlich, bis 15 cm lang, 1,5 cm breit, oberseits dunkelgrün, etwas glänzend, unterseits dicht silbrig behaart. Blütenkätzchen fein grau behaart, bis 3,5 cm lang, 1 cm dick; Blütezeit März–April, kurz vor dem Laubaustrieb. Meist an Ufern auf zeitweise überschwemmten Böden; in den meisten Gebieten ziemlich häufig, v. a. in den größeren Flusstälern.

Wissenswertes Die biegsamen Zweige der Korb-Weide eignen sich sehr gut zum Flechten. Sie wurden daher von alters her zur Herstellung von Körben und anderem Flechtwerk verwendet. Durch das wiederholte Stutzen der Zweige entstanden die charakteristischen Kopf-Weiden, die vielerorts Bach- und Flussufer säumen. Leider verfallen die meisten dieser Bestände allmählich, da sich ohne regelmäßiges Stutzen starke Äste ausbilden, die die oft ausgehöhlten Stämme auseinanderbrechen lassen.

Merkmale Bis 6 m hoher Strauch oder Baum. Blätter lanzettlich, breiteste Stelle in der Spitzenhälfte, 5–10 cm lang, bis 2 cm breit, oberseits matt dunkelgrün, unterseits bläulich. Kätzchen bis 5 cm lang, um 1 cm dick, mit vor dem Öffnen purpurroten Staubbeuteln; Blütezeit März–Mai, vor dem Laubaustrieb. An Ufern, in Kiesgruben und Auwäldern; in den meisten Gebieten nicht selten.

Wissenswertes Die Blätter sind oft mit Gallen besetzt, in denen sich Blattwespenlarven entwickeln.

Merkmale Bis 30 m hoher Baum mit breiter Krone auf dickem, schon dicht über dem Grund in mehrere Hauptäste aufgeteiltem Stamm. Blätter lanzettlich, 5–12 cm lang, bis 2 cm breit, anfangs anliegend seidig behaart, später kahl. Kätzchen gelblich, aufgebogen, 5–7 cm lang, mit den Blättern im April–Mai erscheinend. Meist in periodisch überschwemmten Flussauen; ziemlich häufig.

Wissenswertes Die Silber-Weide festigt mit ihrem Wurzelwerk die Ufer und beugt so Erosionsschäden vor.

Kriech-Weide
Salix repens
Weidengewächse

Netz-Weide
Salix reticulata
Weidengewächse

Kraut-Weide
Salix herbacea
Weidengewächse

Merkmale 0,3–1 m hoher, meist niederliegender Strauch mit unterirdisch kriechenden Ästen und aufsteigenden Zweigen. Blätter lanzettlich, bis 5 cm lang, 2 cm breit. Kätzchen aufrecht, männliche bis 15 mm lang, 5 mm breit, weibliche ca. doppelt so groß; Blütezeit April–Mai, kurz vor dem Laubaustrieb . Auf feuchten Böden auf Streuwiesen, am Rand von Mooren, aber auch auf trockenen Böden in Heiden und Dünen; von der Küste bis in die Alpen (bis ca. 2500 m), gebietsweise nicht selten, doch vielerorts durch Trockenlegung gefährdet.

Merkmale 5–30 cm hoher Zwergstrauch. Blätter breit elliptisch, 1–5 cm lang, bis 4 cm breit, oberseits matt dunkelgrün, unterseits weißlich grün, sehr deutliches Nervennetz. Kätzchen schmal zylindrisch, männliche bis 3,5 cm lang, 2 cm lang gestielt, weibliche etwas kleiner; Blütezeit Juli–August. In den Alpen in Höhen von 1700–3000 m, auf kalkhaltigen, lange schneebedeckten Böden und früh schneefreien, felsigen Flächen.
Wissenswertes Durch das vertiefte Nervennetz auf der Blattoberseite mit keiner anderen Weide zu verwechseln.

Merkmale Niederliegender, höchstens 5 cm hoher Zwergstrauch mit unterirdisch kriechenden Ästen und Zweigen, die nur mit ihren jüngsten, Blätter tragenden Spitzen über die Bodenoberfläche emporragen. Blätter breit eiförmig bis kreisrund, 0,5–3 cm lang und fast ebenso breit, auf beiden Seiten glänzend grün, am Rand fein gezähnt. Kätzchen fast kugelig, aus wenigen Blüten zusammengesetzt, männliche bis 6 mm, weibliche bis 10 mm lang; Blütezeit Juni–August, Blüten erscheinen zusammen mit den Blättern oder etwas später als diese. Fast nur oberhalb der Waldgrenze bis etwa 3300 m, auf kalkarmen, lange schneebedeckten Böden (Schneetälchen); außer in den Alpen (v. a. Zentralalpen) sehr selten im Riesengebirge.
Wissenswertes Die Kraut-Weide wird oft als »kleinster Baum der Welt« bezeichnet. Sie kommt mit extrem widrigen Lebensbedingungen zurecht. So kann sie selbst an Stellen wachsen, die 9 Monate im Jahr mit Schnee bedeckt sind. Ihr Hauptverbreitungsgebiet umfasst die Arktis der Alten und Neuen Welt.

Schwarz-Pappel
Populus nigra
Weidengewächse

Silber-Pappel
Populus alba
Weidengewächse

Zitter-Pappel
Populua tremula
Weidengewächse

Merkmale Bis 30 m hoher Baum mit meist sehr breiter Krone auf geradem Stamm. Blätter rundlich dreieckig, 5–7 cm lang, bis 6 cm breit, 2–5 cm lang gestielt. Zweihäusig, Blüten in hängenden, 6–10 cm langen, bis 1 cm dicken Kätzchen, männliche mit rötlichen Staubgefäßen, weibliche grün; Blütezeit März–April. Meist in Auwäldern, an Ufern; nicht häufig.
Wissenswertes Eine häufig kultivierte Wuchsform dieser Art ist die »Pyramiden-Pappel« mit sehr schmaler Krone.

Merkmale Bis 30 m hoher Baum mit meist weit ausladender Krone. Rinde anfangs hell-, später dunkelgrau, an älteren Bäumen mit Leisten und Furchen. Blätter breit dreieckig, in 3–5 größere Lappen gegliedert. Blätter oberseits glänzend dunkelgrün, unterseits dicht weißfilzig behaart. Kätzchen hängend, 3–7 cm lang; Blütezeit März–April. Meist an etwas feuchten, sandigen Standorten, z. B. in Flussauen; ziemlich häufig.
Wissenswertes Ist als schnellwüchsiger Forstbaum sehr geschätzt.

Merkmale 10–30 m hoher Baum mit lichter, weit auslandender Krone auf geradem Stamm. Rinde anfangs grau, später schwarzgrau, zunächst mit markanten Streifen aus Lentizellen (Korkwarzen), später längsrissig, jedoch kaum gefurcht oder gefeldert. Blätter fast kreisförmig oder leicht oval mit kurzer, kaum betonter Spitze, 3–7 cm lang und breit, oberseits matt graugrün, unterseits hell bläulich grün, nur kurz nach dem Austrieb leicht behaart, sonst kahl. Zweihäusig, windblütig, männliche Kätzchen purpurn, schlaff hängend, bis 10 cm lang, weibliche grünlich, aufwärts gebogen, um 3 cm; Blütezeit März–April. vor dem Laubaustrieb. Frucht bis 1 cm große grünbräunliche Kapsel; Samen mit weißen Flughaaren. In etwas feuchten Laubwäldern, an Wald- und Wegrändern, in Sand- und Kiesgruben; ziemlich häufig.
Wissenswertes Die Zitter-Pappel wird auch als Espe bezeichnet. Ihre langstieligen Blätter bewegen sich bei der leichtesten Luftbewegung – daher der Ausdruck »Zittern wie Espenlaub«.

Deutsche Tamariske
Myricaria germanica
Tamariskengwächse

Sommer-Linde
Tilia platyphyllos
Lindengewächse

Winter-Linde
Tilia cordata
Lindengewächse

Merkmale 0,5–1,5 m hoher, immergrüner, kahler Strauch. Blätter schuppenförmig, 2–5 mm lang, ca. 1 mm breit, sich dachziegelartig überdeckend. Blüten weißlich oder hell rötlich, fünfzählig, 7–9 mm, in 4–15 cm langen Trauben; Blütezeit Mai–August. Frucht bis 12 mm lange, kegelförmige Kapsel; Samen mit behaartem Schnabel. Auf Kiesbänken, an Alpenflüssen; von den Alpen teils bis zur Donau herabgeschwemmt; selten.
Wissenswertes Ist bei uns durch den Verlust geeigneter Lebensräume hochgradig gefährdet.

Merkmale Bis 40 m hoher, über 10 m breiter Baum mit breiter, rundlicher Krone auf langem, geradem Stamm. Blätter leicht unsymmetrisch herzförmig, mit schlanker Spitze, 7–12 cm lang, oberseits matt frischgrün, unterseits etwas blasser, viele weiße Haarbüschel in den Winkeln der Hauptnerven. Blüten gelblich weiß, zu 2–6 in hängenden Rispen; Blütezeit Juni, nach dem Laubaustrieb. Frucht blassbraune, etwa 1 cm große Nuss mit 3–5 deutlichen Längsrippen. Meist in Schluchtwäldern, oft als Forst- und Straßenbaum gepflanzt.

Merkmale Bis 30 m hoher und 10 m breiter Baum mit dichter, breiter Krone auf kräftigem, geradem Stamm mit grauschwarz gerippter, längs gefurchter Rinde. Blätter rundlich herzförmig, leicht unsymmetrisch, bis 8 cm lang und fast ebenso breit, oberseits dunkelgrün, unterseits bläulich, mit bräunlichen Haarbüscheln in den Winkeln der Hauptnerven (wichtiges Unterscheidungsmerkmal zur Sommer-Linde). Blüten gelblich weiß, zu 4–12 in hängenden Rispen an einem flügelartigen Hochblatt, zwittrig, Staubblätter bis 30 in 5 Büscheln, angenehm duftend; Blütezeit Juni–Juli, nach dem Laubaustrieb. Frucht eine blassbraune, bis 0,7 cm große, ungerippte Nuss. Ursprünglich v. a. in wärmebegünstigten Gebieten auf steinigen, tiefgründigen Böden; v. a. in Auwäldern und an Berghängen Süddeutschlands, vielerorts als Alleebaum, in Wäldern und Parks gepflanzt.
Wissenswertes Die Winterlinde gehört zu den sich gut aus Stockausschlägen verjüngenden Baumarten. Sie wird daher durch Niederwald- und Mittelwaldbewirtschaftung sehr gefördert.

Haselnuss
Corylus avellana
Birkengewächse

Hainbuche
Carpinus betulus
Birkengewächse

Merkmale 2–6 m hoher, großer, meist breitwüchsiger Strauch. Blätter rundlich bis verkehrt oval, mit schlanker Spitze und leicht schiefem Blattgrund, 7–10 cm lang, bis 6 cm breit. Männliche Kätzchen hellgelb, hängend, um 5 cm lang, weibliche Blüten knospenförmig, mit weit herausragenden, roten Narben; Blütezeit Februar–April, lange vor dem Laubaustrieb. Frucht hellbraune, eiförmige, 1,5–2 cm lange Nuss in kelchförmiger Hülle aus 2 hellgrünen, tief zerschlitzten Hochblättern. In lockeren Laubmischwäldern, an Waldrändern; bei uns weit verbreitet und überall häufig.
Wissenswertes Die Haselnuss ist einer der ersten Frühblüher im Jahr, aber als windbestäubte Art auf keine Bestäuber angewiesen. Die Nüsse sind schon seit alter Zeit als Nahrungsmittel von Bedeutung. Besonders in Südosteuropa wird die Pflanze noch heute erwerbsmäßig angebaut. In unseren Gärten sind verschiedene Ziersorten verbreitet, v. a. die »Korkenzieher-Hasel« mit spiralig verdrehten Zweigen.

Merkmale 15–25 m hoher, bis 7 m breiter Baum mit anfangs pyramidaler, im Alter rundlicher Krone; Stamm oft mit ovalem Querschnitt, bei älteren Exemplaren stärker gedreht oder wulstig. Blätter länglich eiförmig, kurz zugespitzt, an der Basis gerundet, ziehharmonikaartig gefaltet, 4–10 cm lang, 3–6 cm breit, beidseits frisch grün, Blattrand doppelt gesägt. Männliche Kätzchen, 4–7 cm lang, hängend, gelb, weibliche Blüten paarweise in der Achsel eines lang bewimperten Tragblattes; Blütezeit März–April. Frucht hellbraune, bis 0,8 cm große Nuss an einem dreilappigen Segelblatt. In Laubwäldern, an Waldrändern, gern an etwas feuchten Stellen; bei uns in den meisten Gegenden recht häufig.
Wissenswertes Die auch als Weißbuche oder Hagebuche bekannte Art erträgt regelmäßigen Schnitt und eignet sich sehr für dichte Hecken. Sie regeneriert sich leicht durch Stockausschläge und wird durch Niederwaldbewirtschaftung stark gefördert. Ihr Holz ist sehr hell (Weißbuche!) und leicht.

Zwerg-Birke
Betula nana
Birkengewächse

Merkmale Bis 1 m hoher Strauch. Blätter fast kreisrund, 4–12 mm lang, gekerbt gezähnt mit abgerundeten Zahnspitzen. Einhäusig, windblütig, Kätzchen aufrecht, männliche zylindrisch und bis 1,5 cm lang, weibliche etwas kürzer; Blütezeit April–Mai. Fast nur in Hochmooren auf nährstoffarmen Torfböden; sehr selten in der Lüneburger Heide, im Harz und südlichen Alpenvorland.
Wissenswertes Bei uns ist die Zwerg-Birke ein Eiszeitrelikt, das v. a. durch Trockenlegung der Moore viele Standorte eingebüßt hat. ▽

Strauch-Birke
Betula humilis
Birkengewächse

Merkmale 0,5–2 m hoher Strauch. Blätter eiförmig bis rundlich eiförmig, 1–4 cm lang, 0,8–3 cm breit, gekerbt gezähnt mit zugespitzten Zähnen. Kätzchen aufrecht, 1–1,5 cm lang, 6–7 mm dick; Blütezeit April–Mai. In Hoch- und Zwischenmooren auf sauren und nassen Böden; in Mitteleuropa selten; v. a. in Ostdeutschland und im Alpenvorland, am Alpenrand bis ca. 800 m, im Innern der Alpen fast fehlend.
Wissenswertes Durch Trockenlegung der Moore stark gefährdet, an vielen Standorten ausgestorben. ▽

Moor-Birke
Betula pubescens
Birkengewächse

Merkmale Strauch oder 10–25 m hoher Baum mit schlanker Krone. Junge Triebe dicht behaart. Blätter rautenförmig, mit kurzer Spitze, 3–5 cm lang, bis 3,5 cm breit, unterseits auf den größeren Blattnerven und in den Nervenwinkeln flaumig behaart. Männliche Kätzchen gelb, hängend, bis 8 cm lang, weibliche grünlich, aufrecht, bis 3 cm lang; Blütezeit April–Mai. Meist auf feuchten Sand- und Moorböden; vom Flachland bis in die Alpen (bis 2000 m) ziemlich häufig, aber fast überall seltener als die Hänge-Birke.

Hänge-Birke
Betula pendula
Birkengewächse

Merkmale 10–25 m hoher Baum mit anfangs kegeliger, später rundlicher Krone; Stamm mit silbrig weißer Rinde. Zweige ziemlich lang und schleierartig hängend. Blätter dreieckig, 4–7 cm lang, bis 5 cm breit, oberseits leicht glänzend. Männliche Kätzchen gelb, hängend, bis 10 cm lang, weibliche grünlich, aufgebogen, bis 3 cm lang; Blütezeit April–Mai, mit dem Laubaustrieb. In lichten Wäldern, an Waldrändern, auf offenen Flächen; häufig.
Wissenswertes Pioniergehölz auf Schlagflächen oder nach Windbrüchen.

Grau-Erle
Alnus incana
Birkengewächse

Merkmale Strauch oder 10–25 m hoher Baum mit kegelförmiger Krone, meist mehrstämmig. Blätter oval bis rundlich, vorn zugespitzt, an der Basis rundlich, 7–10 cm lang, bis 7 cm breit, 8–12 Paar Seitennerven. Männliche Kätzchen gelblich, hängend, bis 10 cm, weibliche grün, aufrecht, bis 2 cm; Blütezeit März–April, vor dem Laubaustrieb. Im Bergland und in Alpentälern in Auwäldern und an Ufern, im Tiefland selten bis fehlend.
Wissenswertes Eignet sich gut zur Uferbefestigung.

Grün-Erle
Alnus alnobetula
Birkengewächse

Merkmale 0,5–3 m hoher Strauch. Blätter breit eiförmig, am Ende kurz zugespitzt, 4–8 cm lang, 5–7 Paar Seitennerven. Männliche Blüten in 4–6 cm langen, 1–1,5 cm dicken, hängenden Kätzchen, weibliche in 0,8–1 cm langen, ca. 0,5 mm dicken, zapfenartigen Kätzchen; Blütezeit April–Mai. Meist auf sauren Böden an feuchten Stellen; v. a. in den Alpen bis in 2000 m und in einigen Mittelgebirgen.
Wissenswertes In lawinengefährdeten Alpenlagen ein wichtiger Erosionsschutz, wird daher auch angepflanzt.

Schwarz-Erle
Alnus glutinosa
Birkengewächse

Merkmale 10–25 m hoher, bis 5 m breiter Baum mit breiter Krone und hohem Stamm, oft mehrstämmig; Äste gebogen, aufrecht oder waagerecht. Blätter breit keilförmig, im vorderen Drittel am breitesten, vorn meist deutlich eingebuchtet, 4–8 cm lang, meist ebenso breit, mit 5–8 Paaren Seitennerven. Wie alle Birkengewächse windblütig, einhäusig. Männliche Kätzchen anfangs purpurn, beim Stäuben hellgelb, hängend, um 5 cm lang, weibliche dunkelrot, schräg abstehend, 5–6 mm lang; Blütezeit März–April, vor dem Laubaustrieb. Früchte zapfenartig, erst grün, reif dunkelbraun. Auf nassen, kalkarmen Böden, in Bruchwäldern, Auwäldern, an Ufern; in Mitteleuropa weit verbreitet, in den meisten Gegenden häufig.
Wissenswertes Die Wurzeln stehen mit einem Strahlenpilz in Verbindung, der den Luftstickstoff bindet und ihn so für den Baum verfügbar macht. Da der Stickstoff auch für andere Pflanzen nutzbar ist, spielen Erlen als Bodenverbesserer eine wichtige Rolle.

Stiel-Eiche
Quercus robur
Buchengewächse

Trauben-Eiche
Quercus petraea
Buchengewächse

Merkmale Bis 40 m hoher, über 10 m breiter Baum, breite, hohe, im Alter recht unregelmäßige Krone aus starken, gedrehten Ästen; Stamm meist schon in geringer Höhe in mehrere Hauptäste geteilt. Rinde hellgrau, schon bei jüngeren Bäumen tief längs- und querfurchig. Blätter sehr kurz gestielt, verkehrt eiförmig, jederseits mit 5–7, etwas ungleich rundlichen Lappen und Buchten, 10–12 cm lang, bis 8 cm breit. Einhäusig, windblütig; Blüten unscheinbar grünlich gelb, männliche Kätzchen 2–4 cm lang, in Büscheln herabhängend, weibliche zu 1–5 in gestielten, aufrechten Ähren; Blütezeit April–Mai mit dem Laubaustrieb. Frucht (Eichel) anfangs grüne, reif hellbraune, bis 3,5 cm lange Nuss in becherförmigem Tragorgan, meist zu mehreren an einem langen Stiel. In Wäldern und offenem Gelände; in Mitteleuropa weit verbreitet und fast überall häufig.
Wissenswertes Die Stiel-Eiche wird sehr alt und erreicht einen Stammumfang von etwa 15 m. Die ältesten Exemplare sind etwa 1000 Jahre alt; einige aus historischer Zeit sollen sogar ein Alter von 1300 Jahren erreicht haben.

Merkmale Bis 40 m hoher, stattlicher Baum mit großer, gewölbter, oft etwas unregelmäßiger Krone auf geradem, langem Stamm, der im Unterschied zur Stiel-Eiche klar bis in den oberen Kronenraum zu verfolgen ist. Blätter 1–3 cm lang gestielt, verkehrt eiförmig, an der Basis keilförmig verschmälert, ziemlich regelmäßig und fast symmetrisch jederseits mit 5–9 rundlichen Lappen und Buchten, 8–12 (gelegentlich 20) cm lang, bis 5 cm breit. Blüten grünlich gelb, männliche Kätzchen 2–4 cm lang, zu mehreren in Büscheln herabhängend, weibliche Blüten meist in Gruppen zu 2–3 sitzend oder kurz gestielt; Blütezeit April–Mai. Eicheln 2–3 cm lang, sitzend oder max. 1,5 cm lang gestielt. In wintermilden Lagen auf nährstoffreichen Böden; fast überall recht häufig.
Wissenswertes Trauben-Eiche und Stiel-Eiche sind nah verwandt und bilden im gemeinsamen Verbreitungsgebiet fruchtbare Bastarde, die in den Merkmalen zwischen den Eltern stehen. Deshalb wurden sie lange nicht als 2 Arten unterschieden. Die Trauben-Eiche wird 500–800 Jahre alt.

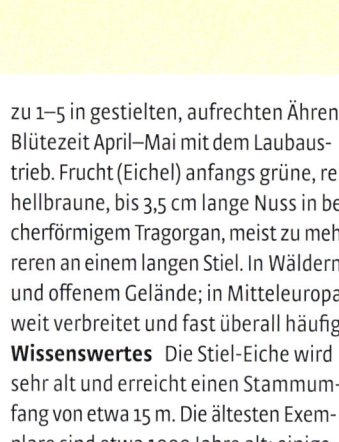

Rot-Eiche
Quercus rubra
Buchengewächse

Flaum-Eiche
Quercus pubescens
Buchengewächse

Rot-Buche
Fagus sylvatica
Buchengewächse

Merkmale Bis 35 m hoher Baum, anfangs kegelförmige, später breite Krone; Stamm massiv, aber relativ kurz, schon in geringer Höhe in mehrere Hauptäste geteilt. Blätter jederseits mit 3–5 breiten, ein- bis dreizipfligen Blattlappen, max. bis zur Spreitenmitte eingeschnitten, 10–25 cm lang, bis 12 cm breit, matt dunkelgrün; Blütezeit Mai; Eicheln bis 1 cm lang gestielt. Oft in Wäldern und Parks angepflanzt.
Wissenswertes Die Art stammt aus dem östlichen Nordamerika.

Merkmale Sparrig verzweigter Strauch oder 5–20 m hoher Baum. Junge Blätter unterseits flaumig behaart, auch später mit Flaumresten. Männliche Blüten in 4–6 cm langen, hängenden Kätzchen, weibliche zu 2–4, sitzend oder gestielt; Blütezeit April–Mai. Südeuropa und bis Mittelrhein und Thüringen.
Wissenswertes Die Flaum-Eiche neigt in Mitteleuropa stark zur Bastardisierung mit der Trauben-Eiche. Kommt in weit nördlich gelegenen Vorkommen kaum in reinrassigen Exemplaren vor.

Merkmale 25–30 m hoher, bis 10 m breiter, stattlicher Baum mit breiter, rundlicher, ziemlich regelmäßiger Krone, Stamm spätestens in der Kronenmitte in mehrere starke Äste geteilt. Rinde bleigrau, an den Zweigen rötlich braun, auch bei alten Exemplaren glatt oder wenig aufgeraut. Blätter länglich elliptisch, an der Basis keilförmig, 5–10 cm lang, 4–7 cm breit, oberseits glänzend dunkelgrün, unterseits auf den Hauptnerven und in den Winkeln dazwischen leicht behaart. Einhäusig, windblütig; Blüten unauffällig grünlich, männliche Blütenstände kugelig, 2–3 cm lang gestielt, zottig behaart, hängend, weibliche in einem filzigen Becherorgan; Blütezeit April–Mai. Frucht (Buchecker) braune, bis 2 cm lange Nuss in stacheligem Fruchtbecher, erscheint September–Oktober. In Laubwäldern, bildet hier oft Reinbestände; bei uns überall häufig.
Wissenswertes Bucheckern keimen nur unter der Laubstreu, da sie zu den Dunkelkeimern gehören; ihr Öl ist reich an ungesättigten Fettsäuren.

Ess-Kastanie
Castanea sativa
Buchengewächse

Merkmale Bis über 30 m hoher, 10 m breiter, stattlicher Baum mit breiter, dichter, gewölbter Krone aus dicken, kurzen Ästen; Blätter länglich lanzettlich, 10–30 cm lang, 4–8 cm breit, am Rand spitz gezähnt, oberseits glänzend dunkelgrün, unterseits blasser. Männliche Blüten weiß, weibliche gelblich, männliche und weibliche Blüten zu mehreren köpfchenartig zu 15–20 cm langen Gesamtblütenständen vereinigt; Blütezeit Juni–Juli. Früchte zu 2–3 beieinander, in einer grünen, weich bestachelten Hülle, meist 2 braune Nüsse enthaltend, diese jeweils in eine kurze Spitze auslaufend. In wintermilden Gebieten in Parks gepflanzt, im Rheinland auch verwildert. **Wissenswertes** Die Blüten nehmen eine Zwischenstellung zwischen Wind- und Insektenbestäubung ein. Der am Anfang klebrige Pollen wird zunächst von Insekten verbreitet; nach der Austrocknung wird er dann verweht. Nördlich der Alpen war die Ess-Kastanie vermutlich nie zu Hause, sondern wurde von den Römern zusammen mit dem Weinbau und anderen Kulturpflanzen eingeführt.

Echte Walnuss
Juglans regia
Walnussgewächse

Merkmale 10–25 m hoher Baum, breite, gewölbte Krone auf gegabeltem Stamm. Blätter etwas ledrig, unpaarig gefiedert, 20–40 cm lang. Einhäusig, windblütig; männliche Kätzchen grünlich, 3–10 cm lang, bis 1 cm dick, nach unten gekrümmt, weibliche Blüten unauffällig, grünlich, 2 gelbe Narben, meist zu 2–5 am Ende junger Triebe; Blütezeit April–Mai. Frucht eine grüne, reif fast schwarze, 3,5 cm große Steinfrucht. **Wissenswertes** Der verholzende Steinkern ist die Walnuss. Heimisch in Südosteuropa, bei uns nur angepflanzt.

Gewöhnliche Platane
Platanus x *hispanica*
Platanengewächse

Merkmale Bis 35 m hoher Baum mit gewölbter Krone auf dickem Stamm. Blätter handförmig in 3–5 breit dreieckige Lappen geteilt, 15–20 cm lang, bis 25 cm breit. Einhäusig, windblütig; Blüten grünlich rötlich, in hängenden, kugeligen Blütenständen; Blütezeit Mai. Fruchtstände kugelig, meist zu zweit an langen Stielen hängend. Oft als Straßen- und Parkbaum gepflanzt. **Wissenswertes** Die Gewöhnliche Platane ist offenbar das Kreuzungsprodukt zwischen einer südosteuropäischen und nordamerikanischen Platanenart.

Berg-Ulme
Ulmus glabra
Ulmengewächse

Merkmale 25–40 m hoher Baum mit hoher, gerundeter Krone auf langem, bis etwa zur Kronenmitte reichendem Stamm. Blätter am Blattgrund unsymmetrisch, verkehrt eiförmig bis breit oval, mit schlanker, aufgesetzter Spitze oder breit dreizipflig, ungleichmäßig gesägt mit nach vorne weisenden Spitzen, sehr rau, 10–16 cm lang, bis 12 cm breit. Blüten (linkes Bild) windblütig, zwittrig, grünlich rötlich, büschelig auf kurzen Stielen; Blütezeit März–April. Frucht eine anfangs hellgrüne, später hellbraune, um 0,5 cm große, breit geflügelte Nuss. In feuchten, schattigen Wäldern, besonders in Schluchten. an Nordhängen; in Mitteleuropa im Allgemeinen nicht selten, v. a. im Bergland. **Wissenswertes** Die Bergulme leidet stellenweise stark unter dem »Ulmensterben«, einer durch einen Schlauchpilz verursachten, meist tödlichen Krankheit. Die Pilzsporen werden offenbar durch den Ulmensplintkäfer verbreitet. Gebietsweise wurden bereits große Ulmenbestände vollständig vernichtet.

Feld-Ulme
Ulmus minor
Ulmengewächse

Merkmale 20–30 m hoher Baum. Blätter länglich oval, vorn spitz, an der Basis schief und daher stark asymmetrisch, der längere Blattgrund weist immer zum Zweig, 6–10 cm lang, 5–8 cm breit. Blüten grünlich rötlich, büschelig mit unscheinbarer Blütenhülle; Blütezeit März–April, vor dem Blattaustrieb. Breit geflügelte Nussfrucht, Flügelrand bis zur Frucht eingeschnitten. In Flusstälern an etwas feuchten Stellen, auch in Trockengebüschen; nicht selten, fehlt im Nordwesten und höheren Bergland.

Gewöhnliche Berberitze
Berberis vulgaris
Berberitzengewächse

Merkmale 1–3 m hoher Strauch. Blätter länglich elliptisch, am Grunde lang keilförmig, vorn gerundet oder zugespitzt, 2–4 cm lang. Blätter der Langtriebe in bis 2 cm lange Dornen umgewandelt (Blattdornen), in deren Achsel die Kurztriebe. Blüten goldgelb, sechszählig, in hängenden Trauben; Blütezeit April–Juni. Frucht ca. 10 mm lange, rote, Beere. In Gebüschen, Hecken, an Waldrändern, v. a. auf Kalkböden nicht selten. **Wissenswertes** Außer den sauren Beeren sind alle Pflanzenteile leicht giftig.

Europäische Eibe
Taxus baccata
Eibengewächse

Sadebaum
Juniperus sabina
Zypressengewächse

Gewöhnlicher Wacholder
Juniperus communis
Zypressengewächse

Merkmale Bis 15 m hoher Nadelbaum, erst breit kegelförmige, später unregelmäßige Krone. Nadeln 2–4 cm lang, 0,3 cm breit, flach, biegsam, oberseits dunkelgrün, unterseits hellgrün. Zweihäusig, windblütig; männliche Blüten hellgelb, weibliche Blütenstände grünlich, kugelig, 0,2 cm lang; Blütezeit März–April. Frucht karminrot, Samen mit fleischigem Samenmantel. Im Unterwuchs von Buchen- und Mischwäldern; Ebene bis 1500 m; oft angepflanzt.
Wissenswertes Alle Teile sehr giftig, außer dem Fruchtfleisch. Giftig.

Merkmale 0,5–2 m hoher, niederliegender bis schräg aufsteigender, meist von Grund an verzweigter, Strauch, selten Baum. Junge Blätter nadel-, dann schuppenförmig mit Stachelspitze. Ein- oder zweihäusig, windblütig; Blüten unscheinbar; Blütezeit März–Mai. Frucht blau bereifter Beerenzapfen. In den Alpen an felsigen oder steinigen Stellen bis 2800 m, oft in Gärten und Parks gepflanzt.
Wissenswertes Enthält giftige ätherische Öle, die schwere Verdauungsstörungen, Nierenschäden und tödliche Vergiftungen auslösen können. Giftig.

Merkmale 1–5 m hoher Strauch, manchmal baumförmig, dann bis 15 m hoch. Blätter nadelförmig, zu 3 im Wirtel, grau-grün mit hellerem Mittelband, 1–2 cm lang, 1–2 mm breit. Meist zweihäusig, windblütig; männliche Blüten gelblich, meist schräg abwärts gerichtet, eiförmig, ca. 5 mm lang; weibliche Blüten 2–3 mm lang, aufwärts gerichtet; Blütezeit April–Mai. Beerenzapfen rotschwarz, meist stark bläulich bereift, mit fleischigen, verwachsenen Schuppen, 0,5–0,6 cm groß; reifen im 2. oder 3. Jahr. Meist auf trockenen, steinigen oder sandigen Böden; auf Kalktrockenrasen in Mittelgebirgen, Heideflächen im Flachland oder Zwergstrauchheiden über der Waldgrenze; bei uns fast überall häufig.
Wissenswertes Der Gewöhnliche Wacholder ist ein guter Zeiger für Weideflächen, da seine stark stechenden Nadeln ein sehr wirksamer Fraßschutz sind. Auch wenn sich nach Aufgabe der Beweidung die Flächen wieder in Wälder umwandeln, bleiben Wacholderbüsche noch lang erhalten. Die lichtbedürftigen Sträucher verschwinden erst, wenn das Kronendach der Bäume dicht schließt.

Schwarz-Kiefer
Pinus nigra
Kieferngewächse

Wald-Kiefer
Pinus sylvestris
Kieferngewächse

Merkmale Bis 40 m hoher, 7 m breiter Nadelbaum, jung mit regelmäßiger, später mit abgeflachter, offener und weit ausladender Krone. Rinde braungrau bis schwarzbraun, meist auch schon an Ästen und Zweigen rußig dunkel (Name!), bei alten Bäumen tieffrissig grob gefeldert. Nadeln kräftig, starr, manchmal leicht gedreht, zu je 2 (selten 3) im Kurztrieb, dunkel- bis schwarzgrün, 8–18 cm lang, bis 0,2 cm breit, am Rand fein gezähnt. Einhäusig, windblütig; männliche Blüten hellgelb, weibliche als rötliche, aufrechte Zapfen, nur im oberen Kronenteil; Blütezeit Mai–Juni. Früchte hellbraune, 3–10 cm lange und bis 6 cm breite Zapfen; reifen erst im 2. Jahr und fallen im folgenden Frühjahr ab. Wichtiger waldbildender Baum auf flachgründigen Böden; v. a. in trockenen Lagen der Kalkgebirge Mittel- und Südeuropas; durch Anbau weit verbreitet, auch als Park- oder Gartenbaum sehr beliebt.
Wissenswertes Das sehr harzige, gelbliche Holz wird v. a. als Baumaterial oder zur Herstellung von Zellstoff benutzt.

Merkmale Bis 30 m hoher, 8 m breiter Nadelbaum mit erst kegelförmiger, später unregelmäßig abgeflachter, schirmartiger Krone; Stamm lang, unter dem Kronenabschnitt gerade. Rinde rot- bis orangebraun, später im unteren Stammbereich in größeren, dunkel braungrauen Platten mit tiefen, schwärzlichen Rissen. Nadeln manchmal leicht schraubig gedreht, kurz zugespitzt, nicht sehr steif, zu je 2 büschelig im Kurztrieb, blau- oder graugrün, 3–8 cm lang, bis 0,2 cm breit, am Rand fein gezähnt. Männliche Blüten hellgelb, weibliche hell- oder tiefrote, aufrechte Zapfen; Blütezeit Mai–Juni. Fruchtzapfen braun, 3–8 cm lang, bis 5 cm breit, gestielt, reifen erst im 2. Jahr; geöffnet mit zurückgebogenen, weit klaffenden Schuppen. V. a. auf Sandböden weit verbreitet; meist häufig.
Wissenswertes Auch als Föhre bekannt; durch die sehr tief reichenden Wurzeln kommt sie gut mit sommerlicher Trockenheit zurecht. Die oft großen Bestände, v. a. in Ostdeutschland, sind im Sommer oft durch Brände gefährdet.

Berg-Kiefer (Latsche)
Pinus mugo
Kieferngewächse

Zirbel-Kiefer
Pinus cembra
Kieferngewächse

Fichte
Picea abies
Kieferngewächse

Merkmale 1–5 m hoher Strauch oder bis 25 m hoher Baum. Nadeln zu 2 im Kurztrieb, dunkelgrün, 2–8 cm lang, 2–3 mm breit. Männliche Blüten hellgelb, weibliche karminrot; Blütezeit Mai–Juni. Fruchtzapfen hell- bis mittelbraun, geöffnet ca. 6 cm breit und lang. In Hochmooren, an steinigen oder felsigen Stellen in den Alpen (bis 2400 m), im Alpenvorland und einigen Mittelgebirgen.
Wissenswertes Die Bergkiefer ist vielgestaltig; sie wächst als strauchige Latsche im Hochgebirge, als baumförmige Spirke v. a. in Mooren tieferer Lagen.

Merkmale Bis 25 m hoher Nadelbaum mit kurzen, gedrungenen Ästen und an den Enden steilen Zweigen. Nadeln zu je 5 auf dicht stehenden Kurztrieben, außen dunkel, innen graugrün, 5–8 cm lang, bis 0,2 cm breit. Männliche Blüten hellgelb, weibliche tiefrot; Blütezeit Mai–Juli. Fruchtzapfen 5–12 cm lang, bis 8 cm breit; reifen im 1. Jahr, bleiben bis zum 2. Jahr geschlossen, fallen im 3. Jahr ab. Auf sauren Böden in den Hochlagen der Alpen, meist nahe der Waldgrenze.
Wissenswertes Auch Arve genannt; einzige fünfnadelige Kiefer Mitteleuropas.

Merkmale 30–50 m, selten bis 70 m hoher Nadelbaum mit regelmäßiger Krone und abstehenden, meist hängenden Ästen. Rinde bräunlich kupferfarben, fein geschuppt, löst sich nur wenig ab. Nadeln starr, spitz, schraubig gestellt und meist wenig gescheitelt, im Querschnitt vierkantig, dunkelgrün, ober- und unterseits mit feinem, hellem Spaltöffnungsband, 1–2,5 cm lang, um 0,1 cm breit, am Rand glatt. Einhäusig, windblütig; männliche Blüten anfangs rötlich, im Aufblühen hellgelb, weibliche hellrot bis gelbgrün, als aufrechter

Zapfen; Blütezeit Mai–Juni. Fruchtzapfen hellbraun, 10–18 cm lang, (geöffnet) bis 4 cm breit, leicht gekrümmt, hängend. Ursprünglich wohl nur im Bergland über 800 m, heute fast überall gepflanzt.
Wissenswertes Der wegen seiner Rinde auch Rot-Fichte oder Rot-Tanne genannte Baum ist durch seinen flachen Wurzelteller ziemlich anfällig für Windwurf. Die forstlichen Monokulturen werden außerdem nicht selten von verschiedenen Insekten-Arten, insbesondere Borkenkäfern und diversen Schmetterlingen schwer geschädigt.

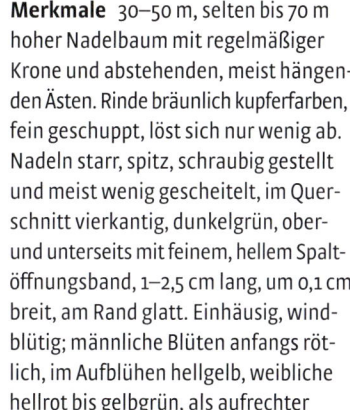

Weiß-Tanne
Abies alba
Kieferngewächse

Europäische Lärche
Larix decidua
Kieferngewächse

Gewöhnliche Douglasie
Pseudotsuga menziesii
Kieferngewächse

Merkmale Bis ca. 50 m hoher Nadelbaum, gerader, kräfiger Stamm; Äste fast waagerecht oder herunterhängend, nur im Gipfelbereich aufrecht. Rinde graubraun, anfangs mit Harzblasen und glatt, später silbergrau und schuppigborkig. Nadeln flach, biegsam, stumpf, meist zweizeilig gescheitelt, oberseits dunkelgrün, unten mit 2 hellen Streifen, bis 3 cm lang, 0,25 cm breit. Einhäusig, windblütig; männliche Blüten hellgelb, weibliche hellgrün, als aufrechter Zapfen; Blütezeit Mai–Juni. Fruchtzapfen

hellbraun, bis 10 cm lang, 4 cm breit, aufrecht; Samen- und Deckschuppen lösen sich einzeln ab, Zapfen fällt nicht komplett ab. Im Bergland an etwas feuchten Standorten, auf kalkhaltigem und kalkarmem Boden; weit verbreitet, aber örtlich stark zurückgegangen.
Wissenswertes Reagiert empfindlicher auf Umweltveränderungen als die Fichte, ist aber durch ihre Pfahlwurzel weniger windempfindlich. Ihr Holz schwindet beim Trocknen kaum und ist daher ein ideales Konstruktionsholz.

Merkmale Bis 40 m hoher Nadelbaum, Krone schlank, sommergrün; Nadeln sehr weich, im Austrieb hellgrün, dann dunkler grasgrün, unterseits mit 2 helleren Bändern, 2–3 cm lang, sommergrün. Männliche Blüten gelb, weibliche rosa bis dunkelrot, hängende oder abstehende Zapfen; Blütezeit März–Mai. Fruchtzapfen rötlich braun, 2–5 cm lang, 2,5 cm breit. Einst nur in den Alpen und höheren Mittelgebirgen, heute häufig gepflanzt.
Wissenswertes Zapfen bleiben mehrere Jahre an den Zweigen.

Merkmale Bis 50 m hoher Nadelbaum; kegelförmige Krone; Äste bei jüngeren Bäumen waagerecht in etagenförmigen Scheinquirlen. Nadeln oberseits dunkelgrün, unterseits mit 2 silbrigen Bändern, 2–4 cm lang. Männliche Blüten gelb, weibliche gelbgrün rötlich, als hängende Zapfen; Blütezeit April–Mai. Fruchtzapfen rotbraun, 5–10 cm lang, bis 3 cm breit; Deckschuppen dreizipflig, überragen die breiteren Samenschuppen. Heimisch im westlichen Nordamerika, bei uns oft angepflanzt.

Eine Klasse für sich – einkeimblättrige Pflanzen

Bäume und Sträucher sind als Pflanzengruppe vor allem durch ihre Wuchsformen definiert – sie stellen damit nicht unbedingt auch eine natürliche Verwandtschaftsgruppe dar. Vielmehr verteilen sie sich sogar auf völlig verschiedene Pflanzenklassen: Die Nadelhölzer wie die Fichte gehören zu den Nacktsamern oder Gymnospermen – deswegen so genannt, weil sich in ihren noch recht einfach gebauten Blüten die einzelnen Fruchtblätter nicht zum Fruchtknoten zusammenschließen, sondern die Samenanlagen frei zugänglich auf der Oberfläche präsentieren, so wie man Münzen auf die flach ausgestreckte Hand legt.

Ihnen stehen die Bedecktsamer (Klasse Angiospermen) gegenüber. Bei diesen Gruppen, die man auch höhere Blütenpflanzen nennt, umschließen die Fruchtblätter durch randliche Verwachsung zum Fruchtknoten einen Hohlraum: Die Samenanlagen befinden sich darin gleichsam wie Münzen in der zur Faust geballten Hand. Die Bedecktsamer untergliedert man in mehrere Gruppen. Davon stehen in diesem Kapitel die Einkeimblättrigen (Monocotylen) im Vordergrund.

Große und kleine Unterschiede

Die besonderen Merkmale im Bauplan der Einkeimblättrigen lassen sich aus der Gestalt einer Lilie oder einer Orchidee wie etwa dem Roten Waldvögelein ableiten: Die Blätter sind meist schmal, lang und streifen- bzw. parallelnervig.

Die Blüten sind nach der Dreizahl konstruiert: Die Blütenhülle besteht aus drei oder auch zweimal drei Hüllblättern, und auch die Staubblätter sind entweder zu dritt oder zu sechst anzutreffen. Der Fruchtknoten besteht immer aus drei verwachsenen Fruchtblättern: Wenn man ihn quer durchschneidet, schaut man auf ein gleichseitiges Dreieck mit ab-

Klare Konturen: Das Rote Waldvögelein (Cephalanthera rubra), *eine heimische Orchideenart, zeigt die Bauplanmerkmale der Einkeimblättrigen.*

gerundeten Kanten. Jede von ihnen ist eine Verwachsungsnaht. Die Blütenhülle besteht nicht aus deutlich unterscheidbaren grünen Kelch- und bunten Kronblättern wie bei den Zweikeimblättrigen (ab Seite 60), sondern aus meist recht einheitlich gestalteten Hüllblättern. In einigen Familien der Einkeimblättrigen sind der äußere und der innere Hüllblattkreis (Perigonkreis) allerdings auffällig formverschieden, etwa bei allen Orchideen und auch bei den Schwertlilien.

Orchideen – Extravaganz pur

Mit ihren häufig sehr ausgefallenen Blüten gehören die Orchideen ohne Zweifel zu den attraktivsten Gestalten des Pflanzenreiches. Während die drei äußeren Blütenblätter mit ihrer Dreieckaufstellung einen die Blicke fangenden Hintergrund bilden, ist eines der Blätter des inneren Hüllblattkreises zur auffälligen Lippe umgebildet. Mit den zum Teil recht aufwändig aufgemachten oder geradezu bizarren Lippenbildungen wandeln die Orchideen auch ihre Blütensymmetrie ab: Von der einfachen Sternform der Schwertlilien gehen sie zur zweiseitigen Spiegelbildlichkeit über. Bei fast allen Orchideen dreht sich der Fruchtknoten während der Blütenentwicklung um 180° – erkennbar an seinen spiralig verlaufenden Streifen. Der als Unterlippe erscheinende Blütenteil ist daher in Wirklichkeit die Oberlippe.

Bei den heimischen Ragwurz-Arten erinnern die Form-, Farb- und Behaarungsmerkmale eigenartigerweise an ein Insekt, meist einen Vertreter der Hautflügler. Und nicht nur das: Die Blüten dieser Arten verströmen mit ihren Duftsignalen zusätzlich Substanzen, die den spezifischen Weibchenlockstoffen so ähnlich sind, dass sich als Bestäuber nur die Männchen bestimmter Arten einfinden. Die von der Blüte zur Schau gestellte Weibchenattrappe ist so perfekt, dass die männlichen Besucher sogar Begattungsbewegungen durchführen – und sich so mit dem Pollenpaket beladen, das die Blüte ihnen an den Kopf klebt.

Die Orchideen geben die Blütenpollen nicht als einzelne staubfeine Körner ab, sondern den gesamten verklebten Inhalt einer Staubbeutelhälfte. Noch während des Flugs zur nächsten Blüte krümmt sich das Stielchen dieses Pollenpaketes, und wegen der nachlassenden Klebkraft ist es an der Narbe einer anderen Blüte auch leicht wieder abzustreifen. Kommt es dann nach Bestäubung und Befruchtung zur Samenbildung, überraschen die Orchideen mit einer weiteren Besonderheit: Ihre superleichten und deswegen mit dem Wind weithin verbreiteten Samen enthalten kein Nährgewebe und folglich fast keine Reservestoffe. Als Starthilfe für eine erfolgreiche Keimung am künftigen Wuchsplatz benötigen sie daher die Mitwirkung bestimmter Bodenpilze. Dieses Zusammentreffen funktioniert nicht immer und überall. Die zu erwarten-

Auch bei der Sibirischen Schwertlilie (Iris sibirica) *sind die besonders auffälligen Blüten nach der Dreizahl aufgebaut.*

den Verluste gleicht aber eine sehr reiche Samenproduktion aus.

Gräser – die Haare der Erde

Die auffällig farbigen Blüten der Orchideen und weiterer Familien wie den Lilien- bzw. Schwertliliengewächsen sind – wie auch Schachblume und Simsenlilie zeigen – eine klare Signaladresse an die Bestäuber. Von diesem klaren Grundbauplan lassen sich die stark vereinfachten, auf Windbestäubung eingerichteten Blüten der

Die Blüten der Gräser, die gewöhnlich in ein- bis mehrblütigen Ährchen angeordnet sind, beschränken sich nur auf das Notwendigste. Da der Wind die Bestäubung erledigt, können sie auf jede auffällige Werbung um tierische Pollenspediteure verzichten. So bestehen sie im Wesentlichen nur aus Staubbeuteln und Fruchtknoten und deren schützende Verpackungen, den Spelzen.

Dennoch weisen auch Grasblüten eine besondere formale Schönheit auf, die sich aber erst erschließt, wenn man sie ganz aus der Nähe betrachtet. Und auch in einer Grasblüte kommt eine umfangreiche Farbpalette zum Einsatz: von Schneeweiß über Chromgelb, Zartrosa und diversen Grünnuancen bis hin zu Dunkelviolett. Obwohl Grasblüten fast immer sehr klein sind, kann man sie rein formal sehr leicht vom überschaubaren Blütenbau einer Tulpe oder Lilie ableiten.

Süß- und Sauergräser

Die artenreiche Verwandtschaft von Quecke, Schwingel oder Trespe fasst man botanisch in der Pflanzenfamilie Süßgräser *(Poaceae)* zusammen – ein Familienname, der geschmackliche Zusammenhänge unterstellt, aber einen landwirtschaftlichen Hintergrund hat. Viele Gräser dieser Familie stellen nämlich als Grünmaterial oder Heu wichtige Futterpflanzen unserer Weidetiere und dienen folglich der Milch- bzw. Fleischproduktion. Andere bedeutsame Mitglieder dieser Grasfamilie sind die Getreide (Hafer, Gerste, Mais, Roggen, Weizen), welche die Lebensmitteltechnologie in eine beachtliche Vielzahl konsumfähiger Produkte veredelt.

Die vom Landwirt als Sauergräser bezeichneten Arten bilden dagegen eine eigene, mit den *Poaeae* nicht einmal näher verwandte Familie. Ihre (landwirtschaftliche) Bezeichnung erhielten sie, weil das Weidevieh sie meist verschmäht – botanisch gehören sie zu den Riedgräsern *(Cyperaceae)*. Von den Süßgräsern unterscheiden sie sich durch den dreikantigen Stängel sowie durch den völlig abweichenden Aufbau ihrer Blüten und ihres Blütenstands.

Damit ist die Revue von Pflanzen mit grasartigem Erscheinungsbild noch nicht zu

Ungewöhnlicher Vertreter der Einkeimblättrigen: der Froschbiss (Hydrocharis morsus-ranae): Die Blüten sind drei-, selten auch vierzählig.

Ende. Eine weitere bemerkenswerte Familie mit Grastracht sind die Binsengewächse *(Juncaceae)*. Ihr Blütenaufbau entspricht den Liliengewächsen, deren Blüten aber keine üppige Farbigkeit entwickeln. Viele dieser eher unscheinbaren Arten kommen zusammen mit Riedgräsern an sumpfigen, vernässten Stellen oder in Röhrichten vor – Flächen, die der Landwirt früher allenfalls zur Gewinnung von Stalleinstreu mähte und die man deswegen Streuwiesen nennt.

Einigen Vertretern sieht man es auf den ersten Blick gar nicht an, dass sie zu den Einkeimblättrigen gehören. Ein Beispiel ist der Froschbiss, der einer kleinen Weißen Seerose gleicht, aber drei- und nur selten vierzählig aufgebaute Blüten trägt.

Bei der attraktiven Schachblume (Fritillaria meleagris) unterscheiden sich die äußeren und inneren Blütenhüllblätter nicht.

Binsen, Seggen und der Gräser ableiten. Die Alltagssprache unterscheidet zwar oft zwischen Gräsern und Kräutern, aber biologisch besteht dieser begriffliche Gegensatz nicht unbedingt. Auch Gräser können durchaus wie Kräuter aussehen. Ihre Unterschiede zu anderen Pflanzentypen sind am ehesten mit bestimmten Bauplanmerkmalen zu umreißen. Zum Bild eines typischen Grases gehören die schlanke Gestalt mit hohlem Halm, eine Anzahl schmaler, streifennerviger Laubblätter und weitgehend unauffällige Blüten oder Blütenstände.

Auch bei den Gräsern finden sich Lebensformen von ein- über zwei- bis zu mehrjährig und sogar Holzpflanzen: Die vielen, in der europäischen Wildflora jedoch nicht vertretenen Bambus-Arten sind tatsächlich baumförmig wachsende Gräser und gehören in die gleiche Pflanzenfamilie wie Schilf oder Strandhafer.

Unscheinbar, aber dennoch attraktiv: Die Blüten der Gewöhnlichen Simsenlilie (Tofieldia calyculata) bieten ihren Besuchern eine Menge Nektar an.

Beim dekorativen Zittergras (Briza media) sind die kleinen Einzelblüten in herzförmigen Ährchen angeordnet.

Frauenschuh
Cypripedium calceolus
Orchideengewächse

Violetter Dingel
Limodorum abortivum
Orchideengewächse

Rotes Waldvögelein
Cephalanthera rubra
Orchideengewächse

Merkmale Ausdauernde Pflanze mit unterirdischem Wurzelstock und 20–80 cm hohem Stängel. Blätter 6–19 cm lang, bis 11 cm breit, zu 3–6 über den Stängel verteilt. Blüten 5–9 cm, mit gelber, schuhförmiger Lippe und braunvioletten bis braunroten äußeren Blütenblättern, zu 1–3 (sehr selten 4) im oberen Teil des Stängels; Blütezeit Mai–Juni. V. a. in lockeren Wäldern auf kalkreichem Untergrund; in den Alpen bis 2000 m; meist selten, doch stellenweise, v. a. im süddeutschen Bergland, in größeren Beständen.

Wissenswertes Die Blüte des Frauenschuhs ist eine Kesselfallenblüte. Insekten (meist Sandbienen), die sich auf den glatten Innenrand des Schuhs setzen, gleiten ab und fallen ins Innere. Hier werden sie durch 2 transparente Fenster am Grund des Schuhs zu einem der beiden Ausgänge neben der Narbe und den beiden Staubgefäßen gelockt. Durch eine haarige Rinne zwängen sie sich nach außen, schmieren sich dabei Blütenstaub auf den Rücken, der beim gleichen Vorgang in einer anderen Blüte an deren Narbe haften bleibt. ▽

Merkmale Fast ohne Blattgrün, violett überlaufen. Stängel steif aufrecht, bis 80 cm, Blätter schuppenförmig. Blüten violett bis rosa, nur bei Wärme voll geöffnet, 4–5 cm; Lippe mit herzförmigem, am Rand gekräuseltem Vorderabschnitt, 10–15 mm langer Sporn; Blütezeit Mai–Juli. Nur in den wärmsten Lagen, v. a. in Kiefernwäldern, am Rand von Gebüschen; in Deutschland sehr selten an Rhein und Mosel.

Wissenswertes Lebt in enger parasitischer Verbindung mit seinem Wurzelpilz. ▽

Merkmale 30–70 cm hoch, gedrungener Wurzelstock, oft gebogener oder geschlängelter Stängel. Blätter 5–12 cm lang, bis 3 cm breit, mehr oder weniger zweizeilig angeordnet. Blüten rosa bis rotlila, 2,5–4 cm; Lippe ohne Sporn, vorderer Teil dreieckig, mit bis zu 10 bräunlichen Längsrippen; Blütezeit Mai–Juli. Meist im Halbschatten lockerer Wälder auf kalkreichem Boden; fehlt im Tiefland meist, im Bergland teils nicht selten.

Wissenswertes Das Rote Waldvögelein Art wird v. a. durch kleine Wildbienen-Arten bestäubt. ▽

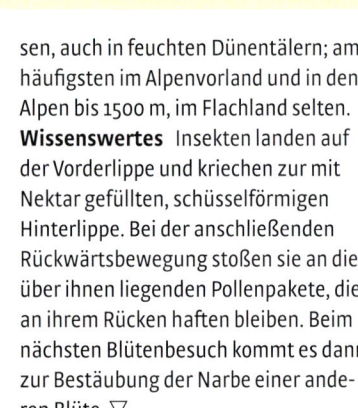

Weißes Waldvögelein
Cephalanthera damasonium
Orchideengewächse

Schmalblättriges Waldvögelein
Cephalanthera longifolia
Orchideengewächse

Sumpf-Stendelwurz
Epipactis palustris
Orchideengewächse

Merkmale 20–50 cm hoch, kurzer, waagerechter Wurzelstock. Blätter eiförmig, 4–10 cm lang, etwa halb so breit. Blüten elfenbeinfarben bis weißlich cremefarben, 25–35 mm; vorderer Teil der Lippe breitoval, dottergelb mit hellem Rand; Blütezeit Mai–Juni. Auf kalkreichen Böden in lockeren Wäldern; teils nicht selten, besonders im Bergland.

Wissenswertes Die Blüten öffnen sich nur bei warmem, sonnigem Wetter. Sie bleiben oft ganz geschlossen und bestäuben sich dann selbst. ▽

Merkmale 20–60 cm hoch, waagerecht kriechender Wurzelstock. Blätter lineal lanzettlich, bis 12 cm lang, 3,5 cm breit. Blüten weiß, 2–3 cm, zu 7–27 am oberen Teil des Stängels; Lippe vorn oval, mit orangegelben Längsrippen; Blütezeit Mai–Juni. An halbschattigen Rändern warmer Laub- und Mischwälder, auch auf kalkarmen Böden; fast überall viel seltener als das Weiße Waldvögelein.

Wissenswertes Die Blüten öffnen sich meist nur wenig, müssen aber durch Insekten bestäubt werden. ▽

Merkmale 25–50 cm hoch, waagerecht kriechender Wurzelstock. Blätter eiförmig bis eiförmig lanzettlich, zugespitzt, 5–15 cm lang, 2–4 cm breit, zweizeilig. Blüten 2–3,5 cm, bis zu 20 in einem Blütenstand; Lippe zweiteilig, vorderer Teil breit herzförmig, am Rand wellig gekerbt, weiß mit gelber Zeichnung, hinterer Teil schüsselförmig, rot geadert; äußere Blütenblätter meist rot überlaufen; Blütezeit Juni–August. Meist auf sumpfigen, kalkreichen Böden; besonders in Flachmooren und auf Streuwiesen, auch in feuchten Dünentälern; am häufigsten im Alpenvorland und in den Alpen bis 1500 m, im Flachland selten.

Wissenswertes Insekten landen auf der Vorderlippe und kriechen zur mit Nektar gefüllten, schüsselförmigen Hinterlippe. Bei der anschließenden Rückwärtsbewegung stoßen sie an die über ihnen liegenden Pollenpakete, die an ihrem Rücken haften bleiben. Beim nächsten Blütenbesuch kommt es dann zur Bestäubung der Narbe einer anderen Blüte. ▽

Breitblättrige Stendelwurz
Epipactis helleborine
Orchideengewächse

Merkmale 20–80 cm hoch, kurzer, dicker Wurzelstock. Blätter eiförmig, obere zunehmend lanzettlich, bis 13 cm lang, 7 cm breit. Blüten grünlich, oft rot überlaufen, 2–2,5 cm, zu 13–80 in einer lockeren Ähre; Blütezeit Juli–September. Meist an etwas offenen Stellen in Wäldern (Lichtungen, Wegränder), vorzugsweise auf kalkreichem Boden; in den meisten Gegenden nicht selten.
Wissenswertes Die sehr variable Art wird meist von sozialen Faltenwespen bestäubt, die offenbar durch spezielle Duftstoffe angelockt werden. ▽

Braunrote Stendelwurz
Epipactis atrorubens
Orchideengewächse

Merkmale 20–70 cm hoch, waagerecht kriechender, kurzer Wurzelstock. Blätter eiförmig bis länglich eiförmig, 4–8 cm lang, 4 cm breit. Blüten 12–18 mm, dunkel purpurrot, nach Vanille duftend, zu 6–40 in einer lockeren Ähre; Blütezeit Juni–August. Auf meist kalkreichen Böden, in lockeren Trockenwäldern und an steinigen Hängen; v. a. im Bergland, im Flachland selten.
Wissenswertes Im hinteren Lippenteil wird Nektar abgesondert. Die Blüten werden von Wespen, Hummeln und Honigbienen besucht. ▽

Holunder-Knabenkraut
Dactylorhiza sambucina
Orchideengewächse

Merkmale 10–25 cm hoch, Knollen eiförmig, am Ende fingerförmig geteilt. Blätter lanzettlich, ungefleckt, 5–12 cm lang, bis 2,5 cm breit. Blüten gelb oder rot, etwa 2 cm, zu 8–30 in dichter Ähre; Lippe am Ende undeutlich dreilappig, gelbe Blüten am Grund rot gepunktet, rote am Grund meist gelb mit roten Punkten; Sporn dick, abwärts gebogen, 10–18 mm lang; Blütezeit April–Juni. Auf trockenen bis etwas feuchten Wiesen und Magerrasen mit kalkarmem Untergrund; v. a. im Bergland, in Deutschland sehr selten, in den Südalpen (bis 1800 m) häufiger.

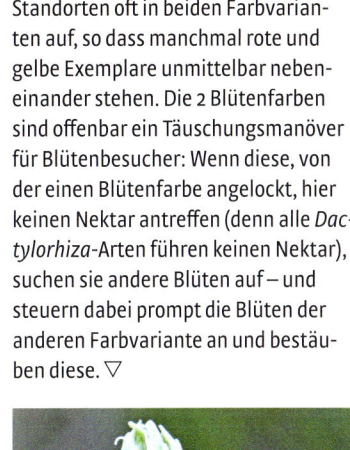

Wissenswertes Die Art tritt an ihren Standorten oft in beiden Farbvarianten auf, so dass manchmal rote und gelbe Exemplare unmittelbar nebeneinander stehen. Die 2 Blütenfarben sind offenbar ein Täuschungsmanöver für Blütenbesucher: Wenn diese, von der einen Blütenfarbe angelockt, hier keinen Nektar antreffen (denn alle *Dactylorhiza*-Arten führen keinen Nektar), suchen sie andere Blüten auf – und steuern dabei prompt die Blüten der anderen Farbvariante an und bestäuben diese. ▽

Breitblättriges Knabenkraut
Dactylorhiza majalis
Orchideengewächse

Merkmale 15–40 cm hoch, fingerförmig geteilte Knolle. Blätter eiförmig bis eiförmig lanzettlich, 6–16 cm lang, bis 5 cm breit, meist deutlich dunkel gefleckt. Blüten heller oder dunkler purpurrot, Lippe mit dunkleren Punkten und Schleifen, Sporn leicht nach unten gebogen; Blütezeit Mai–Juni. Auf Feuchtwiesen; deutlich zurückgegangen.
Wissenswertes Die *Dactylorhiza*-Arten werden wegen ihrer fingerförmig geteilten Knollen auch »Fingerwurz« genannt. ▽

Fleischfarbenes Knabenkraut
Dactylorhiza incarnata
Orchideengewächse

Merkmale 20–60 cm hoch, fingerförmig geteilte Knolle. Blätter meist schmal lanzettlich, bis 20 cm lang, 3,5 cm breit, meist ungefleckt. Blüten fleischrot oder rosa, Lippe mit dunklerem Schleifenmuster, an den Seiten meist zurückgeschlagen; Blütezeit Juni–Juli. Auf Sumpfwiesen, in Flachmooren; gebietsweise, wie etwa im Alpenvorland, nicht selten.
Wissenswertes Es gibt verschiedene Formen: Am auffälligsten ist die Unterart *ochroleuca* mit gelben, ungezeichneten Blüten. ▽

Fuchs' Knabenkraut
Dactylorhiza fuchsii
Orchideengewächse

Merkmale 20–60 cm hoch, fingerförmig geteilte Knolle. Blätter eiförmig bis zungenförmig, 5–10 cm lang, 2–4 cm breit, fast immer gefleckt. Blüten meist hellrosa, Lippe am Ende deutlich dreizipflig, dunkleres Schleifenmuster. Meist in lockeren Wäldern; in Mitteleuropa eine der häufigsten Orchideen.
Wissenswertes Früher als »Geflecktes Knabenkraut« bekannt. Wurde bisher meist nicht von einer sehr ähnlichen, extrem seltenen Art getrennt, die nur in Mooren vorkommt. ▽

Wanzen-Knabenkraut
Orchis coriophora
Orchideengewächse

Merkmale 15–40 cm hoch, rundliche Knollen. Blätter linealisch lanzettlich, 5–15 cm lang, 2 cm breit. Blüten braunrot oder rosa; Lippe dreilappig, an der Basis fast weiß, dunkel punktiert, übrige Blütenblätter bilden zugespitzten Helm; Blütezeit Mai–Juni. Meist auf wechselfeuchten, kalkreichen Wiesen; in Mitteleuropa sehr selten, fast ausgestorben.
Wissenswertes Die Blüten riechen nach Wanzen, die der im Mittelmeergebiet verbreiteten Unterart *fragrans* dagegen duften angenehm süßlich.

Helm-Knabenkraut
Orchis militaris
Orchideengewächse

Affen-Knabenkraut
Orchis simia
Orchideengewächse

Purpur-Knabenkraut
Orchis purpurea
Orchideengewächse

Merkmale 20–50 cm hoch, eiförmige Knollen. Blätter schmal oval, 5–15 cm lang, bis 4 cm breit, am Stängelgrund rosettenartig gehäuft. Blüten hellrosa, 20–25 mm groß; Lippe mit 2 breiten Seitenlappen, am Ende in 2 ähnlich breite Lappen geteilt, in der Mitte mit dunkleren Punkten; übrige Blütenblätter neigen sich zu einem geschlossenen Helm; Blütezeit Mai–Juni. Auf kalkreichen Trockenrasen und in lockeren Gebüschen; in Süd- und Mitteldeutschland gebietsweise nicht selten, v. a. im Bergland, im norddeutschen Flachland fast fehlend.

Wissenswertes Der Pollen ist wie bei allen Knabenkräutern in 2 gestielten Pollenpaketen (Pollinien) verpackt. Diese liegen über dem Eingang in den Sporn und heften sich mit Klebscheiben an Rüssel oder Kopf des Blütenbesuchers. Wenig später neigen sich die Stiele der Pollinien nach vorn, so dass der Pollen beim nächsten Blütenbesuch auf die Narbe trifft. Das Helm-Knabenkraut neigt stark zur Hybridisierung mit dem Purpur-Knabenkraut. An gemeinsamen Standorten bilden sich nicht selten ganze Hybridschwärme. ▽

Merkmale 20–40 cm hoch, rundliche Knollen. Blätter eiförmig, 5–15 cm lang, bis 5 cm breit, an der Stängelbasis rosettig gehäuft. Blüten hellrosa, um 2 cm; Lippe erinnert an ein kleines Äffchen, weiß mit rosa Punkten und ebensolchen »Armen« und »Beinen«; Blütezeit April–Juni. Auf kalkhaltigen Trockenrasen, Magerwiesen; sehr selten in Süddeutschland, gebietsweise sich ausbreitend.

Wissenswertes Der Blütenstand öffnet die obersten Blüten zuerst; zu Beginn der Blüte sind also die untersten Blüten geschlossen. ▽

Merkmale 30–70 cm hoch, eiförmige Knollen. Blätter länglich eiförmig, 10–25 cm lang, bis 5 cm breit, rosettig am Grund des Stängels. Blüten 2–3 cm groß, hellrosa bis weiße, dunkelrot gefleckte Lippe; dunkel braunpurpurner, innen grünlich gestreifter, aus den übrigen Blütenblättern gebildeter Helm; Blütezeit Mai–Juni. In lockeren Laubmisch-wäldern, in Gebüschen, auf Trockenrasen, meist auf Kalk; im süd- und mitteldeutschen Bergland gebietsweise nicht selten, im Flachland und Alpenvorland praktisch fehlend. ▽

Kleines Knabenkraut
Orchis morio
Orchideengewächse

Brand-Knabenkraut
Orchis ustulata
Orchideengewächse

Sumpf-Knabenkraut
Orchis palustris
Orchideengewächse

Merkmale 10–40 cm hoch, eiförmige Knollen. Blätter lanzettlich, 2,5–12 cm lang, bis 2 cm breit. Blüten sehr variabel, 13–18 mm groß; Lippe breiter als lang, violett, rosa oder weiß, in der Mitte mit einem länglichen, hellen, meist rot gezeichneten Fleck; übrige Blütenblätter bilden einen innen grün gestreiften Helm; Blütezeit April–Juni. Auf meist kalkreichen Magerwiesen und auf Trockenrasen ebenso wie auf Streuwiesen am Rand vom Mooren; fast überall mit extrem rückläufiger Bestandsentwick-

lung und an vielen Orten schon ganz verschwunden.

Wissenswertes Der wissenschaftliche Gattungsname *Orchis* heißt Hoden und bezieht sich auf die Form der Knollen, ebenso der Name Knabenkraut. Zur Blütezeit findet man an der Stängelbasis meist 2 Knollen, eine bereits eingetrocknete, aus der der blühende Spross hervorgegangen ist, und eine frische, aus der sich der nächstjährige Spross bildet. Er beginnt bereits im Spätsommer die ersten Blätter auszubilden. ▽

Merkmale 10–30 cm hoch, rundliche Knollen. Blätter länglich eiförmig bis linealisch lanzettlich, 3–10 cm lang, 0,5–2 cm breit, untere rosettig genähert. Blüten 5–9 mm, kleiner als bei allen übrigen *Orchis*-Arten, Lippe weiß mit roten Punkten, dreilappig mit geteiltem Mittellappen; Blütezeit Mai–Juli. Auf Magerrasen und Bergmatten, in den Alpen bis 2100 m; heute fast überall selten.

Wissenswertes Es gibt eine höhere, erst im Juli blühende Unterart (subsp. *aestivalis*, Bild). ▽

Merkmale 25–50 cm hoch, rundliche Knollen. Blätter linealisch lanzettlich, am ganzen Stängel verteilt, 5–15 cm lang, bis 2 cm breit. Blüten 2,5–3 cm groß, dunkelrosa bis rotviolett, Lippe dreilappig, in der Mitte mit hellem, rot punktiertem Streifen; Blütezeit Mai–Juni. Auf kalkhaltigen Sumpfwiesen und am Ufer von Seen; in Mitteleuropa sehr selten.

Wissenswertes Sehr empfindlich gegenüber Änderungen des Wasserhaushaltes und daher an den meisten Fundorten verschwunden. ▽

Manns-Knabenkraut
Orchis mascula
Orchideengewächse

Merkmale 20–40 cm hoch, eiförmige Knollen. Blätter rosettig an der Stängelbasis, lanzettlich, 4–17 cm lang, 3,5 cm breit, oft dunkel gefleckt oder gesprenkelt. Blüten rosa bis purpurrot, bis 2,5 cm; Lippe ungeteilt oder dreilappig, am Grund meist aufgehellt und mit dunklen Punkten gezeichnet; Blütezeit April–Juni. Meist in lockeren Wäldern und auf mäßig feuchten Wiesen; vom Flachland bis ins Hochgebirge (bis 2700 m). **Wissenswertes** Wächst an sehr unterschiedlichen Standorten, reagiert aber empfindlich auf Düngung. ▽

Blasses Knabenkraut
Orchis pallens
Orchideengewächse

Merkmale 10–35 cm hoch, eiförmige Knollen. Blätter rosettig am Grund des Stängels, elliptisch bis eiförmig, ungefleckt, 6–12 cm lang, bis 4 cm breit. Blüten bis 2 cm, hellgelb; Lippe mehr oder weniger deutlich dreilappig, ohne dunklere Zeichnung; Blütezeit April–Juni. Meist in lockeren, kalkreichen Wäldern, auch auf sonnigen Bergwiesen; ziemlich selten, im Tiefland fehlend. **Wissenswertes** Wächst oft zusammen mit dem Manns-Knabenkraut und bildet mit diesem leicht Hybriden mit meist roter, am Grund gelber Lippe. ▽

Puppenorchis
Aceras anthropophorum
Orchideengewächse

Merkmale 10–30 cm hoch, rundliche Knollen. Blätter länglich lanzettlich, 5–15 cm lang, bis 2,5 cm breit, die unteren am Stängelgrund rosettig gehäuft, die oberen dem Stängel anliegend. Blüten 12–18 mm, Lippe schmal, mit 2 langen Seitenlappen und nochmals zweiteiligem Mittellappen, grünlich gelb, oft am Rand rot, ungespornt; übrige Blütenblätter bilden einen halbkugeligen, grünen, oft rot gezeichneten Helm; sehr schmaler, aus bis zu 70 Blüten zusammengesetzter, ähriger Blütenstand; Blütezeit Mai–Juni. An warmen

Stellen auf kalkreichem Untergrund; selten, aber an manchen Orten offenbar in Ausbreitung begriffen. **Wissenswertes** Die auch als Ohnsporn bekannte Art ist nahe mit der Gattung *Orchis* verwandt. Sie bildet gelegentlich mit verschiedenen Arten, besonders mit dem Helm-Knabenkraut, Hybriden aus. Diese erinnern mit ihrer schmal aufrechten Wuchsform und der tief geteilten Lippe an die Puppenorchis; die oftmals intensiv purpurrote Lippenfärbung zeigt dagegen den Einfluss der anderen Elternart. ▽

Kugelknabenkraut
Traunsteinera globosa
Orchideengewächse

Merkmale 20–60 cm hoch, eiförmige Knollen. Blätter über den Stängel verteilt, länglich lanzettlich, bis 10 cm lang, 2 cm breit, nach oben an Länge abnehmend. Blüten hellrosa bis hellviolett, etwa 1 cm; Lippe dreilappig, dunkler gepunktet, deutlich gespornt; übrige Blütenblätter an der Spitze in einen schmalen, am Ende keulenförmig verdickten Zipfel ausgezogen; zu 30–80 in einem sehr dichten, kugeligen, später etwas verlängerten Blütenstand; Blütezeit je nach Höhe Mai–August.

Meist auf kalkreichen Bergwiesen, steinigen, alpinen Rasen (bis 2700 m), vereinzelt auf Moorwiesen im Alpenvorland, sehr selten in Mittelgebirgen (z. B. Schwäbischen Alb, Südschwarzwald). **Wissenswertes** Diese typisch alpine Pflanze steigt selten unter 700 m herab. Ihre Standorte in den süddeutschen Mittelgebirgen sind alte Reliktstandorte, an denen die Art heute aufs Höchste gefährdet ist. Der Bestand in ganz Baden-Württemberg umfasst max. noch etwa 500 Exemplare. ▽

Pyramiden-Hundswurz
Anacamptis pyramidalis
Orchideengewächse

Merkmale 15–50 cm hoch, eiförmige Knollen. Blätter schmal lanzettlich, bis 10 cm lang, 2 cm breit. Blüten 10–15 mm, hellrosa oder hellrot bis dunkel weinrot; Lippe dreilappig, langer Sporn, erst pyramidenförmige, später walzenförmige Ähre; Blütezeit Juni–Juli. An kalkreichen Stellen, auf Trockenrasen; in Deutschland v. a. südlich der Mainlinie; selten. **Wissenswertes** Variiert sehr stark in der Blütenfarbe; es gibt sogar zweifarbige Blüten. Im Mittelmeergebiet blüht sie meist hellrosa, fast weiß. ▽

Bocks-Riemenzunge
Himantoglossum hircinum
Orchideengewächse

Merkmale 20–80 cm hoch. Blätter elliptisch, bis 20 cm lang, 6 cm breit, zur Blütezeit meist schon verwelkt. Blüten gelbgrün, oft rot gezeichnet, meist mit deutlichem »Bocksgeruch«; Lippe in einen 5–7 cm langen, meist gedrehten Zipfel ausgezogen, kurzer Sporn, 2 schmale Seitenzipfel; Blütezeit Mai–Juni. Warme, kalkreiche Stellen, v. a. auf Trockenrasen, in lockeren Gebüschen. **Wissenswertes** Eine der wenigen Orchideen, die in den letzten Jahren deutlich häufiger geworden sind. ▽

Fliegen-Ragwurz
Ophrys insectifera
Orchideengewächse

Bienen-Ragwurz
Ophrys apifera
Orchideengewächse

Hummel-Ragwurz
Ophrys holoserica
Orchideengewächse

Merkmale 10–40 cm hoch, rundliche Knollen. Blätter schmal lanzettlich, bis 9 cm lang, 1 cm breit. Blüten 12–18 mm; Lippe dunkelbraun, mit 2 schmalen Seitenlappen und 2 breiten Endlappen, in der Mitte blau glänzender Fleck; Petalen schmal, braun, Sepalen grün; Blütezeit Mai–Juni. Auf kalkhaltigen, trockenen Böden, auf Trockenrasen, in lockeren Wäldern; im südlichen und mittleren Deutschland stellenweise nicht selten.
Wissenswertes Die Blüten locken mit ihrem Duft Grabwespenmännchen als Bestäuber an. ▽

Merkmale 15–50 cm hoch, rundliche Knollen. Blätter lanzettlich, bis 13 cm lang, 3 cm breit. Blüten 2–2,5 cm, Lippe oval, hochgewölbt, am Grund mit 2 behaarten Seitenhöckern, dunkelbraun, gelblich gezeichnet; übrige Blütenblätter rosa oder weißlich; Blütezeit Juni–Juli. An trockenen, kalkreichen Standorten, auf Trockenrasen; selten, aber jahrweise sehr unterschiedlich häufig.
Wissenswertes Bestäubt sich fast immer selbst. Hierzu kommen die Pollinien aus ihren Fächern hervor und senken sich auf die Narbe. ▽

Merkmale 10–40 cm hoch, kugelige Knollen. Blätter breit lanzettlich, zugespitzt, bis 10 cm lang, 2,5 cm breit. Blüten 2,5–3 cm; Lippe gewölbt, pelzig behaart, dunkelbraun mit weißlicher Flecken- und Linienzeichnung, am unteren Ende mit aufgebogenem, grünlichem Anhängsel; übrige Blütenblätter rosa oder weißlich; Blütezeit Mai–Juni. An warmen Orten mit kalkreichem Untergrund, auf Trockenrasen im südlichen und mittleren Deutschland; selten, doch an manchen Stellen in individuenreichen Beständen.

Wissenswertes Die Hummel-Ragwurz ist wie alle Ragwurz-Arten eine Sexualtäuschorchidee. Ihre Blüten imitieren den Lockstoff der Weibchen einer Langhornbienen-Art. Die Männchen fliegen die Blüte an, landen auf der Lippe und bekommen hier durch Tastreize den Eindruck, ein Weibchen erobert zu haben. Bei ihren oft stürmischen Begattungsversuchen geraten sie auch mit dem Kopf an die klebrigen Enden der Pollinien und heften sich diese an die Stirn. Beim gleichen Vorgang an der nächsten Blüte bestäuben sie diese. ▽

Spinnen-Ragwurz
Ophrys sphecodes
Orchideengewächse

Zwergorchis
Chamorchis alpina
Orchideengewächse

Weißzüngel
Leucorchis albida
Orchideengewächse

Merkmale 10–40 cm hoch, kugelige Knollen. Blätter lanzettlich, bis 7 cm lang, 2 cm breit. Blüten 15–25 mm groß; Lippe eiförmig, meist deutlich gewölbt, dunkelbraun, pelzig behaart, am Grund mit blau glänzender, meist H-förmiger Zeichnung, oft mit gelbem Rand; übrige Blütenblätter grün, selten rötlich oder weißlich; Blütezeit April–Juni. An warmen, kalkreichen Orten, auf Trockenrasen. Südliches und mittleres Deutschland; selten, doch teils (z. B. Schwäbische Alb) stark in Ausbreitung begriffen.

Wissenswertes Die Art ist sehr variabel. Da viele dieser Typen recht konstant sind und sich durch eigene Bestäuber (meist Männchen bestimmter Sandbienen-Arten) auszeichnen, gelten sie als eigene Arten. Die Kleine Spinnen-Ragwurz (*Ophrys araneola*, links), die sich durch die gelbrandige Lippe und kleinere Blüten stark von der typischen Art (rechts) unterscheidet, wird aber nur noch als Unterart betrachtet, da sich an vielen Fundorten alle denkbaren Übergänge finden lassen. ▽

Merkmale 5–15 cm hoch, rundliche Knollen. Blätter grasartig, nur bis 2 mm breit, oft länger als der Stängel. Blüten ca. 5 mm, grünlich gelblich, zungenförmig, ohne Sporn, zu 5–15 in endständiger Ähre; Blütezeit Juli–August. Auf kalkreichen Böden in den Alpen zwischen 1400 und 2700 m; ziemlich selten.
Wissenswertes Die sehr kälteresistente Art wächst v. a. an stark dem Wind ausgesetzten, schon sehr früh im Jahr schneefreien Stellen im Hochgebirge, oft in Nähe vom Edelweiß. ▽

Merkmale 10–30 cm hoch, tief handförmig geteilte Knolle. Blätter lanzettlich, 3–8 cm lang, 1,5 cm breit. Blüten ca. 5 mm, weiß- bis gelblich; Lippe deutlich dreilappig, zylindrischer, bis 3 mm langer Sporn; Blütezeit Mai–August. Meist an kalkarmen bis kalkfreien Stellen auf Bergwiesen (800–2500 m); außer in den Alpen (hier teils verbreitet) sehr selten in einigen Mittelgebirgen.
Wissenswertes Kreuzt sich sehr selten mit Arten der Gattungen *Dactylorhiza*, *Gymnadenia*, *Nigritella*. ▽

Schwarzes Kohlröschen
Nigritella nigra
Orchideengewächse

Wohlriechende Händelwurz
Gymnadenia odoratissima
Orchideengewächse

Mücken-Händelwurz
Gymnadenia conopsea
Orchideengewächse

Merkmale 5–25 cm hoch, handförmig geteilte Knolle. Blätter grasartig schmal, bis 10 cm lang, 8 mm breit, an der Stängelbasis rosettig gehäuft. Blüten 10–15 mm, dunkelrot bis schwarzpurpurn, selten rosa oder gelb, nach Vanille duftend, in einer zunächst kegelförmigen, später kugeligen bis eiförmigen, dichten Ähre; Lippe dreieckig zugespitzt, nach oben gerichtet; Blütezeit Juni–August. Meist auf kalkhaltigen Alpenmatten, vorzugsweise zwischen 1500 und 2500 m; in den Kalkalpen gebietsweise nicht selten.

Wissenswertes Beim Kohlröschen ist der Fruchtknoten nicht gedreht, so dass die Lippe nach oben weist; bei den meisten übrigen Arten ist er um 180° gedreht, was zu der bei Orchideen üblichen, nach unten gerichteten Lippenstellung führt. Das deutlich seltenere, mehr in den Ostalpen verbreitete Rote Kohlröschen *(Nigritella rubra)* besitzt hellrote Blüten in einem stärker gestreckten Blütenstand. Es blüht etwa 2 Wochen vor dem Schwarzen Kohlröschen und hat eine an der Basis tütenförmig zusammengezogene Lippe. ▽

Merkmale 10–30 cm hoch, zweilappig geteilte Knollen. Blätter schmal, bis 10 cm lang, 7 mm breit. Blüten um 10 mm, rotviolett oder rosa bis fast weiß, zu 10–30 in einer ziemlich dichten Ähre, nach Vanille duftend; Lippe dreilappig, max. 5 mm langer Sporn; Blütezeit Juni–August. Meist auf kalkreichen Böden, in lockeren Kieferwäldern, auf Trockenrasen, Feuchtwiesen, Alpenmatten (bis 2600 m), v. a. südlich der Mainlinie; recht selten.

Wissenswertes Der deutsche Name bezieht sich auf die handförmigen Knollen, was für diese Art aber nicht zutrifft.

Merkmale 20–60 cm hoch, flache, handförmig geteilte Knollen. Blätter lanzettlich, bis 20 cm lang, 3 cm breit. Blüten 10–15 mm, rosa bis rotviolett; Lippe dreilappig, dünner, 12–20 mm langer Sporn; Blütezeit Mai–August. Meist auf kalkreichem Untergrund, Trockenrasen, lockere Wälder, Sumpfwiesen, alpine Matten bis 2800 m; im Flachland selten, sonst recht häufig.

Wissenswertes Den Nektar im langen Sporn erreichen nur Schmetterlinge. Diese heften sich beim Blütenbesuch die Pollinien an ihren Rüssel. ▽

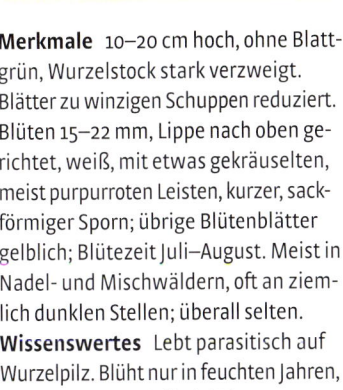

Widerbart
Epipogium aphyllum
Orchideengewächse

Nestwurz
Neottia nidus-avis
Orchideengewächse

Korallenwurz
Corallorhiza trifida
Orchideengewächse

Merkmale 10–20 cm hoch, ohne Blattgrün, Wurzelstock stark verzweigt. Blätter zu winzigen Schuppen reduziert. Blüten 15–22 mm, Lippe nach oben gerichtet, weiß, mit etwas gekräuselten, meist purpurroten Leisten, kurzer, sackförmiger Sporn; übrige Blütenblätter gelblich; Blütezeit Juli–August. Meist in Nadel- und Mischwäldern, oft an ziemlich dunklen Stellen; überall selten.

Wissenswertes Lebt parasitisch auf Wurzelpilz. Blüht nur in feuchten Jahren, bleibt sonst unterirdisch. ▽

Merkmale 10–40 cm hoch, gelblich bis hellbraun, von Wurzeln umhüllter Wurzelstock. Blätter schuppenartig. Blüten bis 2,5 cm, wie die restliche Pflanze gefärbt; Lippe am Ende in 2 Zipfel gespalten; Blütezeit Mai–Juni. Meist in Laub- und Nadelwäldern auf kalkreichem Boden; meist nicht selten.

Wissenswertes Die Nestwurz lebt wie andere fast blattgrünfreie Orchideen parasitisch von ihrem Wurzelpilz. Dieser gewinnt Nährstoffe aus zerfallenen pflanzlichen Stoffen. ▽

Merkmale 5–20 cm hoch, wachsartig gelblich grün oder rötlich gefärbt, korallenartig verzweigter Wurzelstock. Blätter zu winzigen, am Stängel anliegenden Schuppen reduziert. Blüten 6–10 mm, zu 4–10 in einer lockeren Ähre; Lippe weiß oder gelblich, etwas weinrot oder violett gezeichnet; übrige Blütenblätter grünlich, ebenfalls oft mit weinroten Zeichnungen; Blütezeit Mai–Juli. In schattigen Laub- und Nadelwäldern (oft in Fichtenjungwuchs), auf kalkarmem wie auf kalkreichem, oft aber oberflächlich versauertem Boden; in Mitteleuropa weit verbreitet, doch in den meisten Gegenden selten, auf der Schwäbischen Alb und in den Alpen etwas häufiger.

Wissenswertes Die Art lebt offenbar weitgehend von den Produkten ihres Wurzelpilzes. Die Blüten werden nur selten von Insekten besucht. Meist fällt der Blütenstaub von allein auf die dicht neben den Pollinien liegende Narbe, so dass es häufig zur Selbstbestäubung kommt. Daher werden fast immer auch reichlich Früchte gebildet. ▽

Grüne Hohlzunge
Coeloglossum viride
Orchideengewächse

Weiße Waldhyazinthe
Platanthera bifolia
Orchideengewächse

Grünliche Waldhyazinthe
Platanthera chlorantha
Orchideengewächse

Merkmale 5–30 cm hoch, zwei- bis-dreizipflige Knolle. Blätter breit lanzett-lich, bis 10 cm lang, 6 cm breit. Blüten 10–17 mm, grün oder gelblich grün, oft rot überlaufen, zu 5–20 in einer gestreck-ten Ähre; Lippe breit zungenförmig, am Ende dreizipflig; Blütezeit Mai–August. Auf kalkarmen oder oberflächlich ver-sauerten kalkhaltigen Böden, auf ma-geren Trockenrasen ebenso wie auf Sumpfwiesen, besonders aber auf alpi-nen Rasen und Almwiesen; in den Alpen gebietsweise ziemlich häufig, außer-halb der Alpen sehr selten.

Wissenswertes Die unscheinbare Pflanze reagiert sehr empfindlich auf Düngung. Zugleich ist sie schneller wüchsigen Arten unterlegen, sodass sie schon bei jeder noch so geringen Nut-zungsänderung ihrer wenigen Fundor-te außerhalb der Alpen sofort verschwin-det. Im Gegensatz dazu kann sie sich an ihren alpinen Wuchsorten, auch z. B. auf stärker beweideten Almwiesen, recht gut behaupten, sodass sie dort kaum gefährdet erscheint. Sie bildet gelegent-lich mit *Dactylorhiza*- und *Gymnadenia*-Arten sehr schöne Hybriden. ▽

Merkmale 20–50 cm hoch, rübenför-mige Knollen. Am Stängelgrund meist zwei bis 20 cm lange, 6 cm breite Blät-ter. Blüten 15–23 mm, grünlich weiß oder weiß; Lippe schmal zungenförmig, 2–3 cm langer, dünner Sporn; Pollinien direkt nebeneinander, parallel; Blüte-zeit Mai–Juli. Meist in lockeren Wäldern, auf Wiesen, am Rand von Mooren; in den meisten Gegenden nicht selten.

Wissenswertes Die Art gilt als typi-sche Nachtfalterblume, die erst gegen Abend intensiv maiglöckchenähnlich duftet. ▽

Merkmale 25–60 cm hoch. Meist 2 grundständige Blätter, bis 20 cm lang, 7 cm breit. Blüten 16–27 mm, weißlich; Lippe zungenförmig, am Ende grünlich, Sporn 25–35 mm lang; Pollinien schräg zueinander angeordnet; Blütezeit Mai–Juli. In Wäldern, auf trockenen oder feuchten Wiesen; etwa gleich häufig wie die Weiße Waldhyazinthe.

Wissenswertes Die beiden Waldhya-zinthen kreuzen sich gelegentlich mit-einander; die Hybriden sind an der nur leicht schrägen Stellung der Pollinien gut zu erkennen. ▽

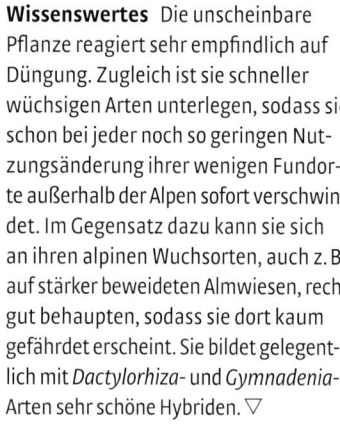

Weichwurz
Hammarbya paludosa
Orchideengewächse

Sumpf-Glanzkraut
Liparis loeselii
Orchideengewächse

Einblatt
Malaxis monophyllos
Orchideengewächse

Merkmale 5–15 cm hoch, kriechender Wurzelstock, oberirdische Scheinknol-le. Blätter zu 2–3 am Stängelgrund, bis 3 cm lang, 1 cm breit. Blüten gelblich grün, 4–6 mm, Lippe winzig, nach oben gerichtet, löffelförmig; Blütezeit Juli–August. Nur in sehr nassen Bereichen von Hoch- und Zwischenmooren, im Verlandungsbereich von Moorseen; sehr selten. In weiten Teilen Mitteleuropas ausgestorben, am häufigsten noch im Randbereich der Alpen und in Ost-deutschland.

Wissenswertes Die winzige, sehr leicht zu übersehende Pflanze wächst meist inmitten von Torfmoospolstern. Sie folgt mit ihren unterirdischen Spros-sen dem Wachstum der Moose. Die Blü-ten setzen nur selten Samen an. Sie ver-mehrt sich offenbar überwiegend vege-tativ durch winzige, grüne Zellkügel-chen, die sich am Rand der Blätter bil-den, später abfallen und zu neuen Pflanzen auswachsen. Dennoch gehört diese Art zu den am stärksten gefährde-ten heimischen Orchideen.▽

Merkmale 5–20 cm hoch, von Blatt-scheiden umhüllte, eiförmige Knollen. Blätter meist 2, eiförmig lanzettlich, bis 11 cm lang, 2,5 cm breit, fettig glänzend. Blüten grünlich gelb, 6–10 mm; Lippe zungenförmig, längsrinnig, nach unten gebogen; übrige Blütenblätter sehr schmal; Blütezeit Juni–Juli. An sehr nas-sen Stellen in Mooren, Verlandungszo-nen; überall selten, sehr stark gefährdet.

Wissenswertes Da man keine Blüten-besucher festgestellt hat, dürften sich die Blüten selbst bestäuben. ▽

Merkmale 5–25 mm hoch, kurzer Wur-zelstock, mehrere übereinander ange-ordnete Knollen. Meist nur ein grund-ständiges, bis 8 cm langes, 4 cm breites Blatt. Blüten etwa 5 mm, gelblich grün; Lippe eiförmig, zugespitzt, nach oben gerichtet; Blütezeit Juni–Juli. An etwas feuchten, halbschattigen Stellen in Berg-wäldern auf kalkreichem Untergrund; v. a. in den Alpen, sonst sehr selten.

Wissenswertes Die Ausrichtung der Lippe entsteht durch die Drehung des Fruchtknotens um 360°. ▽

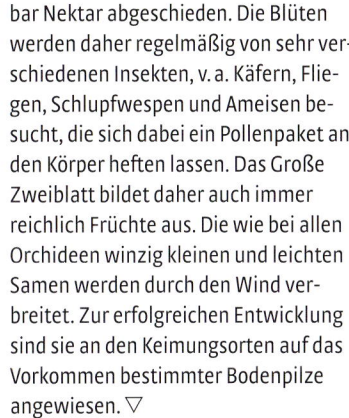

Einknolle
Herminium monorchis
Orchideengewächse

Kleines Zweiblatt
Listera cordata
Orchideengewächse

Großes Zweiblatt
Listera ovata
Orchideengewächse

Merkmale 7–30 cm hoch, zur Blüte-zeit nur mit einer kugeligen Knolle. Blätter schmal eiförmig bis lanzettlich, 5–8 cm lang, bis 1,5 cm breit. Blüten gelbgrün, nickend, 5–8 mm; Lippe in 3 schmale Zipfel ausgezogen; Blütezeit Mai–Juli. Auf trockenen bis feuchten, kalkhaltigen Magerwiesen, in Flach-mooren; im Flachland fast fehlend, am häufigsten im Alpenvorland, doch auch hier fast überall selten geworden.
Wissenswertes Auch Honigorchis ge-nannt, lockt mit Nektar Insekten an. Bildet Ausläufer. ▽

Merkmale 5–20 cm hoch, kurzer, dün-ner Wurzelstock. Blätter meist zu zweit, gegenständig, herzförmig, 15–25 mm lang, fast ebenso breit. Blüten grün oder rötlich braun, höchstens 1 cm groß; Lip-pe tief in 2 spitz zulaufende Zipfel ge-spalten; Blütezeit Juni–Juli. Meist in moosreichen, sauren Nadelwäldern, am Rand von Mooren; v. a. im Bergland, ziemlich selten, aber an den Standorten manchmal in großer Individuendichte.
Wissenswertes Die Pflanzen stecken meist bis zur Stängelmitte im Moos und sind sehr schwer zu finden. ▽

Merkmale 20–60 cm hoch, kurzer, tief im Boden sitzender Wurzelstock. Dicht über dem Boden fast immer mit 2 ge-genständigen, eiförmigen, bis 10 cm langen, 8 cm breiten Blättern. Blüten grün, 1–2 cm, Lippe ungespornt, bis fast zur Mitte in 2 zungenförmige Lappen gespalten; Blütezeit Mai–Juli. Meist in Wäldern, aber auch auf Trockenrasen und feuchten Wiesen, vom Tiefland bis etwa 2300 m; fast überall eine der häu-figsten Orchideen-Arten.
Wissenswertes In einer Rinne im hin-teren Teil der Lippe wird leicht erreich-bar Nektar abgeschieden. Die Blüten werden daher regelmäßig von sehr ver-schiedenen Insekten, v. a. Käfern, Flie-gen, Schlupfwespen und Ameisen be-sucht, die sich dabei ein Pollenpaket an den Körper heften lassen. Das Große Zweiblatt bildet daher auch immer reichlich Früchte aus. Die wie bei allen Orchideen winzig kleinen und leichten Samen werden durch den Wind ver-breitet. Zur erfolgreichen Entwicklung sind sie an den Keimungsorten auf das Vorkommen bestimmter Bodenpilze angewiesen. ▽

Netzblatt
Goodyera repens
Orchideengewächse

Herbst-Drehwurz
Spiranthes spiralis
Orchideengewächse

Merkmale 10–20 cm hoch, dicht unter oder auf dem Boden kriechender Wur-zelstock. Blätter herzförmig oder zuge-spitzt eiförmig, 1–3 cm lang, bis 2,5 cm breit, rosettig am Stängelgrund, zwi-schen den Längsnerven deutlich quer geadert (Name!). Blüten weiß oder cre-mefarben, 5–9 mm, außen dicht drüsig behaart; Blütezeit Juli–August. Meist in schattigen Kiefern- und Fichtenwäldern; v. a. im Bergland und in den Alpen (bis 2000 m), im Flachland selten. Gebiets-weise in Ausbreitung begriffen.

Wissenswertes Die Pflanze unter-scheidet sich durch ihre netzförmig ge-aderten Blätter deutlich von allen übri-gen heimischen Orchideen. Sie vermehrt sich vegetativ durch Ausläufer, die am Ende wieder Rosetten bilden. So kön-nen Quadratmeter große Teppiche ent-stehen. Da die markanten Blattrosetten bereits im Herbst gebildet werden, eig-nen sich schneefreie Wintermonate gut für die Suche nach Standorten dieser im Sommer oft schwer auffindbaren, inte-ressanten Orchideen-Art. ▽

Merkmale 10–30 cm hoch, rübenför-mige Knollen. Blätter eiförmig, in einer grundständigen Rosette, bis 3,5 cm lang, 1,5 cm breit, zur Blüte bereits vertrock-net. Blüten weißlich, 6–10 mm, zu 13–30 in einseitswendiger bis schraubenförmi-ger Ähre; Lippe am Grund grünlich, unge-spornt; Blütezeit August–September. Auf sehr mageren, kalkarmen oder ober-flächlich entkalkten Böden, v. a. auf mit Schafen beweideten Trockenrasen; sel-ten, doch an den Standorten oft in größerer Individuenzahl.

Wissenswertes Diese auch als Herbst-Wendelorchis bekannte späteste aller heimischen Orchideen bildet zur Blüte-zeit neben dem Blütenstängel bereits die überwinternde Blattrosette für den nächstjährigen Blütenstängel aus. Der Blütenstand zeigt eine große Variati-onsbreite zwischen einer fast geraden, einseitswendigen Ähre bis hin zur stark gedrehten Ähren mit 2–3 Umdrehungen. Die Blüten werden trotz ihrer geringen Größe oft von Hummeln und Honigbie-nen besucht. ▽

Sumpf-Gladiole
Gladiolus palustris
Schwertliliengewächse

Merkmale 30–60 cm hoch, unterirdische Knolle. Blätter 10–40 cm lang, 4–10 mm breit. Blüten purpurrot, gekrümmt trichterförmig, 6 bis ca. 3 cm lange Blütenblätter, zu 3–8 in etwas einseitswendiger Ähre; Blütezeit Juni–Juli. Auf Sumpfwiesen, wechselfeuchten Stellen auf Trockenrasen; in Deutschland nur im Maintal, am Bodensee, im bayerischen Voralpenland; sehr selten, aber stellenweise größere Bestände.
Wissenswertes Durch Aufgabe der Streuwiesennutzung ist diese Art höchst gefährdet. ▽

Sibirische Schwertlilie
Iris sibirica
Schwertliliengewächse

Merkmale 0,4–1 m hoch, kriechender Wurzelstock. Blätter 25–80 cm lang, nur 2–6 mm breit. Blüten ca. 5 cm, 3 weißliche, blauviolett geaderte, am Grund gelbliche, unbehaarte äußere und 3 aufwärts gerichtete, blauviolette innere Blütenblätter; Blütezeit Mai–Juni. Auf kalkreichen Sumpfwiesen, in feuchten Wäldern; v. a. im Alpenvorland, sehr vereinzelt im norddeutschen Flachland.
Wissenswertes Überall stark zurückgegangen, bildet aber gebietsweise noch sehr dichte Bestände. ▽

Sumpf-Schwertlilie
Iris pseudacorus
Schwertliliengewächse

Merkmale 0,5–1,5 m hoch, dicker, stark verzweigter Wurzelstock. Blätter 50–90 cm lang, 1–3 cm breit. Blüten bis ca. 8 cm, kräftig gelb, äußere Blütenblätter am Grund dunkler geadert, nicht bärtig, zu 1–5 am Stängel in der Achsel grüner Tragblätter; Blütezeit Mai–Juni. Meist an Ufern, auch in Bruchwäldern; in den meisten Gegenden nicht selten.
Wissenswertes Die Blüten werden v. a. von Hummeln und Schwebfliegen bestäubt. Ein besonderer Mechanismus verhindert die Selbstbestäubung. Giftig. ▽

Deutsche Schwertlilie
Iris germanica
Schwertliliengewächse

Merkmale 30–80 cm hoch, kurzer Wurzelstock. Blätter säbelförmig, 30–70 cm lang, 2–3 cm breit. Blüten ca. 8 cm, zu 2–6 , blau- bis dunkel violett, äußere Blütenblätter am Grund weißlich, dunkel geadert und hier gelb bärtig behaart; Blütezeit Mai–Juni. An meist kalkreichen, steinigen Stellen in wärmeren Lagen, v. a. auf Weinbergen in Süddeutschland.
Wissenswertes Seit dem 16. Jh. als Zierpflanze bekannt. Offenbar aus einer Kreuzung hervorgegangen, nur durch Teilung zu vermehren. ▽

Weißer Krokus
Crocus vernus albiflorus
Schwertliliengewächse

Merkmale 5–15 cm hoch, unterirdische Knolle. Blätter bis 15 cm lang, 3 mm breit, grün, weißer Mittelnerv, erscheinen mit den Blüten, erst nach der Blüte voll entwickelt. Blüten einzeln oder zu zweit, 2–4 cm, violett, weiß oder weiß mit violetten Streifen, mit dem Grund teils im Boden verborgen; Blütezeit je nach Höhe Februar–Juni. Auf Bergwiesen bis 2500 m, seltener im unmittelbaren Alpenvorland.
Wissenswertes Kommt außerhalb der Alpen (Schwarzwald, Schwäbische Alb) nur angepflanzt vor. ▽

Einbeere
Paris quadrifolia
Wachsliliengewächse

Merkmale 10–30 cm hoch, dünner Wurzelstock. Meist 4 breit elliptische, quirlig angeordnete Blätter. Blüte 2–4 cm, einzeln, endständig, meist 4 grüne äußere und 4 gelbliche innere Blütenblätter; Blütezeit April–Juni. Frucht ca. 1 cm große, schwarzblaue, giftige Beere. In Wäldern, v. a. auf humosem Boden; in Deutschland vom Flachland bis in die Alpen (bis 1700 m); meist nicht selten.
Wissenswertes Ihre nächsten Verwandten sind in Ostasien und Nordamerika zu finden.

Herbstzeitlose
Colchicum autumnale
Zeitlosengewächse

Merkmale 8–25 cm hoch, unterirdische Knolle. Blätter dunkelgrün, bis 30 cm lang, 5 cm breit, mit den Früchten im Frühjahr erscheinend. Blüte rosa oder weißlich, 8–25 cm lang, 6 Hüllblätter am Grund zu einer langen, schmalen Röhre verwachsen; Blütezeit August–Oktober. Auf mageren, etwas feuchten Wiesen, auf Obstwiesen und in Auwäldern; bei uns weit verbreitet, meist nicht selten, doch stellenweise durch Überdüngung stark zurückgegangen.
Wissenswertes Alle Teile sehr giftig.

Doldiger Milchstern
Ornithogalum umbellatum
Liliengewächse

Merkmale 10–30 cm hoch, 2–3 cm dicke Zwiebel. Blätter grundständig, bis 6 mm breit, länger als der Stängel. Blüten weiß, außen grün gestreift, zu 3–12 in lang gestielter Traube; Blütezeit April–Mai. Frucht keulenförmige bis rundliche Kapsel. In Weinbergen auf nährstoffreichen, neutralen bis sauren Böden, Ruderalflächen; v. a. an wärmeren Orten.
Wissenswertes Die Grundblätter wachsen im Herbst und bilden den Winter hindurch Nährstoffe. Sie sterben erst nach der Blütezeit ab.

Schachblume
Fritillaria meleagris
Liliengewächse

Merkmale 15–30 cm hoch, ca. 1 cm große Zwiebel. Stängel unverzweigt, meist 4–5 grasartig schmale, etwas fleischige Blätter. Blüten glockenförmig, nickend, bis ca. 4 cm groß, purpurn-bräunlich mit dunklerem Schachbrettmuster, seltener weiß; Blütezeit April–Mai. Auf feuchten Wiesen in Flusstälern, v. a. auf öfters überschwemmten; selten, doch an einigen Stellen noch in größeren Beständen (z. B. im unteren Weser- und Elbetal, im Sinntal in der Rhön).
Wissenswertes In Norddeutschland wird sie auch »Kiebitzei« genannt, wo-mit offensichtlich auf die dunkle Fleckung der Blüten, ihre Größe und den typischen Lebensraum Bezug genommen wird. Sie reagiert empfindlich auf Drainierung und Düngung ihrer Standorte und ist daher bereits an vielen ursprünglichen Standorten verschwunden. Sie wurde andererseits aber auch an vielen Orten angesiedelt, an denen sie nicht heimisch war. Auch bei den Vorkommen in der Rhön, die zu den individuenreichsten der Art gehören, ist es umstritten, ob die Pflanze dort wirklich heimisch ist. Giftig. ▽

Beinbrech
Narthecium ossifragum
Liliengewächse

Merkmale 10–30 cm hoch, unterirdisch kriechender Stängel. Grundständige Blätter schwertförmig, bis 15 cm lang, 8 mm breit, Stängelblätter kürzer. Blüten 10–15 mm, leuchtend gelb, außen grünlich, rote Staubbeutel, wollig behaarte Staubfäden, in endständiger, lockerer Traube; Blütezeit Juli–August. Auf sauren, moorigen Böden, v. a. in quelligen Heidemooren; nur in Nordwestdeutschland, aber überall selten.
Wissenswertes Durch Entwässerung der Feuchtgebiete extrem zurückgegangen; hochgradig gefährdet. ▽

Wilde Tulpe
Tulipa sylvestris
Liliengewächse

Merkmale 5–45 cm hoch, bis 4 cm große Zwiebel. Blätter lineal lanzettlich, bis 30 cm lang, 2 cm breit. Blüten gelb, 7–12 cm, anfangs meist etwas nickend, bei der Vollblüte oft fast radförmig geöffnet; Blütezeit April–Mai. An warmen Stellen auf nährstoffreichen Böden, v. a. in Weinbergen, daneben auch in Parks und verwilderten Gärten; ziemlich selten und fast nur im südlichen Deutschland.
Wissenswertes Die Art kann sich durch Ausläufer vermehren, die an den Spitzen jeweils neue Zwiebeln bilden.

Feuerlilie
Lilium bulbiferum
Liliengewächse

Merkmale 20–90 cm hoher, oben meist wollig behaarter Stängel, Zwiebelpflanze, Blätter lineal lanzettlich, wechselständig, bis 10 cm lang, 1 cm breit. Blüten gelbrot oder rot, aufrecht, 9–14 cm, zu 1–5 an der Stängelspitze in einem doldigen Blütenstand; Blütezeit Mai–Juli. Auf Bergwiesen, an sonnigen Waldrändern; ursprünglich wohl nur in den Alpen (bis 2300 m), oft als Zierpflanze in Gärten, gelegentlich verwildert.
Wissenswertes Bildet in den Blattachseln oft 1–3 Brutzwiebeln. ▽

Türkenbund
Lilium martagon
Liliengewächse

Merkmale 30–150 cm hoch, 2–5 cm große Zwiebel. Blätter breit lanzettlich, bis 15 cm lang, 4 cm breit, in der Stängelmitte quirlständig, darüber und darunter wechselständig. Blüten rötlich violett, dunkel gefleckt, ca. 5 cm, nickend, turbanartig zurückgeschlagene Blütenblattzipfel, Traube mit 10 oder mehr Blüten; Blütezeit Juni–August. In Laubwäldern, im Bergland, in den Alpen (bis 2000 m), im Tiefland fast fehlend.
Wissenswertes Blüten werden v. a. von Schwärmern besucht. ▽

Wald-Gelbstern
Gagea lutea
Liliengewächse

Merkmale 10–30 cm hoch, etwa 15 mm große Zwiebel. 1 grundständiges, bis 30 cm langes, 15 mm breites Blatt, 2 kürzere lanzettliche Stängelblätter. Blüten gelb, außen grün, 30–35 mm, in ein- bis siebenblütiger Trugdolde; Blütezeit März–Mai. Meist in etwas feuchten Wäldern auf kalkreichem Untergrund, z. B. Auwäldern, auf Wiesen in Waldnähe; v. a. im Bergland weit verbreitet.
Wissenswertes Samen mit ölhaltigem Anhängsel. Es wird von Ameisen gern verzehrt, die dabei die Samen verbreiten.

Acker-Gelbstern
Gagea villosa
Liliengewächse

Merkmale 5–20 cm hoch, 2 unterirdische Zwiebeln. 2 grundständige, bis 3 mm breite Blätter, 2 Stängelblätter, bis 7 mm breit. Blüten gelb, zu 3–6 in doldenähnlicher Traube, außen wie Blütenstiele und meist auch der Stängel behaart; Blütezeit März–Mai. Früher v. a. auf Äckern, in Weinbergen, heute auf Friedhöfen unter alten Bäumen, in Parks.
Wissenswertes Die auf Äckern fast verschwundene Pflanze hat im Traufbereich besonnter Solitärbäume einen Ersatzlebensraum gefunden.

Weißer Germer
Veratrum album
Höckerblumengewächse

Gewöhnliche Simsenlilie
Tofieldia calyculata
Höckerblumengewächse

Gelbe Narzisse
Narcissus pseudonarcissus
Amarillisgewächse

Merkmale 0,4–1,8 m hoch, kurzer, dicker Wurzelstock, am Grund deutlich verdickter Stängel. Blätter breit elliptisch, bis 35 cm lang, 15 cm breit, entlang der parallelen Nerven in Längsrichtung gefaltet, unterseits flaumig behaart. Blüten weißlich oder gelblich grünlich, 15–25 mm, in einer dichtblütigen, bis 50 cm hohen, aus Trauben zusammengesetzten Rispe; Blütezeit Juni–September. An kalkreichen, meist etwas feuchten Standorten, etwa an feuchten, offenen Waldstellen, auf Flachmooren und Almwiesen; besonders in den Alpen (bis 2000 m), auch im Alpenvorland, auf der Schwäbischen Alb und im Bayerischen Wald.
Wissenswertes Die Pflanze ist in allen Teilen giftig. In nicht blühendem Zustand kann sie leicht mit dem Gelben Enzian verwechselt werden. Sie unterscheidet sich von diesem aber deutlich durch die längs gefalteten, wechselständigen Blätter (beim Gelben Enzian sind sie gegenständig und flach ausgebreitet). An den alpinen Standorten dominieren Pflanzen mit weißlichen, an den außeralpinen solche mit grünlichen Blüten.

Merkmale 5–30 cm hoch, kurzer, kriechender Wurzelstock. Blätter zweizeilig angeordnet, lineal lanzettlich, allmählich zugespitzt, bis 15 cm lang, 5 mm breit. Blüten gelb- bis grünlich, 5–7 mm, zu etwa 10–30 in einer bis 12 cm langen Traube; Blütezeit Juni–August. An kalkreichen, meist feuchten Stellen wie in Flachmooren und quelligen Sümpfen, an wechselfeuchten Stellen auf Trockenrasen; v.a. im Bergland und in den Alpen.
Wissenswertes Die Blüten bieten ihren Besuchern Nektar an; sie werden v. a. von Schwebfliegen besucht.

Merkmale 20–40 cm hoher, zusammengedrückter Stängel, Zwiebelpflanze, Blätter schmal linealisch, bis 40 cm lang, 15 mm breit. Blüten gelb, 6 eiförmige Blütenblätter, 15–45 mm lange, schmal glockenförmige Nebenkrone; Blütezeit März–Mai. Auf sauren, feuchten Böden, v. a. auf Bergwiesen; in Deutschland ursprünglich nur in Hunsrück und Eifel, auch in den Hochlagen der Vogesen, sonst aus Gärten und Parks verwildert.
Wissenswertes Bildet an den natürlichen Standorten meist großflächige Bestände. Giftig. ▽

Stern-Narzisse
Narcissus radiiflorus
Amarillisgewächse

Schneeglöckchen
Galanthus nivalis
Amarillisgewächse

Märzenbecher
Leucojum vernum
Amarillisgewächse

Merkmale 20–30 cm hoch, Zwiebel unterirdisch. Blätter meist 4, schmal linealisch, so lang wie der Stängel, 2–5 mm breit. 6 weiße Blütenblätter, 2–2,5 mm lange, bis 10 mm breite, gelbliche, am Saum rote Nebenkrone; Blütezeit März–Mai. Auf sauren, mageren Bergwiesen, v. a. in den Schweizer und österr. Alpen; in Deutschland fast nur verwildert.
Wissenswertes Sehr ähnlich ist die verwilderte Dichter-Narzisse (*Narcissus poeticus*) mit etwas breiteren Blättern. ▽

Merkmale 10–25 cm hoch, Zwiebelpflanze. Blätter blaugrün, bis 13 cm lang, 1 cm breit. Blüten nickend, 3 äußere weiße, bis 2 cm lange, 3 innere, vor der Spitze grün gezeichnete, halb so lange Blütenblätter; Blütezeit Februar–April. An feuchten, kalkhaltigen Stellen, v. a. in Schlucht- und Auwäldern; meist verwildert, einige süddeutsche Wuchsorte (Schwäbische Alb) gelten als natürlich.
Wissenswertes Oft zusammen mit dem Märzenbecher, bildet aber auch große Reinbestände. Giftig.▽

Merkmale 5–25 cm hoch, ca. 20 cm tief im Boden liegende Zwiebel. Blätter dunkelgrün, 10–20 cm lang, bis 20 mm breit. Blüten glockenförmig, nickend, ca. 2 cm, meist einzeln, selten zu zweit an einem Stängel, Blütenblätter weiß mit grünem Fleck kurz vor der Spitze; Blütezeit Februar–April. Auf feuchten, tiefgründigen, nährstoffreichen und meist etwas kalkhaltigen Böden; v. a. in Schluchtwäldern und in Auwäldern; im Bergland und in den Flussauen gebietsweise nicht selten, v. a. in Süddeutschland; im norddeutschen Flachland ziemlich selten.
Wissenswertes Die giftige Pflanze ist auch als Frühlings-Knotenblume bekannt. Sie bildet oft großflächige, dichte Bestände. Viele waren in den letzten Jahrzehnten durch übermäßiges Abpflücken und Ausgraben stark zurückgegangen. Erst durch Bewachungsmaßnahmen kam ein Umdenkungsprozess in Gang, sodass sich an vielen Stellen die Bestände wieder sehr gut erholt haben. Giftig. ▽

Bärlauch
Allium ursinum
Lauchgewächse

Gekielter Lauch
Allium carinatum
Lauchgewächse

Wohlriechender Lauch
Allium suaveolens
Lauchgewächse

Merkmale 15–50 cm hoch, Zwiebelpflanze. Meist 2 Blätter, elliptisch lanzettlich, deutlich gestielt. Blüten weiß, 1–2 cm, in flacher oder etwas rundlicher Scheindolde; Blütezeit April–Juni. Meist auf tiefgründigen, feuchten Kalkböden, meist in Laubwäldern; in den Mittelgebirgen und Alpen (bis 1000 m) weit verbreitet, gebietsweise häufig, im norddeutschen Flachland nur vereinzelt.
Wissenswertes Die stark nach Knoblauch riechende Pflanze ist zunehmend als Würzpflanze beliebt. Ihre Samen werden durch Ameisen verbreitet.

Merkmale 20–50 cm hoch, Zwiebelpflanze. Blätter linealisch, flach, unterseits mit 3–5 hervortretenden Nerven, 2–4 mm breit. Blüten bis 4 cm lang gestielt. In lockerer Scheindolde, leuchtend hellrot bis dunkelviolett, Hüllblätter glockig geöffnet, von den Staubblättern deutlich überragt; Blütezeit Juni–August. An recht trockenen bis mäßig feuchten, meist kalkreichen Stellen, z. B. an Waldrändern, auf Moorwiesen, Trockenrasen; v. a. südlich des Mains.
Wissenswertes In der Mitte des Blütenstandes sitzen meist Brutzwiebeln.

Merkmale 20–60 cm hoch, sehr schmale Zwiebel. Blätter nur im unteren Drittel des Stängels, schmal linealisch, unterseits mit scharfem Kiel, 1,5–3 mm breit. Blüten etwa 5 mm, nur leicht geöffnet, in einer halbkugeligen bis kugeligen Scheindolde, Hüllblätter hellrosa bis hell purpurn mit dunklerem Mittelstreif, Staubblätter etwa doppelt so lang wie die Blütenhülle; Blütezeit Juli–September. Auf zumindest zeitweise feuchtem bis nassem, meist kalkreichem Untergrund, v. a. auf Sumpfwiesen und Flachmooren; in Deutschland nur im Bodenseegebiet und im Alpenvorland, nördlich bis ins Donautal; ziemlich selten, doch gelegentlich in größeren Beständen.
Wissenswertes Die Art ist v. a. durch Veränderungen an ihren Wuchsorten gefährdet. Wie viele andere Pflanzen von Feuchtwiesen benötigt sie gelegentliche Pflegemaßnahmen. Werden ihre Standorte nicht von Zeit zu Zeit (am besten im Herbst) gemäht, breiten sich allmählich Gehölze und Schilfbestände aus und verdrängen die empfindlichen Feuchtwiesen-Arten.

Kohl-Lauch
Allium oleraceum
Lauchgewächse

Schnittlauch
Allium schoenoprasum
Lauchgewächse

Rundköpfiger Lauch
Allium rotundum
Lauchgewächse

Merkmale 30–70 cm hoch oder höher, ziemlich große Hauptzwiebel, eine bis mehrere Nebenzwiebeln. Blätter nur im unteren Teil des Stängels, zur Blütezeit meist schon abgestorben und vertrocknet. Blüten glockig geöffnet, 2–4 cm lang gestielt in meist armblütiger, teils aber auch reichblütiger, sehr lockerer Trugdolde, zur Blütezeit meist nickend; Hüllblätter weißlich oder hellrosa mit dunkelrotem oder grünem Mittelstreifen, von den Staubblättern nicht überragt; Blütezeit Juni–August. Meist an nährstoffreichen, trockenen und warmen Standorten, etwa auf Trockenrasen, in Weinbergen und auf Ödlandflächen; in Deutschland weit verbreitet, im Norden aber seltener als im Süden.
Wissenswertes In der Mitte des Blütenstandes finden sich viele dunkelrote Brutzwiebeln, meist etwa gleich viele wie Blüten. Gelegentlich bestehen die »Blütenstände« sogar nur aus Brutzwiebeln. Sie fallen zu Boden und bilden neue Pflanzen. Manchmal treiben sie aber schon im Blütenstand grüne Blätter aus.

Merkmale 10–50 cm hoch, ohne wirkliche Zwiebel. Blätter grundständig, röhrenförmig, runder oder elliptischer Querschnitt. Blüten rosa bis dunkelrot, öffnen sich nur wenig, bis 15 mm lang, in kugeliger oder halbkugeliger Scheindolde; Blütezeit Mai–August. Auf nährstoffreichen, feuchten Böden, auf Sumpfwiesen, an Flussufern; vorwiegend in großen Stromtälern, im Alpenvorland, in den Alpen, oft nur verwildert.
Wissenswertes Wird seit dem Mittelalter als Gewürzpflanze kultiviert.

Merkmale 30–70 cm hoch, Zwiebelpflanze, Hauptzwiebel, zahlreiche Nebenzwiebeln. Blätter linealisch, bis 8 mm breit. Blüten wenig geöffnet, dunkel purpurrot, selten hellrot, bis 2 cm lang gestielt in kugeliger bis eiförmiger Scheindolde, Staubblätter etwas kürzer als Hüllblätter; Blütezeit Juni–August. Auf kalkhaltigen Böden, in Weinbergen, an Acker- und Wegrändern; recht selten.
Wissenswertes Beim ähnlichen Kugel-Lauch (*A. sphaerocephalon*) überragen die Staubblätter die Hüllblätter.

Zweiblättriger Blaustern
Scilla bifolia
Hyazinthengewächse

Merkmale 5–20 cm hoch, Zwiebel-pflanze. Blätter etwas fleischig, meist 2, breit linealisch, bis 13 mm breit. Blü-ten 1,5–2 cm, hellblau oder blauviolett, meist zu 2–5 in lockerer Traube; Blüte-zeit März–April. Auf nährstoffreichen, etwas feuchten, meist kalkhaltigen Böden, z. B. in Auwäldern, Schluchtwäl-dern; im südlichen Deutschland, v. a. in den Stromtälern recht verbreitet, nach Norden bis zum Mittelrhein.
Wissenswertes Samen mit ziemlich großem Anhängsel, werden von Amei-sen verschleppt. ▽

Hasenglöckchen
Hyacinthoides non-scripta
Hyazinthengewächse

Merkmale 20–40 cm hoch, Zwiebel-pflanze. Blätter 5–8, grundständig, breit linealisch, etwas kürzer als der Stängel, bis gut 1 cm breit. Blüten hell- oder dun-kelblau, glockenförmig, nickend, etwa 2 cm lang, zu 15–30 in dichter, etwas ein-seitswendiger Traube; Blütezeit April–Mai. Auf nährstoffreichen, feuchten, oft kalkarmen Böden in Laubwäldern und Gebüschen; in Deutschland wild nur am Mittelrhein, sonst öfters verwildert.
Wissenswertes Im atlantischen West-europa weit verbreitet (v. a. in England und Frankreich). ▽

Weinberg-Traubenhyazinthe
Muscari neglectum
Hyazinthengewächse

Merkmale 10–30 cm hoch, Zwiebel-pflanze. Blätter schlaff, länger als Stän-gel, nach oben eingerollt, 2–5 mm breit. Blüten dunkelblau, 4–6 mm lang, krug-förmig glockig mit weißem Saum, ni-ckend, zu 30–50 in dichter Traube; Blü-tezeit April–Mai. Auf nährstoffreichen, kalkhaltigen, wärmebegünstigten Hän-gen, fast nur in Weinbaugebieten, hier stellenweise noch als häufiges Unkraut.
Wissenswertes Reagiert empfindlich auf tief reichende Bodenbearbeitung und ist v. a. durch Bodenfräsung an vie-len Stellen verschwunden. ▽

Kleine Traubenhyazinthe
Muscari botryoides
Hyazinthengewächse

Merkmale 10–25 cm hoch, Zwiebel-pflanze. Meist 2–3 ziemlich steife, linea-lische, bis gut 1 cm breite Blätter. Blüten himmelblau, in kaum mehr als 5 cm lan-ger Traube; Blütezeit April–Mai. Im Bergland auf eher nährstoffarmen, oft etwas feuchten Böden, auf Trockenrasen, kurzgrasigen Bergwiesen, auch in lichten Wäldern; wild nur in Süddeutschland, v. a. auf der Schwäbischen Alb.
Wissenswertes Die obersten Blüten eines Blütenstandes sind unfruchtbar, unterscheiden sich aber nicht deutlich von den übrigen.▽

Schopfige Traubenhyazinthe
Muscari comosum
Hyazinthengewächse

Merkmale 30–70 cm, teils über 1 m hoch, Zwiebelpflanze. Blätter meist zu 3–4, breit linealisch, bis 40 cm lang, 25 mm breit. Blüten in Traube, bis 30 cm lang, untere fruchtbar, bräunlich, obere unfruchtbar, blauviolett, schopfig genä-hert und deutlich länger gestielt als die unteren; Blütezeit April–Juni. An warmen Orten auf meist kalkreichem Untergrund, z. B. auf Trockenrasen, an Wegen; recht selten, nur im südlichen Deutschland.
Wissenswertes Auf Äckern durch tiefe Bodenbearbeitung bedroht. ▽

Ästige Graslilie
Anthericum ramosum
Grasliliengewächse

Merkmale 30–80 cm hoch, kurzer Wur-zelstock. Blätter grasartig, 2–6 mm breit. Blütenstand aus Trauben zusammenge-setzte Rispe. Blüten 15–25 mm, weiß, die 3 inneren Blütenblätter breiter als die äu-ßeren; Blütezeit Juni–August. An meist kalkreichen, trocken-warmen Stellen, auf Trockenrasen; v. a. im süddeutschen Bergland, nördlich der Mainlinie selten.
Wissenswertes Schwache Exemplare mit unverzweigtem Blütenstand lassen sich am besten an den kleineren Blüten von der Astlosen Graslilie unterscheiden.

Astlose Graslilie
Anthericum liliago
Grasliliengewächse

Merkmale 20–70 cm hoch, kurzer Wur-zelstock. Blätter grasartig schmal, bis 6 mm breit. Blütenstand traubig, selten etwas verzweigt; Blüten weiß, 3–5 cm, Blütenblätter des inneren und äußeren Kreises gleich breit; Blütezeit Mai–Juli. An kalkarmen bis kalkfreien, warmen Stellen, auf Trockenrasen, in Trockenwäl-dern; v. a. im südlichen und mittleren Deutschland, im Norden selten.
Wissenswertes Die großen Blüten werden v. a. von Bienen und Schweb-fliegen besucht.

Maiglöckchen
Convallaria majalis
Maiglöckchengewächse

Merkmale 10–25 cm hoch, Wurzelstock verzweigt, dünn. Blätter breit lanzett-lich, bis 20 cm lang, 7 cm breit. Blüten weiß bis cremeweiß, glockig, mit 6 kur-zen dreieckigen Zipfeln, zu 3–9 in locke-rer, einseitswendiger Traube, duftend; Blütezeit Mai–Juni. Frucht rote Beere. In Laubwäldern auf humosen, tiefgrün-digen Böden; meist recht häufig.
Wissenswertes Alle Teile sehr giftig. Verhängnisvoll kann die Verwechslung der Blätter mit denen des Bärlauchs sein. Giftig. ▽

Zweiblättriges Schattenblümchen *Maianthemum bifolium* Maiglöckchengewächse

Merkmale 5–20 cm hoch, dünner, kriechender Wurzelstock. Meist 2 herzförmige 5–8 cm lange, bis 4 cm breite, am Ende zugespitzte Blätter im oberen Abschnitt des Stängels. Blüten weiß, zu 10–20 in lockerer, aufrechter Traube; Blütezeit April–Mai. Frucht kirschrote, etwa 5 mm große Beere. Auf humusreichen, meist sauren Böden, v. a. in schattigen Laub- und Nadelwäldern; recht häufig.

Wissenswertes In höheren Lagen der Alpen (bis 1800 m) findet sich die Pflanze nur an offenen Standorten. Giftig.

Vielblütige Weißwurz *Polygonatum multiflorum* Maiglöckchengewächse

Merkmale 50–80 cm hoch, kriechender Wurzelstock. Stängel überhängend, mit zweizeilig fast in einer Ebene ausgebreiteten, breit lanzettlichen, bis 15 cm langen, 7 cm breiten Blättern. Blüten weiß, engglockig, meist zu 2–5 in den Blattachseln; Blütezeit Mai–Juni. Frucht dunkelblaue Beere. In schattigen Laub- und Nadelwäldern allgemein verbreitet.

Wissenswertes Der Wurzelstock trägt an den Ansatzstellen der früheren Stängel siegelartige Narben – daher auch der Name Salomonssiegel. Giftig.

Wohlriechende Weißwurz *Polygonatum odoratum* Maiglöckchengewächse

Merkmale 20–50 cm hoch, kriechender Wurzelstock. Ähnlich der Vielblütigen Weißwurz, doch Blätter etwas kürzer und schmäler und meist etwas aufgerichtet. Blüten einzeln oder zu zweit, selten zu 3–5, wohlriechend (Vielblütige Weißwurz geruchslos); Blütezeit Mai–Juni. Frucht dunkelblaue Beere. An kalkhaltigen, warmen Standorten, in lichten Wäldern, auf Trockenrasen.

Wissenswertes Enthält giftige Saponine. Wegen des ähnlichen Wurzelstocks ebenfalls als Salomonssiegel bekannt.

Quirblättrige Weißwurz *Polygonatum verticillatum* Maiglöckchengewächse

Merkmale 30–90 cm hoch, kriechender Wurzelstock. Stängel aufrecht; Blätter schmal lanzettlich, bis 15 cm lang, 15 mm breit, zumindest die oberen zu 3–8 in Quirlen. Blüten weiß, engglockig, zu 1–7 in Trauben in den Blattachseln, nickend; Blütezeit Mai–Juni. Frucht ca. 10 mm große Beere, schwarzblau. Meist an schattigen, luftfeuchten Standorten, in Laub- und Nadelwäldern im Bergland, in den Alpen bis 2400 m.

Wissenswertes Wurzelstock wie für die Gattung typisch gebaut. Giftig.

Gewöhnlicher Aronstab *Arum maculatum* Aronstabgewächse

Merkmale 15–40 cm hoch, unterirdische Knolle. Blätter pfeilförmig, dunkelgrün, oft dunkler gefleckt, bis 30 cm lang, 10 cm breit. Blüten in kolbenförmigem, oben dunkel violettem Blütenstand, von bleichgrünem, tütenförmigem Hochblatt (Spatha) umhüllt; Blütezeit April–Mai. Frucht orangerote, ca. 7 mm große Beere. Auf nährstoffreichen, etwas feuchten, meist kalkreichen Böden, in schattigen Laubwäldern; im südlichen und mittleren Deutschland recht verbreitet, im norddeutschen Flachland selten.

Wissenswertes Der Blütenkolben trägt unter der blütenlosen Keule, die aus dem Hüllblatt ragt, im verhüllten Teil oben männliche Blüten, darunter »Sperrhaare« und darunter weibliche Blüten. Durch Aasgeruch werden kleine Mücken angelockt, die an der Innenwand des Hochblattes abrutschen und wegen der Sperrhaare nicht fliehen können. Nach einigen Tagen schrumpfen diese, die Mücken krabbeln heraus, pudern sich aber mit Blütenstaub ein. Später von einer anderen Blüte angelockt, bestäuben sie diese.

Sumpfcalla *Calla palustris* Aronstabgewächse

Merkmale 15–30 cm hoch, ewa 50 cm weit kriechender, stark verzweigter Wurzelstock. Blätter rundlich herz- bis nierenförmig, bis 11 cm lang. Blüten meist zwittrig, in grüner Ähre, darunter weißes, außen grünliches, 6–7 cm langes Hüllblatt; Blütezeit Mai–Juli. Frucht rote, etwa 5 mm große Beere. An Ufern stehender Gewässer, in Mooren; v. a. im norddeutschen Flachland, sonst selten.

Wissenswertes Wegen des kriechenden Wurzelstocks auch Schlangenwurz genannt. Giftig.

Kalmus *Acorus calamus* Aronstabgewächse

Merkmale 0,5–1,5 m hoch, kriechender, stark verzweigter Wurzelstock. Blätter schmal schwertförmig, in Querrichtung gewellt, bis 15 mm breit. Blüten zwittrig, auf grünlichem, bis 8 cm langem, schräg zur Seite gerichtetem Kolben, dieser von einem in Fortsetzung des Stängels aufragenden Hüllblatt überragt. Auf schlammigem, meist überflutetem Boden an Gewässern; meist nicht selten, v. a. aber in Norddeutschland.

Wissenswertes Heimat Südostasien, im Mittelalter als Heilpflanze eingeführt.

Schwimmendes Laichkraut
Potamogeton natans
Laichkrautgewächse

Merkmale 0,6–2 m langer Stängel, stark verzweigter Wurzelstock, Wasserpflanze. Untergetauchte Blätter blattstielartig, nur im Frühjahr; Schwimmblätter länglich oval, herzförmiger Grund, bis 12 cm lang, 7 cm breit. Blüten grün, in aufrechter Ähre über dem Wasser; Blütezeit Mai–August. V. a. in stehenden, nährstoffreichen Gewässern, seltener in Fließgewässern; fast überall recht häufig.
Wissenswertes Die bräunlichen, ca. 2 mm großen Nussfrüchte werden mit dem Wasser verbreitet oder verhaken sich im Gefieder von Wasservögeln.

Glänzendes Laichkraut
Potamogeton lucens
Laichkrautgewächse

Merkmale 2–6 m langer Stängel, weit kriechender Wurzelstock, Wasserpflanze. Alle Blätter untergetaucht, eiförmig bis länglich lanzettlich, 10–25 cm lang, bis 6 cm breit, am Rand wellig und fein gezähnt. Blüten grünlich, unscheinbar, in vielblütiger, 4–6 cm langer, bis 30 cm lang gestielter Ähre; Blütezeit Juni–August. In nährstoffreichen, meist schlammigen Gewässern; meist nicht selten.
Wissenswertes Kann in bis zu 6 m Wassertiefe vordringen und siedelt v. a. an Stellen mit starkem Nährstoffeintrag.

Dichtblättriges Laichkraut
Groenlandia densa
Laichkrautgewächse

Merkmale 10–40 cm langer Stängel, verzweigter, kriechender Wurzelstock, Wasserpflanze. Blätter eiförmig bis lanzettlich, gegenständig, 2–4 cm lang, 1–1,5 cm breit. Blüten grün, unscheinbar, in kugeliger, kurz gestielter, meist zwei- bis dreiblütiger Ähre, die als einziger Teil der Pflanze über den Wasserspiegel ragt; Blütezeit Juni–August. In langsam fließenden, sauberen, meist kalkhaltigen Gewässern, v. a. Bächen, Quelltöpfen mit geringer Wassertiefe; nicht häufig.
Wissenswertes Die Art bildet bei stärkerer Strömung schmälere Blätter aus.

Sumpf-Dreizack
Triglochin palustre
Dreizackgewächse

Merkmale 10–30 cm hoch. Blätter im Querschnitt rund, bis 20 cm lang, etwa 1 mm breit. Blüten zwittrig, mit 6 Staubblättern und 3 Narben, ohne Blütenhülle, in vielblütiger, lockerer Traube; Blütezeit Juni–September. Auf kalkreichem bis mäßig saurem, feuchtem Boden, v. a. in Flach- und Quellmooren; recht selten.
Wissenswertes Die 3 Fruchtblätter lösen sich bei der Reife von unten her von der Achse, sodass ein unten dreispitziges, an einen Dreizack erinnerndes Gebilde entsteht. Vermehrt sich auch über Ausläufer.

Froschbiss
Hydrocharis morsus-ranae
Froschbissgewächse

Merkmale Schwimmende oder im Grund wurzelnde Wasserpflanze mit 5–20 cm langen Ausläufern. Blätter schwimmen auf dem Wasserspiegel, 7–10 cm lang gestielt, fast kreisrund mit herzförmigem Grund, 2–7 cm. Zweihäusig; Blüten mit 3 weißen Kronblättern, 2–3 cm, mit 2–4 cm langen Stielen, ragen über den Wasserspiegel; männliche zu 1–5 in den Achseln zweier bis 5 cm lang gestielter Tragblätter, weibliche einzeln; Blütezeit Mai–August. In nährstoffreichen stehenden und langsam fließenden Gewässer; gebietsweise häufig, v. a. in Norddeutschland.
Wissenswertes Die in Rosetten wachsende Pflanze bildet Ausläufer, die am Ende jeweils wieder Rosetten bilden. So entstehen aus ursprünglich nur einer Rosette schnell dichte Teppiche, die mehrere Quadratmeter bedecken. Vor dem Winter wachsen am Ende der Ausläufer ca. 1 cm lange Winterknospen, die zu Boden sinken und mit denen die Pflanze die kalte Jahreszeit übersteht. Die übrigen Pflanzenteile sterben ab.

Krebsschere
Stratiotes aloides
Froschbissgewächse

Merkmale Schwimmende oder wurzelnde, Rosetten bildende Wasserpflanze. Blätter starr, linealisch, zugespitzt, am Rand scharf gezähnt, bis 40 cm lang, 4 cm breit. Zweihäusig, Blüten 2–4 cm, mit 3 weißen Kronblättern, männliche zu mehreren, weibliche einzeln aus 2 an eine Krebsschere erinnernden Hochblättern kommend; Blütezeit Mai–August. In stehenden, nährstoffreichen Gewässern, v. a. in Norddeutschland.
Wissenswertes Vermehrung über Ausläufer, bildet rasch große Bestände.

Kanadische Wasserpest
Elodea canadensis
Froschbissgewächse

Merkmale Wasserpflanze mit im Boden wurzelndem, bis 3 m langem, stark verzweigtem Stängel. Blätter linealisch bis länglich lanzettlich, bis 13 mm lang, 5 mm breit, zu 3 quirlständig. Zweihäusig; Blüten weißlich, ca. 5 mm groß, an 2–15 cm langen Stielen auf dem Wasser schwimmend. In stehenden und fließenden Gewässern; überall häufig.
Wissenswertes Heimat Nordamerika, vor ca. 150 Jahren nach Europa eingeschleppt, hat sich vielerorts zu einer echten Plage entwickelt.

Pfeilkraut
Sagittaria sagittifolia
Froschlöffelgewächse

Merkmale Bis 1 m hohe, im Grund wurzelnde Wasserpflanze. Unterwasserblätter bandförmig, bis 80 cm lang, eiförmige Schwimmblätter, Überwasserblätter mit pfeilförmiger, bis 18 cm langer Spreite. Blüten etwa 20 mm, mit 3 weißen, am Grund roten Kronblättern, in einer Traube aus Dreierquirlen; Blütezeit Juni–August. Im Uferbereich stehender und langsam fließender Gewässer, selten bis 2 m Wassertiefe; v. a. im Tiefland.
Wissenswertes Die Pflanze bildet an Ausläufern Knollen, die der Vermehrung und Überwinterung dienen.

Gewöhnlicher Froschlöffel
Alisma plantago-aquatica
Froschlöffelgewächse

Merkmale Bis 1,5 m hoch, knollig verdickter Wurzelstock, ausdauernd. Blätter in einer grundständigen Rosette, lang gestielt, eiförmig, bis 15 cm lang, 10 cm breit. Blüten 8–10 mm, hellrosa oder weiß, in einer reichblütigen, pyramidenförmigen Rispe; Blütezeit Juni–September. An Gewässerufern und auf zeitweise überschwemmten Flächen; überall häufig.
Wissenswertes Die Pflanze kann außer den Luftblättern auch Schwimmblätter und bis 80 cm lange, bandförmige Unterwasserblätter ausbilden.

Froschkraut
Luronium natans
Froschlöffelgewächse

Merkmale 0,1–1,5 m langer, flutender Stängel, ausdauernde Wasserpflanze. Unterwasserblätter bandförmig, bis 10 cm lang, 3 mm breit, Schwimmblätter lang gestielt, eiförmig, 2–3 cm lang, bis 1,5 cm breit. Blüten schwimmend, 1,5–2 cm, mit 3 weißen, am Grund gelb gefleckten Kronblättern; Blütezeit Juni–Juli. In moorigen oder sandigen, kalk- und nährstoffarmen Gewässern; nur in Norddeutschland; selten.
Wissenswertes Bildet bei hohem Wasserstand und im Winter nur bis 40 cm lange Unterwasserblätter aus.

Igelschlauch
Baldellia ranunculoides
Froschlöffelgewächse

Merkmale 5–30 cm hoch, ausdauernd. Blätter in grundständiger Rosette, lang gestielt, schmal lanzettlich, 5–10 cm lang, bis 5 mm breit. Blüten 8–15 mm, mit 3 hellrosa oder weißen, am Grund gelb gefleckten Kronblättern, lang gestielt in 1 oder 2 übereinander angeordneten Quirlen; Blütezeit Juli–Oktober. Auf zeitweise überfluteten Flächen oder in öfters austrocknenden, seichten Gewässern mit nährstoffarmem, sandigem Boden; nur in Norddeutschland; selten.
Wissenswertes Bildet bei hohem Wasserstand bandförmige Wasserblätter.

Schwanenblume
Butomus umbellatus
Schwanenblumengewächse

Merkmale 0,5–1,8 m hohe Wasserpflanze, kriechender Wurzelstock. Blätter dreikantig, 50–100 cm lang, nach oben verschmälert, zugespitzt. Blüten in zwanzig- bis fünfzigblütigen Scheindolden auf einem die Blätter überragenden Stängel, 6 rosafarbene Hüllblätter, 2–3 cm; Blütezeit Juni–August. Am Ufer stehender und langsam fließender Gewässer; im Flachland gebietsweise häufig, im Bergland fast fehlend.
Wissenswertes Kann in ca. 2 m tiefem Wasser wachsen, blüht dann aber nicht.

Blumenbinse
Scheuchzeria palustris
Blumenbinsengewächse

Merkmale 10–20 cm hoch, ausdauernd, unterirdische Ausläufer. Stängel hin und her gebogen, im Querschnitt fast runde, bis 20 cm lange Blätter. Blüten zu 3–10 in lockerer Traube, mit 6 gelblich grünen Hüllblättern; Blütezeit Mai–Juni. Früchte meist zu dritt, schief eiförmig aufgeblasen. In Hoch- und Zwischenmoorschlenken; v. a. in Norddeutschland, im Alpenvorland, aber überall selten.
Wissenswertes Ist durch Trockenlegung der Moore extrem zurückgegangen und teils schon verschwunden.

Ästiger Igelkolben
Sparganium erectum
Igelkolbengewächse

Merkmale 30–50 cm hoch, kriechender Wurzelstock, Wasserpflanze. Stängel steif aufrecht, hin und her gebogen. Grundständige Blätter gekielt, bis 20 mm breit, deutlich länger als der Stängel. Blütenstand mit 2–5 Ästen in den Achseln langer Tragblätter, mit je 1–3 unteren weiblichen und 6–9 oberen männlichen Köpfchen. Blütezeit Juni–Juli. Im Röhricht stehender und langsam fließender Gewässer; verbreitet, fast überall häufig.
Wissenswertes Mehrere Unterarten, je nach Form der igelartigen Früchte.

Zwerg-Igelkolben
Sparganium minimum
Igelkolbengewächse

Merkmale Ausdauernde, wurzelnde Wasserpflanze. Stängel 5–50 cm, flutend. Blätter bis 50 cm lang, 5 mm breit, untergetaucht oder schwimmend. Blütenstand nur wenig über das Wasser ragend, 1–3 weibliche und ein endständiges männliches Köpfchen. In Moortümpeln, Teichen, meist auf nährstoffarmem, mäßig saurem Boden; v.a. im norddeutschen Tiefland, im Alpenvorland; überall selten.
Wissenswertes Die Art ist durch Entwässerung und Verunreinigung ihrer Standorte stark zurückgegangen.

Vielwurzelige Teichlinse
Spirodela polyrhiza
Wasserlinsengewächse

Merkmale Ausdauernde Schwimmpflanze. Sprossglieder blattartig, rundlich bis breit eiförmig, 5–8 mm lang, zu 2–6 zusammenhängend, unterseits mit je 7–12 Wurzeln. Blüten sehr selten, am Rand der Sprossglieder in Blütenständen, die sich jeweils aus 1 weiblichen (nur 1 Fruchtknoten) und 2 männlichen Blüten (je 1 Staubblatt) zusammensetzen, diese von einem Hüllblatt umgeben; Blütezeit Mai–Juni. Auf nährstoffreichen, ruhigen Gewässern; ziemlich häufig.
Wissenswertes Überwintert in Form 1–3 mm großer, nierenförmiger Glieder.

Kleine Wasserlinse
Lemna minor
Wasserlinsengewächse

Merkmale Ausdauernde Schwimmpflanze. Sprossglieder 2–4 mm lang, 1–3 mm breit, beiderseits flach, mit je einer 1–4 cm langen Wurzel, einzeln oder zu 2–6 . Blüten selten, in Blütenständen mit 1 Fruchtknoten und 2 Staubgefäßen in einer seitlichen Tasche; Blütezeit April–Juni. In nährstoffreichen, oft verschmutzten, stehenden und langsam fließenden Gewässern; sehr häufig.
Wissenswertes Bei der etwas größeren und deutlich selteneren Buckligen Wasserlinse *(Lemna gibba)* sind die Sprossglieder unterseits stark gewölbt.

Dreifurchige Wasserlinse
Lemna trisulca
Wasserlinsengewächse

Merkmale Meist im Wasser schwebende, ausdauernde Pflanze. Sprossglieder beiderseits flach, lanzettförmig, am Grund lang gestielt, am Rand gezähnt, meist zu vielen kreuzweise zusammenhängend. Blütensprosse selten, eiförmig, an der Oberfläche schwimmend, Blütenstand wie bei Kleiner Wasserlinse; Blütezeit Juni–Juli. In nährstoffreichen, etwas sauren, ruhigen Gewässern, oft an recht schattigen Stellen; meist häufig.
Wissenswertes Blüht etwas häufiger als die übrigen Wasserlinsen, fruchtet aber selten.

Zwerglinse
Wolffia arrhiza
Wasserlinsengewächse

Merkmale Winzige, ausdauernde Schwimmpflanze, kleinste europäische Blütenpflanze. Sprossglieder eiförmig, 0,8–1,3 mm lang, meist etwas höher als breit, unterseits stark gewölbt, wurzellos. Glieder einzeln oder zu zweit zusammenhängend. Auf ruhigen, nährstoffreichen Gräben und Teichen; sehr selten, in Norddeutschland etwas häufiger.
Wissenswertes Blühende Exemplare wurden in Mitteleuropa noch nicht gefunden. Die Blüten befinden sich im Innern des Sprossgliedes und durchstoßen seinen Rücken.

Feld-Hainsimse
Luzula campestris
Binsengewächse

Merkmale 10–30 cm hoch, ausdauernd, grasartig, mit Ausläufern. Blätter 2–4 mm breit, am Rand dicht weiß bewimpert. Blüten in fünf- bis zehnblütigen, kugeligen bis eiförmigen, dunkelbraunen Ährchen, zu dritt bis acht in doldenartigem, endständigem Blütenstand; Blütezeit März–Mai. Meist auf sauren, trockenen bis frischen Böden, z. B. Wegrändern, Magerrasen; ziemlich häufig.
Wissenswertes Die Blüten sind windblütig. Die Samen haben ein Anhängsel und werden durch Ameisen verbreitet.

Krötenbinse
Juncus bufonius
Binsengewächse

Merkmale 10–30 cm hoch, einjährig. Stängel beblättert, vom Grund an büschelig verzweigt. Blätter grasartig, 1–12 cm lang. Blütenstand eine Spirre mit schräg aufragenden Zweigen; Blüten grünlich, einzeln oder einander genähert; Blütezeit Juni–September. An Ufern, auf feuchten Wegen, Äckern, auf offenen und nährstoffreichen, aber meist kalkarmen Böden; überall ziemlich häufig.
Wissenswertes Sehr formenreiche Art, wird neuerdings auch in mehrere Kleinarten aufgeteilt.

Knäuelbinse
Juncus conglomeratus
Binsengewächse

Merkmale 30–75 cm hoch, ausdauernd. Stängel stielrund, unterhalb des Blütenstandes mit 12–24 deutlichen Längsrippen. Blüten in sehr dichtem, kugeligem Knäuel, von 5–15 cm langem Hüllblatt überragt, Blütenstand daher scheinbar seitenständig; Blütezeit Mai–Juli. Meist auf kalkarmen Böden, z. B. Moorwiesen, an Grabenrändern, auf feuchten Waldlichtungen; ziemlich häufig.
Wissenswertes Wächst oft zusammen mit der Flatterbinse, ist manchmal nicht leicht von dieser zu unterscheiden.

Flatterbinse
Juncus effusus
Binsengewächse

Merkmale 30–100 cm hoch, ausdauernd, kriechender Wurzelstock. Stängel in dichten Horsten, zylindrisch pfriemenförmig, am Grund mit 5–8 scheidenförmigen Niederblättern, unter dem Blütenstand mit 30–60 feinen Längsrillen. Blüten in lockerer, vielästiger Spirre in der Achsel eines pfriemlichen, bis 30 cm langen Hüllblattes; Blütezeit Juni–August. Meist auf kalkarmen, aber nährstoffreichen Böden, z. B. Feuchtwiesen, an feuchten Wegrändern; fast überall häufig.

Breitblättriger Rohrkolben
Typha latifolia
Rohrkolbengewächse

Zwerg-Rohrkolben
Typha minima
Rohrkolbengewächse

Schmalblättriger Rohrkolben
Typha angustifolia
Rohrkolbengewächse

Merkmale 1–3 m hoch, ausdauernd, lange Ausläufer. Stängel steif aufrecht, mit blaugrünen, 10–20 mm breiten, bis zu 3 m langen Blättern, die den Blütenstand meist überragen. Blüten getrenntgeschlechtig, in übereinander angeordneten, sich meist berührenden 10–20 cm langen, 15–25 mm dicken Kolben, männliche oben, weibliche darunter; Blütezeit Juni–August. Am Ufer nährstoffreicher Gewässer; überall recht häufig.
Wissenswertes Die dunklen Griffel der weiblichen Blüten färben die fruchtenden Kolben braun.

Merkmale 30–70 cm hoch, unterirdische Ausläufer. Blätter sehr schmal linealisch, oberseits flach, unterseits stark gewölbt, bis 30 cm lang, nur 2 mm breit. Männlicher, oberer Blütenkolben ist 25–45 mm lang, von 1–3 Hochblättern unterbrochen. Der meist bis 2 cm davon getrennte oder sich direkt anschließende, weibliche Kolben ist 20–30 mm lang, blühend um 5 mm, fruchtend um 20 mm im Durchmesser; Blütezeit Mai–Juni. An sandig-schlammigen Rändern von Kiesbänken alpiner Wildflüsse, wird mit diesen bis in die Ebene geschwemmt,

auch an schlammigen Stellen in Kiesgruben; überall sehr selten und über weite Flächen schon verschwunden, in Deutschland verschollen.
Wissenswertes Die attraktive Pflanze reagiert äußerst empfindlich auf Veränderungen an ihren Wuchsorten, v. a. auf das natürliche Zuwachsen der Kiesbänke. Sie ist daher immer wieder darauf angewiesen, dass in nächster Nähe erneut offene Flächen entstehen. Dies ist fast nur noch in naturnahen Bereichen einiger Alpenflüsse der Fall, doch auch in manchen Kiesgruben.

Merkmale 1–3 m hoch, ausdauernd, kurze Ausläufer. Blätter bis 3 m lang, aber meist nur 5–8 mm breit, den Blütenstand meist deutlich überragend. Männlicher und weiblicher Kolben durch ein 1–4 cm langes nacktes Stängelstück getrennt, jeweils bis über 20 cm lang, der weibliche zur Fruchtzeit 15–18 mm dick; Blütezeit Juli–August. Meist im Röhricht größerer, stehender Gewässer, z. B. in Seen und Altwassern; v. a. im Flachland gebietsweise ziemlich häufig.
Wissenswertes Die Pflanze kann bis in etwa 1 m Wassertiefe vordringen.

Mais
Zea mays
Süßgräser

Weizen
Triticum aestivum
Süßgräser

Roggen
Secale cereale
Süßgräser

Mehrzeilige Gerste
Hordeum vulgare
Süßgräser

Merkmale 150–250 cm hohes Gras, einjährig, mit meist unverzweigtem, am Grund bis 5 cm dickem Stängel. Blätter bis 10 cm breit, teils über 1 m lang. Männliche Blüten in endständiger, bis 50 cm langer Rispe, weibliche in 1–3 Kolben in den Blattachseln; Blütezeit Juli–September. Als Futtergetreide überall angebaut.
Wissenswertes Mais ist neben Weizen weltweit die wichtigste Getreideart. Er stammt ursprünglich aus Mittel- oder Südamerika. Eine Wildform ist dort aber nicht mehr nachzuweisen.

Merkmale 60–120 cm hohes Gras, einjährig oder überwinternd. Blätter dunkelgrün bis bläulich grün, am Grund mit bewimperten, sich überkreuzenden Öhrchen. Blüten in bis 10 cm langer, dichter Ähre; Deckspelzen der zwei- bis fünfblütigen Ährchen je nach Sorte unbegrannt bis lang begrannt; Blütezeit Juni. Als Winter- oder Sommergetreide v. a. auf Kalkböden regelmäßig angebaut.
Wissenswertes Weizen eignet sich v. a. für Brot und Feinbackwaren. Er wird auch zum Bierbrauen verwendet.

Merkmale 60–200 cm hohes Gras, einjährig oder überwinternd . Blätter bläulich grün bereift, sehr kurzes Blatthäutchen, kurze, unbewimperte Öhrchen. Blüten in 5–20 cm langen Ähren; Ährchen zwei- bis dreiblütig, Deckspelzen mit 2–8 cm langen Grannen; Blütezeit Mai–Juni. Als Getreide auf nährstoffarmen Sand- und Lehmböden angebaut.
Wissenswertes Roggen ist viel genügsamer als Weizen. Er braucht z. B. viel weniger Wärme und wird sogar in den Alpen in über 1600 m Höhe angebaut.

Merkmale 60–120 cm hohes Gras, einjährig oder überwinternd. Blätter am Grund mit sehr kurzem, abgestutztem Blatthäutchen und sichelförmigen, sich überkreuzenden, kahlen Öhrchen. Blüten in 4–10 cm langer Ähre; Ährchen einblütig, Deckspelzen mit bis 15 cm langer Granne; Blütezeit Juni. Regelmäßig als Getreide angebaut, anspruchslos.
Wissenswertes Die Ährchen bilden miteinander einen Winkel von 45 oder 90°, sodass die Körner später in 4 oder 6 Zeilen angeordnet sind.

Mäuse-Gerste
Hordeum murinum
Süßgräser

Merkmale 30–60 cm hohes, Horste bildendes Gras, einjährig überwinternd. Blätter am Grund mit knapp 1 mm langem Blatthäutchen und sichelförmigen, stängelumgreifenden Öhrchen. Blüten in bis 10 cm langen Ähren; Ährchen einblütig, je 3 nebeneinander, Deckspelzen mit bis 30 mm langer Granne; Blütezeit Juni–Oktober. Meist an Schuttplätzen, Wegrändern, im Siedlungsbereich.
Wissenswertes Reife Ähren zerbrechen leicht, ihre Fragmente verhaken sich z. B. im Fell vorbeikommender Tiere, sodass diese die Art weiter verbreiten.

Waldgerste
Hordelymus europaeus
Süßgräser

Merkmale Bis 1 m hohes Gras, mehrjährig, horstbildend, Blätter hellgrün, am Grund mit sehr kurzem, saumförmigem Blatthäutchen und sichelförmigen Öhrchen. Blüten in bis 10 cm langer Ähre; Ährchen ein- bis zweiblütig, zu dreien nebeneinander, Deckspelzen mit ca. 25 mm langen Grannen; Blütezeit Juni–August. Auf meist kalkreichen Böden in Laubmischwäldern, v. a. im Bergland.
Wissenswertes Die Art tritt im Waldschatten meist in geringer Dichte auf, kann aber auf Kahlschlagflächen in kurzer Zeit dichte Bestände ausbilden.

Kriechende Quecke
Elymus repens
Süßgräser

Merkmale 20–150 cm hohes Gras, ausdauernd, weit kriechende Grundachse. Blätter am Grund mit unter 1 mm breitem Blatthäutchen und langen, spitzen Öhrchen. Blüten in ca. 10 cm langen Ähren; Ährchen drei- bis achtblütig, flach, quer zur Ährenspindel zweizeilig angeordnet, Deckspelzen höchstens mit kurzer Granne; Blütezeit Juni–August. An Wegrändern, in Gärten, auf Äckern; überall sehr häufig.
Wissenswertes Durch die weit kriechende, stark verzweigte Grundachse ein schwer zu bekämpfendes Unkraut.

Fiederzwenke
Brachypodium pinnatum
Süßgräser

Merkmale 30–120 cm hohes Gras, ausdauernd, kurze, stark verzweigte Ausläufer. Blätter gelbgrün, bewimpert, am Grund mit bis 3 mm langem, abgestutztem Blatthäutchen. Blüten in aufrechter Ähre aus 6–8 zweizeiligen, acht- bis zweiundzwanzigblütigen, kurz begrannten Ährchen; Blütezeit Juni–August. Trockene, meist kalkreiche Stellen, Trockenrasen, Wegränder; im südlichen und mittleren Deutschland recht häufig.
Wissenswertes Die Wald-Zwenke *(B. sylvaticum)* hat längere Grannen und überhängende Blütenstände.

Wehrlose Trespe
Bromus inermis
Süßgräser

Merkmale 30–150 cm hohes Gras, ausdauernd, lange, verzweigte Ausläufer. Blätter unbehaart, Blatthäutchen bis 2 mm lang, am Rand gezähnt. Ährchen 20–30 mm lang, meist unbegrannt, in einer großen, reich verzeigten Rispe; Blütezeit Juni–Juli. An warmen, trockenen oder wechselfeuchten, meist kalkreichen Standorten, an Wegrändern, an Ruderalstellen; meist nicht selten.
Wissenswertes Heimisch im kontinentalen Osten, wurde vielerorts ausgesät, jetzt auch in Westeuropa verbreitet.

Aufrechte Trespe
Bromus erectus
Süßgräser

Merkmale 40–120 cm hohes, horstbildendes Gras, ausdauernd. Blätter am Rand bewimpert, 1–3 mm langes, gezähntes Blatthäutchen. Ährchen 2–4 cm lang, mit 2–8 mm langen Grannen, in Rispe mit aufrechten Ästen; Blütezeit Juni–Juli. Auf kalkreichen, mehr oder weniger trockenen Böden, v. a. Magerrasen.
Wissenswertes Gehört zum klassischen Inventar extensiv (mit Schafen) beweideter Kalkmagerrasen. Sie geht stark zurück, sobald Magerrasen in Viehweiden umgewandelt werden.

Wiesenrispengras
Poa pratensis
Süßgräser

Merkmale 10–50 cm hohes Gras, mit Ausläufern. Blätter mit abgestutztem, etwa 1 mm langem Blatthäutchen. Ährchen zwei- bis fünfblütig, bis 6 mm lang, unbegrannt, in reichblütigen, pyramidenförmigen Rispen; Blütezeit Mai–Juni. Auf nährstoffreichen Böden, an Wegrändern, Weiden; überall sehr häufig.
Wissenswertes Eines der wichtigsten Gräser der Grünlandbewirtschaftung. Das sehr ähnliche häufige Gewöhnliche Rispengras *(P. trivialis)* hat ein über 5 mm langes, spitzes Blatthäutchen.

Englisches Raygras
Lolium perenne
Süßgräser

Merkmale 10–70 cm hohes Gras, in lockeren Horsten wachsend, mit Ausläufern, ausdauernd. Blätter unbehaart, 2–4 mm breit, an der Basis mit kurzen Öhrchen, etwa 1 mm langes, abgestutztes Blatthäutchen. Ährchen abgeflacht, etwa 1 cm lang, sechs- bis zehnblütig, unbegrannt, zweizeilig mit der Schmalseite zur Achse in einer Ähre angeordnet; Blütezeit Mai–August; sehr häufig.
Wissenswertes Sehr wuchsfreudig und trittfest, eines der wichtigsten Gräser für die Grünlandnutzung.

Schafschwingel
Festuca ovina
Süßgräser

Merkmale Bis 60 cm hohes Gras, dicht horstförmig, ausdauernd. Blätter nach oben zusammengerollt, dadurch fadenförmig, nur ca. 0,5 mm breit, am Grund mit sehr schmalen Blatthäutchen und kurzen Öhrchen. Ährchen drei- bis achtblütig, bis 8 mm lang, meist unbegrannt, in wenig verzweigter, bis 12 cm langer Rispe; Blütezeit April–Oktober. Meist an trockenen, mageren Standorten, auf Trockenrasen, an Wegrändern; recht häufig.
Wissenswertes Sehr formenreich, wird deshalb in viele Kleinarten aufgeteilt.

Knäuelgras
Dactylis glomerata
Süßgräser

Merkmale 50–120 cm hohes Gras, oft dicht horstförmig, mehrjährig. Blätter graugrün, unterseits gekielt, bis 45 cm lang, 14 mm breit, am Grund ein bis 5 mm langes, gezähntes Blatthäutchen. Ährchen drei- bis fünfblütig, 5–9 mm lang, geknäuelt an den Enden wenig verzweigter, fast waagerechter Äste einer dreieckigen Rispe; Blütezeit Juni–September. Auf nährstoffreichen Böden, Wiesen, an Wegrändern; überall häufig.
Wissenswertes Ist v. a. bei früher Mahd ein ertragreiches Futtergras.

Mittleres Zittergras
Briza media
Süßgräser

Merkmale Bis 40 cm hohes, durch unterirdische Ausläufer Rasen bildendes Gras, ausdauernd. Blätter unbehaart, bis 4 mm breit, an der Basis mit ca. 1 mm langem, abgestutztem Blatthäutchen. Ährchen drei- bis zwölfblütig, 4–7 mm lang, breit förmig und abgeflacht, nickend in einer Rispe mit waagerechten Ästen; Blütezeit Mai–Juni. Auf eher trockenen, mageren Böden, auf Magerwiesen, Trockenrasen; meist nicht selten.
Wissenswertes Die nickenden Ährchen bewegen sich im leichtesten Lufthauch.

Nickendes Perlgras
Melica nutans
Süßgräser

Merkmale 30–60 cm hohes Gras, unterirdische Grundachse, ausdauernd. Blätter bis 20 cm lang, 6 mm breit, locker behaart, kurze Blatthäutchen. Ährchen bräun- oder rötlich, zwei- bis dreiblütig, 6–7 mm lang, nickend in einseitswendigen Trauben; Blütezeit Mai–Juni. In nährstoff- und kalkreichen Wäldern; in Süddeutschland häufig, im Norden selten.
Wissenswertes Beim Einblütigen Perlgras (*M. uniflora*) sind die eiförmigen Ährchen in nur schwach verzweigten, langästigen Rispen angeordnet.

Wimper-Perlgras
Melica ciliata
Süßgräser

Merkmale 30–70 cm hohes Gras, dicht horstförmig, ausdauernd. Blätter starr, bei Trockenheit eingerollt, bis 25 cm lang, 4 mm breit, am Grund mit 2–3 mm langem, zerschlitztem Blatthäutchen. Ährchen 6–7 mm lang, zweiblütig, lang bewimperte Deckspelzen, etwas einseitswendige Ährenrispe; Blütezeit Juni–Juli. An kalkreichen, trockenen Standorten, wie Felssteppen, steinigen Hängen; v. a. im südlichen Deutschland; recht selten.
Wissenswertes Die fruchtenden Ährchen werden mit dem Wind verbreitet.

Federgras
Stipa pennata agg.
Süßgräser

Merkmale 40–100 cm hohes, Gras, horstförmig, ausdauernd. Blätter bis 2 mm breit, meist nach oben eingerollt, am Rand rau, Blatthäutchen bis 5 mm lang. Ährchen einblütig, bis 2,5 cm lang, Hüllspelzen mit bis 7 cm langer Granne, in wenig verzweigter Rispe, Deckspelze mit bis 40 cm langer, federartig behaarter Granne; Blütezeit Mai–Juni. Auf steinigen, warmen Kalkböden, v. a. auf Trockenrasen, Felssteppen; bei uns nur in wärmebegünstigten Gebieten, selten, im Mittelmeergebiet und in den südosteuropäischen Steppengebieten häufiger.
Wissenswertes Wird in mehrere Kleinarten aufgeteilt. Die Federhaare der langen Granne sind zur Blüte anliegend, spreizen sich bei fruchtenden Ährchen ab und lassen die v. a. in Steppen großflächigen Bestände im Wind hin und her wogen. Reife Früchte werden vom Wind davongetragen. Nehmen sie Feuchtigkeit auf, dreht sich die Granne und bohrt so die gelandete Frucht in den Boden.▽

Kalk-Blaugras
Sesleria albicans
Süßgräser

Merkmale 10–40 cm hohes horstbildendes, ausdauerndes Gras. Blätter bis 5 mm breit, oft gefaltet, kahl, kurze Blatthäutchen. Ährchen meist zweiblütig, 5–7 mm lang, blau überlaufen, in walzen- bis eiförmiger, 10–30 mm langen Ährenrispe; Blütezeit April–Mai. In kalkreichen Felsgebieten, in Steppenheidewäldern; in den Alpen und im Alpenvorland häufig, im Norden seltener, doch fast bis zum Nordrand der Mittelgebirge.
Wissenswertes Typische Pionierpflanze auf Steinschutthalden.

Waldhirse
Milium effusum
Süßgräser

Merkmale 40–60 cm hohes, lockere Horste bildendes Gras, ausdauernd. Blätter flach, unbehaart, bis 30 cm lang, 15 mm breit, 3–10 mm langes Blatthäutchen, zugespitzt. Ährchen einblütig, bis 3 mm lang, eiförmig, in reichblütigen, bis über 30 cm langen Rispen, dünne, zur Reifezeit herabhängende Äste; Blütezeit Mai–Juli. In Laub- und Nadelmischwäldern auf nährstoffreichen Böden, v. a. im Schatten; fast überall recht häufig.
Wissenswertes Die Waldhirse ist trotz des Namens nicht näher mit der Echten Hirse verwandt.

Landreitgras
Calamagrostis epigeios
Süßgräser

Merkmale 60–150 cm hohes Gras, ausdauernd, weit kriechende, unterirdische Ausläufer. Blätter flach, am Rand sehr rau (schneidend), bis 70 cm lang, 2 cm breit, am Grund bis 9 mm langes Blatthäutchen. Ährchen einblütig, bis 7 mm lang, grannenartig zugespitzte Hüllspelzen, in dicht- und reichblütigen Rispen; Blütezeit Juni–August. Meist auf lockeren, sandigen Böden an Wegrändern, auf Lichtungen; ziemlich häufig.
Wissenswertes Bildet auf offenen Flächen schnell große dichte Bestände, die sehr schwer zurückzudrängen sind.

Acker-Windhalm
Apera spica-venti
Süßgräser

Merkmale 30–100 cm hohes Gras, meist in kleinen Horsten wachsend, einjährig. Blätter flach, unbehaart, bis 25 cm lang, 9 mm breit, am Grund mit bis 6 mm langem Blatthäutchen. Ährchen einblütig, etwa 3 mm lang, mit bis 10 mm langer, im unteren Teil geknickter Granne, zu vielen in reich verzweigter, bis 25 cm hoher Rispe; Blütezeit Juni–Juli. Meist in Getreidefeldern, auf sandigen oder lehmigen Böden; fast überall häufig.
Wissenswertes Die Art stellt v. a. in Roggenfeldern ein sehr lästiges Unkraut dar.

Wolliges Honiggras
Holcus lanatus
Süßgräser

Merkmale 20–100 cm hohes Gras, in Horsten oder lockeren Rasen, ausdauernd. Blätter flach, dicht behaart, bis 20 cm lang, 10 mm breit, am Grund mit 1–4 mm langem Blatthäutchen. Ährchen zweiblütig, meist rosa überlaufen, länglich eiförmig und bis 6 mm lang, etwa 2 mm lang begrannt, in bis 20 cm langen, nur zur Blütezeit ausgebreiteten, sonst zusammengezogenen Rispen; Blütezeit Juni–Juli. An etwas feuchten Stellen auf Wiesen, an Waldrändern; überall häufig.
Wissenswertes Hat nur geringen Nährwert und gilt daher als Weideunkraut.

Silbergras
Corynephorus canescens
Süßgräser

Merkmale 10–35 cm hohes Gras, horstbildend, ausdauernd. Blätter graugrün, ziemlich steif, zusammengerollt, etwa 6 cm lang, 0,5 mm breit. Ährchen zweiblütig, ca. 4 mm lang, keulenförmige, kurze Grannen, in schmalen, nur zur Blütezeit ausgebreiteten Rispen; Blütezeit Juni–August. Auf kalkfreien Sandböden, Dünen, in Kieferwäldern; in Küstennähe häufig, im Binnenland immer seltener.
Wissenswertes Bildet auf offenen Sandflächen in Norddeutschland oft ausgedehnte Bestände.

Frühe Haferschmiele
Aira praecox
Süßgräser

Merkmale 3–12 cm hohes Gras, meist in kleinen Horsten wachsend, einjährig. Blätter meist eng zusammengerollt, bis 5 cm lang, 0,5 mm breit, am Grund mit 2–3 mm langem, stumpfem Blatthäutchen. Ährchen zweiblütig, um 3 mm lang, 3–4 mm lang begrannt, in schmalen, bis 3 cm langen Rispen; Blütezeit April–Mai. Auf armen Sandböden, an Wegrändern, auf Dünen, Magerrasen; selten.
Wissenswertes Die Art verschwindet, sobald an ihren Standorten höher wüchsige Arten dichtere Bestände bilden.

Drahtschmiele
Deschampsia flexuosa
Süßgräser

Merkmale 30–70 cm hohes Gras, horstbildend, ausdauernd. Blätter borstenförmig, bis 20 cm lang, 0,3–0,8 mm breit, ca. 1 mm langes Blatthäutchen. Ährchen zweiblütig, 4–6 mm lang, 4–7 mm lang begrannt, in sehr lockerer Rispe, bis 15 cm lang, 10 cm breit; Blütezeit Juni–Juli. Auf sauren, nährstoffarmen Böden, oft in lockeren Nadelwäldern, auf Heideflächen, meist recht häufig, in Kalkgebieten selten.
Wissenswertes Die verwandte Rasen-Schmiele (*D. caespitosa*) hat flache, oberseits stark gerippte Blätter.

Großes Schillergras
Koeleria pyramidata
Süßgräser

Merkmale Bis 1 m hohes Gras, unterirdische Ausläufer, ausdauernd. Blätter bis 2 cm lang, 2–3,5 mm breit, kahl oder kurz behaart, am Rand oft steif bewimpert, Blatthäutchen 0,5–1 mm lang. Ährchen dreiblütig, unbegrannt, zur Blüte in pyramidenförmigen bis 20 cm langen Ährenrispen; Blütezeit Juni–Juli. Auf meist kalkreichen Böden meist nicht selten.
Wissenswertes Auch als Pyramiden-Kammschmiele bekannt; schwer von einigen meist deutlich selteneren Verwandten zu unterscheiden.

Saat-Hafer
Avena sativa
Süßgräser

Merkmale 60–150 cm hohes, meist in Büscheln wachsendes Gras, einjährig. Blätter bis 45 cm lang, 2 cm breit, am Grund mit 3–5 mm langem Blatthäutchen. Ährchen zwei- bis dreiblütig, hängend, 18–30 mm lang, bis 40 mm lang begrannt oder unbegrannt, in lockerer, bis 30 cm langer Rispe; Blütezeit Juni–August. Anspruchslos, fast überall als Getreide angebaut, auch auf sauren, sandigen Böden, ist aber frostempfindlich.
Wissenswertes Hafer war früher als Pferdefutter beliebt; heute werden aus ihm v. a. Haferflocken hergestellt.

Gewöhnlicher Glatthafer
Arrhenatherum elatius
Süßgräser

Merkmale 50–150 cm hohes, in lockeren Horsten wachsendes Gras, ausdauernd. Blätter bis 40 cm lang, 5–10 mm breit, 1–3 mm langes Blatthäutchen. Ährchen zweiblütig, 6–10 mm lang, mit geknieter, 10–20 mm langer Granne, in schmalen, bis 30 cm langen, oft etwas überhängenden Rispen; Blütezeit Juni–September. Auf mäßig trockenen bis etwas feuchten, nährstoffreichreichen Böden, v. a. auf Wiesen; überall häufig.
Wissenswertes Kennzeichnende Art der Glatthafer-Wiesen; eignet sich wegen des hohen Ertrags als Mähfutter.

Wiesenlieschgras
Phleum pratense
Süßgräser

Merkmale 40–150 cm hohes Gras, ausdauernd. Blätter oberseits rau, bis 40 cm lang, 10 mm breit, 2–5 mm langes, zugespitztes oder abgestutztes Blatthäutchen. Ährchen einblütig, 3–4 mm lang, seitlich bewimpert, mit zwei 1–2 mm langen Grannen, in sehr dichter, fester, walzenförmiger, 8–15 cm langer, teils noch längerer Ährenrispe; Blütezeit Juni–August. Überall sehr häufig auf nährstoffreichen Wiesen und Weiden.
Wissenswertes Eignet sich wegen seiner Anspruchslosigkeit und geringen Trittempfindlichkeit v. a. für Weiden.

Wiesenfuchsschwanz
Alopecurus pratensis
Süßgräser

Merkmale 30–120 cm hohes, in lockeren Rasen wachsendes Gras, ausdauernd. Blätter etwas rau, bis 40 cm lang, 10 mm breit, abgestutztes, bis 2,5 mm langes Blatthäutchen. Ährchen einblütig, 4–6 mm lang, fein behaart, 4–6 mm lange Granne, in dichter, recht weicher, zylindrischer, 3–12 cm langer Ährenrispe; Blütezeit April–Juli. Auf nährstoffreichen, feuchten Wiesen; sehr häufig.
Wissenswertes Die Ährchen lassen sich gegen die Wuchsrichtung leicht abstreifen; beim ähnlichen Wiesenlieschgras ist dies nicht möglich.

Rohrglanzgras
Phalaris arundinacea
Süßgräser

Merkmale 50–200 cm hohes Gras mit unterirdischen Ausläufern, ausdauernd. Blätter blaugrün, bis 30 cm lang, 15 mm breit, am Grund mit 3–6 mm langem, meist stark zerschlitztem Blatthäutchen. Ährchen einblütig, dicht geknäuelt in zur Blütezeit ausgebreiteter 10–20 cm langer, gelblich grüner, meist rot überlaufener Rispe; Blütezeit Juni–August. An Ufern, auf Feuchtwiesen, in Auwäldern; fast überall häufig.
Wissenswertes Die Art reagiert empfindlich auf Gewässerverschmutzung.

Gewöhnliches Pfeifengras
Molinia caerulea
Süßgräser

Merkmale 30–200 hohes, horstförmiges Gras, ausdauernd. Stängel am Grund verdickt, darüber 1–3 Knoten, sonst knotenfrei. Blätter blaugrün, flach, bis 40 cm lang, 3–10 mm breit. Ährchen ein- bis vierblütig, 4–9 mm lang, in schmalen bis 40 cm langen Rispen, purpurne Staubbeutel; Blütezeit Juli–September. Meist auf nährstoffarmen Mooren, Heiden, auch auf recht trockenen Böden.
Wissenswertes Die fast knotenfreien Halme wurden früher zum Pfeifenreinigen verwendet.

Gewöhnliches Schilf
Phragmites australis
Süßgräser

Merkmale 1–4 m hohes Gras, ober- und unterirdische Ausläufer, ausdauernd. Halm aufragend, bis 2 cm dick. Blätter blaugrün, flach, am Rand schneidend, bis 30 cm lang, 3 cm breit, am Grund mit Haarkranz. Ährchen drei- bis sechsblütig, 10–15 mm lang, in 20–50 cm langer, vielblütiger, oben etwas überhängender Rispe; Blütezeit Juli–September. Meist in dichten Beständen in Röhrichten, feuchten Wäldern; überall häufig.
Wissenswertes Die Art kann bis in 2 m Wassertiefe vorkommen.

Grüne Borstenhirse
Setaria viridis
Süßgräser

Merkmale 10–60 cm hohes, in lockeren Horsten wachsendes Gras, einjährig. Blätter bis 30 cm lang, 10 mm breit, statt Blatthäutchen ein Kranz feiner Haare. Ährchen einblütig, eiförmig, um 2 mm lang, von 5–10 mm langen Borsten überragt, in sehr dichter, walzenförmiger, bis 6 cm langer Ährenrispe; Blütezeit Juli–Oktober. Auf meist kalkarmen, nährstoffreichen Böden, in Unkrautfluren und auf Schuttplätzen; ziemlich häufig.
Wissenswertes Gilt als Stammform der deutlich größeren Kolbenhirse.

Gelbsegge
Carex flava
Sauergräser

Merkmale 25–60 cm hoch, ausdauernd, in dichten Rasen wachsend. Blätter gelbgrün, 2–5 mm breit. Blütenstand aus 1 endständigen, länglichen Ährchen mit männlichen und 2–4 eiförmigen oder kugeligen, sitzenden bis kurz gestielten Ährchen mit weiblichen Blüten; Fruchtschläuche 5–7 mm lang, mit ca. 3 mm langem, zweizähnigem Schnabel und 3 Narben; Blütezeit Juni–Juli. Meist in Kalkflachmooren und auf feuchten Wiesen; ziemlich häufig.
Wissenswertes Schwer von einigen nah verwandten Arten zu unterscheiden.

Erdsegge
Carex humilis
Sauergräser

Merkmale 2–15 cm hoch, dichtrasig wachsend, ausdauernd. Blätter graugrün, 1–2 mm breit, meist deutlich länger als der Stängel. Blütenstand mit 3–5 über den ganzen Stängel verteilten, kurz gestielten, schmal zylindrischen Ährchen, das obere männlich, die übrigen weiblich. Fruchtschläuche etwa 3 mm lang, kaum geschnäbelt, mit 3 Narben; Blütezeit März–Mai. An trockenen, kalkreichen Stellen; in Süddeutschland nicht selten, im Norden nur vereinzelt.
Wissenswertes Die Früchte der Erdsegge werden durch Ameisen verbreitet.

Waldsegge
Carex sylvatica
Sauergräser

Merkmale 20–70 cm hoch, in Rasen wachsend, ausdauernd. Stängel dreikantig, bis etwa zur Mitte beblättert. Blätter hellgrün, schlaff, 3–8 mm breit. Blütenstand mit 1–2 männlichen und 2–6 lang gestielten, schmal zylindrischen weiblichen Ährchen, diese zunächst aufrecht, zur Fruchtzeit nickend; Fruchtschläuche eiförmig, 4–5 mm lang, mit 2 mm langem, zweispitzigem Schnabel und 3 Narben; Blütezeit Mai–Juni. An etwas feuchten, nährstoffreichen, meist schattigen Waldstellen; in den meisten Gebieten ziemlich häufig.

Schnabelsegge
Carex rostrata
Sauergräser

Merkmale 30–60 cm hoch, lange Ausläufer, ausdauernd. Blätter graugrün, 2–5 mm breit, den Stängel meist überragend. Blütenstand aus 2–4 männlichen und 2–5 weiblichen Ährchen, diese dichtblütig, zylindrisch, 3–6 cm lang; Fruchtschläuche aufgeblasen, 3–5 mm lang mit 1–2 mm langem, deutlich abgesetztem, zweispitzigem Schnabel und 3 Narben; Blütezeit Mai–Juni. An Ufern, auf Feuchtwiesen, in Moorgräben; häufig.
Wissenswertes Bei der Blasensegge (*C. vesicaria*) laufen die Fruchtschläuche allmählich in den Schnabel aus.

Sumpfsegge
Carex acutiformis
Sauergräser

Merkmale 30–150 cm hoch, Ausläufer, ausdauernd. Stängel scharf dreikantig. Blätter dunkelgrün, 3–10 mm breit. Blütenstand aus 2–3 männlichen und 2–5 weiblichen Ährchen, diese schmal zylindrisch, 15–80 mm lang, sitzend bis kurz gestielt. Schläuche eiförmig, 4–5,5 mm lang, mit schwach zweizähnigem Schnabel; Blütezeit Mai–Juni. Meist an Ufern, auf Feuchtwiesen; häufig.
Wissenswertes Die Ufersegge (*C. riparia*) hat bis 8 mm lange, deutlich zweispitzig geschnäbelte Schläuche.

Blaugrüne Segge
Carex flacca
Sauergräser

Merkmale 20–50 cm hoch, lange Ausläufer, ausdauernd. Stängel stumpf dreikantig, nur unten beblättert. Blätter blaugrün, am Rand rau, 2–6 mm breit. Blütenstand aus 1–4 männlichen und ebenso vielen weiblichen Ährchen, diese zylindrisch, lang gestielt, meist 2–3 cm lang; Fruchtschläuche eiförmig, sehr kurz geschnäbelt, 2–3 mm lang, mit 2–3 Narben; Blütezeit Mai–Juni. In Feuchtgebieten; überall häufig.
Wissenswertes Mittlere Ährchen oft gemischtgeschlechtig.

Rispensegge
Carex paniculata
Sauergräser

Merkmale 40–100 cm hoch, bildet dichte Bulten, ausdauernd. Blätter graugrün, am Rand rau, 3–6 mm breit. Blütenstand 5–10 cm lange Rispe mit bis 8 cm langen Ästen, zahlreiche gemischtgeschlechtige Ährchen; Fruchtschläuche eiförmig, 2,5–3 mm lang, mit zweizähnigem Schnabel und 2 Narben; Blütezeit Mai–Juni. Meist auf Feuchtwiesen, am Rand von Mooren; nicht selten.
Wissenswertes Die bis über 1 m hohen Bulten können gebietsweise landschaftsprägend sein.

Davalls Segge
Carex davalliana
Sauergräser

Merkmale 10–40 cm hoch, zweihäusig. Blätter schmal fadenförmig. Jeweils nur 1 rein männliches oder weibliches Ährchen pro Stängel; männliche Ährchen bis 2 cm lang, 2 mm dick, weibliche bis 1,5 cm lang, 4 mm dick; Fruchtschläuche 3–4 mm lang, lang geschnäbelt mit 2 Narben; Blütezeit April–Juni. Auf meist kalkreichen, feuchten Böden; v. a. in Flachmooren; ziemlich selten.
Wissenswertes Die meisten anderen einährigen Seggen haben gemischtgeschlechtige Ährchen.

Gelbliches Zyperngras
Cyperus flavescens
Sauergräser

Merkmale 1–30 cm hoch, einjährig. Stängel stumpf dreikantig, mit 2–3 ca. 2 mm breiten, hellgrünen Blättern. Ährchen gelblich, seitlich stark zusammengedrückt, bis 12 mm lang, fünf- bis fünfundzwanzigblütig, zu 2 bis vielen zwischen 2–3 langen Hüllblättern in köpfchenartiger Spirre; Blütezeit Juli–Oktober. An Ufern, auf zeitweise überschwemmten Flächen; ziemlich selten.
Wissenswertes Das an ähnliche Stellen wachsende Braune Zypergras (*C. fuscus*) hat etwas kleinere, dunkelbraune Ährchen.

Binsen-Schneide
Cladium mariscus
Sauergräser

Merkmale 50–200 cm hoch, kriechender Wurzelstock, ausdauernd. Blätter im Querschnitt V-förmig, bis 2 m lang, 15 mm breit, am Rand durch sägeartige Dornen scharf schneidend. Blütenstand aus 1 endständigen und mehreren seitenständigen Spirren; Ährchen zweiblütig, am Ende der Äste zu 3–10 gehäuft; Blütezeit Juni–Juli. In der Verlandungszone stehender Gewässer, in Quellmooren; in Süddeutschland häufiger als im Norden.
Wissenswertes Bildet oft dichte, wegen der scharfrandigen Blätter fast undurchdringliche Bestände.

Weißes Schnabelried
Rhynchospora alba
Sauergräser

Merkmale 15–40 cm hoch, in lockeren Rasen wachsend, ausdauernd. Blätter gelbgrün, linealisch, 1–2 mm breit. Ährchen zweiblütig, 4–5 mm lang, weiß, später rötlich; Blütenstand aus einer breiten endständigen und mehreren langgestielten seitenständigen, knäuelig verdichteten Spirren; Blütezeit Juli–August. In Hoch- und Zwischenmoorschlenken, an Heide- und Moorgewässern; in Norddeutschland teils nicht selten, nach Süden deutlich seltener.
Wissenswertes Bildet an seinen Standorten oft ausgedehnte Bestände.

Schwarzes Kopfried
Schoenus nigricans
Sauergräser

Merkmale 15–60 cm hoch, horstbildend, ausdauernd. Starre, runde Stängel, nur unten mit pfriemlichen Blättern. Blüten in schwarzbraunen Ährchen, zu 5–10 an der Stängelspitze kopfig gehäuft; Hüllblatt des Blütenstands laubblattartig, bis fünfmal so lang wie die Ährchen; Blütezeit Juni–Juli. In Flachmooren und Quellsümpfen auf kalkreichem Boden; v. a. in den Alpen und ihrem Vorland, sonst selten, vielerorts fehlend.
Wissenswertes Sehr empfindlich gegenüber Austrocknung und daher fast überall schon stark zurückgegangen.

Gewöhnliche Sumpfbinse
Eleocharis palustris
Sauergräser

Merkmale 10–60 cm hoch, weit kriechender Wurzelstock, ausdauernd. Blätter scheidenförmig, an der Stängelbasis. Stängel rund, graugrün, mit endständigem, dunkelbraunem Ährchen, dieses an der Basis mit 2 blütenlosen Hüllspelzen; weibliche Blüten mit 2 Narben; Blütezeit Mai–August. Im Uferbereich stehender und langsam fließender Gewässer, meist im flachen Wasser; allgemein verbreitet und fast überall häufig.
Wissenswertes Die übrigen Arten der Gattung bleiben meist deutlich niedriger.

Gewöhnliche Teichsimse
Schoenoplectus lacustris
Sauergräser

Merkmale 80–300 cm hoch, unterirdische Ausläufer, ausdauernd. Stängel aufrecht, bis 15 mm dick, an der Basis mit 2–12 kurzen Blättern. Blüten in einer Spirre mit teils mehr als 100 Ährchen, 4–6 Perigonborsten, 3 Narben. Blütenstand in der Achsel eines etwa gleich langen Hüllblattes, das den Stängel nach oben fortsetzt; Blütezeit Juni–August. Am Ufer stehender und langsam fließender Gewässer; verbreitet, recht häufig.
Wissenswertes Die Art kann bis in 3 m Wassertiefe wachsen.

Scheidiges Wollgras
Eriophorum vaginatum
Sauergräser

Merkmale 30–70 cm hoch, dichte Rasen bildend, ausdauernd. Grundständige Blätter borstenförmig, Stängelblätter auf die aufgeblasenen Blattscheiden reduziert. Blüten in 1 endständigen, ca. 2 cm langen Ährchen, haarförmige Blütenhülle; Blütezeit März–April. Fruchtende Ährchen mit langen Haaren; bilden weißen, 2–3 cm großen Haarschopf. In Hochmooren und Sümpfen; in Norddeutschland, im Süden viel seltener.
Wissenswertes Die Früchte werden durch Wind und Wasser verbreitet.

Breitblättriges Wollgras
Eriophorum latifolium
Sauergräser

Merkmale 20–60 cm hoch, Wurzelstock kurz, kriechend, ausdauernd. Stängel stumpf dreikantig, Blätter flach, gelbgrün, bis 7 mm breit. Blüten in 5–12 lang gestielten, nickenden Ährchen; Ährchenstiele durch vorwärts gerichtete, kurze Haare etwas rau; Blütezeit April–Juni. In Flachmooren, Quellsümpfen, meist auf kalkreichem Boden; im Alpenvorland recht häufig, in Norddeutschland selten.
Wissenswertes Das Schmalblättrige Wollgras (*E. angustifolium*) hat bis 4 mm breite Blätter und 3–5 Ährchen.

Die Besonderheit der Korbblütler

Sogar einen erfahrenen Botaniker könnte man mit der Frage ein wenig in Verlegenheit bringen, worin denn eigentlich der Unterschied zwischen einer Blüte und einer Blume besteht. Er wird vermutlich etwas ausweichend und in seiner Fachsprache antworten, dass man unter einer Blüte eine aus »funktionsspezialisierten Blättern zusammengesetzte Fortpflanzungseinrichtung am gestauchten Sprossachsenende der höheren Pflanzen« versteht. In der Umgangssprache ist eine Blume dagegen vor allem ein Brücken schlagendes Mitbringsel zum Rendezvous oder zu anderen festlichen Gelegenheiten. Das stimmt so zwar – aber dennoch gibt es noch eine weitere biologische Kennzeichnung.

Der klare Aufbau der Blüten

Die Blüte eines Klatsch-Mohns beispielsweise zeigt im Prinzip einen überraschend einfachen und klaren Aufbau: Von außen nach innen folgen auf die meist grünen (und im aufgeblühten Zustand schon abgefallenen) Kelchblätter die nach festen geometrischen Regeln arrangierten Kronblätter, von deren üppiger Form und kontrastreicher, auffälliger Ausfärbung die intensive Gesamtwirkung

Auch bei der hübschen Wegwarte (Cichorium intybus) *ist die wie eine Einzelblüte aussehende Blume in Wirklichkeit ein Blütenstand, der sich aus vielen Einzelblüten zusammensetzt.*

der Blüte ausgeht. Dann folgen die vielen Staubblätter, die den Pollen produzieren und präsentieren. Zu guter Letzt sitzt mitten im Zentrum der Blüte der aus verwachsenen Einzelblättern entstandene Fruchtknoten, dessen oberer Teil die Narbe trägt. Die Narbe ist der zentrale Empfangsbereich der Blüte: Hier werden die vom Wind oder von Tieren herangeführten Pollen aus anderen Blüten deponiert.

Noch auf der Narbenfläche läuft zunächst eine rigorose Zugangskontrolle ab: Gehören sie denn überhaupt zur gleichen Art? Denn nur artgleiche Pollenkörner dürfen ihr Erbgut durch den Pollenschlauch zu den Samenanlagen im Fruchtknoten auf den Weg bringen. Diese Kontrollen laufen über komplizierte Erkennungsmechanismen ab. Was nicht passt, wird ausgesondert bzw. »chemisch abgeschaltet«.

Auf den ersten Blick sehen das Gänseblümchen oder die Kamille, die Wegwarte und die Margerite nach gestaltlichen Merkmalen genauso aus wie der Klatsch-Mohn: Außen eine grüne Hülle, dann ein farbiger Kranz von Blättern, deren Aussehen an Kronblätter erinnert. In der Mitte schließlich ein ziemliches Gedränge, in dem man Staubblätter und Narben vermuten darf.

Aus vielen entsteht eines: Blütenkörbchen

Beim genaueren Hinsehen ergibt sich jedoch ein etwas anderes Bild. Was sowohl beim Gänseblümchen als auch bei der Kamille wie einzelne Blütenteile aussieht, ist tatsächlich jedes Mal eine eigene, wenn auch nicht unbedingt vollständige Blüte. Die gelblichen Gebilde in der Mitte bestehen aus je fünf Staubblättern, deren Staubbeutel miteinander zu einer Röhre verwachsen sind, sowie einem Fruchtknoten. Eine besonders große Blütenkrone ist jedoch nicht erkennbar, allenfalls fünf winzige Zipfel. Diesen

Blütentyp nennt man Röhrenblüte oder – weil viele davon zusammen die zentrale Blütenscheibe bilden – auch Scheibenblüten. Die weißen Gebilde um die gelben Röhrenblüten herum heißen dagegen Zungenblüten. Im Unterschied zu den sternförmigen Röhrenblüten sind sie zweiseitig symmetrisch.

Die Blüte des Gänseblümchens besteht demnach aus einem komplexen Gesamtarrangement aus vielen bis sehr zahlreichen Einzelblüten. Man spricht in diesem Fall von Blütenkörbchen. Danach erhielt die Familie Korbblütler auch ihren Namen.

Blütenkörbchen sind im Grunde genommen spezialisierte Blütenstände, bei denen sich die Stiele der Einzelblüten extrem verkürzt haben. Das Ergebnis sieht aber nun erstaunlicherweise genau so aus wie eine einzige große Blüte und wirkt so auch auf die Insekten, die als Bestäuber angelockt werden sollen. Solche Ensembles aus vielen Einzelblüten, die sich zu einem üppigen Ganzen zusammenfinden, nennt man in der botanischen Fachsprache Scheinblüten oder Pseudanthien. Schwebfliegen und Hautflügler laufen auf der zentralen Scheibenblüte ebenso umher wie auf einer Einzelblüte etwa von Fingerkraut oder Johanniskraut. Für sie hat der Detailaufbau ihres »Ausflugslokals« keine große Bedeutung.

Kehren wir nun kurz zu unserer Eingangsfrage zurück: Eine Blüte ist also lediglich die Baueinheit, eine Blume dagegen die von den Bestäubern aufgesuchte Funktionseinheit. Bei Pflanzen etwa wie Mohn, Vergissmeinnicht, Ehrenpreis oder Busch-Windröschen ist die einzelne Blüte gleichzeitig eine Blume, bei den Korbblütlern dagegen nicht.

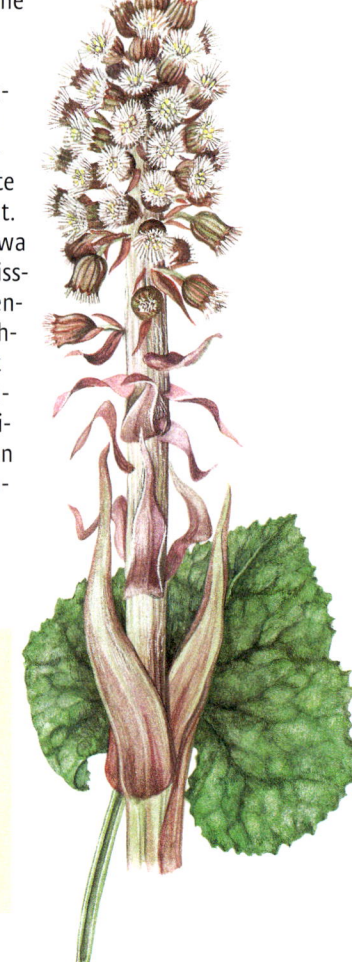

Der kräftige Blütenstand der Roten Pestwurz (Petasites hybridus) *besteht nur aus Röhrenblüten, die apart gefärbt sind. Dafür fehlen bei dieser Art die Zungenblüten.*

Scheibenblüten

Zungenblüten

Aus vielen wird eines: Der Blütenkopf des Gänseblümchens (Bellis perennis) *besteht aus vielen weißen Zungen- und gelben Scheibenblüten.*

Auch wenn der Blütenstand des Echten Baldrians (Valeriana officinalis) ganz anders aussieht, gibt es Parallelen zum Blütenstand der Korbblütler.

Thema mit Variation

Innerhalb der Familie Korbblütler (oft auch Korbblütengewächse genannt), finden sich nun drei verschiedene Bauvarianten von Korbblüten. Sie verteilen sich auf zwei Unterfamilien. In einer bestehen die Körbchen ausschließlich aus Zungenblüten. Diese Unterfamilie nennt man deswegen »Zungenblütige«. Zu ihnen gehören beispielsweise Löwenzahn, Bocksbart, Wegwarte und Rainkohl. Ihre Zungenblüten sind jeweils fünfzipflig und fast immer zwittrig.

Die genannten Arten zeichnen sich durch eine weitere Auffälligkeit aus: Sie führen weißen Milchsaft.

Bei der zweiten Unterfamilie sind höchstens die randständigen Blüten zungenförmig und dann immer dreizipflig – die betreffenden Arten entsprechen also dem Bild von Gänseblümchen, Aster, Greiskraut oder Margerite. Oft sind die randständigen Zungenblüten rein weiblich oder sogar steril.

Bei einer weiteren Gruppe kommen überhaupt keine Zungenblüten vor: Sie vereinigen in ihren Blütenkörben also ausschließlich Röhrenblüten. Beispiele dafür sind Pestwurz, Klette, Kratzdistel, Flockenblume oder Rainfarn. Diese röhrenblütigen Korbblütler besitzen meist keinen weißen Milchsaft. Bei den Flockenblumen und wenigen anderen Gattungen sind die randlich stehenden Röhrenblüten sehr stark vergrößert und übertreiben damit sogar das Erscheinungsbild des gesamten Blütenstandes.

Eine Scheinblüte dieses Bautyps finden wir auch bei einer anderen Familie, nämlich den Kardengewächsen vor, deren Blütenköpfe denen der Korbblütler sehr ähnlich sehen.

Pusteblume: einfach in die Ferne schweifen

Der jahreszeitliche Entwicklungsgang des Löwenzahns zeigt es beispielhaft für viele weitere Vertreter der Korbblütler: Kaum ist die heftige Blühwelle abgeebbt, entwickeln sich die knallgelben Blütenkörbe zur Pusteblume. Jetzt erst tritt der restliche Teil der Blütenhülle in Aktion. Was auf der Rückseite des Löwenzahn-Blütenkörbchens wie Kelchblätter aussieht, sind die zu Hüllblättern umgewandelten gewöhnlichen Laubblätter, die man nicht mit der üblichen äußeren Blütenhülle verwechseln darf. Die Kelchblätter sitzen beim Löwenzahn und bei vielen anderen Vertretern der Familie als haarfeine Gebilde unterhalb der verwachsenen Kronblätter, aber oberhalb des Fruchtknotens.

Bei der nur wenige Tage dauernden Reifung nach dem Abblühen streckt sich der Achsenabschnitt zwischen dem Fruchtknoten und dem Haarkranz auf mehr als die zwanzigfache Länge. Die fiederig verzweigten Strahlen breiten sich aus und fertig ist ein perfekter Fallschirm. Ein kräftiger Windstoß genügt, und die reife Frucht erhebt sich in die Luft, um eventuell kilometerweit davon zu segeln. Was dabei auf die Reise geht, ist wirklich eine Frucht, denn die Fruchtwand verwächst beim Reifevorgang mit der Samenschale zu einem einheitlichen Gebilde.

Die Früchte vieler Korbblütler tragen einen Fallschirm, der aus den umgebildeten haarförmigen Kelchblättern entsteht.

Pollen von der Stange

Auf den ersten Blick haben die Glockenblumengewächse oder die anderen hier zusammengeführten Pflanzenfamilien mit den Korbblütengewächsen nicht viel gemeinsam. Den Aufbau ihrer Blüten bestimmt aber eine wichtige und folgenreiche Entwicklung: Die ursprünglich aus freien Kronblättern bestehende Blütenkrone wird durch Verwachsung ihrer Elemente zu einem einheitlichen Gebilde, bei den Glockenblumen zur Namen gebenden Blütenglocke, bei den Korbblütlern zu den sternförmigen Zungenblüten.

Den Aufbau der winzigen Einzelblüten vom Echten Labkraut (Galium verum) zeigt nur die Lupe: Bei den Rötegewächsen wirkt wie bei den Korbblütlern eher der Gesamtblütenstand attraktiv als die Einzelblüte.

Anders und doch ähnlich

Auch bei den Röte- sowie den Baldriangewächsen liegen solche Verwachsungen vor. Glockenblumen und Korbblütler weisen eine weitere bemerkenswerte Gemeinsamkeit auf: Die Blüten halten ihren Pollen für die Blütenbestäuber trickreich an einer ganz anderen Stelle zur Abholung bereit, als er entsteht. Bei den Glockenblumen wächst der behaarte Griffel bei noch geschlossenen Narben an der Innenseite der geöffneten Staubbeutel entlang, fegt sie mit seinen Haaren aus und bietet sie den Blütenbesuchern quasi als »Pollen von der Stange« an.

Bei den Korbblütlern gibt es ein ähnliches Phänomen: Hier drückt der Griffel die Pollenmasse aus dem Staubbeutelring und schiebt sie nach oben. Bei der Wegwarte verkürzen sich dagegen die Stielchen der Staubblätter auf einen Berührungsreiz hin. Das Ergebnis ist das gleiche. Auch an einer aufpräparierten Einzelblüte von Flockenblume oder Kornblume kann man die Reizbarkeit der Stielchen und ihre Verkürzung beobachten.

Der Blütenstand der Wilden Karde (Dipsacus fullonum) ist ähnlich aufgebaut wie bei den Korbblütlern. Die ersten Einzelblüten öffnen sich am »Äquator« des Blütenstands. Nach und folgen die anderen Blüten.

Kleines Habichtskraut
Hieracium pilosella
Korbblütler

Merkmale 5–20 cm hoch, mehrjährig, formenreich. Blätter grundständig in Rosette, schmal oval, oberseits langhaarig, unterseits graufilzig. Blütenkörbchen einzeln endständig, 2–3 cm breit, nur mit schwefelgelben Zungenblüten; Blütezeit Mai–Oktober. In Trockenrasen und Felsfluren sowie an Mauer; häufig.
Wissenswertes Die Randbereiche der Blütenköpfe reflektieren das UV-Licht der Sonnenstrahlung und sind daher für UV-sichtige Blütenbesucher (Bienen, Hummeln) gegen das Zentrum der Köpfe kontrastreich abgesetzt.

Niedriges Habichtskraut
Hieracium humile
Korbblütler

Merkmale 5–20 cm hoch, mehrjährig, ziemlich formenreich. Grundblätter in Rosette, Stängelblätter wechselständig, bis 10 cm lang, 4 cm breit, unregelmäßig gezähnt, blaugrün, immer ungefleckt. Blütenkörbchen zu 2–8 in lockerer Traube, bis 2,5 cm breit, kräftig gelbe Zungenblüten; Blütezeit ist Juni–August. Auf Felsböden über Kalk, vom Schwarzwald bis zu den Südalpen.
Wissenswertes Der meist etwas hin- und hergebogene Stängel trägt dichte, abstehende Haare und unter den Körbchen auch sehr hübsche Sternhaare.

Zottiges Habichtskraut
Hieracium villosum
Korbblütler

Merkmale 5–30 cm hoch, mehrjährig. Stängel aufrecht, aber meist mehrfach hin- und hergebogen, oft dicht weißlich behaart, beblättert. Rosettenblätter zur Blütezeit stets vorhanden, zungenförmig, glattrandig oder undeutlich gezähnt, mit bis 9 mm langen Haaren schütter behaart, aber nicht filzig. Blütenkörbchen bis 2,2 cm breit, hellgelb; Blütezeit von Juli–September. Auf Steinrasen.
Wissenswertes In den Alpen kommen weitere, z. T. sehr ähnliche Arten vor. Außerdem bildet die Art mehrere schwer unterscheidbare geographische Rassen.

Endivien-Habichtskraut
Hieracium intybaceum
Korbblütler

Merkmale 5–30 cm hoch, mehrjährig. Stängel oft schon im unteren Drittel gabelig verzweigt, unter den Körbchen schütter mit Sternhaaren besetzt, drüsenhaarig, klebrig. Blütenkörbchen meist zu 2–6 in lockerer Traube, 2,5–4 cm breit, nur mit weißlich gelben Zungenblüten; Blütezeit Juli–September. In steinig lückigen Rasen, Matten und Felsspalten. Vereinzelt in den Vogesen, in den Zentral- und Südalpen zerstreut bis ca. 3000 m.
Wissenswertes Der Name bezieht sich auf die meist leicht gewellten Grund- und Stängelblätter.

Orangerotes Habichtskraut
Hieracium aurantiacum
Korbblütler

Merkmale 20–40 cm hoch, mehrjährig. Grundblätter blass blaugrün, stumpf. Blütenkörbchen zu 2–12 in doldenartiger Rispe, 2–3 cm breit; nur mit orangegelben bis orangeroten Zungenblüten; Blütezeit Juni–August. Fast überall in den Alpen von 1500–2600 m auf neutralen bis mäßig sauren Böden. Bergwiesen, alpine Rasen, Zwergstrauchheiden.
Wissenswertes Wird oft außerhalb der Alpen in Bauerngärten kultiviert und verwildert daraus nicht selten. Leicht mit dem Gold-Pippau zu verwechseln.

Doldiges Habichtskraut
Hieracium umbellatum
Korbblütler

Merkmale 20–120 cm hoch, mehrjährig, formenreich. Stängel aufrecht, unter dem Blütenstand mit Sternhaaren. Grundblattrosette fehlt; Stängelblätter wechselständig, bis 15 cm lang, 1,5 cm breit, sitzend, glattrandig oder unregelmäßig gezähnt. Blütenkörbchen zu 6–30 in doldig flacher Rispe am Stängelende, bis 3 cm breit, goldgelb; Blütezeit Juli–Oktober. Auf kalkarmen Lehmböden in lichten Wäldern und Gebüschen.
Wissenswertes Die Hüllblätter unter den Blütenköpfen stehen wie Dachziegel.

Wiesen-Pippau
Crepis biennis
Korbblütler

Merkmale 30–120 cm hoch, zweijährig. Stängel aufrecht, verzweigt, mit Milchsaft. Grund- und Stängelblätter tief buchtig gezähnt bis fiederteilig, in den geflügelten Stiel auslaufend. Blütenkörbchen zu 3–20 in endständiger Traube, 2–3,5 cm breit, gelb, nur mit Zungenblüten; Blütezeit Mai–September. Häufig auf Fettwiesen, Weiden und an Wegrändern.
Wissenswertes Die für uns einheitlich gelben Zungenblüten reflektieren außen das UV-Licht stark, innen weniger, sodass sie Insekten kontrastreich erscheinen.

Gold-Pippau
Crepis aurea
Korbblütler

Merkmale 5–30 cm hoch, mehrjährig. Stängel aufrecht, unten kahl, oben borstig behaart und schwarz, meist blattlos. Grundblätter rosettig, lanzettlich, buchtig gezähnt. Blütenkörbchen einzeln endständig, bis 4,5 cm breit, orangegelb oder -rot, selten braunrot; Blütezeit Juni–September. Auf kalkarmen, nährstoffreichen Böden alpiner Weiden und lückiger Matten, von 1200–2800 m.
Wissenswertes Gleicht sehr dem Orangeroten Habichtskraut, dessen Stängel jedoch meist mehrköpfig sind.

Hasenlattich
Prenanthes purpurea
Korbblütler

Merkmale 30–120 cm hoch, mehrjährig. Alle Teile mit Milchsaft. Stängel nur oben verzweigt, im Blütenstand oft übergebogen. Untere Blätter gezähnt, obere ganzrandig, sitzend. Körbchen 1–1,5 cm breit, Zungenblüten nur zu fünft, weinrot; in einseitswendigen, lockeren Rispen; Blütezeit Juli–September. Auf nährstoffreichen, meist kalkarmen, frischen Böden, auch im Halbschatten. Lichte Wälder, Gebüsche, Hochstaudenfluren.
Wissenswertes Im Mittelgebirge südlich des Mains nur sehr zerstreut, in den Alpen häufig und bis etwa 2000 m.

Blauer Lattich
Lactuca perennis
Korbblütler

Merkmale 40–70 cm hoch, mehrjährig. Stängel nur im oberen Teil verzweigt, kahl. Blätter bläulich grün, wechselständig, tief fiederteilig, nur die oberen sitzend. Alle Teile geben nach Verletzung Milchsaft ab. Blütenkörbchen flach, 2,5–4 cm breit, in endständigen Rispen; Zungenblüten 12–20, hellblau, seltener blaulila; Blütezeit Mai–Juli. Trockenrasen, sonnige Felsfluren, Mauern, v. a. auf kalkhaltigen Böden.
Wissenswertes Diese Art gehört zur gleichen Gattung, aus der auch die Kulturpflanze Kopfsalat stammt.

Kompass-Lattich
Lactuca serriola
Korbblütler

Merkmale 30–180 cm hoch, einjährig. Stängel kahl, aufrecht, nur im oberen Teil verzweigt. Blätter wechselständig, tief buchtig gelappt und steif, stachelspitzig. Blütenkörbchen 1–1,5 cm breit, hellgelb, nur mit zwittrigen Zungenblüten; Körbchen am Stängelende in steifer Rispe; Blütezeit Juli–September. Meist auf nährstoffreichem, sonnig-trockenem Brachland und an Wegrändern.
Wissenswertes Die Blattspreiten aller Stängelblätter stehen senkrecht ungefähr in Nord-Süd-Richtung. Sie folgen jedoch nicht dem täglichen Sonnenlauf.

Raue Gänsedistel
Sonchus asper
Korbblütler

Merkmale 30–120 cm hoch, einjährig. Stängel aufrecht, meist verzweigt. Stängelblätter ziemlich derb, am Rand und auf der Mittelrippe unterseits stachelig gezähnt, dunkelgrün, meist ungeteilt oder wenig fiederspaltig, an der Basis geöhrt. Blütenkörbchen bis 2,5 cm breit, nur mit Zungenblüten, sattgelb; Blütezeit Juni–Oktober. Recht häufig auf Äckern, Brachen, in Gärten, an Wegen.
Wissenswertes Kulturbegleiter seit der Jungsteinzeit (Archäophyt). Heute weltweit verschleppt und an vielen Stellen ein lästiges Wildkraut.

Gewöhnlicher Löwenzahn
Taraxacum officinale
Korbblütler

Merkmale 10–50 cm hoch, mehrjährig, sehr formenreich. Blätter in grundständiger Rosette, gelappt bis grob gesägt, fiederspaltig oder gezähnt, immer kahl, Milchsaft. Blütenkörbchen 3–6 cm breit, einzeln auf hohlem Schaft, leuchtend gelb; Blütezeit April–Juni. Sehr häufig auf Fettwiesen, Weiden, an Wegen, in lichten Wäldern, auf alpinen Matten.
Wissenswertes Zur besseren Unterscheidung von den Löwenzahn-Arten der Gattung *Leontodon* heute zunehmend Kuhblume genannt.

Großer Knorpellattich
Chondrilla juncea
Korbblütler

Merkmale 30–100 cm hoch, mehrjährig. Stängel aufrecht, kantig, im oberen Teil verzweigt. Grundblätter zur Blütezeit vertrocknet, Stängelblätter wechselständig, spitz schmal lanzettlich, glattrandig. Blütenkörbchen bis 2 cm breit, mit zwittrigen, hellgelben Zungenblüten; Blütezeit Juli–September. Auf Brachen, an Wegrändern. Nicht sehr häufig.
Wissenswertes Die senkrecht stehenden Stängelblätter stehen ungefähr in Nord-Süd-Richtung (Kompasspflanze!), folgen aber nicht dem Sonnenlauf.

Niedrige Schwarzwurzel
Scorzonera humilis
Korbblütler

Merkmale 10–40 cm hoch, mehrjährig. Stängel aufrecht, rund, meist blattlos, kaum verzweigt. Grundblätter in Rosette, liegen aber nicht dem Boden an, lanzettlich, anfangs behaart, später kahl und grasgrün. Blütenkörbchen bis 4 cm breit, nur mit hellgelben Zungenblüten; Blütezeit Mai–Juli. Auf wechselfeuchten Tonböden in Nasswiesen und Niedermooren.
Wissenswertes Durch den Rückgang geeigneter Standorte infolge veränderter landwirtschaftlicher Nutzung ist die Art seit etwa 100 Jahren recht selten.

Purpur-Schwarzwurzel
Scorzonera purpurea
Korbblütler

Merkmale 20–50 cm hoch, mehrjährig. Stängel aufrecht, meist unverzweigt, beblättert. Blätter wechselständig, grasähnlich schmal, spitz, glattrandig. Blütenköpfe bis 4,5 cm breit, nur mit zwittrigen, helllila Zungenblüten, Vanilleduft; Blütezeit Mai–Juli. Recht selten auf sandigen Böden in Trockenrasen, Trockenwaldern, v. a. sudlich der Mittelgeblrge.
Wissenswertes Die seit dem 17. Jh. als Gemüse kultivierte Schwarzwurzel ist nah verwandt. Die Wildform stammt aus dem östlichen Mitteleuropa.

Wiesenbocksbart
Tragopogon pratensis
Korbblütler

Merkmale 30–70 cm hoch, formenreich ein- bis mehrjährig. Stängel aufrecht, verzweigt, unter den Körbchen kaum verdickt. Stängelblätter wechselständig, kahl, bläulich grün, glattrandig, schmal lanzettlich. Blütenkörbchen 3,5–5 cm breit, flach, nur mit hellgelben Zungenblüten, blühen nur vormittags auf; Blütezeit Mai–August. Weit verbreitet auf Fettwiesen, Brachen, an Wegrändern.
Wissenswertes Im Voralpenland und in den Alpen kommt eine Unterart mit goldgelben und bis 8 cm breiten Blütenköpfen vor.

Herbst-Löwenzahn
Leontodon autumnalis
Korbblütler

Merkmale 15–45 cm hoch, mehrjährig. Stängel rund, wenig verzweigt, aufrecht. Blätter grundständig, fast bis zur Mittelrippe fiederteilig, kahl. Blütenkörbchen meist einzeln endständig, 2,5–3,5 cm breit, gelb, ihre Stiele nach oben allmählich verdickt; Blütezeit Juli–September. Ziemlich häufig in Wiesen, Weiden, Parkrasen und auf Feldwegen.
Wissenswertes Im äußeren Teil der Blüten werden UV-Strahlen stark reflektiert; die Körbchen erscheinen daher für UV-sichtige Blütenbesucher betont kontrastreich zweifarbig.

Gewöhnliches Ferkelkraut
Hypochaeris radicata
Korbblütler

Merkmale 20–60 cm hoch, mehrjährig. Stängel aufrecht, wenig verzweigt, blaugrün, meist kahl, unter den Körbchen nicht verdickt. Rosettenblätter ovallanzettlich, tief buchtig gezähnt, nie gefleckt, liegen auf dem Boden auf. Blütenkörbchen einzeln endständig, bis 4 cm breit, kräftig gelb; Blütezeit Juni–Oktober. Häufig, oft auf Wiesen und in Rasen.
Wissenswertes Die Blütenköpfe öffnen sich an sonnigen Tagen nur vormittags und zeigen dann ihre über 100 Einzelblüten. Gilt als besonders wertvolles Schweinefutter, dies ist aber zweifelhaft.

Einblütiges Ferkelkraut
Hypochaeris uniflora
Korbblütler

Merkmale 15–50 cm hoch, mehrjährig. Stängel aufrecht, unverzweigt, unter dem Körbchen allmählich bis 5 mm verdickt, blattlos oder mit 1–5 Stängelblättern, rauhaarig. Körbchen einzeln endständig, 3,5–6 cm breit, hell goldgelb; Blütezeit Juli–September. Auf kalkfreien, nährstoffarmen Lehmböden alpiner Wiesen und Weiden. In den Sudeten selten, in den Alpen zerstreut, oft in großen Beständen zwischen 1500–2500 m Höhe.
Wissenswertes Eine seltene südalpine Unterart besitzt kleinere Körbchen und am Rand kahle Hüllblätter.

Lämmersalat
Arnoseris minima
Korbblütler

Merkmale 5–25 cm hoch, einjährig. Stängel aufrecht, wenig verzweigt, zu den Blütenkörbchen hin auffällig keulenförmig verbreitert, blattlos, unbehaart. Alle Blätter in grundständiger Rosette, keilig zungenförmig, gezähnt, am Rand bewimpert, Blattstiel geflügelt. Blütenkörbchen 1–1,5 cm breit, blass- oder goldgelb; Blütezeit Juni–September. Recht selten bis zerstreut, auf Sandböden.
Wissenswertes Besiedelt in wintermilden Gebieten auch Getreideäcker und Binnendünen; geht aber stark zurück.

Rainkohl
Lapsana communis
Korbblütler

Merkmale 30–120 cm hoch, einjährig. Stängel aufrecht, verzweigt, alle Teile mit Milchsaft. Blätter wechselständig, gestielt, weit buchtig bis fiederteilig mit besonders großem Endlappen. Blütenkörbchen in lockeren Rispen, 1,5–2 cm breit, nur mit hellgelben Zungenblüten; Blütezeit Mai–September. Recht häufig, Äcker, Brachen, Gärten, lichte Gebüsche.
Wissenswertes Die Blütenköpfe öffnen sich bei Sonnenwetter nur vormittags und verblühen spätestens am Nachmittag des Folgetages.

Wegwarte
Cichorium intybus
Korbblütler

Merkmale 30–150 cm hoch, mehrjährig. Stängel aufrecht, sparrig verzweigt, zäh, leicht rauhaarig. Grundblätter rosettig, Stängelblätter wechselständig, grob gesägt bis fiederteilig, nach oben schmaler. Blütenkörbchen 3–4 cm breit, hellblau, selten rosa oder weißlich; Blütezeit Juli–September. Meist auf trockenen Böden; Wegränder, Schuttstellen.
Wissenswertes Die Blüten öffnen sich nur bei Sonne und welken am frühen Nachmittag des selben Tages. Aus der Wegwarte züchtete man Endiviensalat.

Färber-Scharte
Serratula tinctoria
Korbblütler

Merkmale 20–120 cm hoch, mehrjährig. Stängel aufrecht, meist nur in der oberen Hälfte verzweigt, bis in den Blütenstand beblättert. Blätter wechselständig, oval lanzettlich, gezähnt, an der Basis fiederteilig. Blütenkörbchen zu mehreren in lockerer Rispe, länger als breit, bis knapp 1 cm, Einzelblüten zwittrig oder weiblich, purpurn; Blütezeit Juli–September. In Gräben, Niedermooren, Moorwiesen, lichten Gebüschen.
Wissenswertes Diente früher als Färbepflanze für Wolle und andere Textilien.

Wiesen-Flockenblume
Centaurea vulgaris (C. jacea)
Korbblütler

Merkmale 30–70 cm hoch, formenreich, mehrjährig. Stängel aufrecht, verzweigt. Blätter wechselständig, lanzettlich, einfach, meist glattrandig, rau behaart, an der Basis in den kurzen Stiel verschmälert. Blütenkörbchen 2–4 cm breit, nur violette Röhrenblüten, die randlichen auffällig vergrößert, Hüllblätter mit zerfranstem Anhängsel; Blütezeit Juni–Oktober. Häufig in Trockenwiesen und Magerrasen sowie an Feldrainen.
Wissenswertes Die auffällig vergrößerten Randblüten sind steril und dienen nur der Anlockung von Insekten.

Berg-Flockenblume
Centaurea montana
Korbblütler

Merkmale 10–60 cm hoch, mehrjährig. Stängel aufrecht, verzweigt, behaart oder lückig spinnwebig. Blätter wechselständig, schmal eiförmig, glattrandig oder leicht wellig, selten an der Basis buchtig gelappt. Blütenkörbchen 3–5 cm breit; nur mit Röhrenblüten; Randblüten vergrößert, blau, innere rötlich violett; Blütezeit Mai–Juli. Gebüsche, Hochstaudenfluren, Bergwiesen. In den Kalkmittelgebirgen zerstreut, in den Alpen weit verbreitet, bis 2100 m.
Wissenswertes Oft in Gartenkultur zu sehen und daraus mitunter verwildert.

Kornblume
Centaurea cyanus
Korbblütler

Merkmale 50–80 cm hoch, einjährig. Stängel aufrecht, weich behaart, kantig. Stängelblätter graugrün, wechselständig, lanzettlich, die untersten fiederspaltig. Blütenkörbchen 2–3,5 cm breit, mit intensiv blauen, randlich vergrößerten Röhrenblüten; Blütezeit Juni–September. Getreideäcker, Brachen, Wegränder, Gärten, v. a. auf nährstoffreichen Böden.
Wissenswertes Prägte früher das Bild sommerlicher Getreideäcker. Durch Herbizide zurückgedrängt, überlebt sie heute nur auf Sonderstandorten oder durch Artenschutzmaßnahmen.

Perücken-Flockenblume
Centaurea pseudophrygia
Korbblütler

Merkmale 30–100 cm hoch, formenreich, mehrjährig. Stängel aufrecht, im oberen Teil kurzästig verzweigt. Blätter unten breit eiförmig, oben lanzettlich, gezähnt oder glattrandig. Blütenkörbchen bis 3 cm, Röhrenblüten hellpurpurn; Hüllblätter mit schwarzbraunem, gefranstem Anhängsel; Blütezeit August–September. Auf kalkarmen Magerwiesen, Trockenrasen, v. a. im Tiefland.
Wissenswertes In Mitteleuropa kommen zahlreiche weitere Flockenblumen vor, die fruchtbare Bastarde bilden und dann schwer zu bestimmen sind.

Nickende Distel
Carduus nutans
Korbblütler

Merkmale 30–150 cm hoch, formenreich, zweijährig. Stängel aufrecht, einfach oder wenig verzweigt. Stängelblätter wechselständig, fiederspaltig, bestachelt. Blütenkörbchen einzeln endständig, 3,5–7 cm breit, nickend, kräftig purpurn; Blütezeit Juli–September. Hüllblätter mit Stachelspitze. Lägerfluren, Brachen, Wegränder. In den Alpen weit verbreitet, meist bis etwa 2000 m.
Wissenswertes Die Stacheln an Stängeln und Blättern sind ein Fraßschutz: Das Weidevieh verschmäht die Pflanze.

Wollige Kratzdistel
Cirsium eriophorum
Korbblütler

Merkmale 50–150 cm hoch, zweijährig. Stängel aufrecht, spinnwebig behaart, stachellos, ohne herablaufende Blattränder. Blätter wechselständig, fiederteilig, oberseits grün, rauborstig, kurz behaart, unterseits dicht weiß-filzig. Blütenkörbchen 3–5 cm lang, 3–6 cm breit, rotviolett. Hülle mit dichten, weißen Haaren; Blütezeit Juli–September. Intensiv-Weiden, Brachen. Kalkmittelgebirge, Alpenvorland, Kalkalpen.
Wissenswertes Formenreich, an der Behaarung leicht zu erkennen.

Gewöhnliche Kratzdistel
Cirsium vulgare
Korbblütler

Merkmale 60–120 cm hoch, zweijährig. Stängel aufrecht, von weit herablaufenden Blatträndern stachelig kraus geflügelt. Stängelblätter wechselständig, unterseits graufilzig, grob buchtig, enden jeweils mit langem, gelbem Stachel. Blütenkörbchen kopfig, 2–4 cm breit, 8 cm lang, purpurn bis violettrot; Blütezeit Juli–Oktober. Brachen, Wegränder.
Wissenswertes Wird auch Lanzett-Kratzdistel genannt. Bildet im 1. Jahr bemerkenswert dekorative Rosetten mit am Boden anliegenden Blättern.

Acker-Kratzdistel
Cirsium arvense
Korbblütler

Merkmale 50–150 cm hoch, mehrjährig. Stängel aufrecht, nicht geflügelt. Blätter wechselständig, buchtig gezähnt oder ungeteilt, aber etwas gewellt. Blütenkörbchen zu 1–5 in lockeren Rispen, um 1 cm breit, blassrosa; Blütezeit Juli–September. Sehr häufig; Äcker, Gärten, Brachen, Wegränder. Stickstoffzeiger.
Wissenswertes Anders als bei den *Carduus*-Arten sind die zu Haaren umgebildeten Kelchblätter (Pappus), das Flugorgan der Früchte, federig; sie lösen sich als Haarkranz von der reifen Frucht.

Kohldistel
Cirsium oleraceum
Korbblütler

Merkmale 30–150 cm hoch, mehrjährig. Stängel kräftig, aufrecht, verzweigt. Blätter wechselständig, weich, kahl, untere fiederspaltig, obere einfach, stachelig umrandet, laufen nicht am Stängel herab. Blütenkörbchen von bleichen Hochblättern umgeben, 3–4 cm lang, ebenso breit, nur mit gelblichen Röhrenblüten; Blütezeit Juni–September. In Nasswiesen, Auen, an Gräben, Ufern.
Wissenswertes Sie wird von den Weidetieren gerne angenommen, da sie trotz ihres distelähnlichen Aussehens nicht derbstachelig oder dornig ist.

Stängellose Kratzdistel
Cirsium acaule
Korbblütler

Merkmale 3–25 cm hoch, mehrjährig. Stängel fehlt oder sehr kurz. Blätter bestachelt, bis fast zur Mittelrippe tief fiederteilig; Blattnerven unterseits lang borstig behaart. Blütenkörbchen einzeln endständig, selten zu 2–3, ca. 1,2–2,2 cm breit; alle Blüten röhrenförmig, zwittrig, purpurn; Blütezeit Juli–August. V. a. auf trockenen, kalkhaltigen Lehmböden mit Halbtrockenrasen, Trockengebüsch oder extensiv genutzten Weiden. Kalkmittelgebirge; in den Kalkalpen bis ca. 2200 m.
Wissenswertes In der Gattung *Cirsium* kommen häufig Art-Bastarde vor.

Silberdistel
Carlina acaulis
Korbblütler

Merkmale 5–20 cm hoch, mehrjährig. Blätter tief fiederspaltig, stechend, unterseits spinnwebig, in grundständiger Rosette. Blütenkörbchen einzeln am Ende des kurzen Stängels, 6–12 cm breit; nur weiße bis weinrote Röhrenblüten; innere Hüllblätter silbrig weiß; Blütezeit Juli–September. Nährstoffarme Lehmböden: Halbtrockenrasen, Magerraine, Heiden, lichte Wälder. In den Alpen bis ca. 2800 m.
Wissenswertes Die weißen Hüllblätter, die die UV-Anteile des Lichts im Unterschied zum Körbchenzentrum recht stark reflektieren, krümmen sich bei Feuchtigkeit nach innen und spreizen sich bei anhaltender Trockenheit auseinander. Im Prinzip genügt schon ein mehrfaches Anhauchen, um die ersten erkennbaren Krümmungsbewegungen auszulösen. Die Bewegungen sind rein physikalischer Natur und laufen daher auch an der abgestorbenen Pflanze ab. Auf dieses Phänomen bezieht sich der verbreitete Name Wetterdistel. Diese Bewegungen sind jedoch relativ langsam. Ein Wetterprophet ist die Pflanze daher nicht. ▽

Golddistel
Carlina vulgaris
Korbblütler

Merkmale 20–70 cm hoch, meist zweijährig, seltener mehrjährig. Stängel starr aufrecht, verzweigt, stachelig. Blätter stachelig, wechselständig, ungeteilt oder schwach gelappt. Blütenkörbchen bis 4 cm breit, äußere Hüllblätter strohgelb, nur braungelbe Röhrenblüten; Blütezeit Juli–September. Trockenrasen, lichte Wälder, Gebüsche, meist auf Kalkböden.
Wissenswertes Ähnlich wie bei der Silberdistel reagieren auch bei dieser Art die äußeren strohgelben Hüllblätter auf wechselnde Luftfeuchtigkeit.

Eselsdistel
Onopordon acanthium
Korbblütler

Merkmale 50–250 cm hoch, zweijährig. Stängel kräftig, aufrecht, breit stachelig geflügelt. Blätter wechselständig, graugrün, fiederteilig, Fiederlappen laufen in kräftigen Stachel aus, wenig bis stark filzig behaart. Blütenkörbchen bis 6 cm breit, alle Blüten röhrenförmig, purpurn; Blütezeit Juli–September. Lehmböden. Heimat Südosteuropa, in Mitteleuropa meist aus Gärten verwildert.
Wissenswertes Die im 1. Jahr gebildete, sehr tief wurzelnde Rosette kann 1 m Durchmesser erreichen. Alte Heilpflanze.

Filzige Klette
Arctium tomentosum
Korbblütler

Merkmale 50–120 cm hoch, einjährig. Stängel beblättert. Blätter groß, am Grund herzförmig rundlich, unterseits weißfilzig. Blütenkörbchen kugelig, stark spinnwebig behaart, rispig angeordnet, 2–3 cm breit; nur rötliche Röhrenblüten. Hüllblätter der Körbchen nur z. T. hakig, aber klebrig; Blütezeit Juli–August. Wege, Brachland, Ufer, Schutthalden. In den Alpen überall verbreitet, bis etwa 1500 m.
Wissenswertes In Mitteleuropa kommen weitere recht ähnliche Arten der Gattung vor, die bastardisieren.

Weidenblättriges Ochsenauge
Buphthalmum salicifolium
Korbblütler

Merkmale 20–60 cm hoch, mehrjährig. Stängel aufrecht, meist unverzweigt. Blätter wechselständig, lanzettlich. Blütenkörbchen einzeln oder zu wenigen endständig, 3–6 cm breit, goldgelb, am Rand Zungenblüten, weiblich, in der Mitte Scheibenblüten; Blütezeit Juni–September. Halbtrockenrasen, Flachmoore, auf nährstoffarmen, kalkreichen Böden. Jura, Alpenvorland, Kalkalpen.
Wissenswertes Der Gattungsname bezieht sich auf das große, leuchtend goldgelbe, dekorative Blütenkörbchen.

Großes Flohkraut
Pulicaria dysenterica
Korbblütler

Merkmale 30–60 cm hoch, mehrjährig. Stängel aufrecht, nur im Blütenstandsbereich verzweigt und wollig behaart, dicht beblättert. Blätter wechselständig, duften beim Zerreiben leicht nach Zitrone, schmal oval bis lanzettlich, glattrandig oder leicht gewellt. Blütenkörbchen zu 5–20 in endständiger Doldenrispe, bis 3 cm breit, goldgelb; Blütezeit Juli–August. Nährstoffreiche Nasswiesen, Gräben, Röhrichte.
Wissenswertes Alte Heilpflanze, früher gegen Ruhr (Dysenterie) verwendet, daher auch Ruhrwurz genannt.

Kleines Flohkraut
Pulicaria vulgaris
Korbblütler

Merkmale 10–30 cm hoch, einjährig. Stängel aufrecht oder bogig aufsteigend, nur im Blütenstand verzweigt, beblättert. Blätter wechselständig, beim Zerreiben kräftig aromatisch duftend, breit lanzettlich, glattrandig oder fein gezähnt. Blütenkörbchen zu wenigen in lockerer Rispe, bis 1 cm breit, schmutzig gelb, Zungenblüten sehr kurz; Blütezeit Juli–August. Nassböden der größeren Flusstäler. Ziemlich selten.
Wissenswertes Alte Heilpflanze, wurde wegen des starken Aromas v. a. gegen Flöhe eingesetzt.

Weidenblättriger Alant
Inula salicina
Korbblütler

Merkmale 20–70 cm hoch, mehrjährig. Stängel aufrecht, etwas kantig, nur im Blütenstand verzweigt. Blätter wechselständig, abstehend, lanzettlich, sitzend oder stängelumfassend. Blütenkörbchen einzeln oder zu 2–5 in endständigen Doldentrauben, bis 4 cm breit, goldgelb, schmale Zungenblüten; Blütezeit Juni–August. Auf Halbtrockenrasen, am Rand von Niedermooren. Nicht allzu häufig.
Wissenswertes Gleicht dem Weidenblättrigen Ochsenauge (s. Seite 66). Beim Alant stehen zwischen den Scheibenblüten jedoch keine Spreublätter.

Dürrwurz
Inula conyzae
Korbblütler

Merkmale 40–80 cm hoch, zwei- oder mehrjährig. Stängel aufrecht, braunrot überlaufen, dicht kurzhaarig, am Grunde holzig. Blätter wechselständig, bis 15 cm lang, 5 cm breit, oberseits kahl, unterseits kurzhaarig. Blütenkörbchen walzenförmig, zahlreich in endständigen Rispen, unter 1 cm breit, die gelben Zungenblüten überragen kaum die Hüllblätter; Blütezeit Juli–September. Auf kalkhaltigen Lehmböden, in lichten Wäldern und Gebüschen.
Wissenswertes Die sehr kurzen Zungenblüten können auch vollends fehlen.

Sand-Strohblume
Helichrysum arenarium
Korbblütler

Merkmale 10–40 cm hoch, mehrjährig. Stängel aufrecht, im Blütenstand verzweigt, beblättert. Blätter schmal lanzettlich bis linealisch, sitzend oder sehr kurz gestielt, grauweiß filzig behaart. Blütenkörbchen in endständigen Doldentrauben, ca. 5 mm breit, Blüten röhrig, hell- bis zitronengelb; Blütezeit Juli–September. Auf Sandmagerböden, in lichten Kiefernwäldern; recht selten.
Wissenswertes Zu der artenreichen Gattung zählen im Mittelmeergebiet auch immergrüne Sträucher. ▽

Sumpf-Ruhrkraut
Gnaphalium uliginosum
Korbblütler

Merkmale 5–25 cm hoch, einjährig. Stängel verzweigt, sternförmig abstrahlende Äste meist liegend. Blätter wechselständig, filzig behaart, schmal linealisch, zur Basis deutlich verschmälert. Blütenkörbchen um 5 mm breit, in dichten, von Blättern umstellten Knäueln, gelblich; Blütezeit Juni–Oktober. Auf feuchten bis nassen Lehm- und Tonböden an Gräben und Ufern.
Wissenswertes Zeigt Bodenverdichtung an und kommt v. a. auf gestörten Böden der Maisanbaugebiete vor.

Wald-Ruhrkraut
Gnaphalium sylvaticum
Korbblütler

Merkmale 10–50 cm hoch, mehrjährig. Stängel meist steif aufrecht, unverzweigt, graufilzig behaart (Haare anliegend), dicht beblättert. Blätter wechselständig, lanzettlich, nach oben eher linealisch, einnervig. Blütenkörbchen zu 1–5 in den Achseln der oberen Stängelblätter, unauffällig gelblich braun; Blütezeit Juli–September. In feuchten Wäldern, v. a. auf Schlagstellen, an Wegrändern. In den Alpen bis 1700 m.
Wissenswertes Wurde wegen seiner Gerbstoffe früher gegen Ruhr verwendet.

Zweifarbige Alpenscharte
Saussurea discolor
Korbblütler

Merkmale 10–40 cm hoch, mehrjährig. Stängel aufrecht. Blätter oberseits grün, unterseits dicht weißfilzig, dreieckig. Blütenkörbchen zu 2–8 kurz gestielt in doldiger Traube, eiförmig, nur knapp 1 cm breit, hellviolett bis weinrot; Blütezeit Juli–September. Felsspalten, lückige Matten. In den Kalkalpen selten, in den Zentralalpen vereinzelt, meist zwischen 1500 und 2800 m.
Wissenswertes Blüten mit Vanilleduft. Die ähnliche Zwerg-Alpenscharte (*S. pygmaea*) ist einköpfig und max. 15 cm hoch.

Edelweiß
Leontopodium alpinum
Korbblütler

Gewöhnliches Katzenpfötchen
Antennaria dioica
Korbblütler

Echte Edelraute
Artemisia umbelliformis
Korbblütler

Merkmale 5–20 cm hoch, mehrjährig. Stängel aufrecht, grauweiß wollig-filzig, locker beblättert. Blütenkörbchen zu 2–12 in gedrängter Doldentraube am Ende des Stängels, 4–8 mm breit. Äußere Blüten im Körbchen fadenförmig dünn und weiblich; die inneren, röhrenförmigen meist männlich; Blütezeit Juli–August. In feinerdereichen Felsspalten, lückigen Matten, auf Felsplatten. In den Kalkalpen, v. a. zwischen 1800 und 3300 m.
Wissenswertes Nimbuspflanze des Alpenraums schlechthin. Durch

Pflücken und Ausgraben sind bereits sehr viele Vorkommen zerstört worden. Die knopfigen, dicht zusammenstehenden Köpfchen wirken wie eine einzelne große Blume. Unterstützt wird diese Schauwirkung durch einen Kreis dicht weißfilziger Hochblätter unter der Blütenstandsregion. Für die Gartenkultur gibt es im Fachhandel Pflanzen aus dem Himalaya, die auch im Tiefland sehr gut gedeihen. Wegen des andersartigen Klimas entwickeln sie jedoch keinen dichten Polsterwuchs wie im Hochgebirge. ▽

Merkmale 5–25 cm hoch, mehrjährig. Stängel flockig weißgrau-filzig, oberirdische, beblätterte Ausläufer. Blätter spatelig stumpflich, oberseits kahl, unterseits graufilzig. Blütenkörbchen kopfig gedrängt am Stängelende, 3–7 mm breit, rein männliche meist weiß, rein weibliche meist rot; Blütezeit Mai–Juli. Magerrasen, Kiefernwälder, Gebüsche, saure Matten, Heiden. Im Voralpengebiet zerstreut, in den alpinen Zentralketten häufig; bis ca. 3000 m.
Wissenswertes Die Pflanze ist eurosibirisch-nordamerikanisch verbreitet.

Merkmale 10–30 cm hoch, mehrjährig. Stängel aufrecht oder aufsteigend, unverzweigt, dünn, anliegend seidig behaart. Stängelblätter mehrfach schmalzipflig geteilt, graugrün. Blütenkörbchen zu mehreren in einer lockeren, beblätterten Traube, höchstens 5 mm breit, ohne Zungenblüten, gelb; Blütezeit Juli–September. Auf kalkfreien Stein- und Felsschuttböden in den Zentral- und Südalpen bis 3000 m.
Wissenswertes Stark aromatisch duftend; wurde früher als Heilkraut ähnlich wie Wermut verwendet. ▽

Wermut
Artemisia absinthium
Korbblütler

Gewöhnlicher Beifuß
Artemisia vulgaris
Korbblütler

Kleines Filzkraut
Filago minima
Korbblütler

Deutsches Filzkraut
Filago vulgaris
Korbblütler

Merkmale Bis 120 cm hoch, mehrjährig. Stängel aufrecht, reich verzweigt, an der Basis leicht verholzt. Blätter wechselständig, dreifach fiederteilig, mit schmalen Zipfeln, silbergrau behaart. Blütenkörbchen halbkugelig, um 5 mm breit, hellgelb; Blütezeit Juli–September. Heimat Zentralasien, in Wärmegebieten oft aus Gärten verwildert.
Wissenswertes Alte Heilpflanze, wird wegen des ätherischen Öls und der Bitterstoffe v. a. gegen Appetitlosigkeit und Verdauungstörungen verwendet.

Merkmale Bis 1,5 m hoch, mehrjährig. Stängel aufrecht, kantig, starr, meist braunrot. Stängelblätter grob gezähnt bis fiederteilig mit spitzen Zipfeln, oberseits dunkelgrün und fast kahl, unterseits grauweiß behaart. Blütenkörbchen 2–3 mm breit, grünlich bis gelbbraun, zahlreich in langen Rispen, nur mit Röhrenblüten; Blütezeit Juli–September. Brachen, Wegränder, Böschungen, oft auf nährstoffreichen Böden.
Wissenswertes Enthält Bitterstoffe und ätherisches Öl.

Merkmale 5–20 cm hoch, einjährig. Stängel aufrecht oder aufsteigend, nur oben verzweigt und graufilzig. Blätter dicht wechselständig, bis 1 cm lang, ca. 1 mm breit, graufilzig. Blütenkörbchen zu wenigen in endständigen Knäueln, ca. 2 mm breit, gelblich, 5 zwittrige Röhrenblüten, wenige fädige Zungenblüten; Blütezeit Juli–September. Auf Sandmagerböden in Dünen, lichten Kiefernwäldern, Magerrasen; meist sehr selten.
Wissenswertes Die Art hat v. a. durch starke Düngung viele Standorte verloren.

Merkmale 10–35 cm hoch, einjährig. Stängel aufrecht, im oberen Drittel wenig verzweigt. Blätter wechselständig, schmal lanzettlich, bis 2,5 cm lang, grauweiß wollfilzig behaart. Blütenkörbchen gelblich, dicht gedrängt in endständigen ca. 1 cm breiten Knäueln; Blütezeit Juli–September. Bevorzugt kalkarme, sandig-trockene Magerböden. Auf Dämmen, an Wegrändern und in Dünen.
Wissenswertes Die dichte Behaarung schützt vor Transpiration und ermöglicht die Besiedlung von Trockenböden.

Gewöhnliche Margerite
Leucanthemum vulgare
Korbblütler

Merkmale 20–90 cm hoch, mehrjährig. Stängel leicht kantig, fest, aufrecht, meist unverzweigt. Blätter wechselständig, spatelförmig, zur Basis grob gezähnt. Blütenkörbchen 4–6 cm breit, einzeln endständig, flach, Zungenblüten weiß, Röhrenblüten goldgelb; Blütezeit Mai–September. Wiesen, Halbtrockenrasen, Wegränder, Brachen, Gärten.
Wissenswertes In den flachen Blütenköpfen sind die Röhren- bzw. Scheibenblüten auf Spiralsegmenten angeordnet; die Anzahl der Linksbögen ist deutlich größer als die der Rechtsbögen.

Alpen-Margerite
Leucanthemopsis alpina
Korbblütler

Merkmale 5–15 cm hoch, mehrjährig. Stängel aufsteigend oder aufrecht, unverzweigt. Grundblätter im Umriss eiförmig bis lanzettlich, kammförmig einfach fiederteilig oder tief gezähnt. Blütenkörbchen einzeln endständig, 2–4 cm breit. Hüllblätter dachziegelig, grün, dunkelbraun berandet; Blütezeit Juli–August. Kalkarme, sickerfeuchte, steinig-lockere Lehmböden. Schneetälchen, feuchte Schutthalden, lückige Matten. Selten in den Kalkalpen und dann nur auf oberflächlich entkalkten Böden, in den Zentralalpen häufig, meist in Schneetälchen zwischen etwa 1800 und 2800 m.
Wissenswertes Kommt als so genannter Abschwemmling örtlich auch im Alpenvorland vor, wenn die Alpenflüsse die Früchte mit dem Schmelzwasser aus höheren Lagen transportieren und in den Flussauen ablagern. Die Art ist recht formenreich und bildet in ihrem ausgedehnten Verbreitungsgebiet mehrere Unterarten. Diese unterscheiden sich v. a. in den Details der Blattspreiten der grundständigen Blätter.

Straußblütige Wucherblume
Tanacetum corymbosum
Korbblütler

Merkmale 30–100 cm hoch, mehrjährig. Stängel aufrecht, kahl oder nur sehr schütter behaart. Blätter länglich eiförmig, mit 3–7 Fiederpaaren; Fiedern eiförmig bis lanzettlich. Blütenkörbchen zu 3–15 einzeln am Ende des Stängels und seiner Äste, 3–5 cm breit. Körbchenböden flach. Zungenblüten weiß; Röhrenblüten goldgelb; Blütezeit Juni–August. Auf kalkhaltigen, humosen Lehmböden. Lichte Laubwälder, Trockengebüsche, in den Kalkalpen bis 1200 m.
Wissenswertes Teils als Zierpflanze in Gärten und von dort verwildert.

Rainfarn
Tanacetum vulgare
Korbblütler

Merkmale 60–120 cm hoch, mehrjährig. Stängel aufrecht, kräftig, gerillt, oft dunkelrot. Blätter fiederteilig, Fiedern gesägt, im Umriss breit oval. Blütenkörbchen 0,5–1 cm breit, zu mehreren in Doldenrispe, ohne Zungenblüten, Röhrenblüten gelb, duften beim Zerreiben aromatisch; Blütezeit Juli–September. Ziemlich häufig, weit verbreitet auf Brachen, Dämmen, an Wegränder, Ufern.
Wissenswertes Bildet Rassen mit ganz unterschiedlichen Duftnoten, die man v. a. beim Zerreiben riecht.

Saat-Wucherblume
Chrysanthemum segetum
Korbblütler

Merkmale 20–60 cm hoch, einjährig. Stängel aufrecht, recht kräftig, meist nur im oberen Teil wenig verzweigt. Blätter wachsig bläulich grün, grob gesägt bis fiederspaltig. Blütenkörbchen einzeln endständig, 2–5 cm breit, flach, Zungen- und Röhrenblüten goldgelb; Blütezeit Juli–September. Äcker, Schuttstellen, Wegränder, meidet kalkhaltige Böden.
Wissenswertes Regional nutzte man die gelben Blütenköpfe zum Färben von Wolle. Früher massenhaft und als Ackerwildkraut lästig, heute fast überall selten.

Strahlenlose Kamille
Matricaria discoidea
Korbblütler

Merkmale 5–30 cm hoch, einjährig. Stängel kräftig, zäh, aufrecht, reich verzweigt, oft niederliegend. Blätter mehrfach gefiedert, enden in sehr schmalen Zipfeln. Blütenkörbchen oval, nur mit grüngelben Röhrenblüten, duften beim Zerreiben aromatisch; Blütezeit Juni–Juli. Teils sehr häufig, Äcker, Wegränder, Brachen, Schuttstellen, Trittrasen.
Wissenswertes Stammt aus Ostasien und dem pazifischen Nordamerika; seit 1851 Neubürger der heimischen Flora (Neophyt), erstmals in Berlin beobachtet.

Echte Kamille
Matricaria recutita
Korbblütler

Merkmale 15–45 cm hoch, einjährig. Stängel meist aufrecht, etwas schlaff, reich verzweigt. Blätter wechselständig, mehrfach gefiedert. Blütenkörbchen kegelig, Zungenblüten weiß, Röhrenblüten goldgelb, Körbchenboden hohl, beim Zerreiben duftend; Blütezeit ist Mai–September. Getreideäcker, Schuttstellen, gerne auf kalkfreiem Lehmboden.
Wissenswertes Kulturbegleiter seit der Jungsteinzeit. Die Blütenköpfe sind ein Heilmittel bei Entzündungen der Atemwege und bei Magenverstimmungen.

Wiesen-Schafgarbe
Achillea millefolium
Korbblütler

Merkmale 15–60 cm hoch, mehrjährig. Stängel aufrecht, steif, meist mit Ausläufern. Blätter dunkelgrün, doppelt fiederteilig mit feinen, zipfligen Abschnitten. Blütenkörbchen bis 8 mm breit, in endständigen Doldenrispen, Zungenblüten weiß oder rötlich, Röhrenblüten cremefarben; Blütezeit Juni–Oktober. Wiesen, Wegränder, Gebüsche. Ziemlich häufig, im Gebirge bis 2500 m.
Wissenswertes Die grundständigen Blätter bleiben in wintermilden Gebieten wintergrün. Formenreich, heute in gemäßigten Klimata weltweit verschleppt.

Sumpf-Schafgarbe
Achillea ptarmica
Korbblütler

Merkmale 30–90 cm hoch, mehrjährig. Stängel aufrecht, kantig, behaart. Blätter linealisch lanzettlich, ungestielt, fein gezähnt. Blütenkörbchen bis 1,5 cm breit, flach, zu mehreren in Doldenrispen, außen mit 5–12 weißen Zungenblüten, innen weißliche Röhrenblüten; Blütezeit Juli–September. Häufig an Ufern und Gräben sowie in Nasswiesen.
Wissenswertes Die Wurzel enthält Isobutylamide, die für Insekten tödlich sind; in Gärten findet man gelegentlich eine gefülltblütige Form, deren Röhrenblüten in Zungenblüten umgewandelt sind.

Acker-Hundskamille
Anthemis arvensis
Korbblütler

Merkmale 10–50 cm hoch, ein- bis zweijährig. Stängel meist ausgebreitet liegend oder aufrecht. Blätter wechselständig, mehrfach gefiedert, beim Zerreiben ohne Duft. Blütenkörbchen 2–3,5 cm breit, flach gewölbt, innen nicht hohl, Zungenblüten weiß, Röhrenblüten gelb; Blütezeit Juni–September. Häufig auf Äckern, Brachen, an Wegrändern, v. a. auf kalkfreien, sauren Böden.
Wissenswertes Kulturbegleiter seit der Jungsteinzeit; Versauerungszeiger. Oft mit der Geruchlosen Kamille (*Tripleurospermum perforatum*) verwechselt.

Einköpfiges Berufkraut
Erigeron uniflorus
Korbblütler

Merkmale 3–20 cm hoch, mehrjährig. Stängel aufsteigend, unverzweigt. Grundblätter spatelig, Stängelblätter lanzettlich. Blütenkörbchen einzeln endständig, bis 2,5 cm breit, Zungenblüten rosa oder hellviolett bis blasslila, Scheibenblüten schmutzig gelb; Blütezeit Juli–September. In den Alpen; Matten, Schutt, Grate, zerstreut bis häufig, meist zwischen 1500–2500 m.
Wissenswertes Ähnlich ist das Alpen-Berufkraut (*E. alpinus*), Köpfchen bis 3 cm breit, Zungenblüten rosa oder purpurrot, Röhrenblüten gelb.

Scharfes Berufkraut
Erigeron acris
Korbblütler

Merkmale 15–60 cm hoch, mehrjährig. Stängel aufrecht, grün, abstehend behaart. Blätter wechselständig, behaart, glattrandig oder undeutlich gezähnt, lanzettlich. Blütenkörbchen endständig an den Seitenästen, bis 1,5 cm breit, Röhrenblüten erst gelblich, dann rötlich; Blütezeit Mai–September. Halbtrockenrasen, Kies- und Sandbänke, meist in Kalkgebieten.
Wissenswertes Der Name der Gattung leitet sich vom »Berufen« mit Zaubersprüche gegen angebliche Hexerei ab.

Kanadisches Berufkraut
Conyza canadensis
Korbblütler

Merkmale 10–80 cm hoch, meist einjährig. Stängel aufrecht, glatt oder leicht gerippt, dicht beblättert. Blätter wechselständig, schmal lanzettlich, nach oben schmaler, sitzend. Blütenkörbchen sehr zahlreich in einer langen, beblätterten Rispe, bis 4 mm breit, Zungenblüten weißlich bis rötlich, Röhrenblüten gelb; Blütezeit Juni–September. Häufig an Wegrändern, auf Brachen.
Wissenswertes Stammt aus dem atlantischen Nordamerika, im 17. Jh. nach Europa eingeschleppt.

Gänseblümchen
Bellis perennis
Korbblütler

Merkmale 5–10 cm hoch, mehrjährig. Blätter grundständig, spatelförmig bis verkehrt eiförmig; dicht behaarter Stängel, trägt nur die Blütenkörbchen; diese außen mit weißen, an den Spitzen rötlichen Zungenblüten, innen mit gelben Röhrenblüten; Blütezeit Februar–Dezember, v. a. aber März–Juni. Überall sehr häufig auf Fettwiesen, Weiden, Rasen.
Wissenswertes Bei Dunkelheit und Nässe schließen sich die Blütenköpfe und reagieren wie eine Einzelblüte.

Alpen-Maßliebchen
Aster bellidiastrum
Korbblütler

Merkmale 10–30 cm hoch, mehrjährig. Blätter in grundständiger Rosette, der runde und nach oben behaarte Stängel trägt nur das einzeln endständige, 1–3 cm breite Blütenkörbchen. Zungenblüten weiß, selten hell rosa; Scheibenblüten hellgelb; Blütezeit Mai–Juni. Kalkhaltige, feuchte, steinige Lehmböden. Jura, Alpenvorland, Südschwarzwald, Kalkalpen, dort zwischen 500 und 2800 m Höhe.
Wissenswertes Der Körbchenboden ist nicht hohl wie beim Gänseblümchen.

Alpen-Aster
Aster alpinus
Korbblütler

Merkmale 5–20 cm hoch, mehrjährig. Stängel aufrecht, kurzhaarig. Blätter meist in grundständiger Rosette, glattrandig, meist rundlich spatelig, unterseits auf den Blattnerven behaart. Blütenkörbchen meist einzeln endständig, 3–4,5 cm breit, Zungenblüten blauviolett, selten blau, rosa oder weiß, Röhrenblüten goldgelb; Blütezeit Juni–August. Kalkhaltige, steinig-flachgründige Lehmböden. Weiden, Matten. Schweizer Jura und Alpen, zwischen 1500 und 3000 m. **Wissenswertes** Im Harz und in Thüringen ist die Art ein seltenes Eiszeitrelikt.

Kalk-Aster
Aster amellus
Korbblütler

Merkmale 15–60 cm hoch, mehrjährig. Stängel aufrecht, etwas rau, drehrund, erst im Blütenstand verzweigt. Blätter wechselständig, schmal oval bis lanzettlich, untere leicht gezähnt, obere glattrandig. Blütenkörbchen zu mehreren in endständiger Doldenrispe, selten auch einzeln, 2–3 cm breit, Zungenblüten blaulila, Röhrenblüten gelb; Blütezeit Juli–Oktober. Kalkliebend, auf Trockenrasen, Heidewiesen, in lichten Wäldern, nördlich nur bis zu den Mittelgebirgen. **Wissenswertes** Zungenblüten weiblich, Röhrenblüten männlich. ▽

Salz-Aster
Aster tripolium
Korbblütler

Merkmale 15–70 cm hoch, zweijährig. Stängel aufrecht, verzweigt, leicht gerillt, oft rötlich. Blätter lanzettlich, glattrandig, etwas fleischig. Blütenkörbchen flach, 2–3 cm breit, in lockeren endständigen Doldenrispen, Zungenblüten lilablau, Röhrenblüten gelb; Blütezeit Juni–September. Strandwiesen, Prielränder, selten an Salzstellen des Binnenlandes. **Wissenswertes** Die Dickfleischigkeit der Blätter (Sukkulenz) hängt mit dem Salzgehalt des Standortes zusammen. Gelegentlich kommen auch Blütenkörbchen ohne Zungenblüten vor.

Gold-Aster
Aster linosyris
Korbblütler

Merkmale 20–50 cm hoch, mehrjährig. Stängel aufrecht oder bogig, drehrund oder schwach kantig, meist kahl. Blätter wechselständig, schmal linealisch, bis 7 cm lang, spitz, glattrandig. Blütenkörbchen meist zu mehreren in endständiger Doldentraube, etwa 1 cm breit, ohne Zungenblüten, nur mit goldgelben Röhrenblüten; Blütezeit Juli–Oktober. Trockenrasen, Trockengebüsche; selten. **Wissenswertes** An ihren wenigen mitteleuropäischen Standorten gilt die Art als Steppenrelikt aus einer nacheiszeitlichen Wärmephase.

Kanadische Goldrute
Solidago canadensis
Korbblütler

Merkmale Bis 2,5 m hoch, mehrjährig. Stängel aufrecht, erst im Blütenstand verzweigt. Blätter dicht wechselständig, lanzettlich, 7–15 cm lang, im vorderen Drittel gesägt. Blütenkörbchen um 5 mm lang, goldgelb, in einseitswendigen Rispenästen, Zungenblüten etwa so lang wie Röhrenblüten; Blütezeit Juli–Oktober. Flussauen, Gebüsche, Brachen, Schuttstellen, Waldränder, Gartenland. **Wissenswertes** Stammt aus Nordamerika. Pflanzen fressende Insekten haben die Art bisher nicht angenommen.

Echte Goldrute
Solidago virgaurea
Korbblütler

Merkmale Bis 80 cm hoch, mehrjährig. Stängel aufrecht, wenig verzweigt, kahl oder zerstreut behaart, oft bräunlich. Blätter wechselständig, länglich elliptisch, zugespitzt, gekerbt, verschmälern sich in den wenig geflügelten Blattstiel. Blütenkörbchen 1–2 cm breit, gelb, in schlanker Traube oder Rispe, meist 6–12 Zungenblüten; Blütezeit Juli–Oktober. Trockengebüsche, lichte Wälder, Weiden. **Wissenswertes** Alte Heilpflanze. Einzige heimische Art der in Nordamerika artenreichen Gattung.

Dreiteiliger Zweizahn
Bidens tripartita
Korbblütler

Merkmale 20–120 cm hoch, einjährig. Stängel aufrecht, verzweigt, meist braunrot, schütter behaart oder kahl. Blätter wechselständig, meist dreiteilig fiederschnittig, grob gezähnt. Blütenkörbchen einzeln endständig, etwa 1 cm breit, meist ohne Zungenblüten, Röhrenblüten bräunlich gelb; Blütezeit August–Oktober. Uferfluren an Teichen, Gräben. **Wissenswertes** Der deutsche und wissenschaftliche Name bezieht sich auf die zähnchenartigen Fortsätze an den Früchten. Nässe- und Stickstoffzeiger.

Arnika
Arnica montana
Korbblütler

Merkmale 20–60 cm hoch, mehrjährig. Stängel mäßig bis dicht borstig-drüsig behaart, einfach oder nur wenig verzweigt. Neben der Grundblattrosette nur 1–3 Paar gegenständige Stängelblätter. Blütenkörbchen einzeln endständig, bis 6 cm breit, goldgelb; Blütezeit Mai–August. Heiden, Bergweiden, lichte Wälder, Moore, auf basenarmen, frischen Böden; zerstreut bis selten, in den Alpen vereinzelt bis über 2500 m. **Wissenswertes** Alte Heilpflanze; heute nicht mehr verwendet, da giftig.

Gewöhnliches Greiskraut
Senecio vulgaris
Korbblütler

Merkmale 10–40 cm hoch, einjährig. Stängel aufrecht, verzweigt, rundlich, anfangs flockig behaart, später kahl. Blätter wechselständig, buchtig gelappt bis fiederteilig, unterseits spinnwebartig behaart. Blütenkörbchen ca. 5 mm breit, gelb, ohne Zungenblüten, oft nickend, Außenhülle schwarzgrün; Blütezeit März–Oktober. Sehr häufig; Äcker, Gärten, Schuttstellen.
Wissenswertes Die Pflanze hat keine ausgeprägte Blühperiodik und kann daher in milden Wintern auch schon im Dezember oder Januar blühen. Giftig.

Jakobs-Kreuzkraut
Senecio jacobaea
Korbblütler

Merkmale 30–120 cm hoch, ein- bis mehrjährig. Stängel aufrecht, kantig, oft bräunlich. Blätter wechselständig, tief fiederteilig mit zipfligen Öhrchen, unterseits behaart. Blütenkörbchen 1,7–2 cm breit, kräftig gelb, zahlreich in endständiger, ziemlich ebener Doldenrispe; Blütezeit Juni–Oktober. Trockenwiesen, Gebüsche, Wege; überall häufig.
Wissenswertes Sehr ähnlich ist das Raukenblättrige Greiskraut *(Senecio erucifolius)*, das jedoch fast 2 Monate später blüht, außerdem fehlt den Fiedern der größere Endlappen.

Krainer Greiskraut
Senecio incanus
Korbblütler

Merkmale 5–15 cm hoch, mehrjährig. Stängel aufrecht, wenig beblättert. Untere Blätter fiederteilig, obere fast glattrandig. Blütenkörbchen zu 2–15 kopfig gedrängt, 1–2,5 cm breit, dunkel orangegelb, Röhrenblüten in der Farbe wie die 3–6 Zungenblüten; Blütezeit Juli–September. Steinig-lockere, kalkarme Lehmböden; zwischen 1800–3000 m.
Wissenswertes In den Zentral- und Südalpen sowie westlich des St. Gotthard wächst eine Rasse mit dicht weißfilzigen Grundblättern, in den Ostalpen eine eher graufilzige.

Hain-Greiskraut
Senecio ovatus
Korbblütler

Merkmale 50–150 cm hoch, mehrjährig, formenreich. Stängel aufrecht, kantig, beblättert. Blätter wechselständig, 1–7 cm breit, bis 20 cm lang, oberseits kahl, unterseits meist behaart, gezähnt, spitz. Blütenkörbchen 2,5–3 cm breit, zahlreich in breiter Doldenrispe, gelb, meist mit 5 Zungenblüten; Blütezeit Juli–September. Häufig; Wälder, Gebüsche, Lichtungen.
Wissenswertes Frische Blüten zeigen im Zentrum starke UV-Reflektion und sind für Insekten sehr kontrastreich. Beim Abblühen verliert sich der Effekt.

Wasser-Greiskraut
Senecio aquaticus
Korbblütler

Merkmale 20–60 cm hoch, mehrjährig. Stängel aufrecht, ästig verzweigt, meist kahl. Blätter wechselständig, gelblich grün, grob gezähnt oder fiederspaltig, nach oben einfacher. Blütenkörbchen zu mehreren in lockerer Rispe, bis 3 cm breit, gelb; Blütezeit Juni–September. Auf Nassböden an Gräben, in Sumpfwiesen, im Röhricht stehender Gewässer.
Wissenswertes Die Fiedern stärker geteilter Stängelblätter sind schräg im spitzen Winkel nach vorn gerichtet. Körbchen meist mit nur 13 Zungenblüten.

Spatelblättriges Greiskraut
Tephroseris helenitis
Korbblütler

Merkmale 20–70 cm hoch, mehrjährig. Stängel kräftig, längsstreifig, im oberen Teil oft rötlich, spinnwebig behaart. Blätter wechselständig, lanzettlich, mit geflügeltem Blattstiel, unterseits dicht behaart. Blütenkörbchen in lockerer Dolde am Stängelende, bis 2,5 cm breit, gelb; Blütezeit Mai–Juli. Bevorzugt wechselfeuchte Tonböden; fehlt im nördlichen Tiefland, sonst selten in lichten Wäldern.
Wissenswertes Die Gattung ist nahe mit der Gattung *Senecio* verwandt. Teils fehlen die hellgelben Zungenblüten.

Behaartes Knopfkraut
Galinsoga ciliata
Korbblütler

Merkmale 10–70 cm hoch, einjährig. Stängel aufrecht, verzweigt, im oberen Teil abstehend zottig behaart. Blätter gegenständig, länglich oval, gezähnt, spitz. Blütenkörbchen um 5 mm breit, 4–5 weiße Zungenblüten, nur wenige gelbe Röhrenblüten; Blütezeit April–Oktober. Äcker, Gärten, Brachen; häufig.
Wissenswertes Stammt wie das ähnliche, aber unbehaarte Kleinblütige Knopfkraut *(G. parviflora)* aus Mittel- bzw. aus Südamerika; verwilderte um 1800–1820, heute fest eingebürgert.

Großblütige Gämswurz
Doronicum grandiflorum
Korbblütler

Merkmale 10–50 cm hoch, mehrjährig. Stängel meist aufrecht, nur im oberen Teil schütter bis mäßig dicht behaart. Blätter breit oval, grob buchtig gezähnt, am Rand dicht behaart. Blütenkörbchen meist einzeln, selten zu 2–4 in lockerer Traube, 4–8 cm breit, goldgelb; Blütezeit Juni–August. Ruhende Schutthalden, seltener lückige Matten; in den Kalkalpen zerstreut, in den Zentralalpen nur auf Kalk oder Dolomit, 1800–3000 m.
Wissenswertes Die lange Schneebedeckung schützt die Pflanze vor Frost.

Grüner Alpenlattich
Homogyne alpina
Korbblütler

Grüner Alpendost
Adenostylis glabra
Korbblütler

Weiße Pestwurz
Petasites albus
Korbblütler

Rote Pestwurz
Petasites hybridus
Korbblütler

Merkmale 10–30 cm hoch, mehrjährig. Stängel aufrecht, dicht wollig behaart oder fast kahl, oft rotbraun. Blätter lang gestielt, Spreite rundlich. Blütenkörbchen einzeln am Stängelende, 1,5–2,5 cm breit und lang; alle Blüten röhrenförmig, trüb hellviolett bis purpurrosa; Blütezeit Mai–August. Zwergstrauchgebüsche, lichte Nadelwälder, Moore, höhere Mittelgebirge, Alpen; zerstreut; zwischen 1000 und 2000 m.
Wissenswertes Kommt als so genannter Alpenschwemmling auch tiefer vor. In den Alpen weitere ähnliche Arten.

Merkmale 30–80 cm hoch, mehrjährig. Stängel aufrecht, deutlich längsstreifig, unten kahl, oben behaart. Rosettenblätter lang gestielt; Spreite bis 30 cm breit, herzförmig, unterseits nur auf den Nerven behaart, nicht filzig, Behaarung nicht abwischbar. Blütenkörbchen zahlreich in Schirmrispe; Blütezeit Juli–August. Schutthalden, feinschotterige Blockhalden, Bergwälder. Alpenvorland, Schweizer Jura, Kalk- und Zentralalpen.
Wissenswertes Jedes Blütenkörbchen besteht nur aus je 3 engglockigen, rosa bis lila Röhrenblüten.

Merkmale 10–30 cm hoch, mehrjährig. Stängel dick, nur mit bleichen Schuppenblättern. Grundblätter nach der Blüte, lang gestielt, bis 40 cm breite Spreite. Blütenkörbchen bis 1,3 cm breit, zu 5–45 in eiförmig-halbkugeligem Blütenstand, nur weißliche Röhrenblüten; Blütezeit März–April. In Schluchtwäldern. Höheres Mittelgebirge, Alpenvorland. Alpen.
Wissenswertes Die Einzelblüten erscheinen zwittrig, aber entweder sind nur die Staubgefäße oder die Griffel sowie die Fruchtknoten funktionstüchtig (funktionell zweihäusig).

Merkmale 10–40 cm hoch, mehrjährig. Alle Blätter grundständig, lang gestielt, Spreiten bis 60 cm breit, 100 cm lang, oberseits graugrün, unterseits graufilzig, erscheinen erst geraume Zeit nach der Blüte. Blütenkörbchen 0,5–1 cm breit, zahlreich in dichter Traube, nur mit purpurnen bis blass rosa Röhrenblüten; Blütezeit Februar–Mai. Gräben, Bachufer, Feucht- und Bruchwälder.
Wissenswertes Alte Heilpflanze, wegen ihrer Schleimstoffe u. a. als Hustenmittel verwendet; heute v. a. wegen krampflösender, beruhigender Wirkung.

Huflattich
Tussilago farfara
Korbblütler

Gewöhnlicher Wasserdost
Eupatorium cinnabinum
Korbblütler

Merkmale 5–15 cm hoch, mehrjährig. Blätter grundständig, lang gestielt, Spreite rundlich-herzförmig, anfangs leicht eckig, 10–30 cm lang und breit, unterseits graufilzig, erscheinen erst nach der Blüte. Körbchen 2–2,5 cm breit, Zungen- und Röhrenblüten gelb; Blütezeit Februar–April. Recht häufig auf Brachen, an Wegrändern, in lichten Wäldern.
Wissenswertes Als Pionierpflanze befestigt Huflattich frische Böden rasch mit langen Ausläufern. Die Blütenköpfe

richten sich erst beim Aufblühen auf, öffnen sich nur in der Sonne, neigen sich nach dem Abblühen und strecken sich bei der Fruchtreife erneut. Weil er früh blüht, ist er eine wichtige Bienenweide. Der Gattungsname leitet sich vom lateinischen *tussis* = Husten ab und verweist darauf, dass man die Pflanze früher als Heilmittel bei Atemwegserkrankungen verwendete. Weil sie giftige Pyrrolizidin-Alkaloide enthält, ist sie jedoch etwas in Verruf geraten und wird heute nur als Beimischung zu Hustentees eingesetzt.

Merkmale 70–150 cm hoch, mehrjährig. Stängel aufrecht, unverzweigt, rundlich, meist dicht behaart, braunrötlich, bis oben beblättert. Blätter fast gegenständig, kurz gestielt, handförmig drei- bis fünfteilig, mittlere Fieder jeweils am größten, schmal-lanzettlich, unregelmäßig grob gezähnt, 2–4 cm breit, 8–15 cm lang. Blütenkörbchen klein, mit 4–6 Röhrenblüten, an der Basis weißlich, nach oben hellrosa, Zungenblüten fehlen; Blütezeit Juli–September. Feuchte Wälder, Ufer, Auen, Gräben; ziemlich häufig.

Wissenswertes Der Name Wasserhanf bezieht sich auf die dem Hanf recht ähnlichen Laubblätter. Wegen der relativen späten Blütezeit im Spätsommer ist er eine wichtige Futterquelle für Schmetterlinge und wird häufig auch von Nachtfaltern angeflogen; die Gattung *Eupatorium* kommt in den Tropen mit rund 500 Arten und darunter mit zahlreichen baumförmigen Vertretern vor. Außer der üblichen Vermehrung nach Fremdbefruchtung kommt bei dieser Art auch Jungfernzeugung vor.

Tauben-Skabiose
Scabiosa columbaria
Kardengewächse

Merkmale 20–60 cm hoch, mehrjährig. Stängel aufrecht, verzweigt, wenig behaart. Blätter gegenständig, fiederteilig mit schmal linealischen Zipfeln. Blüten in flachen, 2–3,5 cm breiten Köpfchen, Kronen lila bis blauviolett, fünfzipflig, am Rand strahlend; Blütezeit Juni–Oktober. Trockenrasen, Wiesen, Kiefernwälder. In Deutschland v.a. im südlicheren Teil, im nördlichen Tiefland selten.
Wissenswertes Die in Köpfchen stehenden Einzelblüten sind eine Parallelentwicklung zu den Korbblütlern. Oft von Widderchen (Schmetterling) besucht.

Teufelsabbiss
Succisa pratensis
Kardengewächse

Merkmale Bis 1 m hoch, mehrjährig. Stängel aufrecht oder aufsteigend. Blätter gegenständig, glattrandig, oval elliptisch bis lanzettlich. Blüten in zunehmend kugeligen, bis 2 cm breiten Köpfchen, Kronen blauviolett, teils auch rosa oder weiß; Blütezeit Juli–September. Magerwiesen, Niedermoore, Heiden; in Deutschland stellenweise selten.
Wissenswertes Im Unterschied zu den Skabiosen strahlen die Randblüten der Körbchen nicht. Der Wurzelstock ist gerade abgeschnitten und sieht wie abgebissen aus – daher der Name.

Wald-Witwenblume
Knautia dipsacifolia
Kardengewächse

Merkmale 30–100 cm hoch, mehrjährig. Stängel aufrecht, im unteren Teil borstig behaart. Blätter gegenständig, ungeteilt, unregelmäßig kerbig gezähnt. Blüten in schirmartig kopfigem Blütenstand, 2,5–4 cm breit, vergrößerte Randblüten, blauviolett bis blaulila, vierlappig; Blütezeit Juni–September. Auf nährstoffreichen Böden. Bergwälder, Hochstaudenfluren; im Mittelgebirge zerstreut, in den Alpen verbreitet bis 2200 m.
Wissenswertes Die vergrößerten Randblüten zeigen, dass der Blütenstand als Ganzes die Bestäuber anlockt.

Wilde Karde
Dipsacus fullonum
Kardengewächse

Merkmale 80–180 cm hoch, zweijährig, stattlich. Stängel aufrecht, stark bestachelt. Grundblätter rosettig, Stängelblätter gegenständig, an der Basis tütenförmig verwachsen. Blüten lila, in eiförmiger Ähre; Blütezeit Juli–August. Brachen, Wegränder, Böschungen. Meist nur zerstreut, Zierpflanze in Gärten.
Wissenswertes In den Ähren öffnen sich die Blüten zunächst in der Mitte als schmaler Blütenring; ihm folgen zur Basis und zur Spitze weitere Ringe. Früher verwendete man die Fruchtstände zum Anrauen von Gewebe (»Weber-Karde«).

Kleiner Baldrian
Valeriana dioica
Baldriangewächse

Merkmale Bis 30 cm hoch, meist zweijährig. Stängel aufrecht, meist erst im Blütenstand verzweigt. Grundblätter und untere Stängelblätter ungeteilt, obere Stängelblätter unpaarig gefiedert, glattrandig. Zweihäusig: Kronen männlicher Blüten rötlich, weiblicher Blüten weiß, je in dichten Rispen; Blütezeit Juli–August. Nasswiesen, Ufer; verbreitet.
Wissenswertes Die etwas größeren männlichen Blüten werden von Insekten meist zuerst besucht, sodass die Bestäubung gesichert ist.

Echter Arznei-Baldrian
Valeriana officinalis
Baldriangewächse

Merkmale Bis 150 cm hoch, mehrjährig. Stängel aufrecht, gefurcht. Blätter gegenständig, unpaarig gefiedert, Fiedern glattrandig oder gesägt. Blüten zahlreich in rispigen Scheindolden, Kronen 2–4 mm breit, weiß oder rosa; Blütezeit Juni–August. Wiesen, Gebüsche, Ufer.
Wissenswertes Alte Heilpflanze (beruhigend). Unterirdische Teile enthalten u. a. Isovaleriansäure, die dem Lockstoff läufiger Katzen ähnelt und eine starke Anziehung auf Kater ausübt; auch Herbarpflanzen riechen noch nach Jahren.

Gewöhnlicher Feldsalat
Valerianella locusta
Baldriangewächse

Merkmale 5–20 cm hoch, einjährig, formenreich. Stängel aufrecht, gabelig verzweigt. Blattrosette bodenanliegend, Stängelblätter gegenständig, spatelförmig bis verkehrt eiförmig, hell- oder dunkelgrün, meist glattrandig oder unregelmäßig gekerbt. Blüten klein, in endständigen Scheindolden, Kronen 2 mm breit, bläulich weiß; Blütezeit April–Mai. Wegränder, Äcker, Halbtrockenrasen.
Wissenswertes Wurde vermutlich schon in der Jungsteinzeit aus dem Mittelmeergebiet eingeschleppt.

Rote Spornblume
Centranthus ruber
Baldriangewächse

Merkmale 20–70 cm hoch, mehrjährig. Stängel aufrecht, rund, kahl, meist unverzweigt. Blätter gegenständig, am Grund gestielt, am Stängel sitzend, Spreite bläulich grün, glattrandig oder undeutlich gezähnt. Blüten in rispigen, etagenartigen Blütenständen, Krone rosarot, selten weiß, Kronröhre sehr eng, 2 mm langer Sporn; Blütezeit Mai–Juli. Felsspalten, Mauern, Steinschuttfluren.
Wissenswertes Stammt aus Süd- und Westeuropa; in Deutschland meist aus Gartenkultur verwildert.

Großblütiges Wiesen-Labkraut
Galium album
Rötegewächse

Echtes Labkraut
Galium verum
Rötegewächse

Kletten-Labkraut
Galium aparine
Rötegewächse

Rundblättriges Labkraut
Galium rotundifolium
Rötegewächse

Merkmale 30–100 cm hoch, mehrjährig, formenreich. Stängel kantig, kahl, aufsteigend. Blätter zu je 6–9 im Wirtel, linealisch. Blüten 2–4 mm breit, weiß, in lockeren Rispen, Kronzipfel spitz, ausgebreitet; Blütezeit Mai–September. Fettwiesen, Wegränder; überall häufig.
Wissenswertes Wurde früher wegen einer Substanz, die wie das Lab-Enzym des Kälbermagens wirkt, zur Käseherstellung verwendet. Die Rhizome enthalten bei allen *Galium*-Arten einen rötlichen Farbstoff (Familienname), den man zum Färben von Textilien nutzte.

Merkmale 15–50 cm hoch, mehrjährig. Stängel aufrecht, fest, stumpfkantig. Blätter zu 8–12 im Wirtel, schmal. Blüten in endständigen Rispen, Kronen zitronengelb, duften; Blütezeit Juni–September. Trockenrasen, Gebüsch.
Wissenswertes Führt eine Substanz, die wie das Lab-Enzym aus dem Kälbermagen die Milch zum Gerinnen bringt, wurde daher zur Käseherstellung eingesetzt; der Name der Gattung (vom griechischen *gale* = Milch) stammt aus der Zeit, als man den genauen Chemismus der Milchgerinnung noch nicht kannte.

Merkmale 30–150 cm hoch, einjährig. Stängel kantig, rau. Blätter linealisch, stachelspitzig, meist zu 6–8 im Wirtel. Blüten unscheinbar grünlich weiß; Blütezeit Mai–Oktober. Überall häufig; Brachen, Äcker, Gärten, Weinberge, Wälder.
Wissenswertes Die dicht mit Hakenhaaren besetzten Früchte werden durch Anheftung nach dem Kletten-Prinzip verbreitet. Die raschwüchsige Pflanze investiert nur wenig Energie in die Stabilität ihres Achsensystems und gewinnt durch Spreizklimmen an den Nachbarn umso rascher an Höhe.

Merkmale 10–20 cm hoch, mehrjährig. Stängel dünn, meist nur aufsteigend, im Blütenstand sparrig verzweigt, überwiegend kahl. Blätter zu viert im Wirtel, schmal oval bis breit lanzettlich, bis 2 cm lang, dreinervig, am Rande sehr kurz bewimpert. Blüten zu wenigen in lockerer Rispe, weiß, selten leicht grünlich; Blütezeit Juni–Juli. In Nadelwäldern (Rohhumusböden); fehlt im nördlichen Tiefland.
Wissenswertes Durch Fichtenkulturen hat sich die Art in den letzten Jahren auch außerhalb ihres Verbreitungsgebietes ansiedeln können.

Waldmeister
Galium odoratum
Rötegewächse

Gewöhnliches Kreuz-Labkraut
Cruciata laevipes
Rötegewächse

Hügel-Meier
Asperula cynanchica
Rötegewächse

Acker-Röte
Sherardia arvensis
Rötegewächse

Merkmale 10–30 cm hoch, mehrjährig. Stängel aufrecht, dünn, glatt. Blätter bis 1 cm breit, 4 cm lang, fein gezähnt. Blüten in endständigen Scheindolden, weiß, bis 5 mm breit; Blütezeit April–Mai. Krautreiche Laub- und Mischwälder.
Wissenswertes Beim Trocknen oder Zerquetschen frischer Teile entsteht durch den Abbau von Glykosiden Cumarin, das für das typische Waldmeisteraroma verantwortlich ist. Die Substanz ist auch vor und nach der Blüte vorhanden. Sie beeinflusst die Blutgerinnung.

Merkmale 20–50 cm hoch, mehrjährig. Stängel aufrecht, vierkantig, dicht behaart. Blätter elliptisch, zu viert im Wirtel, dreinervig, hellgrün, 3–8 mm breit, 1–2 cm lang. Blüten in Scheinquirlen in den Blattachseln, duften, Kronen zitronengelb; Blütezeit April–Mai. Wälder, Auen, feuchte Gebüsche, Ufer, Brachen.
Wissenswertes Ähnlich und leicht zu verwechseln ist das Kahle Kreuz-Labkraut (*C. glabra*), dessen Stängel allerdings unbehaart bleiben; weitere ähnliche Arten in den Südalpen.

Merkmale 10–40 cm hoch, mehrjährig. Stängel kahl, meist aufrecht, drehrund. Blätter bis 1 cm breit, 4 cm lang, leicht bläulich bereift, zu viert im Wirtel, mit kurzer Grannenspitze. Blüten cremeweiß, um 2 mm breit, in lockeren Rispen; Blütezeit Juni–Juli. Bevorzugt kalkhaltige, lockere Lehm- und Lössböden; Trockenrasen und Trockengebüsche.
Wissenswertes Im Gebiet kommen wenige weitere Arten der Gattung vor, so der seltene Acker-Meier (*Asperula arvensis*), durch Herbizide fast verschwunden.

Merkmale 5–20 cm hoch, einjährig. Stängel liegend bis aufsteigend, vierkantig, mit rückwärts gerichteten Haaren. Blätter an der Stängelbasis zu viert, in der Mitte und oben zu je sechst im Wirtel, lanzettlich, bis 1,5 cm lang. Blüten in scheindoldigen Köpfen, klein, 7 mm breit, hellrosa oder lila; Blütezeit Mai–September. Meist auf Lehm- und Tonböden; meist auf Getreideäckern, Brachen.
Wissenswertes Wurde schon zur Jungsteinzeit aus dem Mittelmeergebiet eingeschleppt. Heute weltweit verbreitet.

Moschuskraut
Adoxa moschatellina
Moschuskrautgewächse

Merkmale 5–15 cm hoch, mehrjährig, zart. Stängel aufrecht, weich, rund. Grundblätter lang gestielt; in der Stängelmitte ein gegenständiges Blattpaar, hellgrün, beim Zerreiben schwacher Moschusduft. Blüten in würfelförmigem Köpfchen, grünlich; Blütezeit März–Mai. Humusreiche Laub- und Mischwälder; auf nährstoffreichen, lehmigen Böden.
Wissenswertes Die Gipfelblüte des würfelförmigen Blütenstandes mit vierteiliger Krone und zweiteiligem Kelch; Kronen der 4 Seitenblüten dagegen fünfteilig über dreiteiligem Kelch.

Zwerg-Holunder
Sambucus ebulus
Geißblattgewächse

Merkmale 50–200 cm hoch, mehrjährig. Stängel krautig, steif aufrecht, unverzweigt, meist kahl, gefurcht. Blätter gegenständig, unpaarig gefiedert, mit 7–9 gezähnten, lanzettlichen Fiedern. Blüten in endständiger Schirmrispe, Krone weißlich oder rötlich. Steinfrucht schwarz, kugelig; Blütezeit Juni–August, Fruchtreife ab September. Brachen, Gebüsche, Waldränder.
Wissenswertes Alle Teile, v. a. der Wurzelstock, riechen beim Zerreiben unangenehm. Die Art wird regional auch Attich genannt. Giftig.

Acker-Glockenblume
Campanula ranunculoides
Glockenblumengewächse

Merkmale 30–80 cm hoch, mehrjährig. Stängel aufrecht, meist unverzweigt, kurzhaarig oder kahl, unterirdische Ausläufer. Grundständige Blätter zur Blütezeit verwelkt; Stängelblätter wechselständig, schmal herzförmig, unregelmäßig gezähnt, beidseits kurz behaart. Blüten in schlanker, einseitswendiger Traube, Kronen engglockig, blauviolett; Blütezeit Juni–September. Trockenlockere Lehmböden; Weg-, Waldränder, Äcker.
Wissenswertes In Süddeutschland verbreitet, im nordwestlichen Tiefland sehr selten.

Wiesen-Glockenblume
Campanula patula
Glockenblumengewächse

Merkmale 20–60 cm hoch, zweijährig, formenreich. Stängel aufrecht, meist verzweigt. Grundblätter schmal oval, Stängelblätter wechselständig, lanzettlich, sitzend. Blüten zu 3–10 in lockerer, offener Rispe, Kronen 1,5–2,5 cm lang, weitglockig, hell lila bis blauviolett; Blütezeit Mai–August. Fettwiesen, Wegränder, lichte Wälder; in Deutschland häufig, nur im nördlichen Tiefland selten.
Wissenswertes Die Blüten sind sonnenwendig und richten sich daher überwiegend nach der Haupteinfallsrichtung des Lichtes aus.

Scheuchzers Glockenblume
Campanula scheuchzeri
Glockenblumengewächse

Merkmale 10–20 cm hoch, mehrjährig. Stängel aufrecht, kahl oder unten schütter kurzhaarig. Blätter wechselständig, lanzettlich, glattrandig. Blüten zu 2–5 in lockerer, endständiger Traube, Krone schräg aufrecht oder nickend, weitglockig, dunkel blauviolett, 1,5–2,5 cm lang; Blütezeit Juli–August. Bevorzugt neutrale bis mäßig saure Lehmböden; magere Gebirgsrasen, steinige Matten; Vogesen, Südschwarzwald, Schweizer Jura, Alpen.
Wissenswertes Sehr nah mit *C. rotundifolia* verwandt, evtl. nur eine Kleinart.

Rundblättrige Glockenblume
Campanula rotundifolia
Glockenblumengewächse

Merkmale 10–30 cm hoch, mehrjährig. Stängel aufrecht. Grundblätter rundlich, zur Blütezeit nicht mehr vorhanden; Stängelblätter schmal linealisch. Blüten 1,5–2 cm lang, zu 2–8 in lockeren Rispen, blauviolett; Blütezeit Juni–September. Magerrasen, lichte Wälder, Dünen.
Wissenswertes Die Pollenkörner werden wie bei allen Arten der Gattung noch in der Knospe durch schräg nach vorn gerichtete Haare des sich verlängernden Griffels aus den Staubblättern ausgefegt und als klebrige Masse angeboten.

Zwerg-Glockenblume
Campanula cochleariifolia
Glockenblumengewächse

Merkmale 5–15 cm hoch, mehrjährig. Stängel meist bogig aufsteigend und dann erst aufrecht. Stängelblätter lanzettlich. Blüten zu 2–8 in lockerer Traube, meist schräg abwärts, kurzglockig, hell blaulila; Blütezeit Juni–August. Kalkreiche Böden. Schutthalden, Kiesbänke, Felsen; Südschwarzwald, Schwäbischer und Schweizer Jura, Alpenvorland, Kalkalpen, zwischen 800 und 3000 m.
Wissenswertes Grundblätter zur Blütezeit stets vorhanden, Stiel länger als die breit eiförmige bis rundliche Spreite.

Pfirsichblättrige Glockenblume
Campanula persicifolia
Glockenblumengewächse

Merkmale 50–80 cm hoch, mehrjährig. Stängel aufrecht. Grundblätter länglich oval, Stängelblätter wechselständig, lanzettlich, obere sitzend, um 1 cm breit; Blüten zu 3–8 in lockerer Traube, Kronen 2–4 cm lang, blau bis blauviolett, selten reinweiß; Blütezeit Juni–August. Lichte Wälder, Gebüschsäume, auch in Gärten.
Wissenswertes Nicht nur unter Gartenpopulationen, sondern auch im Freiland trifft man gerade bei dieser Art oft auf rein weiß blühende Exemplare.

Knäuel-Glockenblume
Campanula glomerata
Glockenblumengewächse

Merkmale 15–60 cm hoch, mehrjährig. Stängel aufrecht. Grundblätter gestielt, Spreite eiförmig lanzettlich; Blätter wechselständig, länglich zungenförmig. Blüten zu 8–25 büschelig gehäuft, 1,5–3 cm lang, dunkelblau bis blauviolett, fast kahl; Blütezeit Mai–September. Auf basenreichen Böden. Halbtrockenrasen, Bergwiesen, Trockenwälder, Gebüsche, Gärten; Kalkmittelgebirge zerstreut, Kalkalpen verbreitet, sonst selten.
Wissenswertes Bei allen Glockenblumen werden die Staubbeutel entleert, ehe die Narbe empfängnisfähig ist.

Bärtige Glockenblume
Campanula barbata
Glockenblumengewächse

Merkmale 10–30 cm hoch, mehrjährig. Stängel aufrecht, meist einfach, rauhaarig. Grundblätter allmählich in den Grund verschmälert. Blüten zu 2–12 nickend in einseitswendiger Traube. Krone bauchig erweitert, hellblau bis blaulila, selten weiß, 1,5–3 cm lang, Kronenmündung bärtig. Haare bis 5 mm lang; Blütezeit Juni–August. Alpine Rasen, Matten, Zwergstrauchgebüsche; in den Alpen fast überall häufig, 1000–3000 m.
Wissenswertes Diese Art kommt auch im südlichen Norwegen, in den Karpaten und Sudeten vor.

Strauß-Glockenblume
Campanula thyrsoides
Glockenblumengewächse

Merkmale 10–50 cm hoch, zweijährig. Stängel aufrecht, einfach, dicht beblättert, rauhaarig. Blüten in dichter, dicker, endständiger Ähre. Krone engglockig, 1,5–2,5 cm lang, blass trüb gelb, außen auf den Nerven behaart; Blütezeit Juni–August. Frische, kalkreiche oder basische, locker steinige Lehmböden. Felsige Matten, bewachsene Ruheschutthalden; südlicher Schweizer Jura und Kalkalpen, selten, zwischen 1500 und 2500 m.
Wissenswertes Innerhalb der Gattung ungewöhnliche Art kommt vereinzelt auch auf dem Balkan vor. ▽

Großblütiger Frauenspiegel
Legousia speculum-veneris
Glockenblumengewächse

Merkmale 10–30 cm hoch, einjährig. Stängel aufsteigend bis aufrecht, leicht kantig, meist kahl. Keine Grundblätter; Stängelblätter wechselständig, kurz gestielt bis sitzend, schmal oval. Blüten zu mehreren in lockerer Rispe, Kronen dunkelviolett mit hellgelbem Farbmal, bis über 2 cm breit, mit ausgebreiteten Kronzipfeln; Blütezeit Juni–August. Bevorzugt kalkhaltige Lehm- und Lössböden; Weinberge, Äcker, Brachen; selten.
Wissenswertes Stammt aus dem Mittelmeergebiet. Durch Herbizideinsatz stark zurückgegangen.

Kugelige Teufelskralle
Phyteuma orbiculare
Glockenblumengewächse

Merkmale 10–40 cm hoch, mehrjährig. Stängel aufrecht, einfach, kahl. Grundständige Blätter gestielt; Spreite oval bis lanzettlich. Blüten in kugeliger Ähre. Krone gebogen, klafft in der Mitte auseinander, dunkel blauviolett; Blütezeit Mai–August. Kalkhaltige, lockere Lehmböden; Magerwiesen, Schutt, lichte Gebüsche; Kalkmittelgebirge, Alpenvorland, in den Kalkalpen bis ca. 2500 m.
Wissenswertes Ähnlich ist Scheuchzers Teufelskralle *(P. scheuchzeri)*, aber Krone vor dem Aufblühen fast gerade.

Ährige Teufelskralle
Phyteuma spicatum
Glockenblumengewächse

Merkmale 10–40 cm hoch, mehrjährig. Stängel aufrecht, unverzweigt; Grundblätter lang gestielt, herzförmig, gesägt, Stängelblätter schmaler, obere sitzend; Blüten in walzenförmigen Ähren, Kronen (creme)weiß, selten hell bläulich, krallenförmig gebogen; Blütezeit Mai–Juli. Wälder, Gebüsche, Bergwiesen; westlich des Rheins zerstreut.
Wissenswertes Der Name kommt von den vor der Öffnung gebogenen Einzelblüten. Überwintert mit fleischigem Rhizom und wenigen Grundblättern.

Berg-Sandglöckchen
Jasione montana
Glockenblumengewächse

Merkmale 10–50 cm hoch, zweijährig. Stängel aufrecht, unregelmäßig und sparrig verzweigt, untere Hälfte dicht beblättert, meist behaart. Blätter wechselständig, schmal lanzettlich, undeutlich gestielt. Blüten in kugeligen, bis 2,5 cm breiten Köpfchen, endständig auf langen Trieben; Kronen bis 1,5 cm lang, blau; Blütezeit Juni–September. Bevorzugt sandig steinige Böden; Felsbänder, Mauern, Sandmagerrasen, Küstendünen.
Wissenswertes Nicht in den Alpen, im übrigen Bergland eher selten.

Wasser-Lobelie
Lobelia dortmanna
Glockenblumengewächse

Merkmale 40–70 cm hoch, mehrjährig, Wasserpflanze. Stängel schlank, kahl, fast blattfrei, meist unverzweigt, Grundblätter rosettig, bis 3 cm lang, meist untergetaucht, zur Blütezeit abgestorben. Blüten in lockerer Traube, anfangs aufrecht, dann abstehend, nach dem Abblühen nickend; Blütezeit Juli–August. In nahrstoffarmen, stehenden Gewässern, v. a. an sandigen Ufern bis 30 cm Tiefe.
Wissenswertes In Deutschland Südostgrenze der Verbreitung, vertritt die Gruppe der atlantisch verbreiteten Arten.

Rachenblütler: von Lippen, Rachen und Röhren

Bereits bei den Korbblütlern, die den Kern des voran gehenden Kapitels bildeten, ließ sich ein bemerkenswerter Trend in der Ausgestaltung der Blüten beobachten: Bei den relativ einfacher organisierten Blütentypen, wie sie überwiegend die Rosenverwandten (ab Seite 116) und die Kreuzblütlerverwandten (s. Seite 134) kennzeichnen, sind die Bestandteile der in Kelch und Krone gegliederten Blütenhülle bis auf die Ansatzstelle am Stängel getrennt. Die hier zusammengeführten Verwandtschaftsgruppen zeichnen sich vor allem dadurch aus, dass ihre Kelch- und Kronblätter jeweils zu einem einheitlichen Gebilde von glockiger oder röhrenförmiger Gestalt verwachsen sind.

Oben frei, unten geschlossen

Diese Eigenart fasst man als fortschrittlicheres und komplexeres Merkmal gegenüber der einfacheren Einzelteillösung auf und misst den betreffenden Pflanzengruppen damit einen höheren Rang innerhalb des natürlichen Systems zu. Die genaue Anzahl der jeweils an der Verwachsung beteiligten Blütenblätter kann man an den fast immer noch verbleibenden freien Zipfeln ablesen. Ein klares Beispiel dafür sind die bereits im vorigen Kapitel vorgestellten Vertreter der Glockenblumengewächse. In älteren Werken gruppierte man nach diesem Merkmal die einzelnen Familien in Frei- oder auch Getrenntkronblättrige und in die Verwachsenkronblättrigen oder Röhrenblütigen. In neueren Übersichten je-

Das gelbe Farbmal auf der Unterlippe der Rachenblüte des Acker-Löwenmäulchens (Antirrhinum orontium) ist eine Staubblatt-Attrappe.

doch spielen auch andere Merkmale außerhalb der Blütenarchitektur eine wichtige Rolle als Einteilungskriterium.

Zwei wichtige und in der heimischen Flora mit einer größeren Artenanzahl vertretene Pflanzenfamilien stellen den Hauptteil dieses Kapitels – die Rachenblütler (oder Rachenblütengewächse) sowie die Lippenblütler (bzw. Lippenblütengewächse).

Bei den Rachenblütlern lässt sich neben der Verwachsung der Blütenhülle eine weitere bemerkenswerte Abwandlung feststellen: Sie stellen nämlich schrittweise ihre Blütensymmetrie um. Während bei den Ehrenpreis-Arten der Blütengrundriss noch strahlig-symmetrisch angelegt ist, findet man bei den Wachtelweizen- und den Läusekraut-Arten bereits den zweiseitig-symmetrischen Aufbau wie er für alle Lippenblütler typisch ist. Diese Blütensymmetrie bringt besonders bizarre Gestalten hervor.

Ein solcher Blütenaufbau kennzeichnet auch die Blütenglocken des Roten Fingerhuts oder die unscheinbaren Blüten der Sommerwurz-Arten. Alle übrigen Blütenbestandteile, die im Prinzip auf Kreisen angelegt sind, ordnen sich diesem Gestaltungsprinzip unter. Bei den Lippenblütlern kommen ausschließlich Blütenformen mit nur einer Spiegelungsachse vor.

Die Blüten mancher Pflanzen sind sehr unauffällig, weil sie vom Wind bestäubt werden und daher mit einfachsten Formen auskommen wie beispielsweise die Gräser und die Binsengewächse (s. Einkeimblättrige Pflanzen Seite 34). Aber auch die in diesem Kapitel vorgestellten Wegerich-Arten gehören zu den vom Wind bestäubten Pflanzen. Die meisten Blütenpflanzen jedoch sind für Fortpflanzung und Verbreitung auf tierische Mithilfe angewiesen. Nur deswegen sind ihre Blüten zu ungemein attraktiven Blumen geworden, die gleichsam als Werbeträger für sich selbst auftreten. Nur ein Farbklecks auf sonst einheitlich grünem Hintergrund würde allerdings kaum tierische Besucher für die zielgerichtete Bestäubung anlocken. Erst auf diesem Hintergrund ist zu verstehen, dass eine Blüte als Gesamterscheinung deutlich mehr ist als nur ein farbgesättigter Aufreißer. Meist bietet sie nämlich außer einer bemerkenswerten Farbigkeit ein komplettes Servicepaket an mit Orientierungsplan, Bedienungsanleitung und natürlich einer Menge Nahrung. Anhand der Rachenblütler lässt sich dieser Zusammenhang genauer belegen.

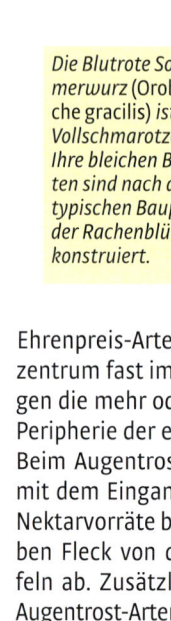

Die Blutrote Sommerwurz (Orobanche gracilis) ist ein Vollschmarotzer. Ihre bleichen Blüten sind nach dem typischen Bauplan der Rachenblütler konstruiert.

Eine äußerst wirksame Lenk- und Landehilfe für die anfliegenden Blütenbesucher ist zum Beispiel das Prinzip Zielscheibe: Hier besteht zwischen dem Blütenzentrum und Blütenrand ein auffälliger Farbkontrast. Bei den Ehrenpreis-Arten ist beispielsweise das Blütenzentrum fast immer hell und damit deutlich gegen die mehr oder weniger kräftig blau getönte Peripherie der einzelnen Kronblätter abgesetzt. Beim Augentrost hebt sich das Blütenzentrum mit dem Eingang zur Kronröhre, in der sich die Nektarvorräte befinden, durch einen kräftig gelben Fleck von den sonst weißen Kronblattzipfeln ab. Zusätzlich weisen bei Ehrenpreis- und Augentrost-Arten dunkle, strahlenförmig zur geometrischen Mitte verlaufende Streifen auf den Kronblättern zum Blüteneingang. Diese Streifen gehören zu den Kronblättern. Das anfliegende Insekt, das ähnlich wie ein Sportflieger im Laufe seiner Flugtouren gänzlich verschiedene Landeplätze bzw. Blütentypen kennen lernt, ist also bereits bei der Landung genau im Bilde, wo es zu den Pollen- bzw. Nektarvorräten geht.

Die breite Unterlippe der Gefleckten Taubnessel (Lamium maculatum) ist ein hilfreicher Landeplatz für anfliegende Blütenbesucher.

Mogelpackung und Etikettenschwindel

Häufig ist zu lesen, dass fliegende Insekten die Blüten besuchen, um sie zu bestäuben. Im Kern trifft diese Aussage zwar zu, aber in Wirklichkeit ist die Sachlage völlig anders. Für die Insekten sind die Blüten vor allem wichtige Proviantstationen.

Hier können sie nahrhafte Pollen sammeln, wenn sie mit beißend-kauenden Mundwerkzeugen ausgestattet sind, oder auch nur Flüssignahrung tanken, wenn sie über saugende Mundwerkzeuge verfügen wie beispielsweise Schmetterlinge. Für manche Insektengruppen wie die Hautflügler (Bienen und Hummeln) sind die Blüten sowohl Imbissbude als auch Saftladen. Da fast alle zu Blüten eilenden Insekten behaart sind und in ihrem Pelz Pollenkörner transportieren, ist die Bestäubung der besuchten Blüte fast ein zwangsläufiges Zusatzereignis.

Weil nun der Zusammenhang zwischen attraktiver Erscheinung und Anflugrate durch Pollenkuriere so hervorragend funktioniert, haben manche Arten ihre Blüten im Laufe der Entwicklung mit allerhand Sonderbildungen umgestaltet und führen damit ihre Besucher in die Irre. In den Blüten der Königskerzen vermuten die anfliegenden Schwebfliegen und Hummeln beispielsweise gigantische Pollenmengen. Es sind aber nur Pollenattrappen, gebildet von der dichten Behaarung der Staubblattstielchen. Bei den Leinkraut-Arten verheißt eine üppig geschwollene und dazu kräftig orangegelbe Lippe ebenfalls eine satte Ausbeute, aber in Wirklichkeit muss sich das Besucherinsekt erst einmal zwischen Ober- und Unterlippe hindurch zwängen, um an die Nahrung zu gelangen. Damit erhöht sich zwangsläufig die Kontaktzeit zwischen Blüte und Insekt und somit die Bestäubungswahrscheinlichkeit. Beim Roten Fingerhut blickt man im Blüteneingang auf eine Menge rundlicher Flecken. Auch sie sind verführerische Staubblatt-Attrappen, die den Besucher auf der weiteren Suche nach Verwertbarem in die Kronröhre locken. Damit erleichtern sie das Abstreifen des mitgebrachten Pollens auf dem Zielorgan Narbe. Sogar die auffällige Lippenzeichnung der Roten Taubnessel ist in dieser Richtung zu verstehen.

Schieberei im Untergrund

Bei normal grün aussehenden Pflanzen kann man im Prinzip davon ausgehen, dass sie alle benötigten Stoffe im Licht durch Photosynthese selbst herstellen und somit autark sind. Der Eindruck kann täuschen. Bei den Rachenblütlern gibt es nämlich einige Gattungen, die zwar photosynthetisch aktiv und somit einigermaßen selbständig sind, aber im Boden heimlich die Wurzeln anderer Pflanzenarten anzapfen. Auf diesem Wege entnehmen sie Wasser und die darin gelösten Mineralstoffe. Man bezeichnet dieses Phänomen als Halbparasitismus.

Solche Formen der Materialbeschaffung zeichnet beispielsweise den Acker-Wachtelweizen aus, ferner die Läusekraut- und Klappertopf-Arten. Die Schuppenwurz und die Sommerwurz-Arten gehen indessen noch einen Schritt weiter. Sie stellen gänzlich bleiche, blattgrünfreie Gestalten dar, die nicht mehr photosynthetisch aktiv sein können und sich ihre gesamte stoffliche Versorgung auf dunklen Kanälen im Untergrund beschaffen. Diese Arten sind somit Vollparasiten.

Ein neues Konzept zur Einteilung einiger Pflanzenfamilien sieht deshalb vor, sowohl die halb- als auch die vollparasitischen Vertreter der Rachenblütler mit den Sommerwurzgewächsen zusammenzufassen und einen großen Teil der bislang zu den Rachenblütlern zählenden Gattungen wie Leinkraut, Schlammling, Ehrenpreis und Gnadenkraut nun zu den Wegerichgewächsen zu stellen.

Danach wäre nun auch der Rote Fingerhut ein engster Verwandter des Spitz-Wegerichs. Zu den Rachenblütlern im engeren Sinne gehören somit nur noch zwei Gattungen: die der Braunwurz und die der Königskerze.

Dufte Typen

In die gleiche Ordnungsgruppe mit den Rachenblütlern gehören die Lippenblütler. Sie zeichnen sich in ihrer typischen Blütengestalt dadurch aus, dass zwei Kronblätter zur oft helmförmig gewölbten Ober- und drei zur eher zipfeligen Unterlippe verwachsen sind – beispielhaft deutlich nachvollziehbar an der Blüte der Roten Taubnessel. Streift man die Blätter einer Weißen oder Gefleckten Taubnessel mit den Fingern ab, verbreitet sich ein spezifischer und nicht unbedingt besonders angenehmer Duft: Fast alle Vertreter der Lippenblütler produzieren flüchtige und daher ätherisch genannte Öle. Diese sitzen in zart behäuteten Drüsenhaaren auf Stängeln, Blättern sowie Blüten. Sie werden freigesetzt, wenn man auf den betreffenden Pflanzenteilen die Haare zerstört.

Viele Vertreter der Familie verdanken ihren ätherischen Ölen eine besondere Karriere in der Küche und fast immer auch in der Apotheke: Melisse, Minze, Salbei und Dost (Oregano) sind verheißungsvolle Namen. Ihre leicht zugänglichen Duftöle dienen nicht nur der Aromatisierung von Speisen und Getränken, sondern haben erwiesenermaßen auch medizinische Wirkungen, weswegen man sie gleichermaßen als Gewürz- und Heilpflanzen bezeichnen kann.

Gewöhnlicher Wasserschlauch
Utricularia vulgaris
Wasserschlauchgewächse

Merkmale 10 cm bis über 2 m lang, mehrjährig. Frei im Wasser flutend, nur zur Blütezeit näher an der Wasseroberfläche. Stängel reich verzeigt, ohne Wurzelorgane zur Verankerung. Blätter im Umriss lappig breit oval, 2–9 cm lang, in zahlreiche, feine Zipfel geteilt, mit rundlichen, bis 4 mm dicken grünen Fangblasen. Blüten in lockerer Traube an aufrechten, die Wasseroberfläche überragenden, bis 30 cm langen Stängeln; Kelch zweilippig, rötlich, Krone zweilippig mit Sporn, bis knapp 2 cm lang, dottergelb; Blütezeit Juni–August.

Im Schwimmpflanzengürtel nährstoffreicher stehender oder sehr langsam fließender Gewässer, v. a. im Tiefland; selten.
Wissenswertes Die Fangblasen weisen eine mit sensiblen Borsten versehene Klappe auf und stehen unter leichtem Unterdruck. Nach Berühren durch Kleintiere öffnet sich die Klappe schlagartig nach innen und die Tiere werden augenblicklich eingesogen. Verdauungsenzyme aus der inneren Blasenwand bauen die Proteine der Opfer ab. Nach etwa 2 Stunden ist die Blase wieder aktionsbereit. ▽

Kleiner Wasserschlauch
Utricularia minor
Wasserschlauchgewächse

Merkmale Bis 50 cm lang, Wasserpflanze. Ohne Wurzelorgan, steckt aber mit einigen der vielfach zipfelig geteilten Blätter im Bodenschlamm und flutet nicht frei. Blattaufbau wie bei der vorigen Art, an jedem Blatt 1–8 nur bis 2 mm lange Fangblasen. Blüten in aufrechter Traube, Krone zweilippig, bis 8 mm lang, zitronengelb; Blütezeit Juni–September. Meist in Schlenken und Tümpeln von Nieder- und Zwischenmooren; selten.
Wissenswertes In Europa weitere Arten dieser Gattung. Der Fangmechanismus ist bei allen gleich. ▽

Gewöhnliches Fettkraut
Pinguicula vulgaris
Wasserschlauchgewächse

Merkmale Bis 15 cm hoch, mehrjährig. Blätter alle in bodenanliegender Rosette, schmal eiförmig, bleich- bis gelbgrün, oberseits klebrig. Blüten einzeln auf langen Stielen, mit Sporn 1,5–2,2 cm lang, blauviolett, Schlund bärtig, mit weißem Fleck; Blütezeit Mai–Juli. Flach- und Quellmoore, überrieselte Felsen; im Alpenvorland vereinzelt, sonst in den Alpen zerstreut; bis etwa 2200 m.
Wissenswertes Tierfangende Pflanze: Kleine Insekten und Spinnen bleiben an den Blättern kleben und werden an der Blattoberfläche verdaut. ▽

Alpen-Fettkraut
Pinguicula alpina
Wasserschlauchgewächse

Merkmale Ähnlich wie vorige Art. Rosettenblätter 5–8, breit eiförmig, hell olivgrün, auf der Oberseite dicht mit Drüsen besetzt. Blüten einzeln auf blattlosen Stielen. Krone zweilippig, 1–1,6 cm lang, überwiegend weiß; Blütezeit Mai–Juni. Feuchte, kalkhaltige Böden; Alpenvorland, Kalkalpen; zerstreut.
Wissenswertes Die Blätter sind wirksame Klebfallen. Insekten und Spinnen bleiben am Schleim haften und werden im eingerollten Blatt durch Enzyme der Blattdrüsen verdaut. ▽

Gewöhnliche Kugelblume
Globularia punctata
Kugelblumengewächse

Merkmale 5–30 cm hoch, mehrjährig. Stängel krautig, rötlich, bis zum Blütenstand beblättert. Stängelblätter lanzettlich, sitzend, Grundblätter gestielt, eiförmig. Blüten zahlreich in abgeflachthalbkugeligem Köpfchen, 1–1,5 cm breit, Kelch fünfzipflig, Krone zweilippig, um 7 mm lang, violettblau; Blütezeit Mai–Juni. Trockenrasen; in den Mittelgebirgen selten, in den Alpen bis 1650 m.
Wissenswertes Bei allen verwandten Arten sind die Blüten heller blau. Es gibt Zuchtformen für Steingärten. ▽

Nacktstängelige Kugelblume
Globularia nudicaulis
Kugelblumengewächse

Merkmale 10–25 cm hoch, mehrjährig. Stängel aufrecht, auch an der Basis unverholzt, fast blattlos. Blüten in abgeflacht halbkugeligem, 1,5–2,5 cm breitem Köpfchen, Krone zweilippig, blauviolett; Blütezeit Mai–Juli. Kalkreiche, mäßig trockene Lehm- oder Tonböden; alpine Matten, Zwergstrauchbestände; im Alpenvorland selten, in den Kalkalpen zerstreut; zwischen 1500–2500 m.
Wissenswertes Die Grundblätter der Art sind bis 15 cm lang und 3 cm breit, vorne leicht zugespitzt. ▽

Herzblättrige Kugelblume
Globularia cordifolia
Kugelblumengewächse

Merkmale 3–10 cm hoch, niederliegender Halbstrauch, gleicht einer kleinen krautigen Pflanze. Nichtblühende Stängel niederliegend, verzweigt; blühende Stängel aufrecht. Blüten in abgeflachthalbkugeligem Köpfchen, 1–1,5 cm breit, blaulila; Blütezeit Juni–Juli. Kalkfelsdurchsetzte Rasen, Felsspalten, Humusdecken auf Felsen; im Alpenvorland selten, Schweizer Jura, Kalkalpen zerstreut.
Wissenswertes Anders als die übrigen Arten mit vorn leicht herzförmig eingebuchteten Blättern. ▽

Ästige Sommerwurz
Orobanche ramosa
Sommerwurzgewächse

Merkmale 10–30 cm hoch, einjährig, auffällig bleich. Stängel aufrecht, verzweigt, blassgelb, wenig behaart, mit nur wenigen Schuppenblättern, an der Basis knollig verdickt. Blüten in langen, walzenförmigen Ähren; Krone zweilippig, bis 1,8 cm lang, hellgelblich, zum Rand leicht blauviolett; Blütezeit Juli–September. Auf Sandböden; selten.
Wissenswertes Einzige mitteleuropäische Art der Gattung mit verzweigtem Stängel. Parasitiert auf den Wurzeln von Hanf, Meerrettich, Tabak, Kartoffeln und anderen Nutzpflanzen.

Blutrote Sommerwurz
Orobanche gracilis
Sommerwurzgewächse

Merkmale 15–50 cm hoch, ein- bis mehrjährig. Stängel aufrecht, unverzweigt, recht schlank, an der Basis wenig verdickt, rötlich gelb, drüsig behaart, nur im unteren Teil mit bleichen Schuppenblättern. Blüten in schlanker, endständiger Ähre, Krone bis 2,5 cm lang, zweilippig, gelblich, zum Rand weinrot bräunlich überlaufen; Blütezeit Mai–September. Meist in Halbtrockenrasen, Magerwiesen, Gebüschsäumen; selten.
Wissenswertes Parasitiert nur auf Schmetterlingsblütlern wie Hornklee, Ginster, Besenginster, Klee.▽

Violette Sommerwurz
Orobanche purpurea
Sommerwurzgewächse

Merkmale 20–50 cm hoch, einjährig, auffallend bleiches Aussehen. Stängel aufrecht, unverzweigt, meist rötlich überlaufen und leicht mehlig bestäubt, v. a. im unteren Teil mit wenigen, lanzettlichen, bis 2 cm langen Schuppenblättern, an der Basis nur wenig knollig verdickt. Blüten zahlreich in gedrängter, später etwas aufgelockerter Ähre am Stängelende, Krone zweilippig, bis 2,5 cm lang, am Grund gelblich weiß, zu den Rändern lila und dunkler geadert; Blütezeit Mai–August. Parasitiert auf Schafgarbe, seltener auf anderen Korb-blütlern. Trockenrasen, Magerwiesen; selten.
Wissenswertes Allen Sommerwurz-Arten fehlt das Blattgrün, was ihr betont bleiches Aussehen erklärt. Sie sind daher nicht zur Photosynthese befähigt, benötigen also auch keine voll entfalteten Blätter und müssen sich ihre Nähr- und Baustoffe aus Wirtspflanzen beschaffen. Dazu zapfen sie – überwiegend wirtsspezifisch – deren Wurzeln an. Ihre Samen keimen nur im Kontakt mit der jeweils passenden Wirtsart. ▽

Gamander-Sommerwurz
Orobanche teucrii
Sommerwurzgewächse

Merkmale 10–30 cm hoch, ein- bis mehrjährig, bleich. Stängel aufrecht, unverzweigt, längsstreifig, etwas gedrungen, bleichgelb, drüsig behaart, nur unten mit Schuppenblättern. Blüten in bis 10 cm langer Ähre; Krone zweilippig, bis 3 cm lang, gelblich oder bräunlich, lila angehaucht; Blütezeit Mai–August. Halbtrocken-, Trockenrasen, Trockengebüsche, v. a. auf Kalkböden; selten.
Wissenswertes Parasitiert anders als die ähnliche Labkraut-Sommerwurz nur an heimischen Gamander-Arten.

Gelbe Sommerwurz
Orobanche lutea
Sommerwurzgewächse

Merkmale 20–45 cm hoch, ein- bis mehrjährig, bleich. Stängel unverzweigt, schlank, gelb, bräunlich oder purpurn überlaufen, drüsig behaart, an der Basis mit lanzettlichen Schuppenblättern. Blüten zahlreich in lockerer, bis 15 cm langer Ähre; Krone zweilippig, bis 3 cm lang, hellgelb, aber oft bräunlich oder rötlich überlaufen; Blütezeit Mai–Juli. Halbtrockenrasen, lichte Gebüsche, auf kalkhaltigen Lehm- und Lössböden; selten.
Wissenswertes Parasitiert nur auf Schmetterlingsblütlern der Klee-Gruppe.

Schuppenwurz
Lathraea squamaria
Rachenblütler

Merkmale 10–25 cm hoch, mehrjährig, ohne Blattgrün. Liegende, an den Enden aufsteigende, fleischige Stängel. Blätter wechselständig, schuppenförmig kurz. Blüten in dichter, einseitswendiger, meist etwas überhängender Ähre; Krone um 1 cm lang, hellrosa bis weißlich violett, Unterlippe etwas heller; Blütezeit März–Mai. Auenwälder, Ufergebüsche.
Wissenswertes Schmarotzt als Vollparasit auf den Wurzeln von Hasel, Pappel sowie Erle. Entwickelt einen mehrere Kilogramm schweren Wurzelstock.

Gestutztes Läusekraut
Pedicularis recutita
Rachenblütler

Merkmale 20–50 cm hoch, mehrjährig. Aufrechter, kahler Stängel. Rosettenblätter bis 20 cm lang, 3 cm breit, nicht ganz bis zum Mittelnerv fiederteilig; Stängelblätter ähnlich, nach oben kleiner. Blüte in gedrungener Traube; Krone zweilippig, bis 1,5 cm lang, hell gelbgrün, trüb rötlich überlaufen; Blütezeit Juni–August. Nur in den Kalkalpen; selten.
Wissenswertes Halbschmarotzer auf den Wurzeln von Gräsern, v. a. auf der Rasen-Schmiele (*Deschampsia caespitosa*). ▽

Geschnäbeltes Läusekraut
Pedicularis rostratocapitata
Rachenblütler

Merkmale 8–20 cm hoch, mehrjährig. Einfacher, aufsteigender Stängel. Rosettenblätter bis 10 cm lang, bis 2,5 cm breit, bis fast zum Mittelnerv fiederteilig, kahl. Blüten kurz gestielt in dichter Traube; Krone zweilippig, bis 2,5 cm lang, purpurrot; Oberlippe sichelförmig, rot, mit gestutztem Schnabel; Blütezeit Juni–August. Kalkgebiete der Ostalpen; selten; 1800–2500 m.
Wissenswertes Halbschmarotzer auf verschiedenen Wirtspflanzen. Der Schnabel der Blütenkrone erscheint (in Aufsicht) nach rechts gekrümmt. ▽

Sumpf-Läusekraut
Pedicularis palustris
Rachenblütler

Merkmale 30–50 cm hoch, zweijährig, formenreich. Stängel aufrecht, meist unverzweigt, kahl. Blätter wechselständig, sitzend, bis zur Mittelrippe tief fiederteilig. Blüten in kopfig gedrängten Ähren; Kronen bis 2,2 cm lang, hell purpurn, Oberlippe sichelförmig, an der Spitze mit 2 stumpfen, Zähnen; Blütezeit Mai–Juni. Nasswiesen, Feuchtheiden, Nieder- und Zwischenmoore, verträgt Überflutung.
Wissenswertes Halbschmarotzer v. a. auf Sauergräsern; entnimmt deren Wurzeln mineralische Nährstoffe.

Wald-Läusekraut
Pedicularis sylvatica
Rachenblütler

Merkmale 5–15 cm hoch, mehrjährig. Mehrere einfache Stängel, davon nur der mittlere aufrecht, die übrigen aufsteigend, locker zweizeilig behaart. Rosettenblätter bis 3 cm lang, tief fiederteilig. Stängelblätter nur wenige, kleiner. Blüten in kopfiger Ähre; Krone bis 2,5 cm lang, rosa, im Schlund heller; Blütezeit Mai–Juli. Flachmoore, Quellfluren, Nassbereiche an Waldwegen; fehlt in den Ostalpen; selten.
Wissenswertes Halbschmarotzer v. a. auf Riedgrasgewächsen (Sauergräsern) und Binsen. ▽

Durchblättertes Läusekraut
Pedicularis foliosa
Rachenblütler

Merkmale Bis 50 cm hoch, mehrjährig. Aufrechter, einfacher, kahler Stängel. Rosetten- und Stängelblätter reichlich, bis 25 cm lang, 8 cm breit, tief fiederteilig; Blattstiele behaart. Blüten zahlreich in dichter, endständiger Traube: Krone zweilippig, bis 2,8 cm lang, schwefelgelb oder heller, ohne Schnabel und Zähne; Blütezeit Mai–August. Magerrasen, alpine Matten; vereinzelt im Schwäbischen Jura und in den Südvogesen, sonst in den Nördlichen Kalkalpen.
Wissenswertes Halbschmarotzer v. a. auf Süßgräsern. ▽

Karlszepter
Pedicularis sceptrum-carolinum
Rachenblütler

Merkmale Bis 1 m hoch, mehrjährig, oft stattlich. Aufrechter, kahler Stängel. Rosettenblätter bis 20 cm lang, 4 cm breit, gestielt, kahl oder angedeutet flaumig, bis fast auf den Mittelnerv in breite Fiederabschnitte geteilt und diese ihrerseits fiederig. Stängelblätter nur wenige, kleiner, ebenfalls fiederig. Blüten sehr kurz gestielt in lockerer, nach oben dichterer Traube; Krone zweilippig, bis 4 cm lang, hellgelb, an der Spitze der Unterlippe weinrot, Oberlippe flach helmförmig, kürzer als die Unter-

lippe; Blütezeit Juni–August. Bevorzugt nasse Kiesböden von Flachmooren und staudenreichen Sumpfwiesen; vereinzelt in Mecklenburg-Vorpommern, sonst nur die eiszeitlich überformten Landschaften im Alpenvorland; selten.
Wissenswertes Alle Läusekraut-Arten gelten als Halbschmarotzer, da sie grüne Blätter tragen und photosynthetisch aktiv sein können. Andererseits zapfen sie für ihre mineralische Ernährung die Wurzelorgane bestimmter Wirtspflanzen – meist Gräser – an. ▽

Zwerg-Augentrost
Euphrasia minima
Rachenblütler

Merkmale Bis 5 cm hoch, einjährig, formenreich. Stängel einfach, selten verzweigt, meist kurz behaart. Blätter gegenständig, wenig gezähnt, kurzhaarig. Blüten sehr kurz gestielt in endständigen Trauben; Krone zweilippig, 4–7 mm lang, weißlich oder gelb; Oberlippe flach, Unterlippe dreiteilig; Blütezeit Juli–September. Gebirgsmatten, Zwergstrauchbestände; vereinzelt als Eiszeitrelikt in Rhön und Vogelsberg, sonst nur in den Alpen.
Wissenswertes Halbschmarotzer auf verschiedenen Wiesenpflanzen.

Gewöhnlicher Augentrost
Euphrasia rostkoviana
Rachenblütler

Merkmale 5–25 cm hoch, meist einjährig, formenreich. Stängel aufrecht, verzweigt. Blätter gegenständig, länglich oval, grob gezähnt. Blüten in beblätterten Trauben an den Zweigenden, Kronen bis 1,2 cm lang, im Schlund dottergelb, violett gestreift; Blütezeit Juni–September. Bergwiesen, Halbtrockenrasen, Raine, Gebüsche; fehlt im Tiefland, in den Alpen bis 2500 m.
Wissenswertes Dank des gelben Flecks und der Streifen auf den Kronzipfeln finden Insekten rascher in die Kronröhre.

Roter Zahntrost
Odontites vulgaris
Rachenblütler

Gelber Zahntrost
Odontites luteus
Rachenblütler

Alpenhelm
Bartsia alpina
Rachenblütler

Merkmale Bis 40 cm hoch, einjährig, sehr formenreich. Aufrechte oder ausgebreitete, sparrig verzweigte Stängel. Blätter gegenständig, um 1 cm breit, 2–4 cm lang, schmal oval, grob gezähnt. Blüten in einseitswendigen, beblätterten Trauben an den Zweigenden; Kelch vierzipflig, meist rötlich überlaufen; Krone ca. 1 cm lang, fleisch- oder weinrot bis purpurrosa, zweilippig, Oberlippe helmförmig, Unterlippe gerade, mit 4 dunkleren Flecken; Blütezeit Juli–Oktober. Lichtungen, Gebüsche, Äcker, Salzwiesen, auf nährstoffreichen Tonböden.

Wissenswertes Die Pflanze gehört zu den Halbschmarotzern; mit ihren Wurzeln zapft sie das Wurzelwerk ihrer Wirtspflanzen für Wasser und Mineralstoffe an, ernährt sich aber sonst völlig selbstständig durch Photosynthese. Wegen ihres relativ späten Blühtermins sind die Blüten wichtig für Wildbienen. Auch beim Zahntrost kommt so genannter Saisondimorphismus vor – die im Sommer und Herbst blühenden Pflanzen (*aestivale* bzw. *autumnale* Rassen) unterscheiden sich im Verzweigungsgrad und in der Internodienlänge.

Merkmale 10–30 cm hoch, einjährig. Stängel aufrecht, meist erst in der oberen Hälfte etwas sparrig verzweigt, rötlich überlaufen. Blätter gegenständig, bis 2,5 cm lang, linealisch, fast glattrandig, meist kahl. Blüten zahlreich, kurz gestielt in lockerer bis dichter, endständiger Traube; Krone zweilippig, bis 8 mm lang, hell- oder dottergelb, beide Lippen etwa gleich lang; Blütezeit August–Oktober. Zerstreut bis selten auf Sandfluren, in Trockengebüschen und Trockenrasen.
Wissenswertes Halbschmarotzer auf verschiedenen Wirtspflanzen.

Merkmale Bis 20 cm hoch, mehrjährig. Stängel stumpf vierkantig, aufrecht, meist rötlich überlaufen und zottig behaart. Blätter gegenständig, bis 2 cm lang, breit oval. Blüten einzeln in den Achseln der oberen Blätter. Kelch glockig, violett überlaufen; Krone bis 2,5 cm lang, schwarzrot bis blauviolett; Blütezeit Juli–August. Alpine Quellsümpfe, Zwergstrauchbestände; Sudeten, Vogesen, Südschwarzwald, Schweizer Jura vereinzelt, in den Alpen zerstreut.
Wissenswertes Halbschmarotzer auf verschiedenen Wirtspflanzen.

Zottiger Klappertopf
Rhinanthus alecterolophus
Rachenblütler

Grannen-Klappertopf
Rhinanthus glacialis
Rachenblütler

Kleiner Klappertopf
Rhinanthus minor
Rachenblütler

Merkmale 10–50 cm hoch, einjährig, formenreich. Stängel einfach oder verzweigt, dicht zottig behaart. Blätter gegenständig, lanzettlich, gekerbt. Blüten in der Achsel der oberen Stängel- und bleichgrüner, zottig behaarter Tragblätter; Krone 1,8–2,5 cm lang, hellgelb; Oberlippe mit blauviolettem Zahn; Blütezeit je nach Rasse Mai–September. Die Samen klappern in den trockenen Kapseln. Trockene Wiesen, Halbtrockenrasen, kalkhaltige, lockere Böden.
Wissenswertes Halbschmarotzer.

Merkmale Bis 50 cm hoch, einjährig. Einfacher oder wenig verzweigter Stängel. Blätter gegenständig, kahl, schmal oval, gezähnt oder gekerbt. Blüten in ährigen Trauben am Stängelende; Krone zweilippig, bis 1,8 cm lang, hellgelb; Unterlippe kürzer als Oberlippe; Blütezeit Juni–September. Feuchtstellen in Halbtrockenrasen, Bergwiesen; Rhön, Jura, Alpenvorland, Alpen; meist selten.
Wissenswertes Tragblätter der mittleren Blüten tragen an der Basis lange Grannenzähne (Name!).

Merkmale Bis 40 cm hoch, einjährig, sehr formenreich. Stängel einfach oder verzweigt, kahl oder mit vereinzelten Haaren. Blätter gegenständig, dunkelgrün, stumpf gezähnt, kahl oder sehr kurzhaarig. Blüten zu mehreren in ährig dichten Trauben am Stängelende; Krone zweilippig, bis 1,6 cm lang, hell dottergelb, beim Verblühen außen auf der Oberlippe rötlich braun, Zahn an der Oberlippe weißlich blau; Blütezeit Mai–September. Wiesen, Niedermoore, mitunter in großen Beständen, meidet Kalk.

Wissenswertes Wie alle Arten der Gattung gehört auch diese zu den Halbschmarotzern: Mit Saugfortsätzen zapft die Pflanze im Boden die Wasserleitungsbahnen verschiedener Wiesenpflanzen an. Sie zeigt einen gewissem Saisondimorphismus: Im Frühsommer blühenden Formen sind meist einfach, im Frühherbst blühende stärker verzweigt. Beim Trocknen verfärben sich die Blätter schwärzlich. Auf den für Menschen nur leicht giftigen Inhaltsstoff Aucubin reagieren v. a. Pferde recht empfindlich.

Wiesen-Wachtelweizen
Melampyrum pratense
Rachenblütler

Merkmale Bis 40 cm hoch, einjährig. Aufrechter, etwas kantiger Stängel, der auf 2 gegenüberliegenden Seiten locker behaart ist. Blätter gegenständig, sitzend, dunkelgrün, schmal lanzettlich, bis 10 cm lang, leicht glänzend. Blüten einseitswendig in dichter Traube; Krone zweilippig, 1–2 cm lang, weißlich oder hellgelb, Oberlippe seitlich zusammengedrückt; Blütezeit Juni–August. Bodensaure Wälder, Heiden, Hochmoore.
Wissenswertes Gehölz-Halbschmarotzer. Die Samen ähneln Ameisenpuppen und werden von Ameisen verschleppt.

Wald-Wachtelweizen
Melampyrum sylvaticum
Rachenblütler

Merkmale Bis 20 cm hoch, einjährig. Stängel aufrecht, wenig verzweigt. Blätter unterhalb der Blütenstände lanzettlich, ganzrandig, fast sitzend. Blüten oft paarweise in einseitswendiger, ährenähnlicher Traube, 0,6–1 cm lang, dottergelb; Blütezeit Juni–August. Bodensaure Wälder und Gebüsche, Hochstaudenfluren. In den Alpen bis 2500 m.
Wissenswertes Halbschmarotzer, meist auf Fichte und Heidelbeere. Die Blüten werden zuweilen von kurzrüsseligen Hautflüglern angebissen, weil sie anders nicht zum Nektar gelangen.

Acker-Wachtelweizen
Melampyrum arvense
Rachenblütler

Merkmale Bis 30 cm hoch, einjährig. Stängel aufrecht, nur wenig verzweigt. Blätter gegenständig, schmal lanzettlich, unterhalb der Blütenregion glattrandig, zum Blütenstand breiter und lang gezähnt, die obersten dekorativ purpurviolett überlaufen. Blüten zu mehreren in zylindrischer Ähre; Krone bis 2 cm lang, im Lippenbereich und an der Basis überwiegend purpurrot, sonst weißlich gelb; Blütezeit Mai–August. Halbtrockenrasen, Äcker, Wege, Brachen.
Wissenswertes Halbschmarotzer auf Getreide und anderen Gräsern.

Kamm-Wachtelweizen
Melampyrum cristatum
Rachenblütler

Merkmale 15–30 cm hoch, einjährig. Stängel aufrecht, einfach oder wenig verzweigt, behaart. Stängelblätter sitzend gegenständig, schmal lanzettlich, glattrandig oder leicht gezähnt; Blätter im Blütenstand herzförmig, kammförmig gezähnt, meist purpurviolett. Blüten leicht aufwärts gerichtet in dichter, vierseitiger Ähre am Stängelende; Krone zweilippig, blassgelb; Blütezeit Juni–Juli. Trockenwälder und -gebüsche. Fehlt im nordwestlichen Tiefland, sonst selten.
Wissenswertes Halbschmarotzer an Gehölzen und Gräsern.

Hain-Wachtelweizen
Melampyrum nemorosum
Rachenblütler

Merkmale Bis 40 cm hoch, einjährig. Stängel aufrecht, einfach oder wenig verzweigt, vierkantig, auf 2 gegenüberliegenden Flanken kurz behaart. Stängelblätter gegenständig, kurz gestielt, lanzettlich, glattrandig, unterseits dicht behaart. Blätter im Blütenstand dreieckig, 1–3 Zähne, blauviolett, purpurn oder weiß. Blüten einseitswendig; Krone zweilippig, hellgelb; Blütezeit Juni–August. Eichen-Hainbuchen-, Auenwälder; selten.
Wissenswertes Halbschmarotzer an Hasel, Weiden und Fichten.

Großblütiger Fingerhut
Digitalis grandiflora
Rachenblütler

Merkmale 40–120 cm hoch, zwei- bis mehrjährig. Stängel aufrecht, meist unverzweigt, kahl. Blätter länglich elliptisch bis lanzettlich, fein gesägt, am Rand und auf den Hauptnerven kurz behaart. Blüten in einseitswendiger Traube; Krone glockig, bis 4 cm, schwefelgelb, innen bräunlich gefleckt oder geadert; Blütezeit Juni–September. Waldsäume, Lichtungen, auf kalkhaltigem Boden. Zerstreut.
Wissenswertes Stark giftig, wird aber anders als seine Verwandten nicht medizinisch genutzt. Giftig. ▽

Gelber Fingerhut
Digitalis lutea
Rachenblütler

Merkmale 50–100 cm hoch, mehrjährig. Stängel aufrecht, meist unverzweigt. Blätter schmal lanzettlich, dunkelgrün, glattrandig. Blüten bis 2,5 cm lang, in schlanken, endständigen Trauben; Krone röhrig, hellgelb, innen ohne auffällige Zeichnung, Oberlippe spitz zweizipflig; Blütezeit Juni–August. Lichte Laub- und Mischwälder, Gebüsche.
Wissenswertes Alte Heilpflanze. Heute gewinnt man die wertvollen Arzneistoffe v. a. aus dem südeuropäischen Wolligen Fingerhut. Giftig. ▽

Roter Fingerhut
Digitalis purpurea
Rachenblütler

Merkmale Bis 150 cm hoch, zweijährig. Stängel meist einfach, aufrecht, graufilzig. Rosettenblätter bis 30 cm lang, gestielt, lanzettlich, oberseits flaumig; Stängelblätter meist sitzend, runzlig. Blüten in einseitswendiger Traube, Kronen bis 5 cm lang, purpurrot, seltener rosa oder weiß, innen mit langen Haaren und dunklen, weißlich umrandeten Flecken; Blütezeit Juni–August. Kahlschläge, Waldränder, meidet Kalkböden; fehlt in den Alpen.
Wissenswertes Heil- und Giftpflanze (herzwirksame Glykoside). Giftig.

Ähriger Ehrenpreis
Pseudolysimachion spicatum
Rachenblütler

Langblättriger Ehrenpreis
Pseudolysimachion longifolium
Rachenblütler

Blauer Wasserehrenpreis
Veronica anagallis-aquatica
Rachenblütler

Bachbungen-Ehrenpreis
Veronica beccabunga
Rachenblütler

Merkmale 30–50 cm hoch, mehrjährig. Stängel am Grund aufgebogen, sonst aufrecht, meist einfach, kurzhaarig oder kahl. Blätter gegenständig, lanzettlich, 2–9 cm lang, 0,3–3 cm breit, kurz gestielt. Blüten zahlreich in 10–30 cm langer, dichter, endständiger Traube; Krone 4–8 mm breit, himmelblau oder blaulila; Blütezeit Juli–August. Trockenrasen, buschige Trockenhänge, Dünen; selten. **Wissenswertes** Wurde früher in die Gattung *Veronica* gestellt. Trennendes Merkmal sind die leicht zweilippigen Blüten. ▽

Merkmale 60–100 cm hoch, mehrjährig. Stängel aufrecht oder bogig aufsteigend, nur im Blütenstand verzweigt, meist kahl. Blätter gegenständig, kurz gestielt, breit lanzettlich, bis 12 cm lang und 3 cm breit, scharf gezähnt. Blüten in Trauben an den Zweigenden; Krone flach, hellblau, gelegentlich rosa oder weiß; Blütezeit Juni–August. Typische Stromtalpflanze: Feuchtwiesen, Gräben, Ufer größerer Flüsse; selten. **Wissenswertes** Oft auch in Sorten in Gärten zu sehen. ▽

Merkmale Bis 50 cm hoch, mehrjährig. Aufrechter oder aufsteigender, ziemlich dicker Stängel, im unteren Teil eher rundlich, oben vierkantig. Stängelblätter gegenständig, leicht stängelumfassend. Blüten gestielt zu 2–10 in Trauben in den oberen Blattachseln; Krone bis 1 cm breit, blasslila bis hellviolett, dunkler geadert; Blütezeit Mai–September. Gräben, Bäche, Ufer; meist in den höheren Mittelgebirgslagen und in den Alpen. **Wissenswertes** Die Kronröhren der schmucken Blüten sind deutlich kürzer als breit.

Merkmale Bis 50 cm hoch, mehrjährig. Stängel aufsteigend aufrecht, an den unteren Knoten wurzelnd. Blätter gegenständig, fast sitzend, eiförmig bis eirundlich, fleischig. Blüten in lockeren Trauben; Krone um 7 mm breit, blass- bis dunkelblau, dunkler geadert; Blütezeit Mai–September. Gräben, Ufer, Bachbetten; in den Alpen bis etwa 2300 m. **Wissenswertes** Der Stängel ist oft rot überlaufen und grau bläulich bereift. Oft dichte Bestände, die bereits im zeitigen Frühjahr durch ihr frisches helles Grün auffallen.

Schild-Ehrenpreis
Veronica scutellata
Rachenblütler

Großer Ehrenpreis
Veronica teucrium
Rachenblütler

Gamander-Ehrenpreis
Veronica chamaedrys
Rachenblütler

Merkmale 5–30 cm hoch, mehrjährig, eher unauffällig. Aufsteigender, schlaffer, an den unteren Knoten wurzelnder Stängel, meist kahl, zuweilen rötlich, undeutlich vierkantig. Blätter gegenständig, lanzettlich, meist glattrandig. Blüten lang gestielt in lockeren Trauben wechselständig in den oberen Blattachseln; Krone lila bis blassrosa; Blütezeit Juni–September. Flachmoore, Quellhorizonte, Teichränder, Sumpfwiesen. **Wissenswertes** Die Samen werden durch Regenwasser verbreitet.

Merkmale Bis 80 cm hoch, mehrjährig. Aufsteigender, meist kahler Stängel. Blätter gegenständig, schmal eiförmig, sitzend, grob stumpf gezähnt, unterseits kraushaarig. Blüten in gegenständigen, lang gestielten Trauben in den oberen Blattachseln; Krone himmelblau, oberer Mittelzipfel breiter als die seitlichen; Blütezeit Juni–Juli. Halbtrockenrasen, Trockengebüsche; nicht allzu häufig. **Wissenswertes** Die Blütenkronen fallen nach kurzer Erschütterung sehr leicht ab. Der biologische Sinn ist unklar.

Merkmale 10–30 cm hoch, mehrjährig, dekorativ. Stängel aufsteigend oder aufrecht, wenig verzweigt, etwas kantig, auf 2 gegenüberliegenden Seiten mit deutlicher Haarleiste. Blätter gegenständig, sehr kurz gestielt bis sitzend, oval, grob stumpf gezähnt, Blattzähne nach vorn gerichtet, behaart, bis 3,5 cm lang, 2,8 cm breit. Blüten in lang gestielten Trauben in den oberen Blattachseln; Krone bis 1,2 cm breit, tiefblau, dunkler geadert; unterer Kronblattzipfel deutlich schmaler als die übrigen etwa gleich großen; Blütezeit April–Juni. Gebüsche, Wälder, Wiesen; meist auf lockeren, nährstoffreichen Lehmböden; recht häufig. **Wissenswertes** Am Stängel findet man oft filzige Anschwellungen, die von den Larven einer Gallmücke stammen. Die flach ausgebreiteten Kronblattzipfel dienen als Anflugplatz für die Bestäuber. Diese können sich an den beiden kräftigen Staubblattstielchen festhalten. Das hellere Zentrum und die radial verlaufenden Striche weisen den Weg in die Kronröhre und zu den Nektarvorräten.

Persischer Ehrenpreis
Veronica persica
Rachenblütler

Efeublättriger Ehrenpreis
Veronica hederifolia
Rachenblütler

Acker-Ehrenpreis
Veronica agrestis
Rachenblütler

Merkmale 10–40 cm hoch, einjährig. Liegender oder aufsteigender, gleichmäßig oder zweizeilig behaarter, meist verzweigter Stängel, oft rötlich überlaufen. Blätter gestielt, untere gegenständig, nach oben zunehmend wechselständig, bis 2 cm breit, 2,5 cm lang, eiförmig, grob gekerbt. Blüten einzeln lang gestielt in den Achseln der mittleren und oberen Blätter; Kronen bis über 1 cm breit, himmelblau, dunkler geadert, oberer Mittelzipfel etwas breiter als die beiden seitlichen; Blütezeit März–Dezember. Äcker, Brachen, Gärten,

Weinberge; gerne auf nährstoffreichen Böden; ziemlich häufig.
Wissenswertes Die aus Vorderasien stammende Art verwilderte um 1805 aus dem Botanischen Garten Karlsruhe und ist seither Neubürger (Neophyt) der heimischen Flora. Zugleich erfolgte wohl auch spontane Zuwanderung. Heute ist sie in Mitteleuropa fast die häufigste Art der Gattung. Die Strichmuster auf den Kronblattzipfeln sind optische Lenkhilfen für Insekten. Die Pflanze vermehrt sich über ihre bis 40 cm langen Ausläufer auch vegetativ sehr erfolgreich.

Merkmale 5–30 cm hoch, einjährig. Stängel liegend oder wenig aufsteigend, schlaff, im oberen Teil behaart und ansatzweise mit 2 Haarleisten. Stängelblätter unten gegenständig, nach oben zunehmend wechselständig, kurz gestielt, breit oval, drei- bis fünflappig gekerbt. Blüten einzeln in den oberen Blattachseln; Krone bis 7 mm breit, weißlich lila; Blütezeit März–Juni. Häufig auf Hackfruchtäckern, an Wegen, in Gebüschen.
Wissenswertes Bei Regen bleiben die Blüten geschlossen. Die Samen werden von Ameisen verschleppt.

Merkmale 5–25 cm hoch, einjährig. Stängel liegend oder wenig aufsteigend, nur an der Basis wenig verzweigt, schütter behaart. Untere Stängelblätter gestielt, gegenständig, nach oben zunehmend wechselständig, rundlich oval, gekerbt, hellgrün. Blüten einzeln lang gestielt in den oberen Blattachseln; Krone bis 7 mm breit, weißlich blau; Blütezeit April–September. In Hackfruchtkulturen, auf Brachen, gern auf Lehmböden.
Wissenswertes Kulturbegleiter seit der Jungsteinzeit. Die Samen werden von Ameisen verschleppt.

Felsen-Ehrenpreis
Veronica fruticans
Rachenblütler

Gänseblümchen-Ehrenpreis
Veronica bellidioides
Rachenblütler

Schlammling
Limosella aquatica
Rachenblütler

Merkmale Nur 5–20 cm hoch, mehrjährig. Stängel am Grund verholzt, aufsteigend oder aufrecht, kurz behaart. Blätter gegenständig, kurz gestielt, 1–2 cm lang, um 5 mm breit. Blüten zu 2–8 in kurzen, endständigen Trauben. Krone 1–1,5 cm breit, tiefblau; Blütezeit Mai–August. Auf kalkarmen, trockensteinigen Böden; Felsspalten, Schutthalden; in den Zentralalpen relativ häufig, sonst selten; 1500–3000 m.
Wissenswertes Vereinzelt auch im Südschwarzwald und in den Vogesen.

Merkmale Bis 20 cm hoch, mehrjährig. Stängel aufrecht, einfach, nur oben drüsig behaart. Die meisten Blätter stehen in einer Rosette, schmal eiförmig, abgestumpft, glattrandig. Blüten zu 5–10 etwas kopfig gedrängt in endständiger Traube; Krone bis 1 cm breit, dunkelblau; Blütezeit Juli–August. Zwergstrauchbestände, Gebüsche; in den Zentralalpen häufig, sonst selten; 1500–3000 m.
Wissenswertes In den Südwestalpen kommt eine Form mit lila Blüten und in der Vorderhälfte gekerbten Blättern vor.

Merkmale Nur 3–6 cm hoch, einjährig, sehr unscheinbar. Der fadendünne Stängel liegt und wurzelt an den Knoten; gleichzeitig bilden sich hier neue Blattbüschel. Blätter bis 5 cm lang gestielt, spatelig bis schmal löffelförmig, bis 2 cm lang, nur 2–6 mm breit, kahl, glattrandig, hellgrün. Bei ständig untergetauchten oder flutenden Blättern ist die Spreite noch schmaler oder fehlt sogar völlig. Blüten zu wenigen auf höchstens 2 cm langen Stielen in den Blattachseln der grundständigen Blätter; Krone 2,5 mm

lang, weiß bis braun rötlich, undeutlich zweilippig; Blütezeit Juni–September. Auf zeitweilig überfluteten, schlammig tonigen und nährstoffreichen Böden; Uferbereiche und Böden abgelassener Fischteiche und Talsperren; an Fließgewässern wegen der starken Uferverbauung meist nur sehr selten und in den letzten Jahrzehnten stark zurückgegangen.
Wissenswertes Die feucht klebrigen Samen werden von Wasservögeln verbreitet. Die Art kann daher auch sehr unverhofft auftreten.

Knotige Braunwurz
Scrophularia nodosa
Rachenblütler

Geflügelte Braunwurz
Scrophularia umbrosa
Rachenblütler

Kleines Leinkraut
Chaenorhinum minus
Rachenblütler

Merkmale Bis 120 cm hoch, mehrjährig. Stängel kantig, ungeflügelt, aufrecht, unverzweigt. Blätter gegenständig, gestielt, oval, spitz, an der Basis herzförmig, grob gezähnt, dunkelgrün, kahl. Blüten in lockerer, endständiger Rispe; Kronen um 1 cm lang, bauchig gewölbt, an der Basis grünlich, vorn braunrot, mit gelben Staubblättern im Eingangsbereich; Unterlippe undeutlich dreizipflig; Blütezeit Juni–August. Krautreiche Laub- und Mischwälder, Gebüsche, Staudenfluren, meist auf nährstoffreichen Böden an schattigen, feuchten Stellen; häufig.

Wissenswertes Gehört zu der Namen gebende Gattung der (früher) auch Rachenblütengewächse genannten Familie, die man nach neuer Auffassung in mehrere Familien aufgegliedert hat. Die unauffälligen Blüten werden meist von Fliegen und Wespen bestäubt. In Nordamerika ist die Art als Neubürger eingeschleppt und wird hier auch von Kolibris besucht. Im Blühablauf strecken sich zuerst die schmalen, zipfligen Narben aus dem Blüteneingang, dann folgen der Reihe nach die 4 befruchtungsfähige Staubblätter.

Merkmale Bis 120 cm hoch, mehrjährig. Stängel aufrecht, meist unverzweigt, kahl, durch herablaufende Blätter breit und wellig geflügelt. Blätter gestielt, gegenständig, angedeutet herzförmig, matt dunkelgrün, gezähnt. Blüten in lockerer endständiger Rispe; Krone etwa 7 mm lang, weitbauchig, grünlich, dunkelpurpurn überlaufen; Oberlippe tief zweilappig; Blütezeit Juni–August. Uferröhrichte von Bächen und Gräben.

Wissenswertes Vom sommerlichen Hochwasser umgelegte Exemplare treiben meist an allen Blattknoten Wurzeln.

Merkmale 5–25 cm hoch, einjährig, unauffällig. Stängel aufrecht, sparrig verzweigt, dicht behaart bis fast wollig. Untere Stängelblätter gegenständig, obere zunehmend wechselständig, ungleich lang, schmal oval bis lanzettlich. Blüten lang gestielt in lockerer Traube; Krone zweilippig, bis 9 mm lang, rückwärtiger, gerader Sporn, hellviolett bis blasslila; Blütezeit Juni–September. Wegränder, Raine, Mauerfüße, Steinbrüche.

Wissenswertes Die Pflanze wird auch Orant genannt. Häufig kommt Selbstbestäubung vor.

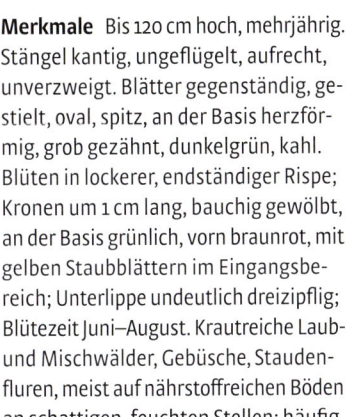
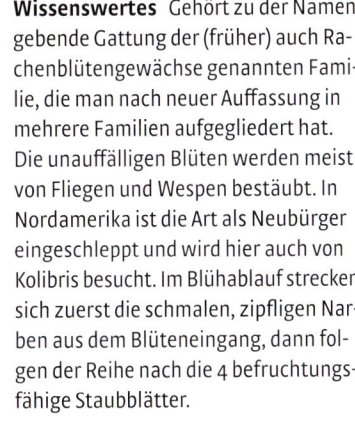

Alpen-Leinkraut
Linaria alpina
Rachenblütler

Gewöhnliches Leinkraut
Linaria vulgaris
Rachenblütler

Zymbelkraut
Cymbalaria muralis
Rachenblütler

Eiblättriges Tännelkraut
Kickxia spuria
Rachenblütler

Merkmale 8–15 cm hoch, mehrjährig, reichblütige Alpenpflanze. Stängel liegend, einfach oder wenig verzweigt. Blätter zu 3–4 quirl- bis wechselständig, etwas fleischig, bläulich bereift. Blüten in kurz gestielter Traube; Krone zweilippig, bis 2,5 cm lang, lilaviolett, dunkler geadert; Blütezeit Juni–August. Kiesbänke, mäßig bewegter Grobschutt, Moränen; Alpenvorland und Alpen.

Wissenswertes Selten ist die Krone, die einen ockergelben Schlundfleck trägt, auch einheitlich gelb.

Merkmale 20–60 cm hoch, mehrjährig, dekorativ. Stängel steif, aufrecht, verzweigt, kahl, dicht beblättert. Blätter meist wechselständig, linealisch, vorn spitz, oberseits graugrün. Blüten zahlreich in dichter, endständiger Traube; Krone 2–3,5 cm lang, hellgelb, langer, gerader Sporn und orangegelbem Fleck; Blütezeit Juni–September. Schotterfluren, Steinbrüche, Brachen; häufig.

Wissenswertes Die Pflanze wird auch Frauenflachs genannt. Blütenbesucher sind langrüsslige Hautflügler.

Merkmale 5–25 cm lang, mehrjährig. Stängel dünn, ausgebreitet oder hängend. Blätter wechselständig, gestielt, herzförmig, gelappt. Blüten einzeln lang gestielt in den Blattachseln; Krone zweilippig, Oberlippe lila, Unterlippe mit 2 gelben Flecken; Blütezeit Juni–August. Mauerfugen, Felsfluren.

Wissenswertes Stammt aus dem Mittelmeergebiet, seit dem 17. Jh. eingebürgert, auch Mauer-Leinkraut genannt. Die reifenden Kapseln wenden sich vom Licht ab und dringen in Spalten ein.

Merkmale 10–30 cm hoch, einjährig, unauffällig. Stängel aufsteigend bis aufrecht, Seitenzweige fadendünn, meist liegend, zottig behaart. Blätter wechselständig, kurz gestielt, Spreite breit eiförmig, bis 3 cm lang. Blüten einzeln lang gestielt in den Blattachseln; Krone zweilippig, bis zu 1,8 cm lang, außen hellgelb, innen violett, Unterlippe mit Sporn, etwas dunkler gelb; Blütezeit Juli–Oktober. Brachen, Äcker; nicht häufig.

Wissenswertes Die Art kommt nicht in den Alpen vor.

Großblütige Königskerze
Verbascum densiflorum
Rachenblütler

Mehlige Königskerze
Verbascum lychnites
Rachenblütler

Schwarze Königskerze
Verbascum nigrum
Rachenblütler

Merkmale Bis über 150 cm hoch, zweijährig, meist recht stattliche und auffällige Pflanze. Stängel kräftig, aufrecht, dicht wollig behaart, gelegentlich verzweigt. Blätter länglich oval, vorne spitz, gekerbt, heraublaufend, Stängel sieht dadurch geflügelt aus. Blüten gestielt, sehr zahlreich und dicht in langer, ährenartiger Traube, duften leicht unangenehm; Krone 2–4 cm breit, hellgelb; Blütezeit Juli–September. Häufig auf Brachen, ferner Bahngelände, Schotterfluren, Steinbrüche, Waldlichtungen.

Wissenswertes Traditionelle Heilpflanze. Die dichte Behaarung der Staubblattstielchen, die man früher eher als Futterhaare deutete, täuscht ein enormes Pollenangebot vor (Pollenattrappe, Täuschblume). Tatsächlich sind die Pollensäcke recht klein und teils sogar steril. Die hellen Kronen reflektieren das UV-Licht sehr stark und sehen für die Blütenbesucher entsprechend grellfarbig aus; die Insekten arbeiten sich an den ährenartigen Blütenständen fast immer von unten nach oben hoch, wodurch die Fremdbestäubung gefördert wird.

Merkmale 50–150 cm hoch, zweijährig. Stängel kantig, oben mehlig. Blätter gekerbt, oberseits fast kahl, unterseits mehlig. Blüten in schlanker, zumindest unten etwas verzweigter Traube; Krone 1,2–2 cm breit, gelblich oder weiß, Staubfäden weiß- bis hellgelb wollig; Blütezeit Juni–September. Trockenrasen, Gebüsche, Brachen, Waldränder.
Wissenswertes Plinius der Ältere hatte eine Pflanze »Lychnites« genannt, deren wollige Blätter man zum Herstellen von Lampendochten (griechisch *lychnos* = Lampe) verwendete.

Merkmale 50–120 cm hoch, zweijährig. Stängel aufrecht, meist unverzweigt. Blätter gestielt, laufen nicht am Stängel herab, Spreite an der Basis herzförmig, grob gekerbt, unterseits filzig behaart. Blüten kurz gestielt, zahlreich in ährenartiger Traube; Kronen bis 2,5 cm breit, hellgelb, an der Basis dunkler; Staubbeutel orange, Stielchen dicht violett behaart; Blütezeit Mai–September. Wegränder, Böschungen, Brachen, Waldsäume, Trockenwiesen.
Wissenswertes Die Haare der Staubblätter sind eine Pollenattrappe.

Strandling
Littorella uniflora
Wegerichgewächse

Alpen-Wegerich
Plantago alpina
Wegerichgewächse

Mittlerer Wegerich
Plantago media
Wegerichgewächse

Merkmale 3–15 cm hoch, mehrjährig, ziemlich unauffällig. Lange, dünne, oberirdische Ausläufer. Stängel fehlt. Alle Blätter in grundständiger Rosette, etwa fingerlang und bis 3 mm dick, fleischig. Blüten eingeschlechtig, Männliche Blüten einzeln auf langen Stielen, weibliche ungestielt; Blütezeit Mai–September. Auf zeitweilig überschwemmten Sandböden; flache Ufer nährstoffarmer Gewässer; selten.
Wissenswertes Die Pflanze ist auf Windbestäubung spezialisiert; daher

sind ihre Blüten sehr stark vereinfacht. Der Strandling ist die Namen gebende Art der Strandlings-Flachwasserrasen, einer Klasse von Pflanzengesellschaften, die in den Stillgewässern der nördlich gemäßigten Breiten Nordamerikas, Europas und Ostasiens vorkommt. Diese Gesellschaften bestehen aus Unterwasserwiesen mit relativ schmalblättrigen Rosettenpflanzen. In Europa gehören die seltenen Bestände des Brachsenkrautes, der Lobelie und einiger kleinwüchsiger Binsen-Arten dazu.

Merkmale 5–15 cm hoch, mehrjährig. Stängel kurz bogig aufsteigend bis aufrecht, wenig behaart. Blätter in grundständiger Rosette, die äußeren liegend bis aufgebogen, die inneren schräg aufrecht, flach, stets kahl. Blüten in bis 3 cm langen, hellbraunen Ähren auf blattlosen Stängeln; Blütezeit April–August. Lückige Rasen und Matten, Schneetälchen; mittlere und westliche Zentralalpen.
Wissenswertes Recht ähnlich dem an Küsten auf Salzböden vorkommenden Strand-Wegerich *(Plantago maritima)*.

Merkmale 15–40 cm hoch, mehrjährig. Alle Blätter in grundständiger Rosette, kurz gestielt, locker behaart; Spreite länglich oval, an der Basis keilförmig. Blüten weißlich mit hellpurpurnen Staubblättern, in 2–6 cm langer walzenförmiger Ähre; Blütezeit Mai–September. Magerwiesen, Halbtrockenrasen.
Wissenswertes Mit den duftenden, durch die Staubblätter attraktiven Blüten ist der Mittlere Wegerich eine der sehr wenigen insektenblütigen Arten der sonst meist windblütigen Gattung.

Breit-Wegerich
Plantago major
Wegerichgewächse

Merkmale 10–40 cm hoch, mehrjährig. Alle Blätter in grundständiger Rosette, kahl; Spreite breit oval, 5–9 cm breit, 10–15 cm lang, mit 3–9 vortretenden, dicken Parallelnerven, randlich etwas gewellt, verschmälert sich plötzlich in den kräftigen Stiel. Blüten unscheinbar grünlich, zahlreich in dichter, schlanker Ähre bis 15 cm Länge; Blütezeit Juni–Oktober. Wege, Plätze, Abfallstellen; überall häufig.
Wissenswertes Die nass etwas klebrigen Samen sind in der kalten Jahreszeit ein wichtiges Vogelfutter.

Spitz-Wegerich
Plantago lanceolata
Wegerichgewächse

Merkmale 10–50 cm hoch, mehrjährig. Blätter in grundständiger Rosette, meist aufrecht, zerstreut behaart, schmal lanzettlich, 2–4 cm breit, 10–30 cm lang. Blüten unauffällig bräunlich, zahlreich in zylindrisch ovaler Ähre auf fünfkantigem Schaft; Blütezeit April–Oktober. Wiesen, Weiden, Wegränder, Säume; überall häufig auf nährstoffreichen Lehmböden; im Gebirge bis 1750 m.
Wissenswertes Traditionelle Heilpflanze (Gerbstoffdroge). Auf Windbestäubung spezialisiert, daher mit sehr unauffälligen Blüten.

Stumpfkantiger Wasserstern
Callitriche cophocarpa
Wassersterngewächse

Merkmale Bis 40 cm lang, ein- bis mehrjährig, im Wasser flutend oder auf feuchten Schlammböden kriechend. Als Wasserpflanze endet der schlaffe, dünne Stängel meist mit einer sternförmigen Schwimmblattrosette, auf Feuchtböden sind die Blätter locker wechselständig. Blüten unscheinbar; Blütezeit Mai–Oktober. Selten bis zerstreut in Still- und langsamen Fließgewässern.
Wissenswertes Die Spaltöffnungen finden sich bei den Schwimmblättern oberseits, bei Luftblättern unterseits. Bei Unterwasserblättern fehlen sie.

Tannenwedel
Hippuris vulgaris
Tannenwedelgewächse

Merkmale 20–50 cm hoch, mehrjährig, sehr eigenartig aussehende Wasserpflanze. Stängel flutend, bogig aus dem Wasser aufsteigend oder aufrecht, bis 1 cm dick. Überwasserblätter zu 4–20 quirlständig, steif abstehend, linealisch, Unterwasserblätter schmaler, grasartig. Blüten unscheinbar; Blütezeit Juni–August. Im Röhricht und Schwimmpflanzengürtel nährstoffreicher Gewässer, in langsam fließenden Altwasserarmen.
Wissenswertes Für den Gartenteich bietet der Fachhandel vorkultivierte Exemplare dieser dekorativen Art an.

Ross-Minze
Mentha longifolia
Lippenblütler

Merkmale 30–70 cm hoch, mehrjährig. Stängel aufrecht, nur mit unterirdischen Ausläufern, vierkantig. Blätter gegenständig, sitzend, länglich oval, scharf gezähnt. Blüten in dichten, endständigen Scheinähren; Krone bis 4 mm lang, lila oder rosa; Blütezeit Juli–September. Gräben, Ufer; nach Norden recht selten.
Wissenswertes Bildet mit anderen Arten schwer erkennbare Bastarde. Die angenehm duftenden ätherischen Öle werden in Drüsenhaaren auf Stängel und Blättern gespeichert.

Wasser-Minze
Mentha aquatica
Lippenblütler

Merkmale 20–80 cm hoch, mehrjährig, formenreich, sehr aromatisch duftend. Stängel meist aufrecht, vierkantig, verzweigt, rötlich, behaart. Blätter gegenständig, eilanzettlich, gezähnt. Blüten in kopfigen Scheinähren; Krone ca. 7 mm lang, hellrosa bis blasslila; Blütezeit Juli–September. Gräben, Nasswiesen, Ufer.
Wissenswertes Mit der Ähren-Minze *(M. spicata)* Elternart der nur als Kulturpflanze bekannten Pfefferminze, die oft aus Gärten verwildert, sich aber nur durch Ausläufer vegetativ vermehrt.

Acker-Minze
Mentha arvensis
Lippenblütler

Merkmale 10–40 cm hoch, mehrjährig. Stängel aufsteigend bis aufrecht, vierkantig. Blätter gegenständig, elliptisch oval, wenig gekerbt, duften beim Abstreifen angenehm. Blüten in dichten, etagenartig angeordneten Scheinquirlen im oberen Stängelbereich, diese enden mit einem Blattschopf; Kronen um 5 mm lang, rosa bis hell lila; Blütezeit Juli–September. Gräben, nasses Brachland, Äckerränder, Wegsäume und Waldlichtungen; verbreitet bis häufig.

Wissenswertes Beim Abstreifen werden die ätherischen Öle aus Drüsenhaaren freigesetzt und können dann erst wahrgenommen werden. Fast alle heimischen Minze-Arten bastardieren und bilden schwer bestimmbare Formenschwärme. Oft sind die Bastarde steril – sie blühen zwar, bilden aber keine Früchte. Auch die Acker-Minze ist gynodiözisch, d.h. es gibt sie in zwei Varianten: Außer Pflanzen mit größeren zwittrigen Blüten finden sich auch Exemplare mit kleineren weiblichen Blüten.

Gewöhnlicher Wolfstrapp
Lycopus europaeus
Lippenblütler

Merkmale Bis 80 cm hoch, mehrjährig. Stängel aufrecht, nur wenig verzweigt, vierkantig, nur an den Kanten wenig behaart. Blätter gegenständig, kurz gestielt bis sitzend, grob und tief gezähnt. Blüten klein, in dichten Scheinquirlen in der oberen Blattachseln; Krone bis 5 mm lang, weiß; Blütezeit Juli–August. Röhrichte, Hochstaudenfluren an Ufern und Gräben, Nasswiesen, Bruchwälder.
Wissenswertes Bei dieser Art kommen Individuen nur mit männlichen oder weiblichen oder zwittrigen Blüten vor (dreihäusig).

Gewöhnlicher Arzneithymian
Thymus pulegoides
Lippenblütler

Merkmale 5–20 cm hoch, mehrjährig. Stängel niederliegend aufsteigend, unten meist verholzt, ohne Ausläufer. Blätter gegenständig, bis 2 cm lang, 1,5 cm breit, etwas ledrig, duften beim Zerreiben intensiv. Blüten in zylindrischen Köpfen; Krone purpurrosa; Blütezeit Juni–September. Magerasen, Felsen, Wegränder; auch in den Alpen weit verbreitet, stellenweise bis 3000 m.
Wissenswertes Formenreiche Sippe mit mehreren ähnlichen (Klein-)Arten. Alte Heil- und Würzpflanze, wächst oft in ausgedehnten Rasen.

Feld-Steinquendel
Acinos arvensis
Lippenblütler

Merkmale 10–30 cm hoch, ein- bis zweijährig. Stängel aufsteigend bis aufrecht, schwach vierkantig, von der Basis an verzweigt, dicht behaart. Blätter gegenständig, kurz gestielt, eiförmig, glattrandig oder wenig gezähnt. Blüten zu 1–3 in den Achseln der oberen Blätter; Krone bis 1 cm lang, lila- bis rosaviolett; Blütezeit Juni–September. Trockenrasen, Mauerkronen und -fugen, Dämme, Wegränder; gern auf Kalkböden.
Wissenswertes Riecht beim Zerreiben angenehm nach Minze. Im Hochgebirge kommen weitere ähnliche Arten vor.

Echter Dost
Origanum vulgare
Lippenblütler

Merkmale 40–70 cm hoch, mehrjährig. Stängel aufrecht, verzweigt. Blätter gegenständig, kurz gestielt, oval, fast glattrandig, behaart, im Blütenstand rötlich, duften würzig nach Pizza. Blüten zahlreich in endständigen Doldenrispen, Kronen um 6 mm lang, blass rosa; Blütezeit Juli–September. Halbtrockenrasen, Wegränder, Dämme, Böschungen, Gebüsche; häufig.
Wissenswertes Auch Wilder Majoran genannt. Wird häufig als Würzpflanze in Gärten kultiviert. Hervorragende Trachtpflanze für Schmetterlinge.

Wirbeldost
Clinopodium vulgare
Lippenblütler

Merkmale Bis 50 cm hoch, mehrjährig. Stängel aufsteigend bis aufrecht, meist unverzweigt, vierkantig, dicht abstehend behaart. Blätter gegenständig, sitzend, eiförmig, fast glattrandig, v. a. unterseits behaart. Blüten in Etagen in Scheinquirlen; Krone bis 2,3 cm lang, tiefrosa bis hellpurpurn; Oberlippe kurz und flach, Unterlippe dreizipflig; Blütezeit Juli–Oktober. Lichte Wälder, Gebüsche.
Wissenswertes Duftet beim Abstreifen angenehm würzig aromatisch, aber weniger stark als der Echte Dost.

Wiesen-Salbei
Salvia pratensis
Lippenblütler

Merkmale 30–80 cm hoch, mehrjährig. Stängel aufrecht, hohl. Blätter gegenständig, breit oval, unregelmäßig gezähnt bis wenig gelappt, etwas runzlig. Blüten in lockerer Ähre; Krone bis 2,5 cm lang, blauviolett, selten hellblau oder rosa; Oberlippe sichelförmig; Blütezeit Mai–August. Halbtrockenrasen, Dämme.
Wissenswertes Dringen Hautflügler in die Kronröhre vor, stoßen sie an die gelenkig aufgehängten Staubblätter, die herunterklappen und den Pollen auf dem Rücken der Insekten abladen.

Klebriger Salbei
Salvia glutinosa
Lippenblütler

Merkmale Bis 120 cm hoch, mehrjährig. Stängel aufrecht, nur im Blütenstand verzweigt. Blüten zu (meist) 4–6 in 6–16 quirlartigen Etagen im oberen Teil der Zweige; Kelch engglockig, etwa 1,3 cm lang, klebrig drüsig; Krone 3–4,5 cm lang, hellgelb, außen drüsig; Blütezeit Juni–August. Auf kalkhaltigen Lehm- oder Tonböden in schattiger Lage; Berg- und Schluchtwälder; Alpenvorland, Nördliche und Südliche Kalkalpen, bis 1700 m.
Wissenswertes Planmäßige Bestäuber sind langrüsselige Hummel-Arten.

Quirlblütiger Salbei
Salvia verticillata
Lippenblütler

Merkmale Bis 60 cm hoch, mehrjährig. Stängel aufrecht, relativ dünn, kantig, kurz behaart. Blätter gegenständig, unten oft mit 1 Paar Fiedern, sonst ungeteilt, eiförmig, grob gezähnt, kaum runzlig. Blüten zu 10–30 in Etagen, die nicht von Laubblättern getrennt sind; Krone bis 1,4 cm lang, blauviolett; Blütezeit Juni–September. Halbtrockenrasen, Dämme; fehlt im nördlichen Tiefland.
Wissenswertes Stammt aus Südosteuropa, hat sich in den letzten Jahrzehnten in Mitteleuropa ausgebreitet.

Sumpf-Ziest
Stachys palustris
Lippenblütler

Merkmale Bis 1 m hoch, mehrjährig. Stängel aufsteigend bis aufrecht, kantig, behaart, auf den Kanten langhaarig. Blätter gegenständig, mit herzförmigem Grund, sitzend, gekerbt. Blüten zu 2–6 in Scheinquirlen in den oberen Blattachseln; Krone bis 1,8 cm lang, tiefrosa bis purpurviolett; Unterlippe mit dunkleren Strichen und Punkten gemustert; Blütezeit Juni–September. Gräben, Ufer, feuchte Ackerränder, Nasswiesen, Lichtungen; im Gebirge bis 1200 m.
Wissenswertes In der Kronröhre verdeckt ein Haarring den Nektarvorrat.

Alpen-Ziest
Stachys alpina
Lippenblütler

Merkmale 60–90 cm hoch, mehrjährig. Stängel aufrecht, vierkantig, langhaarig. Blätter gegenständig, untere gestielt, obere kleiner, sitzend, gezähnt. Blüten in Scheinquirlen; Krone bis 1,8 cm lang, bräunlich bis trüb weinrot; Oberlippe flach helmförmig; Unterlippe dreiteilig, am Schlundeingang grünlich marmoriert; Blütezeit Juni–August. Auf kalkreichen, lockeren Lehmböden; lichte, feuchte Stellen in Wäldern; Kalkmittelgebirge, in den Alpen bis etwa 1800 m.
Wissenswertes Werden v. a. von verschiedenen Hummel-Arten angeflogen.

Wald-Ziest
Stachys sylvatica
Lippenblütler

Merkmale Bis 100 cm hoch, mehrjährig. Mit behaartem, aufrechtem, nur oben verzweigtem Stängel. Blätter gegenständig, gestielt, obere sitzend, 2–6 cm breit und bis 9 cm lang, breit oval, grob gezähnt. Blüten meist zu sechst in den Achseln der obersten Blätter; Krone 1–1,3 cm lang, dunkel- bis weinrot; Blütezeit Juni–August. Waldwege, Lichtungen, Ufer, Säume, Gebüsche, Staudenfluren; auf feuchten, tiefgründigen Böden.
Wissenswertes Die stumpfgrünen Blätter ähneln denen der Brennnessel;

sie riechen beim Abstreifen unangenehm. Am gemeinsamen Standort kann der Wald-Ziest gelegentlich mit dem relativ ähnlichen Sumpf-Ziest *(S. palustris)* bastardieren. Diese Form ist als eine eigene Art mit dem Namen Zweifelhafter Ziest *(Stachys ambigua)* beschrieben worden. Ihre Merkmale sind eher unauffällig und stehen zwischen den beteiligten Elternarten. Wald-Ziest gehört zu den Licht- und Kältekeimern: Die langlebigen Samen keimen nur nach Frosteinwirkung und wenn sie auf dem Boden liegen.

Aufrechter Ziest
Stachys recta
Lippenblütler

Merkmale Bis 60 cm hoch, mehrjährig. Stängel aufrecht, vierkantig, verzweigt, behaart. Blätter kurz gestielt bis sitzend, breit lanzettlich, rau behaart, gekerbt bis glattrandig. Blüten in Scheinquirlen die untersten in den oberen Blattachseln; Krone bis 2 cm lang, hellgelb bis weißlich; Blütezeit Juni–Oktober. Auf Lehm- und Lössböden; Halbtrockenrasen, steinige Brachen; fehlt im Tiefland.
Wissenswertes Die Unterlippe ist deutlich länger als die Oberlippe, trägt eine weinrote Strichzeichnung.

Einjähriger Ziest
Stachys annua
Lippenblütler

Merkmale Bis 25 cm hoch, einjährig. Stängel aufrecht, vierkantig, kaum verzweigt. Blätter gestielt, lanzettlich eiförmig, kahl oder wenig behaart, gekerbt bis glattrandig. Blüten zu mehreren in den oberen Blattachseln; Krone bis 2 cm lang, hellgelb; Oberlippe helmförmig, kürzer als die Unterlippe; Blütezeit Juni–Oktober. Auf Kalkböden; Äcker, Weinberge, Brachen; fehlt im Tiefland.
Wissenswertes Kulturbegleiter aus Südeuropa seit der Steinzeit, aber durch Herbizideinsatz selten geworden.

Heil-Ziest
Betonica officinalis
Lippenblütler

Merkmale Bis 70 cm hoch, mehrjährig. Stängel aufrecht, unverzweigt, vierkantig, etwas gerillt, schütter borstig behaart. Grundblätter rosettig, Stängelblätter gegenständig, gestielt, länglich oval, gekerbt. Blüten zahlreich in endständiger Ähre, manchmal darunter 1–2 Scheinquirle in den oberen Blattachseln; Krone bis 1,5 cm lang, tiefrosa bis hellpurpurn; Blütezeit Juni–August. Lichte Wälder, Bergwiesen, Niedermoore.
Wissenswertes Traditionelle Heilpflanze, heute kaum noch eingesetzt.

Schwarznessel
Ballota nigra
Lippenblütler

Merkmale 50–120 cm hoch, mehrjährig. Stängel verzweigt, aufrecht, vierkantig, dicht behaart, rötlich überlaufen. Blätter gegenständig, kurz gestielt, breit lanzettlich bis oval, an der Basis gestutzt, runzlig. Blüten zu wenigen in den Achseln der oberen Blätter, Kronen 1–1,5 cm lang, trübrot; Blütezeit April–Juni. Siedlungsnahes Brachland, Gebüsche, v. a. auf nährstoffreichen Böden.
Wissenswertes Stickstoffzeiger. Früher eine typische Dorfpflanze, heute vielerorts schon recht selten geworden.

Gewöhnliche Goldnessel
Lamium galeobdolon
Lippenblütler

Merkmale 20–60 cm hoch, mehrjährig, ausgesprochen formenreich. Spärlich behaarter, meist wenig verzweigter Stängel, dieser treibt nach allen Richtungen oberirdische Ausläufer (fehlen allerdings bei manchen Kleinarten). Blätter gegenständig, gestielt, breit eiförmig bis lanzettlich, grob gezähnt oder gekerbt, oberseits mitunter hell gefleckt. Blüten zu 6–10 als Scheinquirle in den oberen Blattachseln, Kronen 1,5–2,5 cm lang, goldgelb; Oberlippe helmförmig gewölbt und am Rand bewimpert; Unterlippe dreizipflig und

vorne bräunlich gefleckt; Blütezeit April–Juni. Gerne auf lockeren, tiefgründigen, humusreichen Böden; Schattenpflanze; Laubwälder, Gebüsche, Säume, Hochstaudenfluren; fast überall häufig.
Wissenswertes Die Goldnesseln stellen eine so genannte Kleinartengruppe dar, deren genauere Abgrenzung noch nicht eindeutig feststeht. In Gärten findet man häufig eine Form mit silbrig gefleckten Blättern. Sie ist tetraploid, weist also den doppelten Chromosomenbestand auf wie die Normalform und breitet sich teils als Neubürger aus.

Stängelumfassende Taubnessel
Lamium amplexicaule
Lippenblütler

Merkmale Bis 30 cm hoch, einjährig, wenig auffallend. Stängel aufsteigend bis aufrecht. Blätter gegenständig, untere gestielt, obere sitzend, rundlichnierenförmig, gekerbt oder leicht eingeschnitten. Blüten in Scheinquirlen in den obersten Blattachseln; Krone bis 1,5 cm lang, tiefrosa bis purpurviolett; Blütezeit März–Juni. Auf nährstoffreichen Böden; Äcker, Gärten, Weinberge, Brachen.
Wissenswertes Bei dieser Art öffnen sich die Blüten meist nicht; dann findet Selbstbestäubung in der Knospe statt.

Purpurrote Taubnessel
Lamium purpureum
Lippenblütler

Merkmale 5–30 cm hoch, einjährig. Stängel aufsteigend oder aufrecht. Blätter gegenständig, Spreite 1–1,5 cm breit, fast ebenso lang, meist im oberen Stängeldrittel schopfig gehäuft, weichhaarig, riechen beim Abstreifen unangenehm. Blüten in Scheinquirlen; Kronen 1–1,5 cm lang, tiefrosa bis purpurn; Blütezeit März–Oktober, teils bis Dezember. Nährstoffzeiger; Äcker, Gärten, Weinberge, Brachen; überall häufig.
Wissenswertes Braucht im Sommer nur wenige Wochen von der Keimung bis zur Samenreifung.

Gefleckte Taubnessel
Lamium maculatum
Lippenblütler

Merkmale Bis 50 cm hoch, mehrjährig. Stängel aufrecht, vierkantig. Blätter gegenständig, lang gestielt, breit oval, grob gezähnt. Blüten zu 2–8 in Scheinquirlen in den oberen Blattachseln, bilden 3–8 Etagen; Krone bis 2,5 cm lang, tiefrosa bis purpurn, Kronröhre aufgebogen; Unterlippe mit Fleckenmuster; Blütezeit April–September. Wälder, Gebüsche, Gärten, Ufer; Stickstoffzeiger; häufig.
Wissenswertes Die Samen werden oft von Ameisen verschleppt, die gerne deren nahrhafte Anhängsel verzehren.

Weiße Taubnessel
Lamium album
Lippenblütler

Merkmale Bis 50 cm hoch, mehrjährig. Stängel aufrecht, einfach. Blätter oval, grob gezähnt, kurz behaart, duften beim Abstreifen unangenehm. Blüten in den oberen Blattachseln, Kronen creme- bis reinweiß, 2–2,5 cm lang; Blütezeit April–August. Gebüsche, Wegränder, Wiesen; auf nährstoffreichen Lehmböden.
Wissenswertes Den Nektar in der Blütenbasis erreichen nur langrüsslige Hummeln. Kurzrüssel-Arten beißen die Kronröhre über dem Kelch an und umgehen damit die Bestäubungsroute.

Echtes Herzgespann
Leonurus cardiaca
Lippenblütler

Merkmale Bis 1 m hoch, mehrjährig. Stängel vierkantig, aufrecht, verzweigt, kahl oder wenig behaart. Blätter gegenständig, gestielt, lappig geteilt, Abschnitte grob gezähnt, unterseits hellgrün. Blüten in einzelnen Etagen in den Achseln der obersten Blätter; Krone ca. 1 cm lang, rosa bis weißlich; Blütezeit Juni–September. Gern auf feuchten Lehm- oder Tonböden; Brachen, aufgelassene Gärten, Mauern, Gebüsche.
Wissenswertes Traditionelle Heilpflanze (herzwirksam). Leicht giftig.

Gelber Hohlzahn
Galeopsis segetum
Lippenblütler

Merkmale 10–40 cm hoch, einjährig. Stängel aufrecht, verzweigt, unter den Blattknoten nicht verdickt, fast kahl, fühlt sich nicht rau an. Blätter gegenständig, kurz gestielt, lanzettlich, gezähnt, unterseits dicht samtig, oberseits nur schütter. Blüten in endständigen Scheinquirlen; Krone bis 3,5 cm lang, hellgelb; Blütezeit Juni–September. Lichte Wälder, Gebüsche, Säume, Brachen.
Wissenswertes Im atlantisch geprägten Raum beheimatet, in Mitteleuropa liegt die Ostgrenze ihrer Verbreitung.

Gewöhnlicher Hohlzahn
Galeopsis tetrahit
Lippenblütler

Bunter Hohlzahn
Galeopsis speciosa
Lippenblütler

Schmalblättriger Hohlzahn
Galeopsis angustifolia
Lippenblütler

Merkmale 20–60 cm hoch, meist einjährig. Stängel aufrecht, vierkantig, sparrig verzweigt, unter den Blattknoten verdickt und nur hier dicht steifhaarig. Einzelne Drüsenhaare besonders im Blütenstandsbereich tragen dunkle Köpfe (Lupenmerkmal!). Blätter gegenständig, gestielt, eiförmig, fast kahl. Blüten in dichten, etagenartig angeordneten Scheinquirlen am Stängelende; Krone bis 2,2 cm lang, hell purpurrot bis violett; Blütezeit Juni–Oktober. Auf nährstoffreichen Böden; Waldsäume, Brachen, Wegränder, Steinäcker.

Wissenswertes Die recht formenreiche und häufige Pflanze ist ein Kreuzungsbastard aus den Arten Weichhaariger Hohlzahn (*Galeopsis pubescens*, 16 Chromosomen) und Bunter Hohlzahn (*Galeopsis speciosa*, 16 Chromosomen). Sie vereinigt mit ihren zusammen 32 Chromosomen ausnahmsweise die kompletten Genome der beiden Eltern-Arten. Die beiden für die Gattung typischen »Hohlzähne« (die Kronblatthöcker auf der Unterlippe) lenken die Köpfe der Besucherinsekten, v. a. von Bienen, zur Kronenöffnung.

Merkmale Bis 100 cm hoch, einjährig. Stängel aufrecht, nur an den Knoten behaart. Blätter gegenständig, gestielt, länglich-eiförmig, gesägt. Blüten dicht und quirlartig gehäuft in den Achseln der oberen Blätter; Krone bis 3,5 cm lang, gelb, Mittellappen der dreizipfligen Unterlippe violett gezeichnet oder einheitlich violett; Blütezeit Juni–Oktober. Wälder, Lichtungen, Gebüsche, Brachen, Schuttstellen; nährstoffreiche Böden.

Wissenswertes Einzige unter den zahlreichen heimischen Arten der Gattung mit andersfarbiger Unterlippe.

Merkmale Bis 30 cm hoch, einjährig. Stängel aufrecht, verzweigt. Blätter gegenständig, schmal lanzettlich, bis 5 mm breit, glattrandig. Blüten zu 6–12 quirlartig in den Achseln der oberen Blätter und am Stängelende; Krone bis 2 cm lang, hell purpurn; Blütezeit Juni–Oktober. Steinschutt, Schotterfluren, Felsbänder, Geröll, Steinbrüche.

Wissenswertes In den Alpen kommt bis etwa 2000 m Höhe der sehr ähnliche Kalkschutt-Hohlzahn (*G. ladanum*) vor; Blätter bis 15 mm breit und jederseits mit 3–7 Zähnen.

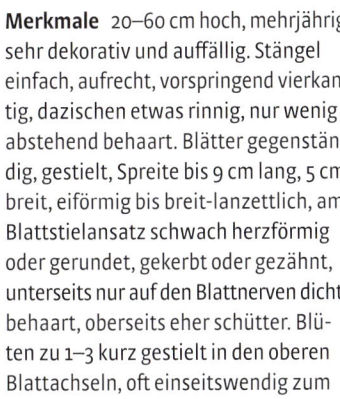

Immenblatt
Melittis melissophyllum
Lippenblütler

Großblütige Braunelle
Prunella grandiflora
Lippenblütler

Gewöhnliche Braunelle
Prunella vulgaris
Lippenblütler

Merkmale 20–60 cm hoch, mehrjährig, sehr dekorativ und auffällig. Stängel einfach, aufrecht, vorspringend vierkantig, dazischen etwas rinnig, nur wenig abstehend behaart. Blätter gegenständig, gestielt, Spreite bis 9 cm lang, 5 cm breit, eiförmig bis breit-lanzettlich, am Blattstielansatz schwach herzförmig oder gerundet, gekerbt oder gezähnt, unterseits nur auf den Blattnerven dicht behaart, oberseits eher schütter. Blüten zu 1–3 kurz gestielt in den oberen Blattachseln, oft einseitswendig zum

Licht ausgerichtet; Krone bis 4,5 cm lang, rotviolett, rosa oder weiß; Ober- und Unterlippe nicht selten verschiedenfarbig, die dreizipflige Unterlippe zudem unregelmäßig gefleckt; Blütezeit Mai–Juli. Meist auf kalkhaltigen, trockenen Böden an sommerwarmen Standorte; lichte Laubwälder, Säume, Trockengebüsche.

Wissenswertes Die v. a. im Mittelmeerraum verbreitete Wärme liebende Art kommt in Deutschland nur zerstreut im südlichen Teil vor, im Norden fehlt sie. In den Alpen steigt sie bis ca. 1400 m auf.

Merkmale 10–30 cm hoch, mehrjährig. Stängel einfach, aufrecht. Blätter meist glattrandig, oberstes Blattpaar 1–5 cm unter dem Blütenstand. Blüten zu 4–6 quirlig am Stängelende in kopfiger Ähre; Krone 2–2,5 cm lang, blauviolett, leichter Rotstich; Blütezeit Juni–September. Trockengebüsche und -wälder.

Wissenswertes Wird fast nur von Hummeln bestäubt. Der Griffel tritt erst aus der Blüte heraus, wenn die bepuderte Hummel die Blüte verlässt. So wird Selbstbestäubung unterbunden.

Merkmale 10–25 cm hoch, mehrjährig. Stängel verzweigt, aufrecht, bildet oberirdische Ausläufer. Blätter gegenständig, länglich oval, überwiegend glattrandig. Blüten in kopfiger Scheinähre direkt oberhalb des obersten Blattpaars; Krone bis 2 cm lang, blauviolett, mit gewölbter Ober- und flacher Unterlippe; Blütezeit Mai–Oktober. Wiesen, Wegränder, lichte Wälder; v. a. auf nährstoffreichen, frischen Lehmböden.

Wissenswertes Die Blüten werden hauptsächlich von Hummeln besucht.

Weiße Braunelle
Prunella laciniata
Lippenblütler

Kleines Helmkraut
Scutellaria minor
Lippenblütler

Sumpf-Helmkraut
Scutellaria galericulata
Lippenblütler

Merkmale 5–20 cm hoch, mehrjährig. Stängel aufsteigend bis aufrecht, meist verzweigt, behaart. Blätter gegenständig, behaart, untere lang gestielt und oval, obere sitzend, tief fiederteilig. Blüten in kopfiger Ähre aus Scheinquirlen; Krone bis 1,5 cm lang, gelblich weiß; Blütezeit Juni–August. Bevorzugt kalkhaltige Lehm- und Lössböden; Halbtrockenrasen, Trockengebüsche; warme Mittelgebirgshänge, Südalpentäler.
Wissenswertes Die abweichend gestalteten Tragblätter in der Ähre sind weißlich grün oder violett überlaufen.

Merkmale Bis 30 cm hoch, mehrjährig, oft büschelig erscheinend. Stängel aufsteigend bis aufrecht, verzweigt. Blätter gegenständig, sehr kurz gestielt, schmal oval, am Grunde gerundet oder gestutzt. Blüten meist zu zweien einseitswendig in den Achseln der oberen Blätter; Krone um 7 mm lang, blauviolett bis violettrosa mit hellerer Unterlippe; Blütezeit Juli–August. Flachmoore, Gräben, Erlenbrücher, Feuchtweiden; selten.
Wissenswertes Nach der Verbreitung ist die Art ein atlantisches Florenelement mit Schwerpunkt Westeuropa.

Merkmale Bis 40 cm hoch, mehrjährig. Stängel aufsteigend bis aufrecht, einfach oder nur wenig verzweigt, vierkantig, kahl oder nur spärlich und dann sehr kurz behaart. Blätter gegenständig, die unteren kurz gestielt, die oberen sitzend, im Umriss lanzettlich bis schmal oval, Spreite bis 5 cm lang, am Grunde herzförmig eingeschnitten oder gestutzt, am übrigen Blattrand gekerbt, auf der Unterseite mit deutlich vortretenden Blattnerven. Blüten zu 1–3 einseitswendig in den Achseln der obersten Stängelblätter; Kelch auf der

Oberseite meist rötlich überlaufen; Krone bis 1,7 cm lang, blauviolett bis blasslila, meist mit einer viel helleren Unterlippe, die zudem violette Strichmarkierungen trägt; Blütezeit Juni–September. Auf nassen Lehm- und Tonböden; Gräben, Ufer, Röhrichte, Bruchwälder, Nasswiesen; nicht allzu häufig.
Wissenswertes Die Strichmuster auf der Unterlippe, die gleichzeitig als Landeplatz für die bestäubenden Insekten dient, sind für diese eine wichtige Orientierungshilfe zum Auffinden des Blüteneinganges.

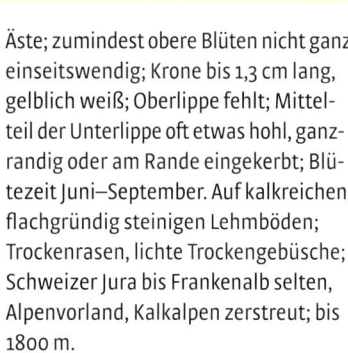

Gundermann
Glechoma hederacea
Lippenblütler

Salbei-Gamander
Teucrium scorodonia
Lippenblütler

Berg-Gamander
Teucrium montanum
Lippenblütler

Merkmale Bis 20 cm hoch, mehrjährig. Lange, kriechende, an den Knoten wurzelnde Stängel, richten sich nur in der Blütenregion auf. Blätter gegenständig, gestielt, rundlich, gekerbt, glänzend, mitunter rötlich überlaufen. Blüten zu 1–3 einseitswendig in den Achseln der oberen Blätter; Kronen 1–2 cm lang, blau bis blauviolett, Oberlippe kurz, Unterlippe breit; Blütezeit April–Juni. Wiesen, Auenwälder, Gärten, Mauern; häufig.
Wissenswertes Alte Heilpflanze, heute nur noch in der Homöopathie genutzt.

Merkmale 30–70 cm hoch, mehrjährig. Stängel vierkantig, aufrecht, meist verzweigt, mit Ausläufern. Blätter gegenständig, gestielt, herzförmig, leicht runzlig, behaart, gekerbt, riechen beim Abstreifen unangenehm. Blüten in einseitswendiger Scheinähre, Kronen blass grünlich gelb, um 1 cm lang, ohne deutliche Oberlippe; Blütezeit Juli–September. Meist auf sauren Böden, Eichenwälder, Heiden, v. a. im Mittelgebirge.
Wissenswertes Gehört nach der Verbreitung zu den subatlantischen Arten.

Merkmale 5–20 cm hoch, mehrjährig, krautig, meist stark verästelt. Äste aufsteigend bis aufrecht, anfangs wollig bis filzig behaart, duften beim Zerreiben aromatisch. Blätter gegenständig, glattrandig, schmal oval, allmählich in den kurzen Blattstiel verschmälert, höchstens 2 cm lang, bis 5 mm breit, etwas lederig, immergrün, mit nach unten eingerolltem Blattrand. Blüten kurz gestielt zu 1–3 scheinquirlig büschelig in den Achseln der oberen Blätter und kopfig gehäuft am Ende des Stängels und der

Äste; zumindest obere Blüten nicht ganz einseitswendig; Krone bis 1,3 cm lang, gelblich weiß; Oberlippe fehlt; Mittelteil der Unterlippe oft etwas hohl, ganzrandig oder am Rande eingekerbt; Blütezeit Juni–September. Auf kalkreichen, flachgründig steinigen Lehmböden; Trockenrasen, lichte Trockengebüsche; Schweizer Jura bis Frankenalb selten, Alpenvorland, Kalkalpen zerstreut; bis 1800 m.
Wissenswertes Wächst oft dicht polsterartig, bildet teils große Teppiche.

Edel-Gamander
Teucrium chamaedrys
Lippenblütler

Merkmale 10–30 cm hoch, mehrjährig. Stängel vierkantig, ringsum oder auf 2 gegenüberliegenden Seiten behaart. Blätter gegenständig, eiförmig, bis 2,5 cm lang, grob gekerbt gezähnt. Blüten zu 1–6 scheinquirlig und etwas einseitswendig in beblätterter Traube; Krone um 1 cm lang, ohne Oberlippe, rosa bis purpurn; Blütezeit Juli–September. Meist auf Kalkböden; Trockenrasen, -gebüsche, Steinrasen.
Wissenswertes Der Wurzelstock treibt alljährlich 2 Generationen beblätterter Stängel, von denen nur die zweite blüht.

Trauben-Gamander
Teucrium botrys
Lippenblütler

Merkmale 10–30 cm hoch, ein- bis zweijährig, drüsig klebrig. Stängel aufrecht, meist bogig verzweigt. Blätter kurz gestielt, bis 2 cm lang, halb so breit, eiförmig, bis zum Mittelnerv fiederteilig, beim Abstreifen stark aromatisch bis unangenehm duftend. Blüten in lockeren Scheinquirlen in den Achseln der oberen Blätter; Krone 1 cm lang, rosa, weiß oder purpurn; Oberlippe fehlt; Blütezeit Juli–September. Trockenrasen, Steinhalden; fehlt im Tiefland.
Wissenswertes Die klebrigen Samen werden durch Tiere verbreitet.

Knoblauch-Gamander
Teucrium scordium
Lippenblütler

Merkmale Bis 40 cm hoch, mehrjährig. Stängel krautig, aufrecht, einfach oder nur wenig verzweigt, vierkantig, abstehend zottig behaart, bildet beblätterte Ausläufer. Stängelblätter im Blütenstand deutlich größer als die unteren, sitzend, breit oval, gezähnt. Blüten zu 1–4 kurz gestielt in den Achseln der oberen Blätter, aber nicht traubig gehäuft; Krone 8 mm lang, hellpurpurn; Blütezeit Juli–August. Nasse, schlammige Böden; Ufer, Gräben, Sumpfwiesen; selten.
Wissenswertes Alle Teile riechen beim Zerreiben stark nach Knoblauch.

Genfer-Günsel
Ajuga genevensis
Lippenblütler

Merkmale 10–30 cm hoch, mehrjährig. Stängel aufrecht, vierkantig, behaart, ohne Ausläufer. Untere Blätter rosettig gehäuft, gestielt; Stängelblätter gegenständig, meist sitzend; Hochblätter dreilappig. Blüten zu 2–6 in Blattachseln und ährenähnlich gehäuft am Stängelende; Krone 1,2–1,8 cm lang, tief blau, ohne Oberlippe; Blütezeit April–Juni. Trockenrasen und -gebüsche; meist auf kalkhaltigen Böden; in den Alpen bis ca. 1800 m.
Wissenswertes Vermehrt sich auch durch Wurzelknospen. So stehen oft mehrere Stängel dicht nebeneinander.

Kriechender Günsel
Ajuga reptans
Lippenblütler

Merkmale 15–30 cm hoch, mehrjährig. Aufrechter Stängel, lange oberirdische Ausläufer. Grundblätter als Rosette, spatelig, mit geflügeltem Blattstiel; Stängelblätter gegenständig, länglich oval, fast glattrandig, dunkelgrün. Blüten zu je 2–6 in dichter Scheinähre in den oberen Blattachseln; Krone blau, seltener rosa oder weiß; Oberlippe fehlt, Unterlippe ziemlich lang, dreizipflig; Blütezeit Mai–Juli. Feuchte Wiesen, Gebüsche, lichte Wälder, Säume, Wegränder, Gärten; Lehmzeiger; überall häufig.

Wissenswertes Die Tragblätter der Blütengruppen sind an der Basis meist blauviolett verfärbt und verstärken so die optische Wirkung des Blütenstandes. Die dunkleren Strichmale auf der breiten Unterlippe dienen Insekten als Orientierungshilfe zum Auffinden des Kroneneinganges. Durch Ausläufer, die an den Knoten wurzeln, findet eine effektive vegetative Vermehrung statt. Für den Garten sind Formen im Handel, deren Laubblätter durch Anthocyaneinlagerung kupferfarben erscheinen.

Pyramiden-Günsel
Ajuga pyramidalis
Lippenblütler

Merkmale Bis 30 cm hoch, mehrjährig. Stängel aufrecht, vierkantig, meist schütter behaart. Untere Blätter rosettig gehäuft; Blätter gegenständig, dicht sitzend, nach oben rasch kleiner, daher im Umriss pyramidenförmig. Bildet keine Ausläufer. Blüten zu 2–6 in den Blattachseln und ährenähnlich gehäuft am Stängelende; Krone 1–1,8 cm lang, violettblau; Blütezeit Juni–September. Hochstaudenfluren, Magerrasen, in Gebirgen.
Wissenswertes Die glattrandigen Hochblätter sind oft violett überlaufen.

Gelber Günsel
Ajuga chamaepitys
Lippenblütler

Merkmale Bis 20 cm hoch, einjährig. Stängel meist aufsteigend, verzweigt, allseitig oder nur auf 2 gegenüberliegenden Seiten behaart. Blätter gegenständig, dicht stehend, tief dreispaltig linealisch, bis 3 cm lang, wenig behaart. Blüten einzeln, kurz gestielt in den Achseln der oberen Blätter; Krone bis über 1 cm lang, gelb; Oberlippe sehr kurz; Blütezeit Mai–September. Kalkhaltige Böden. Brachen, Weinberge, Felder; selten.
Wissenswertes Alle Teile riechen beim Abstreifen aromatisch.

Gewöhnliches Eisenkraut
Verbena officinalis
Eisenkrautgewächse

Merkmale 30–70 cm hoch, mehrjährig. Stängel aufrecht, an der Basis etwas verholzt, oben stärker verzweigt, vierkantig, rauhaarig. Blätter gegenständig, die unteren gestielt und grob fiederteilig gezähnt, die mittleren kurz gestielt und tief dreiteilig, die oberen sitzend und einfach. Blüten klein, zahlreich in schlanken, verlängerten Ähren; Krone schwach zweilippig, höchstens 5 mm lang, blasslila; Blütezeit Juli–September. Brachland, Ruinen, Wegränder.
Wissenswertes Traditionelle Heilpflanze, heute nur noch wenig eingesetzt.

Gewöhnlicher Beinwell
Symphytum officinale
Raublattgewächse

Merkmale 40–100 cm hoch, mehrjährig. Stängel aufrecht, kantig. Blätter schmal lanzettlich, untere bis 25 cm lang, obere kleiner, laufen am Stängel herab. Blüten in Scheindolden, Krone cremeweiß, rötlich oder bläulich bis tiefviolett; Blütezeit Mai–September. Nährstoffzeiger. Wiesen, Ufer, Gräben; häufig.
Wissenswertes In den glockigen Blüten verschließen 5 Schlundschuppen den Zugang, sodass der Nektar nur für langrüsslige Hautflügler erreichbar ist; kurzrüsslige Arten beißen die Blütenkronen daher am Grund an.

Gewöhnliche Ochsenzunge
Anchusa officinalis
Raublattgewächse

Merkmale Bis über 1 m hoch, zweijährig. Stängel aufrecht, einfach oder nur oben mit nicht blühenden Seitenzweigen. Blätter wechselständig, bis 15 cm lang, schmal lanzettlich, glattrandig oder undeutlich gezähnt, borstig behaart. Blüten in Scheinrispen am Stängelende; Krone weitröhrig, bis 1,3 cm lang, aufblühend rot, dann blau violett; Blütezeit Mai–September. Mäßig trockene Sandböden; Brachen, Steinbrüche.
Wissenswertes Die Blüten sind verschieden griffelig – neben lang- gibt es kurzgriffelige Exemplare.

Acker-Krummhals
Anchusa arvensis
Raublattgewächse

Merkmale 10–40 cm hoch, einjährig. Stängel aufrecht, einfach oder verzweigt, borstig behaart. Blätter wechselständig, lanzettlich, wellig bis buchtig gezähnt, dicht borstig. Blüten in endständiger Scheinrispe; Krone trichterförmig, bis 9 mm breit, hellblau; Blütezeit Mai–Juli. Nährstoffreiche Äcker, Brachen, Krautfluren; Sandzeiger.
Wissenswertes Der Name leitet sich von der eigenartig geknickten Kronröhre ab. Die Pflanze ist Archäophyt, da sie schon mit dem frühen Ackerbau der Jungsteinzeit aus dem Süden einwanderte.

Geflecktes Lungenkraut
Pulmonaria officinalis
Raublattgewächse

Merkmale 15–30 cm hoch, mehrjährig, formenreich. Stängel aufrecht. Grundblätter lang gestielt, oval herzförmig, an der Basis verschmälert; Stängelblätter sitzend, meist mit helleren Punkten, borstig behaart. Blüten zu mehreren in Wickeln; Krone zuerst rötlich, später violettblau; Blütezeit März–Mai. Krautreiche Laub- und Laubmischwälder, Auen.
Wissenswertes Die Blütenbestäuber (meist Wildbienen) lernen sehr rasch, zunächst nur die nektarreichen roten Blüten zu besuchen.

Dunkles Lungenkraut
Pulmonaria obscura
Raublattgewächse

Merkmale Bis 30 cm hoch, mehrjährig. Stängel aufrecht, dicht und lang abstehend behaart. Grundblätter gestielt, in einer Rosette, nicht weißfleckig, meist dunkel blaugrün; Stängelblätter kürzer, wechselständig, die obersten stängelumfassend. Blüten in Wickeln, aufblühend rot, später violettblau; Blütezeit März–April. Auf nährstoffreichen Humusböden; teils fehlend oder selten.
Wissenswertes Die Unterscheidung der heimischen Lungenkräuter und ihrer Kleinarten ist schwierig.

Gewöhnliche Hundszunge
Cynoglossum officinale
Raublattgewächse

Merkmale 30–80 cm hoch, zweijährig. Stängel aufrecht, verzweigt. Blätter wechselständig, bis 15 cm lang, untere elliptisch, obere lanzettlich, sitzend, dünn graufilzig. Blüten in lang gestielten Wickeln in den oberen Blattachseln, Kronen 1–1,3 cm lang, aufblühend bräunlich rot, später dunkel braunviolett; Blütezeit Mai–September. Trockene Lehm- und Sandböden; Wegränder, Brachen.
Wissenswertes Nur langrüsslige Hautflügler erreichen den Nektar wegen sperrender Schlundschuppen in der Blüte.

Gewöhnlicher Natternkopf
Echium vulgare
Raublattgewächse

Merkmale 60–90 cm hoch, zweijährig. Stängel aufrecht, starr borstig behaart. Blätter wechselständig, länglich lanzettlich, graugrün. Blüten zahlreich in lockerer Traube; Krone trichterig zweilippig, 1–2 cm lang, aufblühend rot, später blau, selten weiß; Blütezeit Juni–September. Böschungen, Steinbrüche, Schotter- und Felsfluren, Brachen, Wegränder.
Wissenswertes Anfangs ragen nur die Staubblätter aus der Krone, wenige Tage später auch der zweispaltige Griffel: So gleicht die Blüte einem Schlangenkopf.

Scharfkraut
Asperugo procumbens
Raublattgewächse

Merkmale Bis 60 cm hoch, einjährig. Stängel kriechend, meist reich verzweigt, schlaff, kantig, durch rückwärts gerichtete Borstenhaare rau. Blätter in 2 Reihen wechselständig oder scheinbar wirtelig, lanzettlich bis eiförmig, bis 6 cm lang, 2,5 cm breit, glattrandig oder ungleichmäßig gezähnt. Blüten einzeln in den oberen Blattachseln; Krone um 3 mm breit, violett oder blau; Blütezeit Mai–Juni. Stickstoffzeiger; Viehlager, Mauern, Dungstellen; selten.
Wissenswertes Die Art stammt aus Osteuropa und Westasien.

Acker-Vergissmeinnicht
Myosotis arvensis
Raublattgewächse

Merkmale 15–35 cm hoch, einjährig. Meist reichästig. Blätter wechselständig, Rosettenblätter gestielt, Stängelblätter sitzend, kurz behaart, spatelig zungenförmig. Blüten in Scheinrispen; Kelch 1 mm lang, abstehend behaart; Kronen anfangs rötlich, später hellblau bis weißlich; Blütezeit April–September. Auf nährstoffreichen Lehmböden; Äcker, Brachen, Wegränder; in den Alpen bis 2000 m; häufig.
Wissenswertes Die gelben Schlundschuppen sind eine wichtige Orientierungshilfe für anfliegende Bestäuber.

Alpen-Vergissmeinnicht
Myosotis alpestris
Raublattgewächse

Merkmale 5–15 cm hoch, ein- bis mehrjährig. Stängel aufrecht. Rosettenblätter gestielt; Stängelblätter meist sitzend. Blüten in Scheinrispen; Kelch an der Basis in den kurzen Stiel verschmälert, überwiegend anliegend behaart; Krone um 8 mm breit, anfangs violett überhaucht, dann hell himmel- bis azurblau; Blütezeit April–September. Steinrasen, Gebüsche, Wälder, Viehläger; in den Alpen weit verbreitet, bis etwa 2700 m.
Wissenswertes Gehört zur Artengruppe des Wald-Vergissmeinnicht, aus der viele Gartenformen gezüchtet wurden.

Sumpf-Vergissmeinnicht
Myosotis scorpioides
Raublattgewächse

Merkmale 20–80 cm hoch, einjährig, formenreich. Stängel meist bogig aufsteigend, dicht beblättert, schräg aufwärts dicht behaart. Blätter wechselständig, eiförmig, bis 10 cm lang, abstehend oder anliegend behaart, randlich bewimpert. Blüten in Scheinrispen; Kelch anliegend behaart, Krone aufblühend rötlich, später himmelblau, bis 8 mm breit; Blütezeit Mai–Juni. Gräben, Sumpfwiesen, lichte Wälder.
Wissenswertes Der Stängel ist durch die herablaufenden Blattbasen etwas kantig. Dies nennt man Rekauleszenz.

Bodensee-Vergissmeinnicht
Myosotis rehsteineri
Raublattgewächse

Merkmale Nur 2–10 cm hoch, einjährig. Pflanze mit aufsteigendem oder aufrechtem, dicht beblättertem, meist kahlem Stängel, wächst meist in kleinen Rasen. Blätter wechselständig, sitzend, lanzettlich, kurz behaart oder kahl, glattrandig. Blüten zu wenigen auf kurzen Blütenstandsästen; Kelch angedrückt behaart; Krone 5–12 mm breit, aufblühend rosa, später himmelblau; Blütezeit Mai–Juni. Feuchte Sandböden an Ufern; sehr selten am Bodensee, am Starnberger See und an der Isar.

Wissenswertes Die Art gilt als mitteleuropäischer Endemit. Endemiten sind Arten an Standorten, von denen der Austausch von Verbreitungseinheiten mit anderen Gebieten nicht oder nur sehr eingeschränkt möglich ist. Besonders endemitenreich sind daher Inseln und hohe Gebirgsstöcke. Bei der vorliegenden Art muss der Endemismus andere, aber noch nicht näher bekannte Gründe haben, denn geeignete Standorte finden sich auch an anderen mitteleuropäischen Stillgewässern. ▽

Echter Steinsame
Lithospermum officinale
Raublattgewächse

Merkmale 25–70 cm hoch, mehrjährig. Stängel steif aufrecht, meist reich verzweigt, kurz behaart. Grundblätter zur Blütezeit verwelkt; Stängelblätter wechselständig lanzettlich, bis 10 cm lang, elliptisch, sehr kurz gestielt bis sitzend, unterseits angedrückt behaart. Blüten in beblätterten Scheintrauben; Krone um 5 mm breit, weiß oder leicht gelblich; Blütezeit Mai–Juni. Laubwälder, Waldsäume, Gebüsche; selten.
Wissenswertes Die steinharten Samen sind porzellanglatt und glänzend weiß.

Blauroter Steinsame
Lithospermum purpureo-caeruleum Raublattgewächse

Merkmale 30–60 cm hoch, mehrjährig. Stängel aufrecht, wenig verzweigt, stark behaart. Blätter wechselständig, lanzettlich, zugespitzt, bis 1,5 cm breit, 8 cm lang. Blüten kurz gestielt zu 2–12 in Wickeln; Kelch schmal fünfzipflig; Krone bis über 2 cm breit, anfangs rötlich, später tiefblau; Blütezeit April–Mai. Lichte Laubwälder, Trockengebüsche; selten; in Deutschland nur in Weinbauregionen.
Wissenswertes Neben blühenden Stängeln gibt es auch sterile, diese liegen am Boden und wurzeln an den Enden.

Enziangewächse und Verwandte: zarte und kräftige Farben

Die bei den Rachenblütlern und ihren Verwandten (s. Seite 78) notierten Anmerkungen zur Blütengestaltung betreffen auch einen großen Teil der in diesem Kapitel vorgestellten Arten. Dies gilt insbesondere für die Vertreter der Enziangewächse, die neben den Orchideen zu den attraktivsten heimischen Blütenpflanzen zählen. Ihr intensiv leuchtendes und fast schon tintiges Blau geht auf eine besondere Farbstoffgruppe zurück, die man Anthocyane nennt. Diese Pigmente sind in den Blütenblattzellen anders untergebracht als die Chlorophylle in den grünen Blättern – sie liegen nämlich gelöst in den großen zentralen Zellsafträumen vor. Schon relativ geringe Veränderungen an den Farbstoffteilchen zaubern eine geradezu unglaubliche Palette von Blau-, Violett- und teilweise auch Rot- und Purpurtönen hervor. Solche Farbwechsel kann man auch künstlich herbeiführen, wenn man eine Blüte z. B. in den sauren Rauch einer Zigarette oder den alkalisch reagierenden einer Zigarre hält.

Verschiedene Vorlieben

Bis auf wenige Arten sind fast alle heimischen Enziane Berg- und Hochgebirgspflanzen. Während es kalkliebende und kalkfliehende Arten auch im Tiefland gibt, zeichnet sich die alpine Flora dadurch aus, dass selbst eng verwandte und sogar ähnlich aussehende Arten völlig unterschiedliche Böden bevorzugen.

Sie vertreten sich daher in Kalk- bzw. Silikatgebieten gegenseitig, weshalb man solche Pflanzen auch als ökologische Vikarianten oder vikariierende Arten bezeichnet. Ein bekanntes Artenpaar bilden der Stängellose Silikat-Enzian und der äußerst ähnliche Stängellose Kalk-Enzian, den man nach einem

Inhaltsstoffe schützen: Der prächtige Schwalbenwurz-Enzian (Gentiana asclepiadea) besitzt als Fraßschutz extrem starke Bitterstoffe.

berühmten Botaniker des 18. Jahrhunderts auch Clusius-Enzian nennt. Mit ihren großen, bis über 5 cm langen glockigen Röhren sind sie gleichsam die Prototypen der alpinen Enziane überhaupt.

Auch der nur auf sauer reagierendem Urgestein wachsende Punktierte Enzian und der kalkliebende Gelbe Enzian bilden ein solches Artenpaar, ebenso der Zwerg-Fransenenzian (Silikatböden) und der Frühlings-Enzian (Kalk). An letzterem Beispiel lässt sich im Folgenden erläutern, warum es bei ähnlich klingenden Pflanzennamen so unterschiedliche Schreibweisen (nämlich Fransenenzian vs. Frühlings-Enzian) gibt.

Beim richtigen Namen nennen

Seit langem bemühen sich die Botaniker um eine einheitliche, eindeutige und europaweit anerkannte Benennung der Pflanzen. Solche Festlegungen sind notwendig und sinnvoll, weil die Regionalnamen oft mehrdeutig sind. Der Name »Butterblume« meint in Niedersachsen eventuell eine ganz andere Pflanze als in Mecklenburg-Vorpommern oder in Bayern. Doch Benennungen und Schreibweisen sind nun nicht ein Spiel mit Buchstaben, sondern spiegeln Kenntnisstand und Verwandtschaftskonzepte wider.

Der Schwalbenwurz-Enzian (Gattung *Gentiana*) stellt eine andere Einheit dar als der nah mit ihm verwandte Fransenenzian (Gattung *Gentianella*). Ein Hornklee (Gattung *Lotus*) unterscheidet sich nicht minder deutlich von einem »richtigen« Klee der Gattung *Trifolium*). Die Acker-Winde (Gattung *Convolvulus*) steht zwar in der gleichen Familie wie die Zaunwinde (Gattung *Calystegia*), besitzt aber eine ganze Reihe abweichender Merkma-le. Solche Unterschiede sollen sich nach allgemeiner Übereinkunft auch im Namen wiederfinden, sodass der einigermaßen Pflanzenkundige nach einiger Übung sofort weiß, in welcher Verwandtschaft er sich gerade bewegt.

Die Acker-Winde (Convolvulus arvensis) ist zwar mit der Zaunwinde eng verwandt, unterscheidet sich aber in einigen Merkmalen und gehört daher zu einer anderen Gattung.

Der Bittersüße Nachtschatten (Solanum dulcamara) enthält wie viele Arten seiner Familie giftige Substanzen.

Auf den Inhalt kommt es an

Pflanzen erfreuen uns beim ersten Hinsehen vor allem mit ihren interessanten Formen, dann aber auch mit vielfach nuancierten Blüten- oder Fruchtfarben sowie mit speziellen Duftnoten. Was wir mit den Augen wahrnehmen, betrifft in erster Linie die Pflanzengestalt. Farben und Düfte gehören dagegen in die Pflanzenchemie, und auch diese Merkmale haben ganz ihre besondere Bedeutung.

Außer ihrer Normalausstattung mit den üblichen, fast überall vorkommenden Substanzen besitzen die Vertreter fast aller Pflanzenfamilien auch noch spezielle, oft nur eine kleinere Verwandtschaftsgruppe auszeichnende Inhaltsstoffe. Bei den Lippenblütlern (s. Seite 89) sind es die ätherischen Öle. Bei den Enziangewächsen sind es dagegen besondere Bitterstoffe, wie man sie auch im bekannten Enzianschnaps (aus angebauten Pflanzen hergestellt!), leicht herausschmeckt.

Auch die in diesem Kapitel vorgestellten Nachtschattengewächse wie der Bittersüße Nachtschatten enthalten spezielle Inhaltsstoffe, die Alkaloide genannt werden. Diese Substanzen greifen gezielt und hochwirksam in unser Nervensystem ein – sie sind deshalb bemerkenswert giftig. Weil mit dieser Wirkung oft auch das Bewusstsein verändernde Effekte verbunden sind, haben Bilsenkraut, Tollkirsche und Stechapfel in fast allen Kulturen einen unheimlichen Ruf, was übrigens auch in ihrer Familienbezeichnung anklingt. Doch in der richtigen Dosis und bei sachgemäßer Anwendung

Doppeldolde: Auch beim Wiesen-Kerbel (Anthriscus sylvestris) besteht der Blütenstand aus doldig arrangierten Döldchen.

können solche Verbindungen durchaus wertvolle und segensreiche Arzneistoffe sein. Die tödlich giftigen Wirkstoffe aus der Tollkirsche spielen beispielsweise in der Augenheilkunde eine wichtige Rolle.

Eigenartigerweise gehören auch viele heute unentbehrliche Kulturpflanzen zu dieser nicht unproblematischen Familie. Entweder sind es Arten mit Alkaloiden, die für Menschen nur schwach oder gar nicht wirksam sind wie im Fall von Paprika und Tomate, oder wir verzehren ausschließlich die alkaloidfreien Teile wie etwa bei der Kartoffel. Als Friedrich der Große im 18. Jahrhundert in Preußen den Kartoffelanbau durchsetzte, war die heute fast selbstverständliche Kenntnis noch wenig verbreitet, dass alle grünen Teile dieser Pflanze recht giftig sind.

Zwischen Wohl und Wehe

Spezielle und überwiegend sogar artspezifische Inhaltsstoffe kennzeichnen auch eine weitere in diesem Kapitel behandelte Familie, die in der heimischen Flora mit etlichen Arten vertreten ist: Die Doldenblütler (oder Doldenblütengewächse) zeichnen sich wie auch die Lippenblütler (s. Seite 89) durch ätherische Duftöle aus. Ihre Öle sit-

zen aber überwiegend nicht in leicht abstreifbaren Haaren, sondern in besonderen Ölbehältern der Blätter, Wurzelorgane und Früchte. Das bloße Abstreifen sagt daher nichts über die geruchlichen Qualitäten von Pastinak, Bärwurz, Fenchel oder Kümmel aus, aber nach vorsichtigem Zerreiben teilen sie ihren Duft unserer Nase sofort mit. Aus diesem Grunde sind viele Arten gleichermaßen zu Klassikern der Kräuterküche wie der Arzneigärten geworden.

Das tragische Ende des griechischen Philosophen Sokrates, dem man einen Becher mit Schierling-Saft reichte, mahnt indessen, dass einige Arten keineswegs für den vorbehaltlosen Konsum zu empfehlen sind, denn außer den für die Nase recht angenehmen Duftölen kommen bei einzelnen Arten auch ausgesprochen problematische Stoffe vor. Dazu gehören beispielsweise die so genannten Furanocumarine (Psoralene). Bei empfindlichen Personen rufen sie auf der Haut heftige entzündliche Reaktionen hervor, insbesondere dann, wenn die Betroffenen sich draußen zusätzlich der UV-Strahlung des Sonnenlichtes aussetzen. Besonders wirksam ist in dieser Hinsicht der als Bienenfutterpflanze aus dem Kaukasus eingeführte und in der mitteleuropäischen Flora als Neubürger fest etablierte Riesen-Bärenklau. Seine heimischen Verwandten, der Wiesen-Bärenklau und auch der Wiesen-Kerbel zeigen dagegen weniger schwerwiegende Effekte, die man früher einfach als Wiesen-Dermatitis bezeichnete.

Von kleinen Blüten zu großen Ständen

Auch wenn die Bestimmung der einzelnen Arten wegen des sehr ähnlichen Aussehens mitunter nicht so ganz einfach ist, erkennt man einen Vertreter der Doldenblütler sofort an seinem charakteristischen Blütenstand.

Bei fast allen Vertretern dieser Pflanzenfamilie gehen die zahlreichen Verzweigungen des Blütenstandes von einem Punkt aus. Das Ergebnis ist eine schirmförmige, flache oder wenig gewölbte Dolde. Jede beteiligte Verzweigung, Doldenstrahl genannt, bringt meist noch ihr Tragblatt mit, so dass am Verzweigungspunkt ein Kranz aus kleinen grünen Blättern zusammensteht, die man als Hülle bezeichnet. Jeder Doldenstrahl trägt an seinem freien Ende wiederum eine doldi-

Die Blütenstände des Blutroten Storchschnabels (Geranium sanguineum) kann man als stark vereinfachte Dolden auffassen.

Doldige Blütenstände kommen nicht nur bei Doldenblütlern vor. Sie sind auch für die Zypressen-Wolfsmilch (Euphorbia cyaparissias) und ihre nähere Verwandtschaft typisch.

ge Verzweigung, das so genannte Döldchen. Dessen Tragblattensemble ist das Hüllchen. So gut wie alle heimischen Vertreter der Familie weisen diese auch zusammengesetzte Dolde genannte Blütenstandskonstruktion auf.

Von einer (zusammengesetzten) Dolde unterscheidet sich die Doldenoder Schirmrispe dadurch, dass ihre Verzweigungen einzeln von verschiedenen Punkten ausgehen. Sie kommt beispielsweise bei der Zypressen-Wolfsmilch und anderen Vertretern der Wolfsmilchgewächse vor.

Die Dolde stellt ein interessantes Zwischenstadium auf dem Entwicklungsweg zum Korbblütenstand dar (s. Seite 60). Vergleicht man die meist winzigen Einzelblüten aus der Mitte von Döldchen oder Dolde mit den randständigen, so fällt auf, dass die nach außen weisenden Kronblätter umso stärker vergrößert sind (»strahlen«), je weiter ihre Blüten außen sitzen.

Bei vielen Arten erscheint die Dolde daher gar nicht mehr als Blütenstand aus hunderten Einzelblüten, sondern als »Superblume«. Ähnlich empfinden das offenbar die zahlreich eintreffenden Besucherinsekten, darunter vor allem Schwebfliegen, Fliegen sowie Weichkäfer: Für sie sind die besonders nektarreichen Blütenensembles richtige Sonnen- und Ausflugsterrassen.

Wenn diese Insekten schließlich auf den Blüten ihre Bestäuberjobs erledigt haben und die Blüten Früchte ansetzen, weisen die Doldenblütler aber noch eine weitere Besonderheit auf: Ihre Früchte reifen jeweils im Doppelpack. Was auf dem allseits bekannten Kümmelbrötchen oder im Fencheltee landet, ist also keine ganze, sondern jeweils nur die Hälfte einer Frucht.

Himmelsleiter
Polemonium caeruleum
Sperrkrautgewächse

Merkmale 30–80 cm hoch, mehrjährig. Stängel aufrecht, kantig gefurcht, verzweigt. Blätter wechselständig, unpaarig gefiedert; Fiedern lanzettlich, glattrandig. Blüten bis 3,5 cm breit; Krone himmelblau, seltener weiß; Kronzipfel ausgebreitet, Staubblätter gelb, weit vorragend; Blütezeit Juni–September. Feuchtwiesen, Niedermoore, Erlengebüsche, Steinschuttfluren; nicht selten auch Zierpflanze in Bauerngärten.
Wissenswertes In Deutschland kommt die Art fast nur im Bergland und westlich nur bis zum Rhein vor.

Büschelschön
Phacelia tanacetifolia
Wasserblattgewächse

Merkmale 30–70 cm hoch, einjährig. Pflanze mit hohem, aufrechtem, dicht borstig behaartem Stängel. Blätter wechselständig, stark behaart, gestielt, fiederschnittig mit gesägten bis gekerbten Abschnitten. Blüten zahlreich in eingerollten Wickeln, Kronen fünfzipflig, hellblau, Staubblätter weit vorragend; Blütezeit Juni–Oktober. Äcker, Gärten, Schuttstellen.
Wissenswertes Die Art stammt aus dem westlichen Nordamerika und wird häufig als Bienenfutter sowie Gründünger angebaut. Aus Kultur stellenweise

unbeständig verwildert. Die Wasserblattgewächse, mitunter auch Seebeerengewächse genannt, sind in Mitteleuropa nur mit 4 Tausendblatt-Arten vertreten, die als Wasserpflanzen vorkommen. Die meisten der rund 140 Arten der Familie, die nur relativ wenige Landpflanzen umfasst, kommen im gemäßigten Nordamerika vor. Bei empfindlichen Personen kann der Kontakt mit den Blättern, die entfernt an den heimischen Rainfarn (Gattung *Tanacetum*) erinnern, zu allergischen Reaktionen mit Hautausschlag führen.

Weiße Schwalbenwurz
Vincetoxicum hirudinaria
Schwalbenwurzgewächse

Merkmale 40–70 cm hoch, mehrjährig. Stängel aufrecht, rund, im oberen Teil manchmal windend. Blätter gegenständig, lanzettlich, an der Basis herzförmig, glattrandig, dunkel bläulich grün. Blüten zahlreich in Trauben in den oberen Blattachseln; Krone weiß, 5–7 mm breit, trichterförmig; Blütezeit Mai–August. Lichte Wälder, Halbtrockenrasen, Steinbrüche, Steinhalden; gern auf Kalk.
Wissenswertes Mit einem besonderen Klemmfallenmechanismus hält die Blüte zur Bestäubung Fliegen für einige Augenblicke fest. Leicht giftig.

Seekanne
Nymphoides peltata
Fieberkleegewächse

Merkmale Wasserpflanze, mehrjährig, lange Stängel aus kriechender Grundachse. Schwimmblätter lang gestielt, ähneln denen einer Seerose, aber nur 4–8 cm breit, unterseits drüsig punktiert. Blüten bis 3 cm breit, ragen nur wenig aus dem Wasser; Krone kräftig gelb, im Schlund bärtig gewimpert; Blütezeit Juli–September. Nährstoffreiche, stehende und langsam fließende Gewässer; selten.
Wissenswertes Schwimmfähige Samen, werden auch von Wasservögeln verschleppt. ▽

Fieberklee
Menyanthes trifoliata
Fieberkleegewächse

Merkmale Sumpfpflanze, mehrjährig. Stängel als 1–2 cm dicker Wurzelstock im Bodenschlamm. Blätter 15–30 cm lang gestielt, dreizählig gefiedert; Fiedern eiförmig, glattrandig, etwas fleischig. Blüten 1–1,6 cm breit, in dichter, aufrechter Traube; Krone in der Knospe rötlich, nach dem Aufblühen weiß, am Rand bärtig behaart; Blütezeit Mai–Juli. Sümpfe, Moore; selten.
Wissenswertes Früher als Heilpflanze verwendet, heute durch andere Arzneipflanzen ersetzt. ▽

Nessel-Seide
Cuscuta europaea
Windengewächse

Merkmale Einjährig, kletternd. Fadendünne, bis etwa 1 m lange, verzweigte, gelblich rötliche Stängel ohne Wurzeln. Blätter schuppenförmig klein, bleich. Blüten klein, weißlich rötlich, zahlreich in kugeligen Köpfen; Krone bis 4 mm lang, vierzipflig; Blütezeit Juni–September. Meist auf Brennnessel, Weide, Hopfen oder Beifuß an Ufern, in Hecken.
Wissenswertes Seide-Arten sind Vollparasiten. Sie entnehmen alle benötigten Stoffe ihren Wirtspflanzen, die sie mit kleinen Saugorganen anzapfen.

Thymian-Seide
Cuscuta epithymum
Windengewächse

Merkmale Einjährig. Eigenartige Pflanze mit langen, bindfadendünnen, blattlosen Stängeln, hellrötlich oder purpurn und offensichtlich ohne Blattgrün. Blüten zahlreich in kugeligen Knäueln; Krone rot, rosa oder weißlich; Blütezeit Juli–August. Vollparasit auf Thymian- und Ginster-Arten in Halbtrockenrasen, auch auf Besenheide und Weinrebe.
Wissenswertes Außer den heimischen Seide-Arten kommen in Mitteleuropa wirtsspezifisch v. a. in Flusstälern auch aus Amerika eingeschleppte Arten vor.

Acker-Winde
Convolvulus arvensis
Windengewächse

Merkmale 20–100 cm lang, mehrjährig, Kletterpflanze. Meist kriechender, seltener windender Stängel aus fleischigem Wurzelstock. Blätter wechselständig, pfeil- bis spießförmig. Blüten einzeln lang gestielt in den Blattachseln, nur einen Tag geöffnet; Krone weiß mit rosa Streifen, trichterförmig, 2,5–4 cm breit; Vorblätter unter dem Kelch klein; Blütezeit Juni–September. Nährstoffreiche Äcker, Gärten, Weinberge; außerhalb der Gebirge ziemlich häufig.
Wissenswertes Wurde früher als Heilpflanze verwendet.

Gewöhnliche Zaunwinde
Calystegia sepium
Windengewächse

Merkmale 1–4 m lang, mehrjährig, Kletterpflanze. Stängel windend. Blätter wechselständig, gestielt, Spreite dreieckig bis herzförmig, bis 15 cm lang. Blüten reinweiß, Krone trichterförmig, bis 5 cm lang und breit, schließt sich bei Dunkelheit; Blütezeit Juni–September. Hecken, Gärten, Gebüsche; häufig.
Wissenswertes Die Blüten bieten ihren Besuchern keinen Nektar, sondern ausnahmsweise fette Öle an. Die Pflanze windet immer gegen den Uhrzeigersinn; ihre wachsende Spitze benötigt für eine Runde etwa 2 Stunden.

Strandwinde
Calystegia soldanella
Windengewächse

Merkmale 10–50 cm lang, mehrjährig. Stängel liegend, nicht oder kaum windend. Blätter lang gestielt, rundlich nierenförmig, etwas fleischig, dunkelgrün. Blüten einzeln gestielt in den Blattachseln; Krone trichterförmig, rosa mit weißen Streifen, bis 5 cm lang und ebenso breit; Blütezeit Juli–August. Weißdünen, Strandwälle; selten.
Wissenswertes An den Mittelmeer- und Atlantikküsten ist die Art recht verbreitet, an der Nordsee kommt sie jedoch nur auf einigen Ostfriesischen Inseln vor. ▽

Stechapfel
Datura stramonium
Nachtschattengewächse

Merkmale 30–120 cm hoch, einjährig. Stängel aufrecht, kahl. Blätter wechselständig, gestielt, oft ungleich groß, oval bis rundlich, buchtig gezähnt. Blüten einzeln gestielt in den oberen Blattachseln; Krone trichterförmig, bis 10 cm lang, weiß; Blütezeit Juni–Oktober. Namen gebende Kapselfrucht derb bestachelt, bis 5 cm lang. Brachen, Abfallstellen, Gärten, Wegränder.
Wissenswertes Die sehr giftige Pflanze stammt aus Mexiko und ist v. a. im Mittelmeerraum recht häufig. Von dort gelegentlich eingeschleppt. Giftig.

Bilsenkraut
Hyoscyamus niger
Nachtschattengewächse

Merkmale 30–80 cm hoch, einjährig. Stängel aufrecht, stumpfkantig, einfach oder verzweigt. Blätter wechselständig, oval, buchtig gezähnt bis fiederteilig. Blüten einzeln in den Blattachseln; Krone glockig, bis 3 cm lang und 2 cm breit, trübgelb, violett geadert, im Schlund dunkelviolett; Blütezeit Juni–September. Brachen, Mauern, Schuttstellen, Gebüsche; meist auf nährstoffreichen Böden.
Wissenswertes Die Pflanze riecht unangenehm, wurde früher für Giftmorde verwendet (vgl. Hamlet). Stark giftig.

Schwarzer Nachtschatten
Solanum nigrum
Nachtschattengewächse

Merkmale 20–80 cm hoch, einjährig. Stängel aufrecht, schwach kantig, auch an der Basis krautig. Blätter wechselständig, breit lanzettlich, dunkelgrün. Blüten in doldigen Trauben; Krone weiß, mitunter bläulich gestreift, um 1,5 cm breit, Staubblätter goldgelb, kegelig; Blütezeit Juni–Oktober. Beere glänzend schwarz, um 1 cm breit, kugelig. Hackfruchtäcker, Brachen, Gärten, Ruinen.
Wissenswertes Zur gleichen Gattung gehört die Kartoffel, die in ihren grünen Teilen ebenfalls giftig ist. Giftig.

Bittersüßer Nachtschatten
Solanum dulcamara
Nachtschattengewächse

Merkmale Bis 4 m hoch, sommergrüner Halbstrauch. Stängel aufsteigend oder kletternd, im unteren Drittel verholzt. Blätter wechselständig, lang gestielt, lanzettlich, einfach oder mit 1–2 Lappen. Blüten bis 2 cm breit; Krone dunkel blauviolett; Blütezeit Juni–August. Beere 1 cm dick, anfangs grünlich, dann gelborange und reif scharlachrot. Ufer, feuchte Wälder, Hecken.
Wissenswertes Es gibt Rassen, die sich im Giftgehalt der Beeren unterscheiden. Vom Verzehr ist abzuraten. Giftig.

Tollkirsche
Atropa bella-donna
Nachtschattengewächse

Merkmale Bis 180 cm hoch, mehrjährig, strauchartig. Stängel reich verzweigt, aufrecht. Blätter wechselständig, breit lanzettlich. Blüten auf gebogenen Stielen einzeln in den oberen Blattachseln; Krone glockig, fünfzipflig, außen in der Vorderhälfte braunviolett, innen grünlich gelb mit dunkleren Adern; Blütezeit Juni–August. Beere bis 1,5 cm dick, tiefschwarz glänzend. Waldränder.
Wissenswertes Die giftige Frucht enthält mehrere Alkaloide von lähmender Wirkung. Stark giftig.

Deutscher Enzian
Gentianella germanica
Enziangewächse

Merkmale 10–35 cm hoch, mehrjährig, sehr formenreich. Stängel aufrecht, meist mehrfach verzweigt, vierkantig. Rosettenblätter zur Blütezeit abgestorben. Stängelblätter eiförmig. Blüten einzeln endständig, rotviolett, im Schlund bärtig. Krone fünfzipflig, oben bräunlich bis rotviolett; Blütezeit Juli–Oktober. Kalkreiche, trocken steinige Lehmböden; Halbtrockenrasen, Trockengebüsche; in den Mittelgebirgen selten. Alpenvorland, in den Kalkalpen bis etwa 2500 m.
Wissenswertes Der ähnliche Feld-Enzian hat vierzählige Blüten. ▽.

Fransen-Enzian
Gentianella ciliata
Enziangewächse

Merkmale 10–25 cm hoch, mehrjährig. Stängel niederliegend aufsteigend bis aufrecht. Blätter lineal lanzettlich. Blüten oft einzeln, selten zu 2–10 traubig, dunkelblau, außen am Grund oft grünlich; Zipfel eingeschnitten gefranst; Blütezeit August–Oktober. Matten, Bergwiesen, Trockenrasen und Gebüsche; in den Kalkalpen bis etwa 2500 m.
Wissenswertes Die Art benötigt offene Standorte und kann sich nur halten, wenn die Standorte regelmäßig beweidet werden. Kommt meist mit dem Deutschen Enzian vor. ▽

Frühlings-Enzian
Gentiana verna
Enziangewächse

Merkmale 3–10 cm hoch, mehrjährig, wächst oft in kleinen Rasen. Stängel aufrecht, unverzweigt, kantig. Blüten einzeln endständig; Krone tief himmelblau, 2–3 cm lang, engröhrig, zwischen den Zipfeln mit zweiteiligem, weiß geflecktem Zahn; Blütezeit März–Juni. Trockenwiesen, Halbtrockenrasen; Schwäbisch-Fränkischer und Schweizer Jura vereinzelt, in den Alpen relativ selten; bis etwa 2800 m.
Wissenswertes Der engröhrige Kelch ist oft violettbraun überlaufen und an den Kanten schmal geflügelt. ▽

Bayerischer Enzian
Gentiana bavarica
Enziangewächse

Merkmale 5–20 cm hoch, mehrjährig. Stängel aufrecht, einfach, kantig. Untere Blätter dicht gedrängt. Blüten einzeln endständig; Kelch engröhrig, scharfkantig, aber nicht geflügelt; Krone tief himmelblau, 1,8–2,5 cm lang, engröhrig, Zipfel flach ausgebreitet, dazwischen ein zweiteiliger Zahn; Blütezeit Juli–September. Feinschuttböden, Schneetälchen, Quellhorizonte in Matten; Nord- und Zentralalpen; 1800–3600 m.
Wissenswertes Der Triglav-Enzian (*G. terglouensis*) ist ähnlich, die Blätter sind an der Spitze trockenhäutig. ▽

Stängelloser Silikat-Enzian
Gentiana acaulis
Enziangewächse

Merkmale 5–10 cm hoch, mehrjährig. Rosettenblätter mindestens 3 cm, oft bis 10 cm lang. Blüten einzeln endständig; Krone glockig, dunkelblau, innen olivgrün gestreift bis gefleckt, 5–6 cm lang; Blütezeit Mai–August. Saure, feucht humose Lehmböden. Matten, Steinböden, selten lichte Gebüsche; südlicher Schweizer Jura, Zentralalpen, zwischen 1200 und 3000 m.
Wissenswertes Auch Breitblättriger oder Kochs Enzian genannt. Der sehr ähnliche Stängellose Kalk-Enzian

(*G. clusii*) kommt nur in den Kalkalpen auf basischen Böden vor. Die beiden Verwechslungsarten vertreten sich also bodenabhängig gegenseitig. Solche Arten nennt man vikariierend. In den Silikat- und Kalkalpen gibt es mehrere solcher Artenpaare. Dem Stängellosen Kalk-Enzian fehlt der grünliche Streifen und die weißliche Verbindungshaut zwischen den Kelchblattzipfeln. Außerdem sind die Buchten zwischen den Kelchblättern spitzer als beim Silikat-Enzian. ▽

Schnee-Enzian
Gentiana nivalis
Enziangewächse

Merkmale 2–10 cm hoch, einjährig. Stängel aufrecht. Blüten endständig; Kelch 1–1,5 cm lang, liegt der Kronröhre eng an, ungeflügelt, oft mit schwarzvioletten Kanten. Krone 1,2–2,2 cm lang, erst oberhalb der Kelchzähne blau; Blütezeit Juni–August. Matten, Rasen, Felsbänder; Kalkgebiete; 1500–2800 m.
Wissenswertes Zum Himmelblau der Kronzipfel bildet die große Narbe einen lebhaften Kontrast. Der Schnee-Enzian gehört zu den wenigen einjährigen alpinen Pflanzenarten. ▽

Lungen-Enzian
Gentiana pneumonanthe
Enziangewächse

Merkmale 10–40 cm hoch, mehrjährig. Stängel aufrecht, meist unverzweigt, kaum kantig. Blätter gegenständig, schmal lanzettlich bis linealisch, einnervig, Blattrand umgerollt. Blüten einzeln in den oberen Blattachseln; Krone engglockig, blau, innen grüne Punktstreifen, bis 5 cm lang; Blütezeit Juli–Oktober. Flachmoore, Heiden; im Tiefland zerstreut, im Mittelgebirge selten.
Wissenswertes Früher als Heilpflanze verwendet (Name!), aber ohne wirksame Inhaltsstoffe. ▽

Schwalbenwurz-Enzian
Gentiana asclepiadea
Enziangewächse

Merkmale 30–90 cm hoch, mehrjährig. Stängel aufrecht, verzweigt. Blätter gegenständig, oft zweireihig, lanzettlich, obere kleiner. Blüten zu 1–3 in den oberen Blattachseln, bis 5 cm lang, dunkelblau, innen mit weißlichen Längsstreifen; Blütezeit August–Oktober. Hochstaudenfluren, Gebüsche an Bächen.; Schweizer Jura; Alpenvorland, Nördliche und Südliche Kalkalpen; selten.
Wissenswertes Die Blüten öffnen sich zwischen 8 und 9 Uhr und schließen sich zwischen 17 und 18 Uhr. Oft kommt Selbstbestäubung vor. ▽

Tüpfel-Enzian
Gentiana punctata
Enziangewächse

Merkmale 20–60 cm hoch, mehrjährig. Stängel aufrecht, einfach, undeutlich kantig. Blüten zu 1–3 in den oberen Blattachseln, am Stängelende auch kopfig gehäuft; Krone hell-, seltener goldgelb, bis 4 cm lang, innen mit schwarzpurpurnen Strichen; Blütezeit Juni–September. Alpine Rasen und Zwergstrauchbestände; in den Kalkalpen selten, in den Zentral- und Südalpen häufiger; fehlt östlich der Linie Salzburg-Bozen; zwischen 1400 und 2800 m.
Wissenswertes Gerne an lang von Schnee bedeckten Stellen. ▽

Purpur-Enzian
Gentiana purpurea
Enziangewächse

Merkmale 20–60 cm hoch, mehrjährig. Stängel aufrecht, wenig verzweigt. Blätter gegenständig, eiförmig, glänzend grün. Blüten zu 1–3 in den Achseln der oberen Blätter sowie kopfig gehäuft am Ende des Stängels, braun purpurrot, innen gelblich, 2,5–4 cm lang, glockig zipfelig; Blütezeit Juli–September. Alpine Rasen, Matten, Zwergstrauchbestände, Hochstaudenfluren; v. a. in den Westalpen zwischen 1700 und 2700 m; selten.
Wissenswertes Fehlt östlich der Linie Oberstdorf-Landeck-Lugano weitgehend. ▽

Kreuz-Enzian
Gentiana cruciata
Enziangewächse

Merkmale 10–40 cm hoch, mehrjährig. Stängel aufrecht. Blätter gegenständig, lanzettlich, ledrig. Blüten in den Achseln der oberen Blätter, am Stängelende kopfig gehäuft, 1–2,5 cm lang, dunkelblau, außen oft etwas bräunlich; Blütezeit Juli–Oktober. Halbtrockenrasen, Gebüsche, Wälder; Kalkmittelgebirge selten, Nördliche und Südliche Kalkalpen bis etwa 1600 zerstreut bis selten.
Wissenswertes An den Blütenknospen erkennt man, dass sich die Kronblätter bei Enzianen in schraubiger Lage (als Linkswendel) entwickeln. ▽

Gelber Enzian
Gentiana lutea
Enziangewächse

Merkmale 50–140 cm hoch, mehrjährig, Stängel dick, aufrecht. Blätter gegenständig, 8–30 cm lang, mit fast parallelen Rippen. Blüten in den Achseln der mittleren und oberen Stängelblätter und am Stengelende, büschelig doldig je 3–10, hellgelb; Blütezeit Juni–August. Halbtrockenrasen, Latschen- und Trockengebüsche; selten in Jura, Schwarzwald, Alpenvorland und Alpen verbreitet.
Wissenswertes Wegen der Bitterstoffe in der Wurzel zur Schnaps- und Likörherstellung verwendet. ▽

Blauer Sumpfstern
Swertia perennis
Enziangewächse

Merkmale 15–60 cm hoch, mehrjährig. Stängel aufrecht, kantig, oft braunviolett überlaufen. Blätter gegenständig, schmal eiförmig. Blüten in lockerer Rispe am Ende des Stängels, weißlich bis trüb rotviolett, dunklere Aderung, strichartige Flecken, 2–3 cm breit; Blütezeit Juli–September. Kalkhaltige Moorböden, Sumpfwiesen; Kalkalpen und Alpenvorland, kaum über 1500 m; selten.
Wissenswertes Die wenigen Vorkommen außerhalb der Alpen sind Eiszeitrelikte. ▽

Durchwachsener Bitterling
Blackstonia perfoliata
Enziangewächse

Merkmale Bis 40 cm hoch, einjährig. Stängel kahl, aufrecht, wachsig. Blätter gegenständig, bläulich bereift, kurz eiförmig, sitzend, an den Ansatzstellen verwachsen. Blüten in endständiger lockerer Doldenrispe; Krone bis 3 cm breit, gelb; Blütezeit Juni–September. Halbtrockenrasen mit wechselfeuchten Stellen; in Deutschland v. a. im Rheintal, nördlich bis zum Mittelrhein; selten.
Wissenswertes Innerhalb der Art unterscheidet man 2 Unterarten mit bzw. ohne Grundblattrosette.

Echtes Tausendgüldenkraut
Centaurium erythraea
Enziangewächse

Merkmale 10–40 cm hoch, zweijährig. Stängel aufrecht, verzweigt. Rosettenblätter elliptisch eiförmig, Stängelblätter gegenständig, länglich lanzettlich, fünfnervig. Blüten zahlreich in lockerer, endständiger Scheindolde; Kronen rosarot; Blütezeit Juli–September. Halbtrockenrasen, Waldränder, Gebüsche; gern auf Kalkböden, im Gebirge bis 1400 m.
Wissenswertes Enthält Bitterstoffe, daher früher Arznei- und Aromapflanze. Die Blüten sind nur während der Mittagsstunden geöffnet. ▽

Breitblättriges Laserkraut
Laserpitium latifolium
Doldenblütler

Wilde Möhre
Daucus carota
Doldenblütler

Pastinak
Pastinaca sativa
Doldenblütler

Merkmale Bis 120 cm hoch, mehrjährig. Stängel kräftig, aufrecht, bereift. Untere Blätter fast 1 m lang, blaugrün, ein- bis zweifach gefiedert; Fiedern gekerbt gezähnt; Stängelblätter mit großen, bauchigen Blattscheiden. Blüten in zusammengesetzten Dolden, weiß oder rötlich; Blütezeit Juni–August. Lichte Gebüsche, Waldränder; v. a. im Bergland oberhalb 500 m (Rhön, Jura), in den Alpen allerdings selten.
Wissenswertes Die Gattung umfasst weitere ähnliche Arten, die meist im Bergland vorkommen.

Merkmale Bis 90 cm hoch, zweijährig, formenreich. Stängel aufrecht, rund, stark borstig behaart. Verhältnismäßig dünne, weiße Wurzel. Blätter mehrfach gefiedert mit schmalen Endzipfeln, bei den oberen Blättern noch schlanker, duften beim Zerreiben nach Mohrrübe. Blüten klein, weiß, zahlreich in zusammengesetzter, anfangs napfförmiger, aufgeblüht konvex gewölbter Dolde; während der Fruchtreife wiederum nestartig eingekrümmt mit schmal fiederteiligen Hüll- und Hüllchenblättern; Blütezeit Mai–September. Gern auf

nährstoffreichen Lockerböden; Wiesen, Halbtrockenrasen, Raine, Böschungen, Wegränder, auch an Küstenfelsen; im Gebirge bis etwa 1500 m.
Wissenswertes Bei Dunkelheit krümmen sich die Doldenstiele einwärts. In der Doldenmitte befindet sich eine oder mehrere schwarzpurpurne Mohrenblüten, die vermutlich Insektenbesuch vortäuschen und weitere Blütenbesucher anlocken soll. Die reife Frucht besitzt borstige Widerhaken und wird als Klettfrucht verbreitet. Wildform der kultivierten Garten-Mohrrübe (Karotte).

Merkmale 30–100 cm hoch, zweijährig, formenreich. Stängel aufrecht, kantig gefurcht. Blätter unpaarig gefiedert; Fiedern bis 2 cm breit, 5 cm lang, gekerbt, duften beim Zerreiben aromatisch. Blüten chromgelb, in zusammengesetzten Dolden ohne Hülle und Hüllchen; Blütezeit Juli–September. Wiesen, Wegränder, Brachen; häufig.
Wissenswertes Alte Kulturpflanze, die noch im 18. Jh. vielfach angebaut wurde. Der Saft kann bei empfindlichen Personen Hautprobleme hervorrufen (Photosensibilisierung).

Wiesen-Bärenklau
Heracleum sphondylium
Doldenblütler

Riesen-Bärenklau
Heracleum mantegazzianum
Doldenblütler

Wald-Engelwurz
Angelica sylvestris
Doldenblütler

Merkmale 80–160 cm hoch, mehrjährig. Stängel aufrecht, steif borstig behaart, kantig gefurcht. Blätter grobschnittig gefiedert oder stark gelappt, oberseits dicht steifhaarig, grob gezähnt, ziemlich derb, mit auffälliger, gestreifter Blattscheide und meist dunkelrotem Blattstiel. Blüten weiß, zahlreich in 5–15 cm breiten zusammengesetzten Dolden mit fehlender bzw. höchstens sechsteiliger Hülle und zahlreichen Hüllchenblättern; Blütezeit Juni–September. Fettwiesen, Wegränder, Gebüsche, Bra-

chen, Gärten; Überdüngungszeiger; fast überall sehr häufig.
Wissenswertes Die Randblüten der Dolde sind nach außen stark vergrößert und lassen den Blütenstand noch deutlicher als Superblume erscheinen. Häufige Bestäuber sind Schwebfliegen und Weichkäfer. Nach Hautkontakt können Rötungen oder Schwellungen auftreten, die man früher Wiesendermatitis nannte und heute als Photosensibilisierung auffasst. Sie gehen auf die in der Pflanze enthaltene Furocumarine zurück.

Merkmale Bis über 3 m hoch, zwei- bis mehrjährig. Stängel kantig gefurcht, am Grund armdick. Blüten weiß, in 10–50 cm breiten zusammengesetzten Dolden, ohne Hülle, aber mit Hüllchenblättern; Blütezeit Juni–September. Weg-, Waldränder, Staudenfluren, Brachen, Gärten.
Wissenswertes Stammt aus dem Kaukasus, als Bienenweide eingeführt. Der Saft aus Blättern, Stängel und Haaren führt nach Kontakt und Sonnenbestrahlung zu schweren Entzündungen, zumindest zu langwierigen Verfärbungen.

Merkmale 50–200 cm hoch, mehrjährig. Stängel rund, hohl, weißlich bereift. Blätter zwei- bis dreifach fiederteilig, die unteren länger als 50 cm; Blattscheiden bauchig aufgeblasen. Zusammengesetzte Dolde mit 20–40 Strahlen. Hülle fehlt oder nur 1–3 Blättchen. Hüllchenblätter zahlreich, lineal; Blütezeit Juli–September. Berg- und Auenwälder, Ufer, Wegränder; in den Alpen bis 1800 m.
Wissenswertes Der Saft kann im Licht auf der Haut Rötungen bzw. Entzündungen hervorrufen. Alte Heilpflanze.

Sumpf-Haarstrang
Peucedanum palustre
Doldenblütler

Merkmale Bis 150 cm hoch, mehrjährig. Stängel aufrecht, hohl, gefurcht, spaarig verzweigt, oft weinrot überlaufen. Blätter wechselständig, bis dreifach fiederteilig mit schmalen Fiedern. Blüten zahlreich in zusammengesetzten Dolden mit Hülle und Hüllchen, weiß; Blütezeit Juli–August. Lichte Bruchwälder, Ufer, Auen; gebietsweise selten.
Wissenswertes Kommt im Norden bis zum Polarkreis vor, fehlt aber eigenartigerweise fast überall in den Alpen, obwohl beide Verbreitungsgebiete sonst viele gemeinsame Arten aufweisen.

Echter Haarstrang
Peucedanum officinale
Doldenblütler

Merkmale Bis 120 cm hoch, mehrjährig. Stängel aufrecht, kräftig, rund, fein gerillt, nur wenig verzweigt. Blätter wechselständig, lang gestielt, dreifach dreizählig gefiedert mit linealischen, bis 15 cm langen Abschnitten, die pinselartig wirken. Blüten in zusammengesetzten Dolden, blassgelb; Blütezeit Juli–August. Auf sommerwarmen Lehm- und Tonböden; Trockengebüsche, Waldsäume, Halbtrockenrasen; selten.
Wissenswertes Der Saft kann auf der Haut bei Sonnenlicht Rötungen hervorrufen.

Alpen-Mutterwurz
Ligusticum mutellina
Doldenblütler

Merkmale 10–20 cm hoch, mehrjährig. Stängel aufrecht, unten rund, oben oft kantig. Blätter meist grundständig, grasgrün, zwei- bis dreifach fiederteilig. Blüten in zusammengesetzten Dolden, um 3 mm breit, rötlich, außen weinrot, seltener weiß; Blütezeit Juni–August. Sickerfeuchte, steinig lockere Lehmböden; Schneetälchen und nährstoffarme Weiden mit lückigem Bewuchs; im Alpengebiet zerstreut; 1500–2500 m.
Wissenswertes Sehr gutes Futterkraut, wurde auch als Würze verwendet. War örtlich Bestandteil von Kräuterkäse.

Bärwurz
Meum athamanticum
Doldenblütler

Merkmale Bis 60 cm hoch, mehrjährig. Stängel aufsteigend bis aufrecht, fein gerillt, kahl. Blätter lebhaft dunkel(gelb)-grün. Blüten um 3 mm breit, weiß oder gelblich weiß, äußere weinrot bis rotviolett, in zusammengesetzten Dolden. Hüllblätter 0–5, Hüllchenblättchen 3–8; Blütezeit Mai–August. Bergwiesen; im höheren Mittelgebirge verbreitet, in den nördlichen und südlichen Alpenketten selten; bis etwa 2200 m.
Wissenswertes Pflanze riecht zerrieben würzig, wird frisch von Weidetieren nicht gefressen, gilt aber als Heuwürze.

Wiesen-Silge
Silaum silaus
Doldenblütler

Merkmale Bis 1 m hoch, mehrjährig. Stängel aufrecht, ziemlich starr und verzweigt. Blätter wechselständig, lang gestielt, kahl, dreifach gefiedert, Endfiedern dreiteilig, Fiedern bis 2,5 cm lang, 3 mm breit. Blüten in zusammengesetzten Dolden ohne Hülle, grünlich gelb; Blütezeit Juni–September. Fettwiesen, Feuchtrasen, feuchte Lehmböden; fehlt in größeren Gebieten, in anderen selten.
Wissenswertes Der seltsame, aus dem Althochdeutschen stammende deutsche Name Silge ist nicht weiter ableitbar.

Acker-Hundspetersilie
Aethusa cynapium
Doldenblütler

Merkmale 20–100 cm hoch, einjährig. Stängel aufrecht, bläulich bereift, oft rötlich. Blätter zwei- bis dreifach gefiedert, mit schmalen Abschnitten, oberseits glänzend dunkelgrün. Blüten weiß, in zusammengesetzter Dolde ohne Hülle, Döldchen mit 3 hängenden Hüllchenblättern; Blütezeit Juni–Oktober. Brachen, Hackfruchtäcker, Gärten.
Wissenswertes Die Verwechslung mit glattblättrigen Sorten der Garten-Petersilie kann zu tödlichen Vergiftungen führen. Stark giftig.

Röhriger Wasserfenchel
Oenanthe fistulosa
Doldenblütler

Merkmale 30–60 cm hoch, mehrjährig. Stängel an der Basis bis 3 cm dick, bleichgrün, kahl. Blätter wechselständig, untergetaucht zweifach gefiedert mit fadendünnen Zipfeln, obere Luftblätter ein- bis zweifach gefiedert mit schmal ovalen Zipfeln. Blüten in zusammengesetzten Dolden ohne Hülle, weiß bis leicht rötlich; Blütezeit Juni–Juli. Sumpfwiesen, Uferfluren, Gräben.
Wissenswertes Der Gattungsname *Oenanthe* wurde auch für einen Singvogel, den Steinschmätzer, vergeben.

Großer Wasserfenchel
Oenanthe aquatica
Doldenblütler

Merkmale 30–150 cm hoch, ein- bis mehrjährig. Stängel aufrecht, unten bis 5 cm dick, rund, hohl, gerillt. Blätter wechselständig, zweifach gefiedert, untergetauchte mit fadenförmigen Zipfeln, Zipfel der Luftblätter kürzer und breiter. Blüten in Dolden meist ohne Hülle, aber mit zahlreichen Hüllchenblättern, weiß; Blütezeit Juni–August. Röhricht an Altarmen, in Auenwäldern.
Wissenswertes Der deutsche Name bezieht sich auf die fenchelähnlichen Unterwasserblätter. Giftig. ▽

Zottige Augenwurz
Atamantha cretensis
Doldenblütler

Merkmale Bis 25 cm hoch, mehrjährig. Stängel aufsteigend bis aufrecht, rund, nur oben fein gerillt. Blätter wechselständig, zwei- bis dreifach fiederteilig, überwiegend in buschiger Grundrosette. Blüten in (meist) zusammengesetzter Dolde mit Hülle und Hüllchen, weiß; Blütezeit Mai–Juli. Gesteinsschutt, Felsritzen, alpine Rasen; Schwäbische Alb, Schweizer Jura, Nördliche Kalkalpen; örtlich bis 2000 m.
Wissenswertes In Südeuropa (Mittelmeergebiet) ist die formenreiche Art mit mehreren Unterarten vertreten.

Breitblättriger Merk
Sium latifolium
Doldenblütler

Merkmale Bis 120 cm hoch, mehrjährig. Ufer- und Wasserpflanze. Stängel aufrecht, hohl, kräftig, kantig gefurcht. Blätter wechselständig, untergetauchte mit fadendünnen Fiederabschnitten, Luftblätter bis 40 cm lang mit eiförmigen Fiedern. Blüten in zusammengesetzten Dolden mit Hülle und Hüllchen, weiß; Blütezeit Juli–August. Schlammböden nährstoffreicher Gewässer; selten.
Wissenswertes Die unterschiedliche Form der Unter- und Überwasserblätter bezeichnet man fachsprachlich als Heterophyllie. Giftig.

Berle
Berula erecta
Doldenblütler

Merkmale Bis 80 cm hoch, mehrjährig. Stängel rund, hohl, aufrecht, wenig verzweigt. Blätter wechselständig, Blätter lang gestielt, unpaarig gefiedert, mit 2–9 Paar ovalen, unregelmäßig eingeschnittenen Fiedern. Blüten in zusammen-gesetzten Dolden mit gezähnten Hüllblättern, weiß; Blütezeit Juli–August. Auf schlammig nassen Böden von Gräben und kleineren Bächen; ziemlich selten; fehlt im nordwestlichen Tiefland.
Wissenswertes Überwintert untergetaucht, daher wichtiger Unterschlupf für Fische und Amphibien.

Steppenfenchel
Seseli annuum
Doldenblütler

Merkmale Bis 50 cm hoch, ein- bis mehrjährig. Stängel starr, nur in der oberen Hälfte verzweigt, rund, gerillt, oft weinrot, kurz behaart. Blätter wechselständig, bläulich, zwei- bis vierfach fiederteilig mit 1 cm langen, um 1 mm breiten Zipfeln. Blüten in zusammengesetzten Dolden, nur mit Hüllchen mit Hautrand; Krone weiß oder rötlich; Blütezeit Juli–September. Trockenrasen, Trockengebüsche; selten.
Wissenswertes Hauptverbreitungsgebiet ist das kontinentale Südosteuropa. In Mitteleuropa gilt sie als Klimazeuge.

Giersch
Aegopodium podagraria
Doldenblütler

Merkmale Bis 100 cm hoch, mehrjährig. Stängel meist kahl, kantig. Blätter doppelt dreizählig gefiedert, Fiedern oval, gezähnt, bis 4 cm breit, 10 cm lang. Blüten in zusammengesetzten Dolden ohne Hülle und Hüllchen, weiß oder grünlich weiß; Blütezeit Mai–Juli. Nährstoffzeiger. Waldränder, Gebüsche, Schuttstellen; fast überall sehr häufig.
Wissenswertes Die jungen Blätter werden als Salat oder Gemüse gegessen. Traditionelle Heilpflanze, früher gegen Gicht (Podagra) eingesetzt.

Kleine Bibernelle
Pimpinella saxifraga
Doldenblütler

Merkmale 5–60 cm hoch, mehrjährig. Stängel rund, fein gerillt. Blätter einfach gefiedert, mit 7–11 Teilblättchen, an den oberen Stängelblättern sehr schmal. Blüten in zusammengesetzten Dolden, weiß; Hüll- und Hüllchenblätter fehlen, selten 1–2; Blütezeit Juni–Oktober. Trockenrasen, Wiesen, Raine, Gebüsche; in den Alpen bis etwa 2400 m.
Wissenswertes *Pimpinella* und Bibernelle kommen vom lateinischen *piper* = Pfeffer. Die Namen verweisen auf den scharfen Geschmack. Alte Heilpflanze.

Wiesenkümmel
Carum carvi
Doldenblütler

Merkmale 30–80 cm hoch, zweijährig. Stängel ästig, kahl, aufrecht. Blätter zwei- bis dreifach gefiedert mit sehr schmalen Zipfeln, duften beim Zerreiben würzig aromatisch. Blüten zahlreich in zusammengesetzten Dolden mit ungleich langen Strahlen, meist ohne Hülle und Hüllchen, weiß; Blütezeit April–Juni. Wiesen, Weiden, Wegränder.
Wissenswertes Nutz- und Heilpflanze, v. a. das ätherische Öl der Früchte wird zum Aromatisieren von Speisen und als krampflösendes Mittel verwendet.

Sichelmöhre
Falcaria vulgaris
Doldenblütler

Merkmale 20–60 cm hoch, meist mehrjährig. Stängel sparrig, reich verzweigt, rund. Blätter wechselständig, bläulich, dreiteilig, mit langen, schmalen, fein gezähnten Zipfeln; Endzipfel ihrerseits dreiteilig. Blüten in zusammengesetzten Dolden mit Hülle und Hüllchen, weiß; Blütezeit Juni–August. Wegränder, Äcker, Brachen; fehlt im Norden.
Wissenswertes Die schmalen, etwas steifen Blätter sind bestens an Trockenheit angepasst. Blattober- und -unterseite unterscheiden sich nicht.

Wasserschierling
Cicuta virosa
Doldenblütler

Merkmale Bis 120 cm hoch, mehrjährig. Stängel aufrecht, kahl. Kräftiger Wurzelstock. Blätter zwei- bis dreifach gefiedert, Fiedern schmal lanzettlich, scharf gezähnt, bis 8 cm lang. Blüten zahlreich in zusammengesetzten Dolden mit wenigen (mitunter fehlenden) Hüll- und vielen Hüllchenblättern, weiß; Blütezeit Juni–August. Uferröhrichte, Gräben, Sümpfe; meist auf staunassen, zeitweise überschwemmten Böden.
Wissenswertes Gehört mit dem Gefleckten Schierling zu den giftigsten heimischen Pflanzen. Stark giftig.

Echter Sellerie
Apium graveolens
Doldenblütler

Merkmale 25–80 cm hoch, zweijährig. Stängel gefurcht, aufrecht, hohl, meist verzweigt. Grundblätter lang gestielt, Stängelblätter kürzer bis sitzend, ein- bis zweifach gefiedert, oberseits glänzend dunkelgrün, Fiedern breit oval, gezähnt. Blüten in zusammengesetzten Dolden ohne Hülle und Hüllchen, weiß bis gelblich grün; Blütezeit Juni–September. Als Wildpflanze in den Salzmarschen an der Küste, sonst aus Kultur verwildert.
Wissenswertes Die Kulturform ist eine bewährte, traditionelle Nutz- und Heilpflanze. ▽

Kriechender Sellerie
Apium repens
Doldenblütler

Merkmale Bis etwa 70 cm lang, mehrjährig. Stängel kriechend, an den Blattknoten wurzelnd, rund, fein gerillt. Blätter wechselständig, einfach gefiedert, Fiedern kreisrund, unregelmäßig grob gezähnt. Blüten in vier- bis siebenstrahligen zusammengesetzten Dolden, weiß; Blütezeit Juli–August. Ufer stehender und langsam fließender Gewässer; selten.
Wissenswertes Der sehr ähnliche und an vergleichbaren Standorten vorkommende Knotenblütige Sellerie *(Apium nodiflorum)* trägt eiförmig lanzettliche Blattfiedern. ▽

Blaugrüner Faserschirm
Trinia glauca
Doldenblütler

Merkmale Bis 30 cm hoch, zweijährig. Stängel sparrig verzweigt, Pflanze wirkt deshalb buschig halbkugelig. Blätter wechselständig, zwei- bis dreifach fiederteilig, Zipfel bis 3 cm lang, kaum 1 mm breit, bläulich grün. Blüten zweihäusig verteilt, in zusammengesetzten Dolden, weiß; Blütezeit April–Mai. Trockenrasen, Trockengebüsche, Felsfluren; selten.
Wissenswertes Die Pflanzen wurzeln flach. Abgestorben werden sie vom Wind ausgerissen und als so genannte Steppenhexen in rollenden Büscheln verdriftet.

Langblättriges Hasenohr
Bupleurum longifolium
Doldenblütler

Merkmale 25–80 cm hoch, mehrjährig. Stängel an der Basis leicht verdickt, rund, hellbläulich, oben mitunter rötlich überlaufen, im oberen Teil wenig verzweigt. Blätter wechselständig, einfach, breit eiförmig, stängelumfassend, bis 15 cm lang. Blüten in zusammengesetzten Dolden mit rundlichen Hüll- und Hüllchenblättern, dunkelgelb; Blütezeit Mai–August. Gebüsche, lichte Wälder; höhere Mittelgebirge, Nördliche Kalkalpen.
Wissenswertes Die Blätter sind meist blaugrün weißlich bereift.

Sichelblättriges Hasenohr
Bupleurum falcatum
Doldenblütler

Merkmale Bis 1 m hoch, mehrjährig, formenreich. Stängel aufrecht, sparrig verzweigt, Blätter wechselständig, einfach, spatelförmig, oft sichelförmig gebogen. Blüten in zusammengesetzten Dolden mit ungleich langen Hüllblättern; Hüllchen können fehlen; gelb; Blütezeit Juni–September. Lichte Gebüsche, Halbtrockenrasen; auf kalkhaltigen Böden im Mittelgebirge, sonst selten oder fehlend.
Wissenswertes Die ungewöhnlichen Blattspreiten werden als verbreiterte Blattstiele (Phyllodien) gedeutet.

Rundblättriges Hasenohr
Bupleurum rotundifolium
Doldenblütler

Merkmale 15–50 cm hoch, einjährig. Stängel aufrecht, hellgrün, oft rötlich überlaufen, glänzend, gabelig verzweigt, selten einfach. Blätter wechselständig, rundlich oval, bis 7 cm lang, 3 cm breit, die oberen vom Stängel durchwachsen. Blüten in zusammengesetzten Dolden ohne Hülle, aber mit Hüllchen, gelb; Blütezeit Juni–August. Äcker, Brachen.
Wissenswertes Diese Hasenohr-Art gehört zur Gruppe der gefährdeten Ackerwildkräuter. Ihr Rückgang erklärt sich durch Herbizideinsatz.

Gewöhnlicher Klettenkerbel
Torilis japonica
Doldenblütler

Merkmale 30–120 cm hoch, einjährig überwinternd. Stängel aufrecht, von Grund an verzweigt, meist rötlich braun, durch rückwärts gerichtete Borstenhaare rau. Blätter wechselständig, zwei- bis dreifach fiederteilig mit schmalen Zipfeln. Blüten in zusammengesetzten Dolden mit Hülle und Hüllchen sowie mit borstigen Strahlen; Krone weiß bis rosa; Blütezeit Juli–August. Laubwälder, Waldwegränder, Gebüschsäume.
Wissenswertes Die hakig bestachelten Früchte werden von Tieren verbreitet.

Acker-Haftdolde
Caucalis platycarpos
Doldenblütler

Merkmale 10–30 cm hoch, einjährig. Stängel aufsteigend, sparrig verzweigt, kantig, schütter borstig behaart. Blätter wechselständig, im Blattschnitt wie bei Möhren, aber stumpfgrün, außerdem fehlt die charakteristische Duftnote beim Zerreiben. Blüten in zusammengesetzten Dolden mit Hülle und Hüllchen, weiß; Blütezeit Mai–Juli. Getreideäcker, Wegränder; durch Herbizide sehr selten.
Wissenswertes Stammt aus dem östlichen Mittelmeergebiet. Die Stacheln der Klettfrüchte haften im Fell größerer Wirbeltiere.

Breitsame
Orlaya grandiflora
Doldenblütler

Merkmale 10–30 cm hoch, einjährig. Stängel aufsteigend oder aufrecht, meist verzweigt. Blätter einfach gefiedert mit schmalen, gelbspitzigen Zipfeln. Blüten in zusammengesetzten Dolden mit Hülle und Hüllchen, weiß, innere um 3 mm breit, äußere bis 1,7 cm breit mit auffallend vergrößerten Randblüten; Blütezeit Juli–August. Auf nährstoffreichen, kalkhaltigen Böden; Äcker, Brachen, Wegränder.
Wissenswertes Die Art stammt aus dem Mittelmeergebiet und wurde durch Herbizideinsatz stark zurückgedrängt.

Venuskamm
Scandix pecten-veneris
Doldenblütler

Merkmale Bis 25 cm hoch, einjährig. Stängel meist aufsteigend, rund, fein gerillt, wenig behaart. Blätter wechselständig, mit weiß hautrandiger Blattscheide, zwei- bis vierfach gefiedert, Fiederzipfel unter 1 mm breit. Blüten meist in einfachen Dolden ohne Hülle, weiß, äußere etwas größer als innere; Blütezeit Mai–Juni. Kalkhaltige, sommerwarme Böden; Getreideäcker, Brachen, Trockenrasen; selten.
Wissenswertes Die Früchte sind bis 8 cm lang geschnäbelt und bilden den Namen gebenden »Kamm der Venus«.

Wiesenkerbel
Anthriscus sylvestris
Doldenblütler

Merkmale Bis 150 cm hoch, zwei- oder mehrjährig, formenreich. Stängel aufrecht, verzweigt, gerillt, kahl, nur an der Basis rau behaart, nie rötlich gefleckt. Blätter zwei- bis dreifach gefiedert, Fiedern oberseits glänzend dunkelgrün. Blüten in zusammengesetzten Dolden (meist) ohne Hülle, aber mit 4–8 schmalen Hüllchenblättern, weiß; Blütezeit April–Juli. Waldränder, Gebüsche, Säume; auf nährstoffreichen Böden.
Wissenswertes Auf überdüngten Wiesen massenhaft. Bestimmt hier nach der Löwenzahn-Blüte den Aspekt.

Gold-Kälberkropf
Chaerophyllum aureum
Doldenblütler

Merkmale 50–130 cm hoch, ausdauernd. Stängel rund, steifhaarig, kantig gefurcht, meist etwas rotfleckig, unter den Blattknoten leicht verdickt. Blätter unterseits weichhaarig, drei- bis vierfach gefiedert. Blüten in zusammengesetzten Dolden, ohne Hülle, aber mit Hüllchen; weiß; Blütezeit Juni–Juli. Gebüsche, Schuttstellen, auf stickstoffreichen Böden; fehlt im Tiefland weithin.
Wissenswertes Leicht mit dem Wiesen-Kerbel zu verwechseln, dessen Stängel aber nie rotfleckig ist! Giftig.

Feld-Mannstreu
Eryngium campestre
Doldenblütler

Merkmale 15–60 cm hoch, mehrjährig, sparrig, distelartig. Stängel meist ausgebreitet. Blätter einfach oder handförmig fiederteilig, mit dornigen Spitzen, lederig derb, weißlich grün. Blüten weiß oder grünlich, zahlreich in breit kugeligen Köpfchen, lanzettliche, dornige Hüllblätter; Blütezeit Juli–September. Trockenrasen, Wegränder, sonnige Gebüsche; meist auf Lehm- und Lössböden.
Wissenswertes Die trockenen Fruchtstände werden vom Wind als so genannte »Steppenhexe« verdriftet. ▽

Stranddistel
Eryngium maritimum
Doldenblütler

Merkmale Bis 60 cm hoch, zwei- bis mehrjährig, sparrig verzweigt, oft in halbkugeligen Büschen. Blätter derb, rundlich nierenförmig bis lappig gebuchtet, mit langen dornigen Spitzen, grauweiß bis graublau. Blüten klein, in dichtblütigen, von bläulichen Hochblättern umgebenen Köpfchen; Blütezeit Juni–Oktober. Weiß- und Graudünen; vom Mittelmeergebiet bis zur Ostsee; selten.
Wissenswertes Die derben Blätter der Stranddistel ertragen problemlos den feinen Flugsand. ▽

Alpen-Mannstreu
Eryngium alpinum
Doldenblütler

Merkmale Bis 80 cm hoch, mehrjährig. Distelartig. Stängel ziemlich dick, gerillt, unverzweigt oder nur im Blütenstand, oben blau überlaufen. Blüten in walzlichen Köpfchen, bis 6 cm lang, amethystblaue, stachelige Hüllblätter; Blütezeit Juli–August. Nährstoffreiche, kalkhaltige Böden; Hochstaudenfluren, alpine Steinrasen; Nördliche Kalkalpen westlich der Linie Bodensee-Gardasee, Schweizer Jura, Südalpen; bis 2500 m.
Wissenswertes Auch in Sorten als Gartenpflanze kultiviert. ▽

Große Sterndolde
Astrantia major
Doldenblütler

Wald-Sanikel
Sanicula europaea
Doldenblütler

Wassernabel
Hydrocotyle vulgaris
Doldenblütler

Merkmale 30–100 cm hoch, mehrjährig. Stängel aufrecht, wenig verzweigt, kahl. Blätter lang gestielt, Spreite bis zur Basis fünf- bis siebenteilig. Blüten klein, weißlich, zahlreich in dichter, köpfchenartiger, einfacher, lang gestielter Dolde, Hüllblätter lanzettlich bis oval, grünlich oder rötlich; Blütezeit Juli–August. Bergwiesen, Bergwälder, Gebüsche, Hochstaudenfluren; auf kalkhaltigem Lehmboden; im Gebirge bis 2000 m.
Wissenswertes Die Hüllblätter lassen die Dolde als besonders üppige Einzelblüte erscheinen.

Merkmale Bis 50 cm hoch, mehrjährig, Stängel aufrecht, wenig verzweigt, kahl. Grundblätter lang gestielt, Spreite rundlich, etwas ledrig, immergrün, tief handförmig mit gezähnten Lappen, Stängelblätter meist fehlend. Blüten klein, in kopfigen Döldchen; Krone weiß oder rosa, außen meist männlich, innen überwiegend zwittrig; Blütezeit Mai–Juli. Krautreiche, humose Laub- und Mischwälder; Schattenpflanze.
Wissenswertes Früher als angeblich universelles Heilmittel geschätzt, heute medizinisch nicht mehr verwendet.

Merkmale Bis 1 m lang, mehrjährig, unauffällig. Stängel fadendünn, kriechend. Blätter 4–20 cm lang gestielt mit schildförmiger, rundlicher Spreite. Blüten in kopfigen Dolden unterhalb der Blätter; Krone rötlich weiß; Blütezeit Juli–August. Feuchte Wiesen, Niedermoore, Gräben, Ufer, Bruchwälder; v. a. im Norden, fehlt in den Alpen.
Wissenswertes Die innere Schicht der Früchte ist im Unterschied zu den meisten anderen Vertretern der Doldenblütler verholzt. Außerdem fehlen ihr die typischen Behälter mit ätherischen Ölen, die beispielsweise für das Aroma von Anis-, Fenchel- oder Kümmelfrüchten verantwortlich sind. Daher wird der Wassernabel in der modernen Pflanzensystematik mitunter auch als Vertreter einer eigenen Familie der Wassernabelgewächse aufgefasst. Außerdem weicht sein Blattaufbau ab: Die Pflanze ist das einzige Beispiel der heimischen Flora mit peltaten Blättern – das sind kreisrunde Blattspreiten, an denen der Blattstiel wie bei der Kapuzinerkresse in der Mitte der Unterseite ansetzt.

Drüsiges Springkraut
Impatiens glandulifera
Springkrautgewächse

Kleinblütiges Springkraut
Impatiens parviflora
Springkrautgewächse

Großblütiges Springkraut
Impatiens noli-tangere
Springkrautgewächse

Merkmale 0,5–2,5 m hoch, mehrjährig, recht stattlich, ausgesprochen dekorativ. Stängel aufrecht, meist unverzweigt, kahl. Blätter gegenständig oder oben auch zu dritt wirtelig, 10–25 cm lang, eiförmig lanzettlich, scharf gezähnt, an den Blattrandzähnen und am Blattstiel mit zahlreichen rötlichen Drüsen. Blüten hängen zu 5–20 an langen Stielen in lockeren Trauben in den Achseln der oberen Blätter; Krone 2,5–4 cm lang, rosa purpurn, gelegentlich weißlich, mit kurzem, grünlichem Sporn; Blütezeit Juni–Oktober. Gärten, Bach begleitende Gebüsche, Auenwälder, Brachen, Waldwege; meist auf nährstoffreichen, feuchten Böden; in Auen oft massenhaft und bestandsbildend.
Wissenswertes Stammt aus Südwestasien (Himalaya-Gebiet), ist um 1920 vermutlich im südlichen Deutschland aus Gartenkultur verwildert und hat sich an vielen Stellen v. a. entlang größerer Flusstäler eingebürgert. Naturschützer befürchten an Bachauenstandorten die Verdrängung seltener heimischer Arten.

Merkmale Bis 60 cm hoch, einjährig. Stängel aufrecht, nur im oberen Teil wenig verzweigt, blassgrün, kahl. Blätter wechselständig, breit lanzettlich, geflügelter Blattstiel. Blüten zu mehreren in aufrechten Trauben in den Achseln der oberen Blätter; Krone 1 cm lang, blassgelb, gerader Sporn; Blütezeit Juni–September. Parks, Hecken, Waldwege; teils sehr häufig; Schattenpflanze.
Wissenswertes Stammt aus Nordostasien, um 1840 aus Gärten verwildert; seither eingebürgert und weit verbreitet.

Merkmale 30–100 cm hoch, einjährig. Stängel aufrecht, glasig. Blätter wechselständig, breit lanzettlich, gezähnt, bis 10 cm lang. Blüten hängen an langen Stielen in den Blattachseln; Krone 2–3 cm lang, gelb, innen weinrot gepunktet, langer Sporn; Blütezeit Juni–August. Auenwälder, Gebüsche, Waldwege.
Wissenswertes Die reife längliche Kapselfrucht auch dieser Art steht unter Spannung und schleudert die Samen bei Berührung explosionsartig weg (»Springkraut«, »Rührmichtnichtan«).

Gewöhnlicher Reiherschnabel
Erodium cicutarium
Storchschnabelgewächse

Merkmale 15–30 cm lang, einjährig, formenreich. Stängel meist liegend. Blätter wechselständig, unpaarig gefiedert, Fiedern oval, tief fiederspaltig. Blüten zu 3–8 in offener Dolde; Kronen bis 2 cm breit, rotviolett oder rosa, an der Basis dunkler; Blütezeit April–Oktober. Äcker, Wegränder, Brachen, Dünen, Trockenwiesen, Parkrasen.
Wissenswertes Alteinwanderer und Kulturbegleiter seit der Jungsteinzeit (Archäophyt). Die lang geschnäbelten Spaltfrüchte (Kapseln) trugen der Pflanze den deutschen Namen ein.

Kleiner Storchschnabel
Geranium pusillum
Storchschnabelgewächse

Merkmale Bis 25 cm hoch, einjährig. Stängel liegend oder aufsteigend, reich verzweigt, kurz behaart. Blätter gegen- bis wechselständig, dicht und weich behaart, Spreite tief handförmig geteilt, Zipfel breit und stumpf. Blüten in Scheindolden am Stängelende; Krone 5–9 mm breit und damit die kleinsten der Gattung, blauviolett bis blassrosa; Blütezeit Mai–Oktober. Wegränder, Hackfruchtäcker, Brachen, Weinberge.
Wissenswertes Die behaarten Teilfrüchte haften nass an Tierfell und werden so wirksam verbreitet.

Rundblättriger Storchschnabel
Geranium rotundifolium
Storchschnabelgewächse

Merkmale Bis 30 cm hoch, einjährig. Stängel liegend oder aufsteigend, schlaff, abstehend behaart. Blätter gegenständig, gelblich grün, lang gestielt, Spreite rundlich, tief sieben- bis neunteilig, beidseits kurz behaart. Blüten einzeln in den Blattachseln; Krone bis 1,2 cm breit, rosa, dunkler geadert, nicht eingekerbt; Blütezeit Mai–Oktober. Hackfruchtäcker, Weinberge, Brachland, Mauern.
Wissenswertes Die ursprünglich wohl nur im Mittelmeergebiet beheimatete Art ist heute weltweit verschleppt.

Ruprechtskraut
Geranium robertianum
Storchschnabelgewächse

Merkmale 10–50 cm hoch, einjährig. Stängel aufrecht, verzweigt, meist karminrot, dicht drüsig behaart. Blätter wechselständig, drei- bis fünfzählig gefiedert, duften beim Zerreiben wie die übrigen Teile leicht unangenehm. Blüten 1–2 cm breit, lang gestielt, Krone rosa mit weißlichen Streifen; Blütezeit Mai–Oktober. Gebüsche, Zäune, Mauern, Wälder.
Wissenswertes Extrem anpassungsfähige Art, besiedelt schattige Standorte wie Mauerwinkel und Höhlen ebenso wie sehr stark besonnte Bahnschotter.

Wiesen-Storchschnabel
Geranium pratense
Storchschnabelgewächse

Merkmale Bis 60 cm hoch, mehrjährig. Stängel aufrecht, verzweigt, behaart. Blätter tief handförmig fünf- bis siebenteilig, kurzborstig behaart. Blüten in Rispen, 2–4 cm breit; Kronen blauviolett, dunkler geadert; Blütezeit Juni–August Feuchte, nährstoffreiche Wiesen; v. a. im Bergland.
Wissenswertes In den Blüten reifen die Staubblätter vor den Narben, sodass eine Selbstbestäubung nahezu ausgeschlossen ist. Die Blüten bleiben nur etwa 2 Tage lang geöffnet.

Sumpf-Storchschnabel
Geranium palustre
Storchschnabelgewächse

Merkmale 30–70 cm hoch, mehrjährig. Stängel aufrecht, verzweigt.Blätter gegenständig, handförmig fünf- bis siebenteilig. Blüten(stände) in den oberen Blattachseln; Krone bis 3,5 cm breit, hell rotviolett, dunkler geadert; Blütezeit Juni–September. Blütenstiele bleiben nach dem Abblühen aufrecht. Staudenfluren in Auenwälder, Röhrichträndern, Moorwiesen; im Norden meist selten.
Wissenswertes Das Hauptverbreitungsgebiet der Art liegt im östlichen Mitteleuropa. Typische Stromtalpflanze.

Blutroter Storchschnabel
Geranium sanguineum
Storchschnabelgewächse

Merkmale 30–60 cm hoch, mehrjährig. Stängel aufsteigend, etwas schlaff, behaart. Blätter gegenständig, bis zur Basis handförmig siebenteilig, Zipfel schmal. Blüten einzeln in den Achseln der oberen Blätter; Krone leuchtend karminrot, flach, 3–4 cm breit; Kronblätter etwas ausgerandet; Blütezeit Mai–September. Trockengebüsche, -wälder, -rasen.
Wissenswertes Die auffallend farbsatten Blüten werden v. a. von Schwebfliegen besucht und bestäubt. Früher als Heilpflanze genutzt.

Kapuzinerkresse
Tropaeolum maius
Kapuzinerkressengewächse

Merkmale Bis 3 m lang, bei uns meist nur einjährig. Stängel liegend. Blätter wechselständig, lang gestielt, Spreite schildförmig, rundlich. Blüten einzeln lang gestielt in den Blattachseln; Krone bis 7 cm breit, Sporn wenig gekrümmt, gelborange bis rot; Blütezeit Juni–Oktober. Brachland, Siedlungsgebiete.
Wissenswertes Die Art stammt aus Peru und wird seit dem 19. Jh. kultiviert. In wintermilden Gebieten kann sie vorübergehend verwildern. In Südeuropa ist sie fest eingebürgert.

Weinraute
Ruta graveolens
Rautengewächse

Diptam
Dictamnus albus
Rautengewächse

Wald-Sauerklee
Oxalis acetosella
Sauerkleegewächse

Merkmale 30–80 cm hoch, mehrjährig, Halbstrauch. Stängel aufrecht, nur an der Basis leicht holzig. Blätter wechselständig, bis auf die Mittelrippe zwei- bis dreifach fiederteilig, bläulich grün, duften beim Zerreiben stark aromatisch. Blüten in Scheindolde; Krone bis 1,8 cm breit, gelb; Blütezeit Juni–August. Stammt aus Südosteuropa, in Mitteleuropa nur in den Wärmegebieten unbeständig aus Gartenkultur verwildert.
Wissenswertes Endständige Blüten sind fünfzählig, seitenständige nur vierzählig. Das ätherische Öl ist leicht giftig.

Merkmale Bis über 1 m hoch, mehrjährig, sehr stattlich und dekorativ. Stängel aufrecht, dicht drüsig behaart. Blätter wechselständig, unpaarig gefiedert, Fiedern gezähnt; Blüten in endständiger Traube, 2–3 cm breit, zweiseitig symmetrisch, Kronblätter ungleich groß, mit 2 aufgerichteten und 2 zur Seite gestreckten Fahnenblättern, weißlich rosa, dunkler purpurn bis violett geadert; Blütezeit Mai–Juni. Gern auf Kalkböden; lichte Trockenwälder, warme Gebüsche, Waldsäume, Felsfluren, Halbtrockenrasen, erträgt keine dauernde Beschat-

tung. In Deutschland sehr zerstreut v. a. im südlicheren Teil, nördlich bis zum Mittelrhein- und Moselgebiet.
Wissenswertes Das unterste Kronblatt bildet optisch die Unterlippe. Die Bestäuberinsekten nutzen aber eher die gebündelten Staubblätter als Anflugstange. Der starke Duft wird einerseits aus mehrzelligen Drüsenhaaren freigesetzt, die sich an allen Achsen- und Blattorganen befinden, ferner aus besonderen Ölbehältern, die man als durchscheinende Punkte in den Blättern sehen kann. ▽

Merkmale 5–15 cm hoch, mehrjährig zart. Alle Blätter grundständig am Wurzelstock, lang gestielt, dreizählig gefiedert, hellgrün, schütter behaart. Blüten einzeln, lang gestielt, Krone weiß mit dunkleren Streifen; Blütezeit April–Mai. Frische bis feuchte Laub- und Mischwälder, Gebüsche; Schattenpflanze.
Wissenswertes Die Blattfiedern falten sich bei Dunkelheit entlang der Mittelrippe zusammen und senken sich ab. Vom wissenschaftlichen Gattungsnamen ist die Bezeichnung Oxalsäure abgeleitet, die in allen Teilen enthalten ist.

Dillenius-Sauerklee
Oxalis dillenii
Sauerkleegewächse

Gewöhnliches Kreuzblümchen
Polygala vulgaris
Kreuzblumengewächse

Sumpf-Kreuzblümchen
Polygala amarella
Kreuzblumengewächse

Schopfiges Kreuzblümchen
Polygala comosa
Kreuzblumengewächse

Merkmale 10–30 cm hoch, einjährig. Stängel meist aufrecht, an den Blattknoten nicht bewurzelt. Blätter gegen- bis quirlständig, lang gestielt, dreiteilig gefiedert, grün. Blüten lang gestielt, gelb, Krone bis 2,5 cm breit; Blütezeit Juni–Oktober. In Gärten; stammt aus Nordamerika, stellenweise verwildert.
Wissenswertes Aus der Gattung sind weitere gelb blühende Arten aus der Neuen Welt als Zierpflanzen eingeführt, z. B. der Steife Sauerklee *(O. fontanum)* und der Horn-Sauerklee *(O. corniculata)*.

Merkmale 10–25 cm hoch, mehrjährig, formenreich. Stängel aufrecht oder aufsteigend, verzweigt. Blätter wechselständig, kurz gestielt, schmal elliptisch bis linealisch, kurz zugespitzt, etwas ledrig. Blüten um 8 mm lang, zu mehreren in endständiger Traube; dunkelblau bis violett, seltener weiß oder rötlich; Blütezeit Mai–August. Hecken, Böschunge, Halbtrockenrasen, Wiesen, Heiden.
Wissenswertes Zum Gesamtbild der Einzelblüten tragen v. a. die kräftig ausgefärbten Kelchblätter bei.

Merkmale 5–20 cm hoch, mehrjährig. Stängel aufrecht bis aufsteigend. Blätter an der Stängelbasis rosettenartig, lanzettlich, im oberen Spreitendrittel am breitesten, vorne stumpf. Blüte in einer zunehmend aufgelockerten Traube, verwaschen jeansblau; Blütezeit Mai–August. Durchsickerte Magerrasen, Niedermoore; in den Alpen bis 1600 m.
Wissenswertes Die Blätter schmecken stark bitter. Beim sehr ähnlichen Bitteren Kreuzblümchen *(P. amara)* sind die Blätter in der Mitte am breitesten.

Merkmale Bis 25 cm hoch, mehrjährig. Stängel aufsteigend bis aufrecht, meist unverzweigt, oft mit nicht blühenden Trieben. Keine Grundblattrosette; Stängelblätter wechselständig, obere etwas länger als untere, schmecken nicht bitter. Blüten in gedrungener endständiger Traube, rosa bis hell purpuviolett; Blütezeit Mai–Juli. Halbtrockenrasen, lichte Säume; in den Alpen bis 2000 m.
Wissenswertes Obere seitliche Kelchblätter kronblattartig, eigentliche Kronblätter vorn mit weißlichen Fransen.

Schmalblättriger Lein
Linum tenuifolium
Leingewächse

Merkmale 15–30 cm hoch, ausdauernd, krautig. Stängel aufrecht oder aufsteigend, verzweigt, am Grund behaart, oben kahl. Blätter wechselständig, sehr schmal linealisch, bis 3 cm lang, kahl, am Rande bewimpert. Blüten fünfzählig, rosa bis lila, 10–15 mm, Kelchblätter lang zugespitzt, mit Drüsenhaaren; Blütezeit Juni–Juli. Sonnige, warme Lagen; Kalkmagerrasen; Süd- und Mitteldeutschland, nördliches Alpenvorland.
Wissenswertes Die bei Feuchte klebrigen Samen werden durch Anheften an Tiere verbreitet. ▽

Lothringer Lein
Linum leonii
Leingewächse

Merkmale 5–20 cm hoch, ausdauernd, krautig. Stängel niederliegend bis aufsteigend. Blätter wechselständig angeordnet, schmal linealisch. Wenigblütig, mit 1–3 hellblauen Blüten, Griffel und Staubblätter sind gleichlang, Fruchtstiele seitlich abgebogen; Blütezeit Mai–Juli. Sonnig-warme, magere, meist flachgründige Standorte, kalkliebend, Trockenrasen; in Westdeutschland und Frankreich; selten.
Wissenswertes Die Stängelblätter des Lothringer Leins sind immer einnervig. ▽

Klebriger Lein
Linum viscosum
Leingewächse

Merkmale Bis 60 cm hoch, Staude, Stängel behaart, am Grunde verzweigt. Blätter wechselständig, oval bis lanzettlich, 4–9 mm breit, weichhaarig bis zottig behaart, obere Blätter und Tragblätter drüsig. Blüten in Trugdolden, rosa bis purpurn, dunkel geadert, Blüten etwa 3 cm; Blütezeit Mai–Juli. In lichten Wäldern, an Waldsäumen und Wegen, trockene Rasen, kalkliebend; in Deutschland selten, Alpen und Alpenvorland.
Wissenswertes Wird auch als Zierpflanze verwendet. ▽

Gelber Lein
Linum flavum
Leingewächse

Merkmale Bis 50 cm hoch, Staude, an der Basis zuweilen verholzend. Stängel wird zur Spitze hin scharfkantig, Pflanze kahl. Blätter wechselständig, lanzettlich, dreinervig, tragen am Grund beiderseits eine Drüse. Blüten in Scheindolden, gelb, etwa 2 cm, Kelchblätter zugespitzt; Blütezeit Juni–Juli. Kalkmagerrasen, an Böschungen und Waldsäumen; in Deutschland selten.
Wissenswertes Der Gelbe Lein wird auch als Zierpflanze verwendet. Einzige gelb blühende Art der Gattung in Europa. ▽

Purgier-Lein
Linum catharticum
Leingewächse

Merkmale Bis 15 cm hoch, ein-, seltener zweijährig, zart, formenreich. Stängel aufrecht. Blätter gegenständig, obere zuweilen wechselständig, etwa 1 cm lang, schmal eiförmig-lanzettlich, stumpf, einnervig. Knospen nickend, Blüten weiß, am Grunde gelb, 4–6 mm, Kelchblätter drüsenhaarig; Blütezeit Juni–Juli. Feuchtere Kalkmagerrasen, Moorwiesen; in Europa weit verbreitet.
Wissenswertes Pionierpflanze mit Wurzelpilz, Tonzeiger. In der Volksmedizin als Abführmittel verwendet.

Zwerg-Lein
Radiola linoides
Leingewächse

Merkmale Bis 10 cm hoch, einjährig. buschförmig. Stängel dünn, verzweigt. Blätter gegenständig, bis 3 mm lang, elliptisch, einadrig. Blüten weiß, vierzählig, 1–2 mm, in reich verzweigtem gegabeltem Blütenstand, Kron- und Kelchblätter gleich lang; Blütezeit Juli–August. Lichtbedürftig; auf feuchten, nährstoffarmen Standorten; Sand- und Moorböden, in Heidegebieten; selten.
Wissenswertes Insekten- und Selbstbestäubung. Verbreitung durch klebrige Samen.

Wald-Bingelkraut
Mercurialis perennis
Wolfsmilchgewächse

Merkmale Bis 40 cm hoch, mehrjährig. Stängel stumpf vierkantig, aufrecht, unverzweigt, behaart. Vegetative Vermehrung durch Ausläufer. Blätter eiförmig-lanzettlich. Blüten meist zwei-, seltener einhäusig, 2–4 mm, gelbgrün; Blütezeit April–Mai. Schattige Wälder; verbreitet.
Wissenswertes Blätter riechen unangenehm. Kein Milchsaft. Der Gattungsname stammt vom lateinischen *mercurium*, d. h. Quecksilber, da man im Mittelalter glaubte, mit der Pflanze Quecksilber in Silber und Gold verwandeln zu können.

Kleine Wolfsmilch
Euphorbia exigua
Wolfsmilchgewächse

Merkmale Bis 20 cm hoch, einjährig. Blätter graugrün, linealisch, zugespitzt, bis 4 mm breit. Tragblätter schmal lanzettlich, Drüsen des Hüllbechers sichelförmig und gelb; Blütezeit Mai–Juli. Glatte Früchte, bis etwa 2 mm lang. Verbreitetes Ackerwildkraut, besonders auf Weizenfeldern, v. a. in Kalkgebieten, Lehm- und Basenzeiger; in Europa verbreitet, fehlt im nördlichen Tiefland.
Wissenswertes Die Arten der Gattung *Euphorbia* führen Milchsaft (»Wolfsmilch«).

Garten-Wolfsmilch
Euphorbia peplus
Wolfsmilchgewächse

Merkmale Bis 25 cm hoch, einjährig, kahl. Blätter bis 2 cm lang, verkehrt-eiförmig, ganzrandig, mit stumpfer Spitze, meist kurz gestielt. Blütenstand mit gabelig verzweigten Strahlen, Tragblätter breit lanzettlich, Nektardrüsen gelb und sichelförmig; Blütezeit Juni–November. Fruchtkapseln glatt, mit 3 Flügelleisten. Ackerwildkraut und in Gärten; auf nährstoffreichen, meist kalkfreien Böden; in Europa weit verbreitet.
Wissenswertes Die Blätter dieser Art fallen früh ab.

Zypressen-Wolfsmilch
Euphorbia cyparissias
Wolfsmilchgewächse

Merkmale Bis 40 cm hoch, ausdauernd, kahl. Unter dem Blütenstand nicht blühende Seitentriebe. Blätter wechselständig, zahlreich, schmal linealisch, ungestielt, bis 3 cm lang. Blüten in vielstrahligen Scheindolden, Hochblätter gelb, später rot, Nektardrüsen sichelförmig, zweihörnig; Blütezeit April–Juli. Früchte mit warziger Oberfläche. An trockenen, warmen Standorten meist truppweise.
Wissenswertes Wird regelmäßig vom Erbsenrostpilz befallen, die dadurch missgebildeten Pflanzen weisen verkürzte Blätter auf.

Steppen-Wolfsmilch
Euphorbia seguieriana
Wolfsmilchgewächse

Merkmale 15–60 cm hoch, ausdauernd. Blätter wechselständig, linealisch-lanzettlich mit Stachelspitze, bläulich grün gefärbt, bis 5 mm breit. Blütenstand mit bis zu 15 Stielen, Nektardrüsen schwach sichelförmig; Blütezeit Juni–August. An sonnigen, basenreichen, meist kalkhaltigen Standorten; Steppen- und Trockenrasen, auf Dünen und Dämmen; selten.
Wissenswertes Die Art wirkt durch die bis zu 1,5 m tiefen Wurzeln insbesondere auf sandigen Standorten als Bodenfestiger.

Mandelblättrige Wolfsmilch
Euphorbia amygdaloides
Wolfsmilchgewächse

Merkmale Bis 70 cm hoch, ausdauernd. Unverzweigt, zahlreiche nicht blühende Stängel. Blätter kahl oder flaumig behaart, länglich, verkehrt-eiförmig. Hochblätter paarweise zu einem Becher verwachsen, sichelförmige gelbe oder rote Drüsen; Blütezeit Mai–Juni. Früchte glatt, bis 4 mm lang. Etwas wärmeliebend; nährstoff- und basenreiche Böden, v. a. in Buchenwäldern; in Südwestdeutschland verbreitet, sonst selten.
Wissenswertes Überwintert grün, die überwinternden Blätter sind derb dunkelgrün gefärbt.

Warzige Wolfsmilch
Euphorbia verrucosa
Wolfsmilchgewächse

Merkmale Bis 50 cm hoch, ausdauernd, verholzter Wurzelstock. Stängel bogig aufsteigend, unverzweigt, Pflanze behaart. Blätter wechselständig, bis 5 cm lang. Blütenstand mit max. 5 Strahlen, Tragblätter unverwachsen gelb oder orange, oval oder lanzettlich, Drüsen am Hüllbecher gelb; Blütezeit Mai–Juni. Fruchtkapsel bis 4 mm. Lichte Wälder und Grasland, Kalkmagerwiesen, Weiden; v. a. in Süddeutschland.
Wissenswertes Der Name beruht auf den mit Warzen besetzten Früchten.

Sumpf-Wolfsmilch
Euphorbia palustris
Wolfsmilchgewächse

Merkmale Bis 1,5 m hoch, mehrjährig. Verzweigt, kahl, Stängel dick, hohl. Blätter wechselständig, länglich lanzettlich, sitzend, bis 60 mm lang. Scheindolde mit 5 oder mehr Strahlen; Blütezeit Mai–Juni. Früchte bis 6 mm, viele Warzen. Feuchte, nährstoffreiche Böden, v. a. an Flüssen, an der Küste.
Wissenswertes Die Raupen des Wolfsmilch-Schwärmers – schwarz mit gelben oder roten Flecken und roter Rückenlinie – sind auf die Zypressen- und Sumpf-Wolfsmilch spezialisiert. ▽

Sonnenwend-Wolfsmilch
Euphorbia helioscopia
Wolfsmilchgewächse

Merkmale Bis 40 cm hoch, meist einjährig. Blätter länglich, verkehrt eiförmig, im vorderen Bereich fein gesägt, Spitze abgerundet. Scheindolde meist fünfstrahlig, Hochblätter grün, rundlich ovale gelbe Nektardrüsen; Blütezeit Juni–September. Früchte bis 3 mm lang, ohne Warzen. Lehm- und Nährstoffzeiger; Äcker, Ruderalstandorte.
Wissenswertes Die Blütenstände richten sich nach der Sonne. Die Pflanze ist ein Kulturbegleiter seit der jüngeren Steinzeit.

Wassernuss
Trapa natans
Wassernussgewächse

Merkmale Schwimmpflanze mit Blattrosette, einjährig. Blätter rautenförmig, grob gezähnt, Blattstiele blasig aufgetrieben. Blüten weiß, vierzählig, einzeln in den Blattachseln, Kelch mit hornförmigen Fortsätzen; Blütezeit Juni–August. Warme, stehende Gewässer.
Wissenswertes Weltweit verbreitet, Zierpflanze in Gartenteichen. Die Früchte mit dornigen Fortsätzen, die der Klettverbreitung, z. B. durch Wasservögel, dienen. Stärkereiche, essbare Samen, wurde früher angebaut. ▽

Gewöhnliches Hexenkraut
Circaea lutetiana
Nachtkerzengewächse

Merkmale 20–50 cm hoch, ausdauernd. Stängel zur Spitze hin flaumig behaart. Blätter gegenständig, kurzstielig, auf den Nerven behaart. 2 weiße Kronblätter tief zweispaltig, dadurch scheinbar 4 Kronblätter; Blütezeit Juni–August. Nussfrüchte mit Widerhaken, Klettverbreitung. Feuchte, schattige Waldstandorte, Waldwege; v. a. im Bergland, in Deutschland häufig.
Wissenswertes Das Hexenkraut gilt als Zauberpflanze. Eventuell galten die sich unbemerkt anhaftenden Früchte als »von Hexen angehängt«.

Gewöhnliche Nachtkerze
Oenothera biennis
Nachtkerzengewächse

Merkmale Bis 1,50 m hoch, zweijährig. Rosettenpflanze, dicht drüsenhaarig, bildet im 1. Jahr eine Rosette, Blütenstandsentwicklung im 2. Jahr. Blätter lanzettlich, bis 15 cm lang. Blütenstand gestreckt, 4 hellgelbe, bis 30 mm lange Kronblätter; Blütezeit Juni–August. Früchte 1,5–3 cm lang, grün. Trockene Böden, Ruderalstandorte, Schuttplätze, Böschungen; häufig.
Wissenswertes Die Pflanze bildet lange, über 1,5 m tiefe Wurzeln aus. Die Blüten duften abends besonders stark. Stammt aus Nordamerika.

Sumpf-Heusenkraut
Ludwigia palustris
Nachtkerzengewächse

Merkmale Sumpf- oder Wasserpflanze, Stängel kriechend oder flutend, rötlich. Blätter kurzgestielt, gegenständig, verkehrt eiförmig, bis 4 cm lang. Blüten einzeln den Achseln entspringend, grünlich, Blütenkrone fehlend, 4 Kelchblätter, 4 Staubblätter, Narbe vierlappig; Blütezeit Juni–August. An den Ufern stehender oder langsam fließender Gewässer, nährstoffreiche, kalkarme Böden; v. a. im Osten Deutschlands; selten.
Wissenswertes Die Pflanze bildet an den Knoten Wurzeln. ▽

Rosmarinblättriges Weidenröschen *Epilobium dodonaei*
Nachtkerzengewächse

Merkmale 30–90 cm hoch, ausdauernd. Blätter meist ganzrandig, Blüten hellrosa, Griffel im unteren Drittel weißzottig behaart; Blütezeit Juni–September. Früchte windverbreitet. Lichtliebend; Kiesgruben, meist kalkreiche rohe Sand- und Kiesbänke, felsige Hänge; v. a. im Süden Deutschlands, bis in die alpine Region; selten.
Wissenswertes Die Pflanze bildet unterirdisch fleischige, rote, lange Ausläufer. Dies ist eine gute Voraussetzung zur Verbreitung als Pionierpflanze auf Rohböden.

Schmalblättriges Weidenröschen *Epilobium angustifolium*
Nachtkerzengewächse

Merkmale Bis 1,5 m hoch, ausdauernd. Blätter wechselständig, lanzettlich, 10–20 mm breit, deutlich geadert, unten blaugrün. Blüten in verlängerten Trauben, Kronblätter purpurrot, kurz gestielt, Kelchblätter rötlich überlaufen, Staubblätter und Griffel nach unten geneigt; Blütezeit Juni–August. Bevorzugt frische nährstoffreiche, kalkarme Böden; oft auf Kahlschlagfluren, Schuttplätzen.
Wissenswertes Die Blätter und Triebe werden jung als Gemüse, die Blütenknospen und Blätter als Tee verwendet.

Sumpf-Weidenröschen
Epilobium palustre
Nachtkerzengewächse

Merkmale Bis 50 cm hoch, ausdauernd. An der Stängelbasis unterirdische, rote Ausläufer, Stängel stielrund, zuweilen mit 2 Haarleisten. Blätter schmal lanzettlich, zumeist ganzrandig, mit nach unten gebogenem Rand. Blüten rosa bis hellviolett, bis 8 mm lang, Narben keulig; Blütezeit Juli–September, Früchte anliegend und drüsig behaart. Feuchte Standorte, Wälder, Bachufer, Sumpf- und Moorwiesen.
Wissenswertes Die jungen Triebe sind als Salat oder Gemüse essbar.

Kleinblütiges Weidenröschen *Epilobium parviflorum*
Nachtkerzengewächse

Merkmale 15–50 cm hoch, ausdauernd, filzig behaart, Stängel rund. Blätter sitzend, untere gegenständig, obere wechselständig, lanzettlich, am Rand schwach gezähnt, weichhaarig. Kronblätter hellrosa, 5–10 mm lang, herzförmig ausgerandet, Narben sternförmig ausgebreitet; Blütezeit Juni–September. Feuchte, nährstoff- und basenreiche Standorte; Bachufer, Auwälder, aber auch in Weinbergen; Ebene bis mittlere Gebirgslage.
Wissenswertes Überdauert mit der im Herbst gebildeten Rosette.

Zottiges Weidenröschen
Epilobium hirsutum
Nachtkerzengewächse

Merkmale Bis 1,20 m hoch, ausdauernd. Stängel mit abstehenden Drüsenhaaren dicht behaart. Fleischige Ausläufer. Blätter sitzend, stängelumfassend, untere gegenständig, obere teilweise wechselständig. Kelchblätter stachelspitzig, Kronblätter bis 2 cm lang, Blüten purpurrot; Blütezeit Juni–September. Oft in Uferstaudenfluren; nasse, nährstoff- und basenreiche Böden; Ebene bis mittlere Gebirgslage; zerstreut.
Wissenswertes Hübsche Pflanze für Wildpflanzengärten, Bodenfestiger.

Wiesen-Leinblatt
Thesium pyrenaicum
Leinblattgewächse

Merkmale 10–40 cm hoch, ausdauernd. Aufrecht, wenig verzweigt, Stängel wellig. Blätter schwach dreinervig, obere Hochblätter am Rand fein gezähnt, Blüten weiß, Kronröhre so lang wie die Frucht; Blütezeit Mai–Juli. Fruchtstiele waagerecht abstehend, allseitswendig. Sonnige bis halbschattige, kalkarme, mäßig saure humose Böden; lichte Wälder, Bergwiesen, Ebene bis Gebirge, im nördlichen Tiefland fehlend; selten.
Wissenswertes Halbschmarotzer, nimmt über die Wurzeln der Wirtspflanze Wasser und Nährsalze auf.

Bayerisches Leinblatt
Thesium bavarum
Leinblattgewächse

Merkmale Bis 70 cm hoch, ausdauernd. Aufrecht, meist unverzweigt, bildet Wurzelsprosse. Blätter breit lanzettlich, 2–7 mm breit, schlaff, dunkel blaugrün. Blüten weiß, Frucht mindestens dreimal so lang wie die Blütenhülle; Blütezeit Mai–Juli. Meist auf kalkreichen, trockenen bis wechseltrockenen Böden; Waldränder, Grasland und Gebüsch.
Wissenswertes Blätter im Vergleich zur vorhergehenden Art deutlich drei- bis fünfnervig. Halbschmarotzer wie vorige Art.

Kleine Spatzenzunge
Thymelaea passerina
Seidelbastgewächse

Merkmale 15–40 cm hoch, einjährig. Kahl, gelegentlich flaumig behaart. Bauchige Achsenbecher, Blätter schmal linealisch, bis 15 mm lang, 2 mm breit. Blüten klein, unscheinbar, einzeln oder in Knäueln in den Blattachseln, auswachsend an 2 Tragblättern mit einem Schopf seidiger Haare; Blütezeit Juli. Nussfrüchte geschnäbelt, behaart. Trockene, warme, nährstoffreiche, meist kalkhaltige Standorte, Brachäcker; nur im Süden Deutschlands; selten.
Wissenswertes Heißt wegen der geschnäbelten Früchte auch Vogelkopf.

Blutweiderich
Lythrum salicaria
Weiderichgewächse

Merkmale 50–150 cm hoch, ausdauernd. Stängel vierkantig, behaart. Blätter lanzettlich, sitzend, gegenständig oder zu dreien quirlständig. Blütenstand purpurrot, in verlängerter Ähre, Blüten mit 12 Staubblättern; Blütezeit Juni–September. Feuchte Standorte, an Fließ- und Stillgewässern, v. a. in tiefen Lagen.
Wissenswertes Die jungen Blätter und Sprosse sind als Gemüse verwendbar. Untergetauchte Sprosse besitzen ein Durchlüftungsgewebe (Aerenchym). Bestäuber sind v. a. Schwebfliegen, aber auch Schmetterlinge und Bienen.

Ysopblättriger Weiderich
Lythrum hyssopifolium
Weiderichgewächse

Merkmale 5–30 cm hoch, einjährig, kahl. Blätter wechselständig, lineal lanzettlich. Blüten blass rötlich violett, einzeln in den Blattachseln, Blütenblätter 2–3 mm lang, 2–6 Staubblätter; Blütezeit Juni–September. Nasse, feuchte, nährstoff- und basenreiche Standorte; Ufer, Ackerränder, Wegränder; zerstreut.
Wissenswertes Weltweit in gemäßigt ozeanischen Zonen verbreitet. Die Pflanze ist salztolerant, daher kommt sie v. a. in Küstennähe oder in Salzgebieten vor.

Gewöhnlicher Sumpfquendel
Peplis portula
Weiderichgewächse

Merkmale Bis 30 cm hoch, einjährig. Kahl, Stängel niederliegend oder im Wasser flutend. Blätter gegenständig, verkehrt eiförmig, ganzrandig, zuweilen rötlich. Blüten einzeln in den Blattachseln, unscheinbar, 1 mm lang, Kronblätter rötlich weiß oder fehlend; Blütezeit Juli–September. Früchte kugelig. Feuchte, nährstoffreiche, kalkarme Standorte; an oder in Gewässern, Wege, Äcker; Ebene bis mittlere Gebirgslage.
Wissenswertes Schwimmfähige Früchte, daher Wasserverbreitung.

Ähriges Tausendblatt
Myriophyllum spicatum
Tausendblattgewächse

Merkmale Wasserpflanze, in 1–5 m Tiefe, ausdauernd. Untergetauchte Blattquirle meist mit 4 Blättern, Fiederabschnitte der Blätter meist gegenständig, obere Tragblätter der Blüten ungeteilt. Aus dem Wasser ragende Blütenähren, Windbestäubung; Blütezeit Juni–September. Kalk- und nährstoffreiche, auch stark belastete, langsam fließende oder stehende Gewässer; in Deutschland verbreitet.
Wissenswertes Die Pflanze ist für Teichbepflanzungen zu empfehlen.

Quirlblütiges Tausendblatt
Myriophyllum verticillatum
Tausendblattgewächse

Merkmale Wasserpflanze, in 0,5–3 m Tiefe, ausdauernd. Blattquirle meist mit 5–6 Blättern, Blätter kammförmig gefiedert, Tragblätter der Blüten alle fiederspaltig, kürzer als die Blüten, weibliche Blüten unscheinbar, männliche bis 2,5 mm lang, rötlich, Blüten teilweise untergetaucht; Blütezeit Juni–September. Wärmere, mäßig nährstoffreiche, meist stille Gewässer, oft in Schwimmblatt- und Wasserpflanzen-Gesellschaften.
Wissenswertes Sowohl Windbestäubung als auch Unterwasserbestäubung.

Rosengewächse, Primelgewächse und Verwandte: Blüten in Aktion

Die in der heimischen Flora recht artenreich vertretenen Rosengewächse und die ihnen näher stehenden Pflanzenfamilien stellt man an die Basis der moderneren Verwandtschaftslinien der zweikeimblättrigen Pflanzen (s. Einführung zu den Kreuzblütlerverwandten Seite 134). Dafür sind unter anderem einige Besonderheiten ihrer Blütenarchitektur verantwortlich, zusätzlich aber auch spezielle Inhaltsstoffe oder sonstige Eigenheiten, die der direkten Beobachtung nicht immer leicht zugänglich sind. Weil solche Merkmale bei dieser Pflanzenfamilie fast schon typhaft ausgebildet sind, haben die Rosen geradezu Modellcharakter auch für die übergeordneten Verwandtschaftsgruppen.

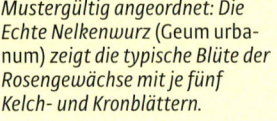

Mustergültig angeordnet: Die Echte Nelkenwurz (Geum urbanum) zeigt die typische Blüte der Rosengewächse mit je fünf Kelch- und Kronblättern.

Ein klarer Bauplan

Ein Fingerkraut, eine Nelkenwurz oder auch ein Vertreter der strauch- bzw. baumförmig wachsenden Holzpflanzen dieser Familie (Kirsche, Wild-Rose, Brombeere) zeigt übersichtlich den typischen Grundbauplan einer Bedecktsamerblüte mit (von außen nach innen) Kelch-, Kron-, Staub- und Fruchtblättern. Wir betrachten hier einmal nicht Aussehen und Aufgaben dieser Blütenbauteile, sondern ihre Anordnung in der Blüte. In der aus Kelch und Krone bestehenden Blütenhülle finden sich mit schöner Regelmäßigkeit je fünf Elemente.

Die strahlig auf einem Kreis angeordneten fünf Kelchblätter schließen untereinander jeweils exakt den gleichen Winkel ein wie die Zacken eines Sternchens. Für die fünf Kronblätter gilt das natürlich ebenfalls. Interessanterweise ist der Kronblattkreis aber gegenüber dem Kelchblattkreis ein wenig versetzt: Je ein Kronblatt steht genau in der Lücke zwischen zwei Kelchblättern. Die so harmonisch aussehende Blüte eines Rosengewächses verdankt ihren besonderen ästhetischen Charme vergleichsweise einfachen und im Prinzip sogar mathematisch formulierbaren Proportionsregeln.

Doch es gibt noch weitere Besonderheiten in den Blüten dieser Familie, über die sich schon Goethe gewundert hat. Wenn beispielsweise die Kelchblätter Ansätze einer Fiederung aufweisen, bleiben jeweils zwei Kelchblätter einfach und ungefiedert, zwei sind gefiedert und das dritte ist nur halbseitig gefiedert.

Hübsche Früchtchen

Nicht selten liefern neben der Blütenarchitektur auch die Formen der Früchte brauchbare Merkmale für die Zugehörigkeit zu einer bestimmten Pflanzenfamilie. Bei den Rosengewächsen ist die Palette der verschiedenen Fruchttypen besonders aufschlussreich für die Einteilung der Familie in vier verschiedene Unterfamilien. Man unterscheidet hier beispielsweise eine Artengruppe mit Balgfrüchten, wozu der in Bergwäldern heimische Geißbart gehört. Davon leiten sich die Gattungen mit einsamigen Schließfrüchten (Nüsschen) ab, zu denen Odermennig, Mädesüß und Nelkenwurz gehören. Bei der ebenfalls zu dieser Gruppe zählenden Erdbeere ist das Achsengewebe stark vergrößert und bildet eine so genannte Sammelnussfrucht. Bei der Hagebutte der Rose ist das Achsengewebe krugförmig eingetieft. Erdbeere und Hagebutte sind also eigentlich Scheinfrüchte. Ebenso unübersichtlich konstruiert sind die Kernfrüchte von Apfel, Birne und Mispel. Einfacher ist die Sachlage nur bei der vierten Unterfamilie mit Schlehe, Pflaume und Pfirsich: Hier kommen nur Steinfrüchte vor.

Blütenbau wie Schmetterlinge?

Eine besondere und familientypische Fruchtform zeichnet auch die zweite bedeutende Pflanzenfamilie aus, die im Zentrum dieses Kapitels steht: Aus der Blüte der Schmetterlingsblütler geht jeweils eine Hülse hervor, die sich aus einem nur durch Verwachsung eines einzigen Fruchtblattes entstandenen Fruchtknotens entwickelt. Umgangssprachlich bezeichnet man sie auch schon einmal als Schote, aber diese Fruchtform ist eher für die Kreuzblütler typisch und entsteht immer aus zwei Fruchtblättern.

Innerhalb der einfacheren Zweikeimblättrigen zeigen die Schmetterlingsblütler erstmals die Abkehr von der streng formalen strahligen Sternsymmetrie der Rosengewächse zur zweiseitigen Spiegelbildlichkeit. Bei der Benennung dieser Pflanzenfamilie bzw. Blütenform war offensichtlich eine Menge Phantasie im Spiel. Die beiden schlanken, seitlichen Kronblätter, die man Flügel nennt, mag man eventuell noch mit einer Insektengestalt vergleichen, ebenso die beiden zum Schiffchen verwachsenen, die den Rumpf darstellen. Beim fünften Kronblatt, das als Fahne aufgerichtet wird, enden jedoch die Vergleichsmöglichkeiten.

Staubblattröhre unter Spannung. Lässt sich auf ihr ein vergleichsweise schwergewichtiges Insekt wie eine dicke Wiesenhummel nieder, drückt sie dabei Fahne und Schiffchen nach unten und gleichzeitig auseinander. Jetzt explodiert die vorher eingezwängte und aufgerollte Staubblattröhre wie eine los gelassene Uhrfeder und pudert den Blütengast kräftig ein. Zwischen diesen Grundtypen der Pollenbeladung gibt es bei fast allen Gattungen der Familie Übergänge oder weitere Speziallösungen – eine klare Einladung an den Hobbybotaniker, der jeweiligen Sachlage einmal mit Lupe und Präpariernadel genauer nachzugehen.

Raffiniert: In den hängenden Blüten des Gewöhnlichen Alpenglöckchens (Soldanella alpina) *können die eigenen Pollen aus räumlichen Gründen nicht auf der Narbe landen.*

Verwachsungen kennzeichnen auch die zehn Staubblätter. Entweder sind die Stielchen aller Staubblätter zu einer geschlossenen Röhre verwachsen oder nur neun zu einer oben offenen Röhre, deren Schlitz vom zehnten Staubblattstielchen abgedeckt wird.

Klappen, pumpen, schleudern

Überaus erstaunlich sind die verschiedenen Wege, mit denen die Schmetterlingsblütler ihr Pollen-Management betreiben. Bei den Klee-Arten wie beim häufigen Rot-Klee ist das schmale Schiffchen oben offen. Setzt sich eine Biene oder Hummel darauf, fällt es wie eine Klappe augenblicklich herunter. Anschließend tritt der Griffel heraus, der den mitgebrachten Pollen aufnimmt, ehe die Staubblätter den Besucher erneut einpudern. Bei der Wiesen-Platterbse und den mit ihnen sehr eng verwandten Wicken bildet der lange Griffel mit den vorwärts gerichteten Haaren eine Bürste. Sie reibt den aus den Staubbeuteln ausgefegten Pollen den Besuchern in den Pelz.

Bei Lupine und Hornklee schiebt die noch geschlossene Narbe den Pollen aus dem nur an der Spitze geöffneten Schiffchen heraus wie aus einer Injektionsspritze. Bei der Luzerne steht die

Verhütung – auch bei Blüten

Fast alle Blüten müssen irgendwie das Problem lösen, dass ihre Narben nicht vom eigenen Pollen bestäubt werden. Aus genetischen Gründen wäre eine solche fortgesetzte Selbstung wegen der bekannten Inzucht-Effekte auf Dauer ungünstig. Ein verblüffend einfaches, aber recht wirksames Verfahren, dies zu verhindern, besteht nun darin, dass die Staubblätter und die Narben nicht gleichzeitig in Betrieb gehen, sondern zeitlich gestaffelt heranreifen. Bei vielen Rosengewächsen findet man die Bestätigung: Die Staubblätter schütten ihr Pollenpulver aus, während die Narben der gleichen Blüte noch lange nicht empfangsfähig sind. Die vererbungstechnisch vorteilhafte Fremdbestäubung ist damit schon im Entwicklungsprogramm festgelegt. Blüten, die zunächst die Staubblätter und dann erst die Narben auf den Griffeln in Funktion setzen, nennt man vormännlich. Es geht aber auch umgekehrt, wie Nelkenwurz und Fingerkraut zeigen.

Ein besonders trickreiches Verfahren findet man bei vielen Primelgewächsen. Bei der Stängellosen Schlüsselblume und den übrigen Vertretern der Gattung kommen innerhalb der gleichen Art zwei verschiedene Blütentypen vor. Typ A trägt die scheibenförmige Narbe auf einem langen Griffel und besitzt nur kurzstielige Staubblätter, Typ B hat dagegen langstielige Staubblätter, aber eine Narbe auf kurzem Griffel. Der Unterschied betrifft also lediglich die Stielchenlängen der fruchtbaren Blütenorgane. Nun sind die Blüten zusätzlich so programmiert, dass nur Pollen zwischen Pflanzen von Typ A oder Pflanzen von Typ B erfolgreich übertragen werden kann, also von kurzen Staubblättern auf lange Griffel und von langen Staubblättern auf kurze Griffel. Schon Darwin hat sich mit diesem interessanten Phänomen beschäftigt und die »legitime« sowie die »illegitime« Bestäubung experimentell unter-

sucht. Nur die legitimen Pollen haben auf der passenden Narbe eine Startchance, um ihre Pollenschläuche zu den Samenanlagen im Inneren des Fruchtknotens zu schicken.

Bei den übrigen Primelgewächsen finden sich weitere Verhütungsmechanismen. In den Glocken des Gewöhnlichen Alpenglöckchens sind Staubblätter und Narbe räumlich so angeordnet, dass der kurze Bestäubungsweg innerhalb der gleichen Blüte recht unwahrscheinlich ist.

Doch Ausnahmen bestätigen die Regel: Neben den hier geschilderten Beispielen finden sich in der heimischen Flora auch Fälle, in denen die Blüten ziemlich planmäßig eine Selbstbestäubung zulassen. Ein Beispiel dafür ist das Nickende Wintergrün. In seinen engen Glockenblüten landen die jeweils im Viererpaket aus den Staubbeutelporen herabrieselnden Pollen relativ leicht auf der Narbe derselben Blüte.

Frühlings-Platterbse
Lathyrus vernus
Schmetterlingsblütler

Merkmale 30–80 cm hoch, mehrjährig. Stängel kantig, aufrecht oder aufsteigend. Fiederblätter unterseits glänzend, mit 2–4 Blättchenpaaren, lang zugespitzt, breite Nebenblätter, rankenlos. Blüte purpurrot, später blau; Blütezeit April–Mai. Früchte braune Hülsen, 4–6 mm lang. Auf frischen, nährstoffreichen meist kalkhaltigen Böden; Laub- und Mischwälder; in Europa verbreitet, fehlt im Norden Deutschlands.
Wissenswertes Der Gattungsname leitet sich vom griechischen *lathyros* = abgeplattet ab.

Schwarzwerdende Platterbse
Lathyrus niger
Schmetterlingsblütler

Merkmale 30–80 cm hoch, mehrjährig. Stängel aufrecht, ungeflügelt. Blätter mit 4–6 eiförmig elliptischen Fiederpaaren, Blatt mit grannenartiger Spitze. Blütentrauben drei- bis zehnblütig, Blüten 1–1,5 cm lang, trübpurpurn, beim Verblühen violett; Blütezeit Juni–Juli. Hülsen 5–6 cm lang. Halbschatten; mäßig trockene, magere Standorte, lichte Laubwälder und Waldränder.
Wissenswertes Die Pflanze verfärbt sich beim Trocknen schwarz. Diese Reaktion beruht auf dem chemischen Umbau besonderer Inhaltsstoffe.

Wald-Platterbse
Lathyrus sylvestris
Schmetterlingsblütler

Merkmale Bis 2 m lang, mehrjährig, formenreich. Stängel niederliegend oder kletternd, breit geflügelt, Ausläufer bildend. Blätter mit verzweigter Ranke, einpaarig gefiedert, Fiedern lineal lanzettlich, 5–14 cm lang, Blattstiele geflügelt, Nebenblätter 1 cm lang. Blüten zu 3–6, um 1,5 cm lang, rosa bis hellpurpurn, Schiffchen weißlich; Blütezeit Juli–August. Hülse 5–7 cm lang. Nährstoffreiche, oft kalkhaltige Böden; verbreitet.
Wissenswertes Tiefwurzelnd, dient der Bodenbefestigung, wurde früher auch als Zier- und Futterpflanze genutzt.

Sumpf-Platterbse
Lathyrus palustris
Schmetterlingsblütler

Merkmale 30–90 cm lang, mehrjährig. Niederliegend oder kletternd, Stängel geflügelt, kahl. Blattstiel kaum geflügelt, Blätter zwei- bis dreipaarig gefiedert mit schmal lanzettlichen, stachelspitzigen Teilblättern, meist unverzweigte Ranke. Blüten hellblau violett, zu 3–8 auf einem langen Stiel; Blütezeit Juni–August. Hülse 2,5–5 cm lang. Nasse Standorte, Sumpf- und Moorwiesen, Gräben.
Wissenswertes Die Sumpf-Platterbse vermehrt sich nicht nur durch Samen, sondern auch durch lange Ausläufer. ▽

Knollige Platterbse
Lathyrus tuberosus
Schmetterlingsblütler

Merkmale Bis 1,2 m lang, mehrjährig. Kahl, niederliegend, Wurzelknollen bildende Ausläufer. Stängel kantig, ungeflügelt. Blätter mit einem Fiederpaar, Nebenblätter schmal, halbpfeilförmig. Blütenstand lang gestielt, Blüten zu 2–7, karminrot; Blütezeit Juni–Juli. Hülsen bis 4 cm lang, kahl, braun. Getreidefelder, Wegränder, Dämme.
Wissenswertes Die haselnussgroßen Wurzelknollen und die Samen sind essbar, die Blüten wurden zur Parfümherstellung verwendet. Kulturbegleiter.

Wiesen-Platterbse
Lathyrus pratensis
Schmetterlingsblütler

Merkmale Bis 1,2 m lang, mehrjährig. Kahl oder flaumig behaarte, kantige Stängel. Blätter mit Ranke und einem graugrünen Fiederpaar, schmal lanzettliche, parallelnervige, spitze Blättchen, Nebenblätter mit pfeilförmigem Grund. Blütenstand mit 5–12 gelben Blüten auf langem Stiel, Blüten bis 2 cm lang; Blütezeit Juni–August. Hülse bis 3,5 cm, bei Reife schwarz. Feuchte Wiesen, Wälder.
Wissenswertes Wird wegen ihres Gehalts an Bitterstoffen von Rindern nicht gefressen. Schwach giftig.

Gras-Platterbse
Lathyrus nissolia
Schmetterlingsblütler

Merkmale Bis 70 cm hoch, einjährig. Kahl oder schwach behaart, Stängel aufrecht, ungeflügelt. Blätter grasähnlich, Blattstiele lanzettlich verbreitert, ohne Blättchen, rankenlos. Blüten zu 1–2 an langem Stiel, purpurrot, bis 18 mm lang; Blütezeit Mai–Juli. Hülse blassbraun. Licht- und Halbschattenpflanze; nährstoffreiche, meist kalkfreie Böden; Äcker, Gebüschsäume; selten, in Küstennähe häufiger.
Wissenswertes Im nicht blühenden Zustand wirkt die Pflanze wie ein Gras.

Ranken-Platterbse
Lathyrus aphaca
Schmetterlingsblütler

Merkmale Bis 60 cm lang, einjährig. Graugrün, wachsig, kahl. Stängel kantig, kletternd. Blätter auf eine Ranke reduziert, mit großen, breit dreieckigen, spießförmigen Nebenblättern, am Grund verbunden. Blüten einzeln, lang gestielt, gelb, Krone bis 12 mm lang; Blütezeit Mai–August. Hülse bis 35 mm, braun, kahl, gekrümmt. Sommerwarme, nährstoffreiche, meist kalkfreie Standorte; Äcker, Wegränder, Ruderalstellen.
Wissenswertes Die Pflanze ist ein Kulturbegleiter, ihre Samen sind giftig.

Rauhaarige Wicke
Vicia hirsuta
Schmetterlingsblütler

Merkmale Bis 60 cm lang, einjährig. Pflanze behaart. Stängel, niederliegend oder kletternd, dünn, schlaff. Blätter mit 6–10 Blättchenpaaren und verzweigter oder einfacher Endranke. Blüten zu dritt bis fünf, weiß oder bläulich weiß, klein, 3–4 mm lang; Blütezeit Mai–September. Hülse nickend, 1 cm lang, kurz behaart, flach. Getreideäcker, Rasengesellschaften, Ruderalstandorte; verbreitet.
Wissenswertes Wegen der hohen Nektarproduktion wird die Pflanze von Insekten, insbesondere Bienen, viel besucht.

Vogel-Wicke
Vicia cracca
Schmetterlingsblütler

Merkmale Bis über 1 m lang, mehrjährig, formenreich. Stängel dünn, kantig, verzweigt. Blätter kahl oder anliegend behaart, 6–12 Fiederpaare, vordere fast stets zu langen Ranken umgebildet, Nebenblätter mit abstehenden Zipfeln; Blüten um 1 cm, in lang gestielter, bis 10 cm langer gestreckter Traube, Krone blauviolett; Blütezeit Juni–August. Hülsen schwarz. Wiesen, Wälder, Wege, Getreideäcker, Ruderalstellen; weit verbreitet.
Wissenswertes Die Pflanze gilt als lästiges Wildkraut in Getreideäckern. Die Samen sind schwach giftig.

Wald-Wicke
Vicia sylvatica
Schmetterlingsblütler

Merkmale 50–150 cm hoch, mehrjährig. Stängel schlaff, vierkantig, aufsteigend oder kletternd. Blätter mit 6–8 eiförmig elliptischen Fiederpaaren, Endfiedern meist zu Ranken umgebildet, Nebenblätter zerschlitzt, gezähnt. Blüten etwa 1,5 cm lang, weiß, violett geadert, zu mehreren in verlängerter Traube; Blütezeit Juni–August. Feuchte Laub- und Nadelwälder.
Wissenswertes Die Pflanze eignet sich besonders gut für Wildpflanzengärten. Die vegetative Vermehrung erfolgt durch Bodenausläufer.

Platterbsen-Wicke
Vicia lathyroides
Schmetterlingsblütler

Merkmale Bis 20 cm hoch, einjährig. Stängel niederliegend oder aufsteigend. Blätter mit 1–3 Fiederpaaren, Ranke fehlend oder kurz, Fiederblättchen stachelspitzig. Blüten 5–8 mm lang, Schiffchen grünlich, an der Spitze violett, Fahne und Flügel hellviolett; Blütezeit April–Juni. Hülsen 2–3 cm lang, flach, abstehend. Warme, kalkarme Standorte, Sandrasen, Böschungen; selten.
Wissenswertes Die Art hat aufgrund ihrer geringen Anzahl an Fiederblättchen und der warzigen Samen Ähnlichkeit mit den Platterbsen.

Schmalblättrige Wicke
Vicia angustifolia
Schmetterlingsblütler

Merkmale 20–60 cm hoch, einjährig. Stängel aufsteigend oder kletternd. Blätter wechselständig, leicht graugrün, kurz behaart oder kahl, mit 3–7 schmal linealischen Fiederpaaren, obere zu Endranken umgebildet. Blüten 10–17 mm lang, rosa bis violett, meist einzeln, seltener bis zu 4 Blüten in den Blattachseln; Blütezeit Mai–Juli. Hülsen schwarz, fast kahl. Trockene nährstoffreiche Böden, Wege, Böschungen, Schuttplätze; zerstreut.
Wissenswertes Die Art ist sehr formenreich.

Zaun-Wicke
Vicia sepium
Schmetterlingsblütler

Merkmale Bis über 1 m lang, mehrjährig. Stängel niederliegend, aufsteigend oder kletternd. Blätter behaart, gestielt, mit 4–7 länglich ovalen Fiederpaaren, Endfiedern meist zu Ranken umgebildet. Blüten zu zweit bis sechst in kurz gestielten Trauben, 1–1,5 cm lang, bläulich violett; Blütezeit Mai–Juli. Wiesen, Waldsäume; in Europa fast überall verbreitet.
Wissenswertes Nebenblätter auf der Unterseite mit schwärzlichen Nektardrüsen. Der Nektar wird von Ameisen gesammelt.

Futter-Esparsette
Onobrychis viciifolia
Schmetterlingsblütler

Merkmale 30–70 cm hoch, mehrjährig. Stängel aufrecht, verzweigt; Blätter mit 13–27 schmal linealischen Fiedern mit kurzer Stachelspitze. Blüten bis 1,5 cm lang, zahlreich in pyramidenförmigen, lang gestielten Trauben, Kronen hellrot, dunkler purpurn geadert; Blütezeit Mai–Juli. Hülse eiförmig, meist einsamig. Tiefgründige, kalkhaltige Böden; Trockenwiesen, Wegränder, lichte Gebüsche.
Wissenswertes Die Wurzeln reichen in bis zu 4 m Tiefe – eine Anpassung an Trockenheit. Aus Futteranbau verwildert.

Alpen-Süßklee
Hedysarum hedysaroides
Schmetterlingsblütler

Merkmale 10–30 cm hoch, mehrjährig. Stängel aufsteigend oder aufrecht, unverzweigt, fast kahl. Blätter unpaarig gefiedert, 5–9 Fiederpaare. Blüten zu 10–30, nickend, um 2 cm lang, leuchtend purpurrot; Blütezeit Juli–August. Hülse mit 2–6 Gliedern, 2–4 cm lang, um 8 mm dick, kahl. Magerwiesen, lockere Zwergstrauchbestände; Alpen zwischen etwa 1800 und 2500 m.
Wissenswertes Wegen ihres Proteinreichtums wertvolle alpine Futterpflanze. Junge Blätter eignen sich als Salat.

Gewöhnlicher Hufeisenklee
Hippocrepis comosa
Schmetterlingsblütler

Merkmale 5–20 cm hoch, ausdauernd, Halbstrauch. Stängel niederliegend bis aufsteigend. Blätter lang gestielt, unpaarig gefiedert, dunkelgrün bis blaugrün. Blüten etwa 1 cm lang, gelb, zu fünft bis zwölft in kopfig doldigem Blütenstand; Blütezeit Mai–Juli. Hülse 1–3 cm lang, schlängelig verbogen. Warme, trockene Standorte; Kalkmagerrasen, lichte Wälder, Gebüsche; in den Kalkalpen verbreitet.
Wissenswertes Der Name bezieht sich auf die Früchte, die in hufeisenförmige Abschnitte gegliedert sind.

Bunte Kronwicke
Securigera varia
Schmetterlingsblütler

Merkmale Bis zu 1 m lang, mehrjährig. Stängel liegend, gerillt. Blätter unpaarig gefiedert, Fiedern schmal linealisch, mit Stachelspitze. Blüten 1,2 cm lang, Schiffchen und Flügel weiß, Fahne rosarot, zu 12–30 in halbkugeligen Köpfen; Blütezeit Mai–Juni. Hülsen schmal linealisch, bis zu 8 cm lang. Trockenrasen, Gebüsche, Säume; besonders in Kalkgebieten.
Wissenswertes Die Fiederblätter tragen an der Basis Gelenke, nachts bewegen sie sich aufwärts in »Schlafstellung«. Giftig.

Bergkronwicke
Coronilla coronata
Schmetterlingsblütler

Merkmale Bis 50 cm lang, mehrjährig. Stängel aufrecht oder aufsteigend, blaugrüne, kahle Pflanze. Blätter unpaarig gefiedert, 7–15 ovale Fiederblättchen mit deutlich knorpeligem Rand. Langgestielte Dolde mit 10–20 gelben Blüten, Schiffchen stark gebogen; Blütezeit Mai–Juli. Linealische Früchte 1,5–3 cm lang, hängend. Sonnige Kalkhänge, Gebüsche, lichte Wälder; selten.
Wissenswertes Die Früchte öffnen sich nicht nach Art von Hülsen, sondern zerfallen bei der Reife in einsamige Teilstücke.

Scheidige Kronwicke
Coronilla vaginata
Schmetterlingsblütler

Merkmale Bis 50 cm hoch, Halbstrauch. Blätter bläulich grün, unpaarig gefiedert, Teilblättchen mit knorpeligem Rand. Blüten um 8 mm lang, gelb, zu 3–10 in kopfig doldigem Blütenstand; Blütezeit Mai–Juni. Hülsen 1,5–4 cm lang, sechskantig und an 4 Kanten wellig geflügelt, in kurze Abschnitte gegliedert. Trockene, kalkreiche Standorte, Trockenwälder und -gebüsche, Felsbänder, grasige Standorte; selten.
Wissenswertes Die Teilblättchen sind etwas fleischig, dadurch ist die Blattnervatur kaum sichtbar.

Kleiner Vogelfuß
Ornithopus perpusillus
Schmetterlingsblütler

Merkmale Bis 40 cm hoch, einjährig. Kriechend, flaumig behaart. Blätter mit 4–13 Fiederpaaren und 1 Endblättchen. Blüten zu zweit bis siebt, Fahne mit purpurroten Streifen, Schiffchen gelb; Blütezeit Mai–Juni. Hülsen 1–2 cm lang. Sandige, kalkarme Standorte, Dünen, Äcker, Wege, Sportplätze; selten.
Wissenswertes Die Fruchtstände mit den gegliederten, gekrümmten und am Ende zugespitzten Hülsen erinnern an einen Vogelfuß (Name). Die Pflanze wird auch Mäusewicke genannt.

Berg-Fahnenwicke
Oxytropis jacquinii
Schmetterlingsblütler

Merkmale 5–25 cm hoch, mehrjährig. Stängel kurz. Blätter mit rötlich überlaufenem Stiel, 25–41 unpaarig gefiederte Teilblättchen, beiderseits schwach behaart oder kahl. Blüten in 4–8 cm lang gestielter kopfiger Traube, zu 5–15, rötlich violett; Schiffchen mit deutlicher Spitze; Blütezeit Juli–August. Kalkreiche, steinig lehmige Böden, trockene Rasen, Schutthalden, Kiesbänke, Moränen; kommt nur zerstreut in den Alpen vor.
Wissenswertes Die Art ist formenreich und bildet Regionalrassen.

Zottige Fahnenwicke
Oxytropis pilosa
Schmetterlingsblütler

Merkmale 20–50 cm hoch, mehrjährig. Dichte, lange weiße Haare. Blätter mit 9–13 länglichen Blättchenpaaren. Blüten in reichblütigen, fast kugeligen Köpfchen, blassgelb, Schiffchen mit schmaler langer Spitze; Blütezeit Juni–August. Hülsen länglich oval, stark behaart, spitz, schwach aufgeblasen. Kalkreiche, grasige, steinige Standorte.
Wissenswertes Die Gattung *Oxytropis* unterscheidet sich von *Astragalus* durch die Spitze auf dem Schiffchen, sie hat daher auch den Namen Spitzkiel.

Alpentragant
Astragalus alpinus
Schmetterlingsblütler

Merkmale 5–30 cm hoch, mehrjährig, zierlich. Stängel niederliegend oder aufsteigend. Blätter unpaarig gefiedert mit 7–11 Fiederpaaren, Blättchen oval. Blüten in kopfiger, lang gestielter Traube, Blüten zu 5–15, Fahne bläulich lila, Flügel weiß, Schiffchen im vorderen Drittel violettrot; Blütezeit Juni–August. Steinige, meist kalkhaltige Böden, alpine Steinrasen, lückige Matten, Grate, Moränen; nur in den Alpen.
Wissenswertes Erträgt Beweidung, wird von Vieh und Wild gern gefressen.

Gletschertragant
Astragalus frigidus
Schmetterlingsblütler

Merkmale 15–35 cm hoch, mehrjährig, kahl. Stängel gerillt, aufrecht, unverzweigt. Blätter mit 3–8 blaugrünen Blättchenpaaren. Traubig kopfiger Blütenstand auf langem Stiel, mit 5–20 gelblichen, nickenden Blüten, Kelchröhre oft rötlich überlaufen, mit einzelnen, kurzen, dunklen, anliegenden Haaren; Blütezeit Juli–August. Frische, meist kalkhaltige steinige Böden; alpine Steinrasen, lückige Matten, Grate, Moränen.
Wissenswertes Die Wurzeln reichen bis zu 1 m tief und entwickeln unterirdische Ausläufer.

Kicher-Tragant
Astragalus cicer
Schmetterlingsblütler

Merkmale 20–80 cm lang, mehrjährig, Stängel niederliegend oder kletternd, anliegend behaart. Blätter wechselständig, unpaarig gefiedert, 8–12 Paare schmal ovaler Seitenfiedern. Blüten in vielblütigen Köpfen, hellgelb; Blütezeit Juni–August. Hülse zottig behaart, kugelig aufgeblasen und lang geschnäbelt. Basenreiche Tonböden; lichte Waldsäume, Böschungen, Waldwege.
Wissenswertes Die Pflanze bildet bemerkenswert tief reichende Wurzeln aus und tritt auch als Pionierart auf. Ihr Futterwert ist gut.

Süße Bärenschote
Astragalus glycyphyllos
Schmetterlingsblütler

Merkmale 50–100 cm hoch, mehrjährig, kräftig. Stängel hin und her gebogen. Blätter bis 20 cm lang, unpaarig gefiedert, 4–6 Blattpaare, Teilblättchen schwach behaart, Nebenblätter bis 2 cm lang. Blüten 10–15 mm lang, grüngelb, in fast kopfig gedrungener Traube; Blütezeit Mai–August. Früchte bis 4 cm lang, etwas gebogen. Frische, basenreiche Lehm- und Tonböden; lichte Laubwälder, Waldwege, Böschungen, Steinschutt; verbreitet, im nordwestlichen Tiefland fehlend, in den Alpen bis zur Waldgrenze.

Wissenswertes Die Art ist eine tief wurzelnde Pionierpflanze. Sie enthält in Wurzel und Blättern Zucker und andere süße Verbindungen, insbesondere den auch in der Süßholzpflanze *Glycyrrhiza glabra* vorkommenden Süßstoff Glycyrrhizin. Die Süße Bärenschote wurde früher als Heilpflanze bei Verdauungsbeschwerden verwendet, hat heute aber keinen arzneilichen Wert mehr. Sie ist allerdings eine Pflanze mit hohem Futterwert. Die gekrümmten Fruchtbüschel erinnern an Tierpfoten, daher der Name Bärenschote.

Stängelloser Tragant
Astragalus exscapus
Schmetterlingsblütler

Merkmale 5–10 cm hoch, mehrjährig, stark behaart. Stängel quasi fehlend, Blätter daher in einer Grundrosette angeordnet. Blätter unpaarig gefiedert mit 12–19 Fiederpaaren, Blättchen eiförmig. Blütenköpfchen grundständig, mit 3–9 Blüten, 2–2,5 cm lang, kräftig gelb, Kelch dicht und abstehend weißhaarig; Blütezeit Mai–Juli. Kalkreiche oder gipshaltige Böden in warmer Lage; Trockenrasen, lichte Gebüsche.
Wissenswertes Die Samen sind in der Frucht perlschnurartig angeordnet.

Gelbe Spargelerbse
Tetragonolobus maritimus
Schmetterlingsblütler

Merkmale 10–30 cm hoch, mehrjährig. Stängel meist niederliegend. Blätter mit 5 bläulich grünen Teilblättern, die beiden unteren wie Nebenblätter gestellt, stängelumfassend. Blüten einzeln auf langen Stielen, hellgelb; Blütezeit Mai–Juni. Früchte gerade, 4–5 cm lang, mit 4 geflügelten Kanten. Kalkmagerrasen, Moorwiesen; selten.
Wissenswertes Unreife Hülsen sind als Gemüse verwendbar. Anders als die Rote Spargelerbse (*T. purpureus*) schmeckt sie aber nicht spargelähnlich.

Gewöhnlicher Hornklee
Lotus corniculatus
Schmetterlingsblütler

Merkmale Bis 30 cm hoch, mehrjährig. Stängel liegend oder aufsteigend, kahl. Blätter dreizählig, große Nebenblätter. Blüten zu 3–8 in halbkugeligem Köpfchen, Kronen goldgelb, Schiffchenspitze nach oben gebogen, rötlich; Blütezeit Mai–August. Hülse schwarzbraun. Nährstoffreiche Standorte; Fettwiesen, Waldränder; in Europa weit verbreitet.
Wissenswertes Die Früchte stehen bei Austrocknung unter Zugspannung, beim Öffnen der Früchte werden die Samen bis zu 2 m weit geschleudert.

Sumpf-Hornklee
Lotus pedunculatus
Schmetterlingsblütler

Merkmale 30–80 cm hoch, mehrjährig, allenfalls zerstreut behaart. Stängel aufsteigend oder aufrecht, rund. Blätter mit 5 kurz gestielten Teilblättern, das unterste Paar meist am Stängel. Blüten zu 8–14 in lang gestielter kopfartiger Dolde, gelb; Blütezeit Juni–Juli. Hülse gerade, bis 3 cm lang. Wechselnasse, stickstoffreiche, meist kalkfreie Standorte; Nasswiesen, Ufer, Sümpfe.
Wissenswertes Der Stängel ist als Anpassung an nasse Standorte zur Durchlüftung hohl.

Alpen-Klee
Trifolium alpinum
Schmetterlingsblütler

Merkmale 5–20 cm hoch, mehrjährig. Kurzstängelige Rosettenstaude. Blätter kleeartig dreiteilig, Blättchen eiförmig bis lanzettlich, spitz. Blüten zu 3–15 in lang gestieltem, halbkugeligem Köpfchen, über 2 cm lang, hellrosa bis purpurrot, sehr selten fast weiß; Blütezeit Juni–August. Kalkfreie Lehmböden in den Alpen; Wiesen, Matten, lockere Zwergstrauchbestände; zwischen 1700 und 2700 m; ziemlich häufig.
Wissenswertes Die Pflanze besitzt große, sehr angenehm duftende Blüten.

Rot-Klee
Trifolium pratense
Schmetterlingsblütler

Merkmale 15–40 cm hoch, mehrjährig, formenreich. Stängel aufsteigend oder aufrecht. Blätter lang gestielt, dreizählig mit ovalen Fiedern, heller oder purpurn gefleckt, Nebenblätter scharf zugespitzt. Blüten in 2–3 cm breitem Köpfchen, purpurn oder rosa, Kelch zehnnervig, behaart; Blütezeit Mai–August. Nährstoff- und basenreiche Standorte; Fettwiesen, Felder, Wegsäume; in Europa weit verbreitet und häufig.
Wissenswertes Blüten für Salate und zur Teezubereitung geeignet. Wird vielfach als Futterpflanze angebaut.

Erdbeer-Klee
Trifolium fragiferum
Schmetterlingsblütler

Merkmale Bis 30 cm hoch, mehrjährig. Stängel kriechend, an den Knoten wurzelnd. Blätter dreizählig, Fiederblätter verkehrt eiförmig, bis 2 cm lang, bläulich grün, fein gezähnt. Blüten in halbkugeligem, bis 1,5 cm großem Köpfchen, rosarot, Kelch behaart; Blütezeit Juni–September. Feuchte, nährstoffreiche und salzhaltige Böden; v. a. an den Küsten, Wege, Trittrasen; selten.
Wissenswertes Der Kelch ist nach der Blüte blasig aufgetrieben und rötlich überlaufen, er erinnert entfernt an Erdbeeren. Zeigt natriumhaltige Böden an.

Hasen-Klee
Trifolium arvense
Schmetterlingsblütler

Merkmale 5–30 cm hoch, einjährig. Stängel aufrecht, verzweigt. Blätter dreizählig mit graugrünen linealischen Fiederblättern. Blüten zahlreich in länglichen, 1–2 cm langen Köpfen, Kelch dicht lang behaart, Kronen anfangs weiß, dann rosa; Blütezeit Mai–Juli. Kalkarme Standorte; Magerrasen, Sandfluren, Wegränder, Äcker, Brachen; in Europa häufig.
Wissenswertes Die Blütenköpfchen erinnern leicht an Hasenpfötchen. Wurde wegen ihres Gerbstoffgehaltes als Heilpflanze gegen Durchfall verwendet.

Weiß-Klee
Trifolium repens
Schmetterlingsblütler

Merkmale Bis 50 cm lang, mehrjährig, formenreich. Stängel weit kriechend, an den Knoten wurzelnd. Blätter dreizählig, breit ovale Fiederblättchen mit fein gezähntem Blattrand, Nebenblätter zugespitzt und an der Spitze behaart. Blüten in Köpfchen, 1–2 cm breit, 1 cm lang, weiß, duftend, Kronen nach dem Abblühen braun herabhängend; Blütezeit Mai–September. Stickstoffreiche Böden; Fettwiesen, Felder; häufig.
Wissenswertes Blüten und junge Blätter sind als Salat geeignet.

Berg-Klee
Trifolium montanum
Schmetterlingsblütler

Merkmale 10–40 cm hoch, mehrjährig. Stängel aufrecht, seidig behaart. Blätter kleeartig dreiteilig, Teilblättchen länglich eiförmig. Blüten zu je 25–50 in 2–3 kugelig eiförmigem Köpfchen je Stängel, Kronen meist reinweiß oder etwas gelblich weiß, selten rötlich; Blütezeit Mai–Juli. Kalkhaltige, nährstoffarme Lehm- oder Tonböden; trockene Wiesen, lichte Wälder; fehlt im Tiefland.
Wissenswertes Die Pflanze wird vornehmlich von Bienen, Hummeln und Schmetterlingen bestäubt.

Feld-Klee
Trifolium campestre
Schmetterlingsblütler

Merkmale 10–30 cm hoch, einjährig. Stängel niederliegend oder aufsteigend. Blätter dreizählig, mittleres Teilblatt deutlich gestielt, Fiedern vorn etwas ausgerandet. Blüten zu 20–30 in kugeligen Köpfchen, um 5 mm lang, Kronen goldgelb, nach dem Abblühen nicht abfallend, hellbraun; Blütezeit Juni–September. Warme, kalkarme Standorte; Wiesen, Weiden, Äcker, Waldwege, v. a. in den tieferen Lagen; weit verbreitet.
Wissenswertes Die Art ist eine gute Futterpflanze.

Moor-Klee
Trifolium spadiceum
Schmetterlingsblütler

Merkmale 20–40 cm hoch, ein- bis zweijährig. Stängel aufrecht. Blätter dreizählig, Nebenblätter länglich lanzettlich, Blütenstand erst eiförmig, später zylindrisch, etwa 1 cm breit, bis über 2 cm lang, Blüten bis 6 mm lang, gelb, im verblühten Zustand braunschwarz; Blütezeit Mai–August. Wechselnasse, meist saure, humose Böden; magere Berg- und Moorwiesen, Quellmoore, an Gräben; Mittelgebirge und Alpen; selten.
Wissenswertes Die Kelchzipfel sind lang bewimpert.

Wundklee
Anthyllis vulneraria
Schmetterlingsblütler

Merkmale 15–50 cm hoch, mehrjährig, formenreich, silbrig behaart, Stängel haart, mit 1–6 Paaren linealisch länglicher Fiederblättchen, Endfieder am größten. Blütenknospen oft rötlich überlaufen, Blüten in kugeligen Köpfen, Kronen gelb bis orangerot, Kelch zottig behaart, nach der Blüte aufgeblasen; Blütezeit Mai–September. Sonnige, meist kalkhaltige Standorte; Magerrasen, Böschungen, Wegränder; in Europa weit verbreitet.
Wissenswertes Die Blüten wurden früher zur Wundheilung verwendet.

Hopfenklee
Medicago lupulina
Schmetterlingsblütler

Merkmale Bis 30 cm hoch, ein- bis mehrjährig. Stängel liegend oder aufsteigend. Blätter dreizählig gefiedert, Fiedern breit, stumpf oder leicht ausgerandet und stachelspitzig. Blüten in Köpfchen, Krone gelb; Blütezeit Mai–September. Hülsen schwarz, nieren- bis sichelförmig, bis 3 mm groß. Trockenrasen, Wiesen, Wege, Dämme, Gebüsche, Äcker; in Europa weit verbreitet; häufig.
Wissenswertes Der Name Hopfenklee bezieht sich auf die hopfenähnlichen Blütenstände. Wertvolle Futterpflanze.

Zwerg-Schneckenklee
Medicago minima
Schmetterlingsblütler

Merkmale 10–30 cm hoch, einjährig. Stängel niederliegend bis aufsteigend. Blätter mit 3 eiförmig elliptischen Teilblättchen, beiderseits behaart. Blüten in halbkugeligen Trauben mit 1–8 Blüten; Blütezeit Mai–Juni. Hülsen gedreht, mit 3–5 Windungen, dicht mit hakigen Stacheln besetzt, insgesamt kugelig. Sonnige, lückige Rasen, Dünen, Wege.
Wissenswertes Die Pflanze ist dicht zottig behaart, was als Lichtschutz wirkt. Die schneckenhausartigen Windungen der Früchte führten zur Namensgebung.

Sichelklee
Medicago falcata
Schmetterlingsblütler

Merkmale 20–60 cm hoch, mehrjährig. Blätter dreizählig, mit Stachelspitze, das mittlere Blättchen länger gestielt. Blüten gelb; Blütezeit Mai–September. Früchte sichel- bis hufeisenförmig gebogen, 8–15 mm lang. Kalkreiche Standorte; Wegränder, Magerwiesen; zerstreut, im Nordwesten selten.
Wissenswertes Der Pflanzenname verweist auf die sichelförmigen Früchte. Bastardbildung (*M.* x *varia*) mit der Saat-Luzerne (*M. sativa*) führt zu Pflanzen mit Übergängen von gelber bis blauer Blütenfarbe.

Luzerne
Medicago sativa
Schmetterlingsblütler

Merkmale 30–90 cm hoch, mehrjährig. Stängel aufrecht, verzweigt. Blätter dreizählig, Fiedern fein gezähnt, stachelspitzig, nur Endfieder gestielt. Blüten zahlreich in kopfigen Trauben, Kronen lila oder violettpurpurn; Blütezeit Juni–September. Hülse schraubig gewunden. Warme Böden, Wiesen, Wegränder.
Wissenswertes Die aus Vorderasien stammende wertvolle Futterpflanze wird bereits seit der frühen Antike angebaut und auch zur Bodenverbesserung sowie als Zierpflanze genutzt.

Gewöhnlicher Steinklee
Melilotus officinalis
Schmetterlingsblütler

Merkmale Bis 120 cm hoch, zweijährig. Aufrecht, wenig verzweigt. Blätter dreizählig, Fiedern gezähnt, Nebenblätter glattrandig. Blüten zahlreich in lang gestielten, 4–8 cm langen Trauben, gelb blühend; Blütezeit Juni–September. Hülse braun, kahl. Sonnige Standorte, Bahndämme, Schuttplätze, Brachen, Steinbrüche, Wegränder; in Europa verbreitet.
Wissenswertes Die sehr nektarreichen Blüten sind eine beliebte Bienenweide, die Pflanze wird daher auch gelegentlich von Imkern angepflanzt.

Weißer Steinklee
Melilotus albus
Schmetterlingsblütler

Merkmale Bis 120 cm hoch, zweijährig. Stängel aufrecht, verzweigt. Blätter dreizählig, grob gezähnt. Blüten weiß, zahlreich, in 5–8 cm langer Traube; Blütezeit Mai–August. Hülsen fast kugelig, schwärzlich, deutlich netznervig. Sonnige Standorte, Unkrautfluren, Brachen, Wege, Schuttfluren; in Deutschland fast überall häufig, in Europa verbreitet.
Wissenswertes Beim Trocknen entwickelt sich beim Steinklee starker Waldmeisterduft, da durch enzymatische Reaktion Cumarin gebildet wird.

Vielblättrige Lupine
Lupinus polyphyllus
Schmetterlingsblütler

Merkmale Bis 1,5 m hoch, mehrjährig. Aufrecht, unverzweigt. Blätter lang gestielt, Spreite handförmig, mit 9–17 lanzettlich zugespitzten Teilblättchen, anliegend behaart. Blüten blauviolett, selten weißlich, in dichter Traube; Blütezeit Juni–September. Böschungen, Lichtungen; Heimat Nordamerika, als Pionier z. B. an Straßenböschungen angesät.
Wissenswertes Die Pflanze ist bitter durch Alkaloide. Sie wurden bei den so genannten Süßlupinen für die Wildäsung jedoch herausgezüchtet. Giftig.

Acker-Frauenmantel
Aphanes arvensis
Rosengewächse

Merkmale 5–20 cm hoch, einjährig. Blätter 1 cm lang, dreiteilig, tief gezähnt. Blüten sehr klein, 1,5–2 mm lang, unscheinbar grün, in den tütenförmig verwachsenen Nebenblättern sitzend; Blütezeit April–Oktober. Frische, mäßig nährstoffreiche, kalkarme Standorte, Getreidefelder, Ackerränder, Ruderalflächen; in gemäßigten Breiten inzwischen weltweit vorkommend.
Wissenswertes Die kleinen Nussfrüchte sind von dem behaarten Kelch umgeben. Verbreitung durch Anhaftung an Tiere.

Gewöhnlicher Frauenmantel
Alchemilla vulgaris
Rosengewächse

Merkmale 15–50 cm hoch, mehrjährig, formenreich. Grundblätter handförmig, mit 9–13 Abschnitten, gezähnt, entlang der Hauptrippen gefaltet. Blüten nektarreich, grünlich gelb, Kronblätter fehlen; Blütezeit Mai–September. Wiesen, Gebüsche; in Europa weit verbreitet.
Wissenswertes Nach der Signaturenlehre sollte die Pflanze mit den an den Mantel Marias erinnernden Blättern Frauenleiden heilen. Die an den Blättern austretenden Wassertropfen galten in der Alchemie früher als wichtige Zutat zu Rezepturen.

Alpen-Frauenmantel
Alchemilla alpina
Rosengewächse

Merkmale 10–25 cm hoch, mehrjährig. Blätter tief fünf- bis siebenlappig geteilt, mindestens der Mittelabschnitt bis zum Grund geteilt, Blättchen an der Spitze gezähnt, unterseits silbrig grau behaart, oberseits kahl. Blüten in lockeren Köpfchen, blassgrün; Blütezeit Juni–August. Bevorzugt saure, lichte, oft steinige Standorte; Gebirgsrasen, lichte Wälder, Gebirgsregionen.
Wissenswertes Die Blätter wurden in der Volksmedizin bei Frauenleiden wie Menstruationsstörungen oder Unterleibsentzündungen verwendet.

Wald-Erdbeere
Fragaria vesca
Rosengewächse

Merkmale 5–25 cm hoch, mehrjährig. Lange oberirdische Ausläufer. Blätter, dreizählig, lang gestielt, gezähnt, oberseits kahl. Blüten bis 1,5 cm breit, zu wenigen in endständiger Rispe, weiß blühend; Blütezeit Mai–Juni. Fleischige, rote Scheinbeere (Sammelnussfrucht). Nährstoffreiche Standorte; Wege, lichte Wälder, Gebüsche, Säume; fast überall häufig, in Europa weit verbreitet.
Wissenswertes Die Sammelfrüchte der Walderdbeere schmecken süß aromatisch, die Blätter sind zur Teezubereitung geeignet.

Hohes Fingerkraut
Potentilla recta
Rosengewächse

Merkmale 30–70 cm hoch, mehrjährig. Steif aufrecht, nur im oberen Bereich verzweigt, Stängel dicht behaart. Blätter gefingert, 5–7 gezähnte Blättchen, behaart. Blütenstand gedrängt, Blüten blassgelb, bis 2,5 cm breit, nach der Blüte aufrecht, Kronblätter länger als die Kelchblätter; Blütezeit Juni–Juli. Trockene, nährstoffreiche, kalkarme Standorte, lückige Magerrasen; Bahndämme, Wege, Kiesgruben, Pionierpflanze; selten.
Wissenswertes Die Art wird auch als Zierpflanze verwendet.

Rötliches Fingerkraut
Potentilla heptaphylla
Rosengewächse

Merkmale 5–15 cm hoch, mehrjährig. Stängel kurz, aufsteigend, abstehend behaart. Fiederblätter verkehrt eiförmig, gezähnt, Blattstiele oft rötlich überlaufen. Blüten zahlreich, leuchtend gelb, 1–1,5 cm, Kronblätter eingebuchtet; Blütezeit April–Juni. Warme, meist kalkreiche Standorte; Magerwiesen, Wege, lichte Kiefernwälder; Art zuweilen in rasenbildenden Trupps vorkommend.
Wissenswertes Der Artname *heptaphylla* = siebenblättrig verweist auf die siebenteilig gefingerten Grundblätter.

Silber-Fingerkraut
Potentilla argentea
Rosengewächse

Merkmale 20–50 cm hoch, mehrjährig. Pflanze mit aufsteigenden, weißfilzig behaarten Stängeln. Blätter tief gezähnt, im unteren Stängelabschnitt meist fünfzählig gefingert, nach oben hin dreizählig. Blüten in lockerer Rispe, hellgelb, 1–1,5 cm; Blütezeit Juni–August. Kalkarme, trockene, sandige Standorte; Wege, Felsen, Dämme; von der Ebene bis ins Gebirge vorkommend.
Wissenswertes Die kleinen Nussfrüchte werden vom Wind aus den Fruchtbechern geschüttelt und verbreitet.

Gold-Fingerkraut
Potentilla aurea
Rosengewächse

Merkmale Bis 20 cm hoch, mehrjährig, rasenbildend. Stängel bogig aufsteigend. Blätter meist fünfzählig, Fiederblättchen oval, leicht gezähnt. Blüten 1,5–2,5 cm, goldgelb, am Grunde oft mit gelborangem Fleck; Blütezeit April–September. Meist nährstoff- und basenarme, lehmige Standorte; Silikat-Magerrasen, Weiden, Felsen; in subalpinen und alpinen Lagen.
Wissenswertes Charakteristisch für die Art sind die seidig behaarten, silbrig glänzenden Ränder der Fiederblättchen.

Gänse-Fingerkraut
Potentilla anserina
Rosengewächse

Merkmale Bis 50 cm lang, mehrjährig. Stängel niederliegend, an den Knoten wurzelnd. Blätter rosettig, sechs- bis zehnpaarig gefiedert, Fiedern abwechselnd groß und klein, gesägt, unterseits seidig behaart. Blüten einzeln, lang gestielt, goldgelb; Blütezeit Mai–August. Nährstoffreiche, auch salzige Böden; Wege, Pionierstandorte; häufig.
Wissenswertes Junge Blätter können als Salat oder Gemüse verwendet werden. Kommt häufig auf Gänseweiden vor, da diese durch Vogelkot nitratreich sind, wird aber von Gänsen nicht gefressen.

Kriechendes Fingerkraut
Potentilla reptans
Rosengewächse

Merkmale Bis 100 cm lang, mehrjährig. Stängel niederliegend, an den Knoten wurzelnd. Blätter lang gestielt, handförmig fünf- bis siebenzählig, grob gezähnt, kahl. Blüten lang gestielt, einzeln in den Blattachseln, Kronen bis 2,5 cm breit, goldgelb; Blütezeit Mai–August. Lehmige und tonige Böden; Pionierstandorte, lückige Rasen, Wegränder, Schuttstellen; überall in Europa verbreitet.
Wissenswertes Die Früchte werden von Ameisen verbreitet. Die Art ist gut zur Mauerbepflanzung geeignet.

Blutwurz
Potentilla erecta
Rosengewächse

Merkmale Bis 30 cm hoch, mehrjährig. Stängel aufsteigend, verzweigt. Blätter drei- bis fünfzählig, grob gezähnt, Rosettenblätter gestielt, Stängelblätter sitzend. Blüten lang gestielt, einzeln, gelb, vierzählig; Blütezeit Mai–Oktober. Magere, mäßig saure Böden; Magerrasen, Heiden, Moorwiesen; überall in Europa häufig.
Wissenswertes Der Wurzelstock ist innen rötlich (Name). In der Volksmedizin diente die Pflanze wegen ihres Gerbstoffgehaltes als Mittel zur Stillung von Blutungen und bei Durchfällen.

Weißes Fingerkraut
Potentilla alba
Rosengewächse

Merkmale Bis 25 cm hoch, mehrjährig, behaart. Blätter bis 20 cm lang gestielt, fünfzählig gefingert, Fiederblättchen gezähnt, oberseits grün, unterseits silbrig weiß behaart. Blüten in lockeren Büscheln, kaum über die Blätter hinausragend, Kronblätter herzförmig, weiß blühend, 1,5–2 cm im Durchmesser; Blütezeit Mai–Juni. Mäßig trockene, meist kalkarme Standorte Lehmoder Tonböden; Wegränder, Säume, lichte Eichen- und Kiefernwälder; selten.
Wissenswertes Eine der 3 weiß blühenden Arten der Gattung. ▽

Sumpfblutauge
Potentilla palustris
Rosengewächse

Merkmale Bis 60 cm hoch, mehrjährig, kahl. Blätter fünf- bis siebenzählig gefiedert, grob gesägt, graugrün. Kelch und Krone dunkelpurpurn, zahlreiche Staubblätter und Griffel; Blütezeit Juni–Juli. Nährstoffreiche, meist saure, nasse, zuweilen überschwemmte Standorte; Gräben, Moore, Schlenken.
Wissenswertes Dank des schwammig aufgeblasenen Blütenbodens sind die Sammelnussfrüchte schwimmfähig. Sie bleiben im Wasser bis zu 12 Monate keimfähig.

Weiße Silberwurz
Dryas octopetala
Rosengewächse

Merkmale Bis 10 cm hoch, mehrjährig, kriechender Halbstrauch. Blätter immergrün, stumpf gezähnt, unterseits weißfilzig behaart, Blattadern tief eingesenkt. Blüten weiß; Blütezeit Mai–August. Griffel zur Fruchtreife 2–3 cm lang und fedrig behaart, dient als Flugorgan. Flachgründige Böden, Stein- und Felsstandorte; in der alpinen Stufe.
Wissenswertes Ablagerungen sehr gut als Fossilien erhalten, sie markieren daher die so genannte Dryas- oder Silberwurzzeit.

Kleiner Wiesenknopf
Sanguisorba minor
Rosengewächse

Merkmale 20–60 cm hoch, mehrjährig. Blätter in Grundrosette sowie am Stängel, mit 5–15 Fiederpaaren und 1 Endfieder, Fiedern kurz gestielt, unterseits hellgrün. Blüten in kugeligem oder eiförmigem Blütenstand, unscheinbar grünlich bis rötlich; Blütezeit Mai–Juli. Mäßig trockene, meist kalkhaltige Böden; Rohbodenpionier, Magerrasen, Wiesen.
Wissenswertes Die bitter-nussig schmeckenden Blätter können als Würze zu Salat und Gemüse verwendet werden. Alte Heilpflanze.

Großer Wiesenknopf
Sanguisorba officinalis
Rosengewächse

Merkmale 50–90 cm hoch, mehrjährig. Blätter lang gestielt, mit 7–15 Fiederpaaren und einer Endfieder. Blüten dunkelrot, zahlreich in endständigen, kugeligen oder eiförmigen Köpfchen; Blütezeit Juni–September. Nasse, nährstoffreiche Standorte; Moor- und Nasswiesen, Gräben, Ufer, Bergwiesen bis 1200 m; in Europa weit verbreitet.
Wissenswertes Die Blätter wurden früher als blutstillendes Mittel verwendet. Die Blüten sind, wie auch bei der vorigen Art, windbestäubt.

Kleiner Odermenning
Agrimonia eupatoria
Rosengewächse

Merkmale Bis 100 cm hoch, mehrjährig. Stängel aufrecht, rauhaarig, meist unverzweigt. Blätter abwechselnd mit großen und kleinen, gezähnten Fiedern, unterseits weißfilzig behaart. Blüten in langgestreckter Traube, hellgelb; Blütezeit Juni–September. Trockene, kalkhaltige Standorte; Wiesen, Wegränder; verbreitet.
Wissenswertes Alte Heilpflanze, wird auch heute noch bei Magen-Darm-Beschwerden und Gallenleiden verwendet. Der zur Fruchtreife borstige Kelch dient der Klettverbreitung.

Echtes Mädesüß
Filipendula ulmaria
Rosengewächse

Merkmale 1–1,5 m hoch, mehrjährig, kräftig. Stängel aufrecht, kahl, kantig. Blätter abwechselnd mit großen und dazwischen sehr kleinen Fiedern. Blüten gelblich weiß, zahlreich in Scheindolden; Blütezeit Juni–August. Feuchte bis nasse, nährstoffreiche Standorte; Nasswiesen, Gräben, Flussufer; verbreitet.
Wissenswertes Die Blüten duften sehr aromatisch süßlich, sie wurden früher auch als Mettwürze verwendet. Alte Heilpflanze gegen fiebrige und rheumatische Beschwerden, sie enthält Salicylsäureverbindungen.

Kleines Mädesüß
Filipendula vulgaris
Rosengewächse

Merkmale 30–60 cm hoch, mehrjährig. Blätter mit Endfieder und 10–40 Fiederpaaren, abwechselnd große und kleine Blättchen. Blüten in endständiger dolderiger Traube, weiß, Krone außen zuweilen rötlich überlaufen; Blütezeit Juni–Juli. Warme, meist kalkreiche Böden; Kalkmagerrasen, Säume, lichte Wälder; selten.
Wissenswertes Die gebogenen Griffelreste an den Früchten dienen der Klettverbreitung. Die Wurzeln sind spindelig bis kugelförmig verdickt und übernehmen Speicherfunktionen.

Wald-Geißbart
Aruncus dioicus
Rosengewächse

Merkmale 80–150 cm hoch, mehrjährig, kräftig. Blätter bis 1 m lang, mit 2–3 Fiederpaaren und einer Endfieder, scharf gesägte Blättchen. Blüten in Ähren, weiß, zweihäusig; Blütezeit Juni–Juli. Kleine geflügelte Samen, Wind- und Wasserverbreitung. Feuchte, nährstoffreiche, meist kalkarme Böden; Schluchtwälder, an Gebirgsbächen, Hänge.
Wissenswertes Die Art eignet sich als Zierpflanze auch für schattige Standorte. Wertvolle Bienenpflanze. Die jungen Sprosse sind als Spargelgemüse verwendbar. ▽

Gewöhnliche Nelkenwurz
Geum urbanum
Rosengewächse

Merkmale 20–60 cm hoch, mehrjährig. Stängel aufrecht, behaart. Blätter der Grundrosette mit 1–5 Paar Seitenfiedern und großer, fiederteiliger Endfieder, Stängelblätter dreizählig oder einfach, grob gezähnt, Nebenblätter groß. Blüten einzeln, lang gestielt, gelb; Blütezeit Mai–August. Nährstoff-, insbesondere stickstoffreiche Böden; Wegränder, Gebüsche, Mauern, Siedlungen; häufig.
Wissenswertes Die gekrümmten Griffel der Früchte dienen der Klettverbreitung. Das Rhizom enthält Nelkenöl.

Bach-Nelkenwurz
Geum rivale
Rosengewächse

Merkmale 20–60 cm hoch, mehrjährig. Stängel wenig verzweigt, im oberen Teil drüsig behaart. Grundständige Blätter gefiedert, Stängelblätter gelappt oder einfach. Blüten in lockerer Traube, nickend, glockig, Kronblätter gelblich bis rosa, Kelchblätter purpurbraun; Blütezeit April–Juli. Nasse, nährstoffreiche Standorte; Feuchtwiesen, Niedermoore, Staudenfluren an Bächen, Auenwälder.
Wissenswertes Hummeln beißen die Blüten an, da sie wegen ihrer kurzen Rüssel sonst nicht den Nektar erreichen.

Berg-Nelkenwurz
Geum montanum
Rosengewächse

Merkmale 10–40 cm hoch, mehrjährig. Grundrosette mit gefiederten Blättern, Endfieder groß. Blüten gelb, 6 Kronblätter, 3–4 cm; Blütezeit Mai–Juli. Kalkfreie, saure, meist steinige Lehmböden; Magerrasen, Zwergstrauchheiden, lange Schneebedeckung günstig; subalpine bis alpine Stufe.
Wissenswertes Die Griffel sind zur Fruchtreife stark verlängert und dicht fedrig behaart. Sie dienen den Früchten als Flugorgan (so genannte Federschweifflieger).

Kriechende Nelkenwurz
Geum reptans
Rosengewächse

Merkmale 5–20 cm hoch, mehrjährig. Blätter gefiedert, Endfieder kaum größer als die Seitenfiedern. Blüten kräftig gelb, Griffel bis 3 cm lang; Blütezeit Juli–August. Früchte mit bis zu 3 cm langem, fedrig behaartem Griffel. Frische, basenreiche, kalkarme Standorte; Steinschuttfluren, Gletschermoränen; in der alpinen Stufe vorkommend.
Wissenswertes Die langen Ausläufer dienen der vegetativen Vermehrung. Sie sind eine Anpassung an den standortbedingten rutschenden Untergrund.

Sumpf-Herzblatt
Parnassia palustris
Herzblattgewächse

Gegenblättriges Milzkraut
Chrysosplenium oppositifolium
Steinbrechgewächse

Wechselblättriges Milzkraut
Chrysosplenium alternifolium
Steinbrechgewächse

Dreifinger-Steinbrech
Saxifraga tridactylites
Steinbrechgewächse

Merkmale Bis 40 cm hoch, mehrjährig, zierlich. Grundblätter herzförmig, lang gestielt, bogige Hauptnervatur, im unteren Drittel des Stängels ein einziges stängelumfassendes Blatt. Blüten einzeln, lang gestielt, mit weißer, grünlich gestreifter Krone; Blütezeit Juli–September. Frische bis nasse, nährstoffreiche, meist saure Böden; Flachmoore, Sumpfwiesen.
Wissenswertes Die sterilen Staubblätter gaukeln den Blütenbesuchern eine reiche Pollen- und Nektarquelle vor, Täuschblume. ▽

Merkmale 5–10 cm hoch, mehrjährig, dichtrasig. Stängel vierkantig, kriechend. Blätter gegenständig, nierenförmig, oberseits schwach behaart, unterseits kahl. Blüten 2–3 mm breit, in trugdoldigem, von gelben Hochblättern umgebenem Blütenstand, Kronblätter fehlend; Blütezeit April–Juni. Kalkarme Böden, v. a. in Silikatgebieten; an Waldbächen, v. a. in montanen Regionen.
Wissenswertes Die geöffneten Kapselfrüchte bilden Schälchen, aus denen die Samen beim Auftreffen von Regentropfen herausgeschleudert werden.

Merkmale 5–10 cm hoch, mehrjährig, wintergrün. Stängel aufrecht, dreikantig. Grundblätter lang gestielt, Stängelblätter wechselständig, borstig behaart, nierenförmig. Blüten zu wenigen in kurzen Dolden, gelblich grün, bis 4 mm breit, Kronblätter fehlen; Blütezeit April–Juni. Nährstoffreiche, feuchte, auch zeitweise überflutete Standorte; Bachufer, Sümpfe, Auenwälder, Staudenfluren; zerstreut.
Wissenswertes Die jungen vitaminreichen Blätter können im Salat verwendet werden.

Merkmale 2–20 cm hoch, einjährig, in der Größe sehr variabel, drüsig klebrig. Blätter dreilappig oder gezähnt, grundständige Blätter frühzeitig absterbend. Blüten in lockeren Blütenständen, weiß; Blütezeit März–Mai. Warme, meist sandige Standorte, Pionierpflanze; Bahndämme, Mauern.
Wissenswertes Die Pflanze konnte sich entlang von Eisenbahnlinien stark ausbreiten. Die leichten Samen werden vom Wind verbreitet, zudem sind sie fast unbenetzbar und werden daher bei Regen fortgespült.

Knöllchen-Steinbrech
Saxifraga granulata
Steinbrechgewächse

Stern-Steinbrech
Saxifraga stellaris
Steinbrechgewächse

Rundblättriger Steinbrech
Saxifraga rotundifolia
Steinbrechgewächse

Rasen-Steinbrech
Saxifraga rosacea
Steinbrechgewächse

Merkmale 15–40 cm hoch, mehrjährig, wintergrün. Halbrosettenpflanze, behaart. Blätter überwiegend grundständig, nierenförmig, gezähnt. Blüten in lockeren Blütenständen, weiß blühend, 1,5–3 cm im Durchmesser; Blütezeit Mai–Juni. Kalkarme Böden; Wiesen, Magerrasen, Böschungen.
Wissenswertes In den Achseln der abgestorbenen Rosettenblätter sind Brutknöllchen zu finden. Sie dienen der vegetativen Vermehrung. Gut geeignet für Wildpflanzengärten. ▽

Merkmale Bis 30 cm hoch, mehrjährig, schwach behaart. Blätter in grundständiger Rosette, kaum gestielt, länglich, gezähnt, dicklich, am Stängel nur kleine Tragblätter. Blüten zu 3–15 in lockerer Rispe, weiß blühend, Kronblätter am Grund 2 gelbe Flecken, Kelchblätter zurückgeschlagen; Blütezeit Juni–August. Kühle, feuchte bis nasse Standorte; Quellfluren, Bachufer, wasserdurchrieselter Steinschutt; subalpine und alpine Stufe.
Wissenswertes Die formenreiche Art ist auf kalte Gewässer spezialisiert.

Merkmale 10–60 cm hoch, mehrjährig. Stängel verzweigt, abstehend behaart. Blätter nierenförmig, deutlich gezähnt, grundständige Blätter lang gestielt. Blüten in lockerer Rispe, Kronblätter weiß, am Grund mit gelben, nach außen hin mit roten Punkten; Blütezeit Juni–September. Feuchte, meist kalkhaltige, locker humose Böden; Hochstaudenfluren, Bachufer, beschattete Blockhalden; in der subalpinen und alpinen Stufe.
Wissenswertes Die Art ist auf Standorte mit hoher Luftfeuchte angewiesen.

Merkmale Bis 20 cm hoch, mehrjährig, polsterbildend. Blätter breit keilförmig, drei- bis neunspaltig, weich. Blütenstände zahlreich, Blüten zu 1–8 in lockerem Blütenstand, Knospen aufrecht, Blüten weiß, 12–18 mm; Blütezeit Mai– Juli. Sonnige oder halbschattige, humus- und feinerdearme Standorte; Felsspalten, Geröll, Meeresklippen; Mittelgebirge.
Wissenswertes Die Art tritt als Pionierpflanze auf und wird auch als Zierpflanze verwendet. ▽

Mannsschild-Steinbrech
Saxifraga androsacea
Steinbrechgewächse

Merkmale 3–10 cm hoch, mehrjährig. Kriechtriebe, die oft rosettig beblätterte Äste ausbilden, flache Polster bildend. Blätter spatelförmig bis lanzettlich. Blüten meist nur zu 1–2, weiß blühend, Kronblätter schwach ausgerandet oder abgerundet, Kelchblätter drüsig behaart; Blütezeit Mai–August. Kalkreiche, meist tonige, feuchte Standorte; Schneetälchen, Feinschutthalden; in der alpinen Stufe.
Wissenswertes Die Ähnlichkeit mit einigen Mannsschild-Arten *(Androsace)* führte zur Namensgebung.

Moschus-Steinbrech
Saxifraga moschata
Steinbrechgewächse

Merkmale Bis 10 cm hoch, mehrjährig. Aus zahlreichen Rosetten dichte Polster bildend. Stängel aufrecht, kahl oder drüsig behaart, nach Harz duftend. Blätter lanzettlich, zuweilen drei- bis fünfzählig. Blüten grünlich gelb, zuweilen orange bis purpurrot, duftend; Blütezeit Juli–August. Meist kalkhaltige, steinige Böden, Felsen; in der alpinen Stufe.
Wissenswertes Die Art ist in den Alpen eine der am höchsten steigenden Blütenpflanzen, am Finsteraarhorn ist sie noch in 4000 m Höhe blühend nachgewiesen worden.

Moos-Steinbrech
Saxifraga bryoides
Steinbrechgewächse

Merkmale 2–5 cm hoch, mehrjährig, polsterbildend. Blätter in Rosetten. Blütenstängel mit Drüsenhaaren und 1–3 wechselständigen Blättern, Blüten einzeln, gelblich weiß bis cremefarben, am Grund mit orangefarbenen Punkten oder einem gelben Fleck; Blütezeit Juli–August. Sickerfeuchte, kalk- und humusarme Böden; Schuttflächen, Felsspalten; in der alpinen Stufe.
Wissenswertes Die sehr niedrigwüchsige Art erinnert im nicht blühenden Zustand an ein Moos. Sie erträgt lange Schneebedeckung.

Fetthennen-Steinbrech
Saxifraga aizoides
Steinbrechgewächse

Merkmale 5–20 cm hoch, mehrjährig. Ohne Blattrosette, Blätter linealisch, fleischig. Blüten in lockerer Traube oder Rispe, zu 10–20, leuchtend gelb, orange bis ziegelrot, oft gepunktet; Blütezeit Juni–Oktober. Kalkreiche, nasse Standorte; an Ufern von Fließgewässern, auf Kiesbänken, Steinschutthalden, in Felsspalten; montane bis alpine Stufe.
Wissenswertes Die dunklen Punkte auf den Kronblättern stellen so genannte Honigmale dar, die insbesondere Fliegen anlocken. Die Blüten sind auffallend nektarreich. ▽

Kies-Steinbrech
Saxifraga mutata
Steinbrechgewächse

Merkmale 10–50 cm hoch, zweijährig. Stängel weiß behaart, oberwärts dicht drüsenhaarig, rispig verzweigt. Grundrosette, Stängelblätter wechselständig, Blätter länglich zungenförmig, fleischig, am Rand knorpelig. Blüten zitronengelb bis dunkelorange, Kronblätter lineal lanzettlich; Blütezeit Juni–August. Feuchte, schattige, kalkreiche, steinige Böden; Bachufer, Felsspalten; Alpen und Alpenvorland.
Wissenswertes Die Pflanze stirbt nach der Blüte ab. ▽

Rispen-Steinbrech
Saxifraga paniculata
Steinbrechgewächse

Merkmale 5–40 cm hoch, mehrjährig. Blattrosetten polsterbildend, Rosettenblätter scharf gesägt, am Rand mit kalkausscheidenden Grübchen, Stängelblätter wechselständig, Blätter ledrig, blaugrün. Blütenrispe mit 10–30 Blüten, weiß bis cremefarben, Kronblätter oft rot gepunktet; Blütezeit Mai–August. Steinige, eher trockene, meist kalkhaltige Böden; Felsspalten, Rasen; 500–3000 m; selten.
Wissenswertes Wie bei anderen Arten der Gattung ist der Blütenstand unverhältnismäßig groß. ▽

Blaugrüner Steinbrech
Saxifraga caesia
Steinbrechgewächse

Merkmale 2–10 cm hoch, mehrjährig. Harte Polster bildend, zahlreiche, kurze Triebe, Stängel aufrecht, kahl oder schütter drüsig behaart. Blüten zu zweit bis fünft in endständiger Traube, weiß blühend, 5–9 mm, Kronblätter stumpf; Blütezeit Juli–September. Kalkreiche, flachgründige, steinige Standorte; lückige Rasen, Felsspalten, ruhender Felsschutt; Kalkalpen, 1500–2500 m; zerstreut.
Wissenswertes Die Blätter weisen oberseits 3–5 kalkausscheidende Grübchen auf.

Gegenblättriger Steinbrech
Saxifraga oppositifolia
Steinbrechgewächse

Merkmale 1–5 cm hoch, mehrjährig. Dichtrasig, niedrigwüchsig, Stängel kriechend. Blätter gegenständig, 2,5–4 mm lang, immergrün, etwas fleischig. Blütenstängel niederliegend oder aufsteigend, Blüten einzeln, 1–2 cm, Blütenfarbe rosa bis purpurn, später violett; Blütezeit Mai–Juli. Offene Rasen, Geröll, Felswände; 1800–3500 m.
Wissenswertes Erträgt Temperaturen bis -40°C, die Blätter färben sich bei Kälte dunkelpurpurn. Die Blüten sind sehr nektarreich.

Echte Hauswurz
Sempervivum tectorum
Dickblattgewächse

Merkmale 15–50 cm hoch, mehrjährig. Dicke, fleischige Blätter in der Grundrosette sowie an der Blütenstandsachse, Blätter stachelspitzig, blaugrün, an den Spitzen meist rötlich überlaufen. Blüten in dichten, endständigen Büscheln, mattrot, 2–3 cm; Blütezeit Juli–September. Warmtrockene, kalkarme Standorte; wild in Felsbandrasen; selten.
Wissenswertes Die Hauptrosette bildet Tochterrosetten aus. Die Art wird häufig auf Mauern und Dächern angepflanzt, man sprach ihr früher blitzabwehrende Wirkung zu.

Spinnweb-Hauswurz
Sempervivum arachnoideum
Dickblattgewächse

Merkmale 5–12 cm hoch, mehrjährig. Blätter eine Grundrosette bildend, dickfleischig, graugrün, an der Spitze rotbraun. Blütenstand mit 5–18 karminroten Blüten, Blüten 1–1,5 cm; Blütezeit Mai–September. Meist kalkarme Rohböden; Felsspalten Schuttflächen; in den Alpen zwischen 1000 und 2600 m.
Wissenswertes Die Blattrosetten haben Kugelform. Abgetrennte Rosetten verbreiten sich daher durch Wegrollen hangabwärts. Sie sind mit langen, spinnwebartigen Haaren bedeckt, die als Strahlenschutz wirken.

Sprossende Hauswurz
Jovibarba globifera
Dickblattgewächse

Merkmale 8–25 cm hoch, mehrjährig. Dicke, sukkulente Blätter in der Grundrosette sowie an der Blütenstandsachse, Blätter blaugrün, an den Spitzen meist rötlich zugespitzt. Blüten gelblich weiß, glockig, 6 gefranste Kronblätter; Blütezeit Juli–September. Sonnige, warme Standorte; steinige Böden, Felsspalten, Rasen.
Wissenswertes Die Pflanze bildet Tochterrosetten. Diese haben nach dem Blühen und anschließendem Absterben der Hauptpflanze keine Verbindung mehr. ▽

Scharfer Mauerpfeffer
Sedum acre
Dickblattgewächse

Merkmale 3–15 cm hoch, mehrjährig. Blätter fleischig, halb eiförmig, oberseits abgeflacht, unterseits gewölbt. Blütenstand traubig doldig, Blüten gelb, 1–1,6 cm; Blütezeit Juni–August. Sonnige, warme Standorte; Felsfluren, Mauern, Bahnschotter, Felsspalten, lückige Rasen, Pionierart.
Wissenswertes Der Name »Mauerpfeffer« bezieht sich auf den scharfen Geschmack, der durch leicht giftige Alkaloide und Scharfstoffe hervorgerufen wird. Das Kauen mehrerer Blätter kann Erbrechen auslösen.

Dickblättrige Fetthenne
Sedum dasyphyllum
Dickblattgewächse

Merkmale 5–15 cm hoch, mehrjährig. Stängel niederliegend oder bogig aufsteigend, reich verzweigt. Blätter dickfleischig, 0,5–0,7 cm lang, blaugrün, oft rötlich überlaufen, im oberen Stängelabschnitt mit Drüsenhaaren. Blütenkrone spitz, weiß bis rosa, außen mit rotem Mittelstreifen; Blütezeit Juni–September. Sonnige, feinerdearme, felsige Standorte; alte Mauern, Böschungen, steinige Waldböden; selten.
Wissenswertes Die Art wird gelegentlich auch als Zierpflanze genutzt.

Weiße Fetthenne
Sedum album
Dickblattgewächse

Merkmale 5–20 cm hoch, mehrjährig. In lockeren Rasen wachsend, Stängel aufsteigend oder aufrecht. Grund- und Stängelblätter stielrund, stumpf, grün oder rötlich überlaufen, 0,5–1 cm lang. Blüten zahlreich in abgeflachten Blütenständen, weiß, seltener hellrosa; Blütezeit Juni–September. Sonnig trockene, offene, nährstoffarme Standorte; Halbtrockenrasen, Mauern, Bahndämme, Felsbänder, Dächer; verbreitet.
Wissenswertes Ist für den seltenen Apollofalter die einzige Futterpflanze.

Purpur-Fetthenne
Sedum telephium
Dickblattgewächse

Merkmale Bis 50 cm hoch, mehrjährig, kräftig. Stängel aufrecht. Blätter flächig dickfleischig, grün bis bläulich, sitzend, ungleichmäßig gezähnt oder glattrandig. Blüten zahlreich in dicht gedrängten Scheindolden, purpurrot bis violett; Blütezeit Juni–September. Magerrasen, Mauern, Gesteinsschutt, Pioniergesellschaften; im nordwestlichen Tiefland Deutschlands selten, sonst zerstreut.
Wissenswertes Die formenreiche Art ist eine traditionelle Zierpflanze sowie eine alte Heil- und Salatpflanze.

Große Fetthenne
Sedum maximum
Dickblattgewächse

Merkmale Bis 50 cm hoch, mehrjährig, kräftig, Stängel aufrecht. Blätter flächig dickfleischig, meist grün, sitzend, mit leicht stängelumfassendem Grund. Blüten in dicht gedrängten Scheindolden, grünlich gelb; Blütezeit Juni–September. Magerrasen, Mauern, Gesteinsschutt, Pioniergesellschaften; zerstreut.
Wissenswertes Wertvolle Trachtpflanze für Falter und Hautflügler. *S. maximum* ähnelt *S. telephium*; beide werden als Kleinarten der *Sedum telephium*-Gruppe angesehen.

Europäisches Alpenveilchen
Cyclamen purpurascens
Primelgewächse

Merkmale 5–15 cm hoch, mehrjährig. Blätter immergrün, kahl, grundständig, lang gestielt, nieren- bis herzförmig, oberseits dunkelgrün und mit hellen Flecken, unterseits rötlich. Blüten einzeln, lang gestielt, nickend, karminrot, wohlriechend; Blütezeit Juni–Oktober. Kalkhaltige, humose Böden; lichte Bergwälder; in den Alpen vorkommend; selten.
Wissenswertes Außerhalb der Alpen auftretende Pflanzen sind meist aus Gärten verwildert. Die Knollen sind durch Saponine stark giftig. Giftig. ▽

Gewöhnliches Alpenglöckchen
Soldanella alpina
Primelgewächse

Merkmale 5–15 cm hoch, mehrjährig. Blätter grundständig, immergrün, etwas dicklich, kahl, Blattspreite rundlich bis nierenförmig. Blüten zu 2–3, nickend, Blütenkrone blauviolett, trichterförmig bis weit glockig verwachsen, in zahlreiche Fransen zerschlitzt; Blütezeit April–Juli. Kühle, feuchtnasse, meist kalkhaltige Standorte; Schneetälchen, versumpfte Stellen in alpinen Rasen; bis 2800 m Höhe.
Wissenswertes Die Vorkommen im Schweizer Jura und Feldberggebiet stellen Eiszeitrelikte dar. ▽

Zwerg-Alpenglöckchen
Soldanella alpicola
Primelgewächse

Merkmale Bis 10 cm hoch, mehrjährig. Blätter bis 1 cm breit, nierenförmig, dünn, oberseits mit deutlich vorspringender Nervatur, Blatt- und Blütenstiele anfangs schwach drüsig behaart, später verkahlend. Blüten meist einzeln, rötlich bis blassviolett, Krone eng glockenförmig, nicht ganz bis zur Mitte fransig eingeschnitten; Blütezeit Mai–August. Kalkarme Standorte; Schneetälchen, überwiegend in den Zentralalpen; bis 2400 m Höhe.
Wissenswertes Die Blüten dringen oft durch den Schnee hervor. ▽

Winziges Alpenglöckchen
Soldanella minima
Primelgewächse

Merkmale 3–8 cm hoch, mehrjährig. Blätter grundständig, nierenförmig, immergrün, etwas dicklich. Blatt- und Blütenstiele dicht drüsig behaart, später verkahlend. Blüten einzeln, Krone eng glockenförmig, 1–1,5 cm lang, vorne in Fransen zerschlitzt, blasslila bis weißlich; Blütezeit Mai–Juli. Kalkreiche, kühle, feuchte Standorte; Schneetälchen; in den Alpen zwischen 1500 und 2500 m Höhe.
Wissenswertes Das Österreichische Alpenglöckchen (*S. austriaca*) hat kreisrunde Blätter. ▽

Wasserfeder
Hottonia palustris
Primelgewächse

Merkmale Bis 50 cm hoch, mehrjährig. Wasserpflanze, im Bodenschlamm wurzelnd. Blätter überwiegend untergetaucht, federartig bis fast zum Mittelnerv gefiedert. Blüten zahlreich, quirlständig oberhalb der Wasseroberfläche, bis 2,5 cm breit, Kronen weißlich oder hellrosa, gelber Schlund; Blütezeit Mai–Juli. Kalkarme, oft saure, stehende oder langsam fließende Gewässer; selten.
Wissenswertes Die Samen werden u. a. durch Anhaftung an Wasservögel verbreitet. ▽

Schweizer Mannsschild
Androsace helvetica
Primelgewächse

Merkmale 1–5 cm hoch, mehrjährig. Dichte, halbkugelige Polster bildend. Blätter schmal oval, graugrün behaart, bleiben auch noch nach dem Verwelken an der Pflanze. Blüten kurz gestielt, weiß, mit gelbem Schlund; Blütezeit Mai–Juli. Meist kalkreiche Standorte; Felsspalten; nur in den Alpen, in der alpinen Stufe.
Wissenswertes An ihrem exponierten Standort erträgt die Pflanze hohe Feuchtigkeits- und Temperaturschwankungen. Meist Selbstbestäubung, Windverbreitung. ▽

Bewimperter Mannsschild
Androsace chamaejasme
Primelgewächse

Merkmale 2–4 cm hoch, mehrjährig. Lockerrasiger Wuchs. Blätter flache Rosetten bildend, lanzettlich, am Rand bewimpert. Blütenstängel blattlos, steif, zottig behaart, Blüten zu 2–8 in doldigem Blütenstand, Blüten weiß oder rötlich, Schlund gelb; Blütezeit Juni–Juli. Kalkreiche, flachgründige, humose Lehm- und Steinböden; Matten der Kalkalpen; in 1300–2500 m Höhe vorkommend.
Wissenswertes Der kleine Wuchs ist eine Anpassung an wind- und schneegefegte Standorte. ▽

Nördlicher Mannsschild
Androsace septentrionalis
Primelgewächse

Merkmale 5–20 cm hoch, ein- oder zweijährig. Blätter in grundständiger Rosette, länglich elliptisch, gezähnt. Blüten zu 5–30 in lang gestieltem, doldigem Blütenstand, Kronblätter weiß oder blassrosa, bis 5 mm lang; Blütezeit Juni–Juli. Lockere, sandige, trockenwarme, oft kalkfreie Standorte; Sandmagerrasen, Äcker, bis 2200 m Höhe.
Wissenswertes Die meisten Mannsschildarten sind perfekt an hohe Bergregionen angepasst, diese Art kommt auch in der Ebene vor. ▽

Aurikel
Primula auricula
Primelgewächse

Merkmale 5–25 cm hoch, mehrjährig. Blätter in Grundrosette, fleischig, blaugrün, 5–12 cm lang, Rand knorpelig, schwach bis dicht mehlig bestäubt. Blüten zu 5–30 in einer Dolde, leuchtendgelb; Blütezeit April–Juni. Kapselfrüchte bis 1 cm lang. Sickerfeuchte Steinoder Torfböden; Felsspalten, Flachmoore, Alpen und Alpenvorland; bis in 2500 m Höhe.
Wissenswertes Die Kreuzungsprodukte mit *P. hirsuta* führen zu der häufig als Zierpflanze angepflanzten Garten-Aurikel. ▽

Behaarte Primel
Primula hirsuta
Primelgewächse

Merkmale 3–10 cm hoch, mehrjährig. Drüsig behaart. Blätter eine grundständige Rosette bildend, geflügelter Blattstiel verbreitert sich abrupt in die Blattspreite, Blätter länglich eiförmig, meist grob gezähnt. Stängel des zwei- bis fünfblütigen Blütenstands meist kürzer als die Blätter, Blüten rosa bis purpurn, mit weißem Schlund, Krone mit ausgerandeten Zipfeln, duftend; Blütezeit April–Juli. Felsspalten, Klüfte, saures Gestein; in Höhenlagen von 700–3000 m.
Wissenswertes Eine der Eltern-Arten der Garten-Aurikel. ▽

Clusius' Primel
Primula clusiana
Primelgewächse

Merkmale 2–10 cm hoch, mehrjährig. Kahl, Blätter in einer Rosette, länglich eiförmig, ganzrandig, oberseits hellgrün, glänzend, unterseits blaugrün. Blüten zart duftend, rosarot bis violett, verblühend lila, im Schlund weißlich; Blütezeit Mai–Juli. Kalkreiche, feuchte Standorte, Schneetälchen, Felsen; nur in den nordöstlichen Kalkalpen vorkommend; bis 2200 m Höhe.
Wissenswertes Der Name erinnert an den Botaniker Charles de l'Ecluse, latinisiert »clusius«, der im 15. Jh. in den Niederlanden lebte.

Zwerg-Primel
Primula minima
Primelgewächse

Merkmale 1–5 cm hoch, mehrjährig. Blätter beidseits hellgrün, glänzend, kahl, mit großen, spitzen Zähnchen, Blattstiel sehr kurz oder fehlend. Blütenkrone purpurrot, im Schlund weißlich, tief fünfzipflig, tellerförmig flach, Blüten 1,5–2,5 cm breit; Blütezeit Juni–Juli. Kalkarme, saure, humos moderige Böden; Schneetälchen, feuchte Rasen, Felsspalten; 1500–3000 m.
Wissenswertes Die Zwerg-Primel ist in den Ostalpen eine verbreitete, charakteristische Pflanze, die nach der Schneeschmelze blüht. ▽

Mehl-Primel
Primula farinosa
Primelgewächse

Merkmale Bis 20 cm hoch, mehrjährig. Zierlich, variabel. Blätter in grundständiger Rosette, fast glattrandig, Oberseite kahl und dunkelgrün, Unterseite weißlich mehlig überzogen. Blüten in vielblütiger Dolde, Kronen purpurrosa, selten weißlich, gelber Schlundring; Blütezeit Mai–Juli. Niedermoore, Feucht- und Nasswiesen, Steinmatten; von der Ebene bis 2900 m.
Wissenswertes Die Art ist vermutlich in der letzten Eiszeit aus Asien nach Europa eingewandert. ▽

Wiesen-Schlüsselblume
Primula veris
Primelgewächse

Merkmale Bis 30 cm hoch, mehrjährig. Blätter in grundständiger Rosette, oberseits dunkelgrün, runzlig, unterseits heller. Blüten intensiv duftend, zahlreich in endständiger Dolde auf 10–20 cm langem Schaft, Kronen dottergelb, mit orangefarbenem Schlund; Blütezeit April–Mai. Kalkmagerrasen, Bergwiesen, Gebüsche; von der Ebene bis in mittlere Gebirgslagen verbreitet.
Wissenswertes Die dunkleren Schlundflecke sind eine wichtige Orientierungshilfe für Blütenbesucher.

Hohe Schlüsselblume
Primula elatior
Primelgewächse

Merkmale Bis 30 cm hoch, mehrjährig. Blätter in grundständiger Blattrosette, Blätter bis 25 cm lang, runzlig. Blüten zu 5–20 in deutlich einseitswendiger Dolde, auf bis 20 cm hohem Schaft, Kronen hellgelb, ohne Schlundflecken; Blütezeit März–Mai. Wiesen, lichte Wälder, in weiten Teilen Europas verbreitet.
Wissenswertes Diese Art, wie auch die vorige, sind alte Heilpflanzen, die auch heute noch als Hustenmittel verwendet werden; gebietsweise durch Übersammlung gefährdet.

Stängellose Schlüsselblume
Primula vulgaris
Primelgewächse

Merkmale Bis 15 cm hoch, mehrjährig. Blätter in grundständiger Rosette, verkehrt eiförmig, oberseits kahl, unterseits behaart, ohne deutlichen Blattstiel. Blüten lang gestielt, Kronen hellgelb, flach ausgebreitet; Blütezeit März–April. Kalkarme, wintermilde Standorte; Wiesen, lichte Wälder, Gebüsche, Gärten.
Wissenswertes Die Art ist eine der Stammarten der gezüchteten Garten-Primel. Lateinisch »primula« bedeutet »die Erste« – denn die meisten Arten sind Frühjahrsblüher. ▽

Alpen-Heilglöckchen
Corthusa matthioli
Primelgewächse

Merkmale 10–40 cm hoch, mehrjährig. Blätter grundständig, rundlich, gelappt, mit langen, behaarten Stielen. Blüten in endständiger Dolde an zottig behaartem Schaft, zu 3–12, meist nickend, glockig, bis 1 cm lang, rosarot, duftend; Blütezeit Juni–August. Nährstoffreiche, meist kalkarme, sickerfeuchte Lehm- und Tonböden; Hochstaudenfluren, Gebüsche.
Wissenswertes Die Art ist vermutlich ein Relikt der spättertiären Pflanzenwelt, ihr lückiges Areal reicht bis nach Japan.

Acker-Gauchheil
Anagallis arvensis
Primelgewächse

Merkmale Bis 30 cm lang, einjährig. Stängel niederliegend, verzweigt, vierkantig. Blätter gegenständig, eiförmig, sitzend, auf der Unterseite mit dunklen Drüsenpunkten. Blüten lang gestielt, einzeln, ziegelrot, selten auch bläulich; Blütezeit Juni–Oktober. Nährstoffreiche, offene Standorte; Äcker, Brachen, Schuttplätze, Weinberge; in Europa fast überall verbreitet.
Wissenswertes Der Name verweist darauf, dass die Pflanze Geisteskrankheiten heilen sollte, »Gauch« bedeutet Narr, Tor.

Milchkraut
Glaux maritima
Primelgewächse

Merkmale 5–25 cm hoch, mehrjährig. Stängel niederliegend bis aufsteigend, an den Knoten wurzelnd. Blätter im unteren Stängelabschnitt kreuzgegenständig, nach oben hin wechselständig, kahl, dunkel graugrün. Blüten einzeln, Kronblätter fehlen, Kelch kronblattartig, rosa bis weinrot; Blütezeit Mai–August. Küstennahe Salzwiesen, auch an Salzstellen im Binnenland; selten.
Wissenswertes Die Art besitzt Drüsen zur Salzausscheidung, die dicklichen Blätter und Stängel zeigen die typische Erscheinung der Salzsukkulenz.

Europäischer Siebenstern
Trientalis europaea
Primelgewächse

Merkmale Bis 20 cm hoch, mehrjährig. Stängel aufrecht, unverzweigt. Im oberen Stängelabschnitt 5–7 wechselständige, fast quirlständige, lanzettliche Blätter. Blüten einzeln, lang gestielt, mit gewöhnlich 7 weißen Kronblättern; Blütezeit Mai–Juli. Nährstoffarme, humose, frische Böden; moosige Fichten- und Kiefernwälder, Laubmischwälder, moorige Nasswiesen.
Wissenswertes Der Name leitet sich von den meist 7, in Sternform angeordneten Kronblätter ab. Vegetative Ausbreitung durch Ausläufer.

Gewöhnlicher Gilbweiderich
Lysimachia vulgaris
Primelgewächse

Merkmale Bis 1,5 m hoch, mehrjährig. Stängel aufrecht, verzweigt, flaumig behaart. Blätter gegenständig oder quirlig zu 3–4, rotdrüsig punktiert, unterseits dicht behaart. Blüten zahlreich in endständigen Rispen, Kronen goldgelb, kahl, Kelchzipfel rötlich umrandet; Blütezeit Juni–August. Frische bis nasse, leicht saure, tiefgründige, Böden; Bruchwälder, Feuchtwiesen, an Gewässern; in Deutschland fast überall häufig.
Wissenswertes Das Kraut wurde früher zum Gelbfärben verwendet.

Hain-Gilbweiderich
Lysimachia nemorum
Primelgewächse

Merkmale 10–30 cm hoch, mehrjährig. Stängel schwach aufsteigend, an den Blattansatzstellen wurzelnd. Blätter gegenständig, zugespitzt, bis 3 cm lang, meist etwas gedreht, kahl, unterseits glänzend. Blüten lang gestielt, einzeln, goldgelb; Blütezeit Mai–Juli. Feuchte, nährstoff- und kalkarme Böden; Auenwälder, Ufer; in Europa weit verbreitet.
Wissenswertes Die für das menschliche Auge nur leicht dunkler gefärbte Blütenmitte hebt sich in der Wahrnehmung von Insekten deutlich kontrastreich ab.

Pfennigkraut
Lysimachia nummularia
Primelgewächse

Merkmale 10–50 cm hoch, mehrjährig. Stängel liegend oder aufsteigend, unten verholzt. Blätter gegenständig, gestielt, rot punktiert. Blüten bis 2,5 cm breit, gelb, lang gestielt, zu 1–2 in den Blattachseln; Blütezeit Mai–Juli. Feuchte, nährstoffreiche Lehm- und Tonböden; Auenwälder, Wegränder, Ufer, Feuchtwiesen, Weiden, Gärten; verbreitet.
Wissenswertes Die Pflanze vermehrt sich überwiegend vegetativ durch Ausläufer. In Gärten wird sie auch als Bodendecker angepflanzt.

Straußblütiger Gilbweiderich
Lysimachia thyrsiflora
Primelgewächse

Merkmale 30–70 cm hoch, mehrjährig, Stängel rund, aufrecht, meist unverzweigt, rötlich überlaufen. Blätter gegenständig, sitzend, schmal lanzettlich, Blattoberseite rot punktiert, Unterseite bräunlich behaart. Blüten zahlreich in dichten Trauben, bis 9 mm breit, gelb; Blütezeit Mai–Juli. Nasse, zeitweise überschwemmte Standorte; Gewässerufer, Großseggenrieder, Bruchwälder.
Wissenswertes Der Name leitet sich von der gelben (gelb = gilb) Blütenfarbe und der weidenähnlichen Blattform ab.

Fichtenspargel
Monotropa hypopithys
Fichtenspargelgewächse

Merkmale 10–25 cm hoch, mehrjährig. Oft in kleinen Trupps wachsende, wachsgelbe bis braune, an Spargelsprosse erinnernde Pflanze. Stängel fleischig. Blätter schuppenförmig. Blüten gelbgrünlich, in bogig gekrümmter Infloreszenz, diese richtet sich zur Fruchtreife auf; Blütezeit Juni–August. In Wäldern.
Wissenswertes Die Pflanze zählt zu den Parasitischen Blütenpflanzen. Sie enthält kein Blattgrün und bezieht alle lebensnotwendigen Stoffe von einem Pilz, der seinerseits Verbindung zu Baumwurzeln hat.

Kleines Wintergrün
Pyrola minor
Wintergrüngewächse

Merkmale Bis 25 cm hoch, mehrjährig, verzweigtes, dünnes Rhizom. Blätter in grundständiger Rosette, immergrün, oval bis breit-lanzettlich. Traubiger Blütenstand mit bis zu 20 Blüten, Blüten kugelig zusammengeneigt, weiß oder rötlich, Griffel gerade; Blütezeit Juni–Juli. Frische, kalkarme, meist schattige Standorte; Nadelwälder, Birkenmoore.
Wissenswertes *Pyrola*-Arten wurden bei Blasenentzündungen verwendet. Wirksam ist das giftige Alkaloid Aucubin, welches im Harn das desinfizierende Hydrochinon bildet.

Rundblättriges Wintergrün
Pyrola rotundifolia
Wintergrüngewächse

Merkmale 15–30 cm hoch, mehrjährig, Pflanze mit verzweigtem, dünnem Rhizom. Stängel stumpfkantig. Blätter in grundständiger Rosette, gestielt, immergrün, rundliche Spreite. Traubiger Blütenstand mit bis zu 30 Blüten, leicht glockige, weiße oder seltener rosa Blüten; Blütezeit Juni–Juli. Frische, saure, humose Standorte; Nadelwälder, Birkenmoorwälder.
Wissenswertes Der Griffel ragt lang S-förmig aus der Blüte heraus und dient als Landeplatz für bestäubende Insekten. Die grün überwinternden und

daher so genannten Wintergrüngewächse stehen den Heidekrautgewächsen nahe. Wie bei diesen öffnen sich in den meist hängenden Blüten die Staubbeutel mit Poren und lassen die Pollenkörner wie aus Salzstreuern auf die Blütenbesucher rieseln. Der eigentliche Verbreitungsschwerpunkt fast aller Arten liegt in der nordischen Tundra. Besonders durch Aufforstungen mit Nadelholzsämlingen aus diesen Gebieten kamen sie auch nach Mitteleuropa, sind hier aber wieder stark im Rückgang. ▽

Grünliches Wintergrün
Pyrola chlorantha
Wintergrüngewächse

Merkmale 10–25 cm hoch, mehrjährig, meist in kleinen Trupps, dünnes Rhizom. Stängel an der Basis scharfkantig, oft rot überlaufen. Gestielte Blätter in Grundrosette, immergrün, Spreite rundlich. Blütenstand mit 3–10 Blüten, Blüten glockig, grünlich bis weiß, Griffel schräg nach unten geneigt; Blütezeit Juni–Juli. Warme, schattige, humose Standorte; meist trockene Kiefernwälder; selten.
Wissenswertes Die Pollenkörner werden bei dieser Art jeweils im Viererpack ausgestreut. ▽

Nickendes Wintergrün
Orthilia secunda
Wintergrüngewächse

Merkmale Bis 25 cm hoch, mehrjährig, dünnes Rhizom. Blätter überwiegend im unteren Stängelabschnitt gehäuft, jedoch keine Rosette bildend, immergrün, eiförmig zugespitzt, gesägt. Blütenstand mit 10–30 Blüten in einseitswendiger Traube, Blüten hellgrün, glockig, Griffel gerade herausragend; Blütezeit Juni–Juli. Schattige, frische, magere, modrighumose Standorte; lichte Nadelwälder.
Wissenswertes Die Pflanze verbreitet sich vegetativ durch Wurzelsprosse und unterirdische Ausläufer.

Einblütiges Wintergrün
Moneses uniflora
Wintergrüngewächse

Merkmale 5–10 cm hoch, mehrjährig, fadenförmiges Rhizom. Blätter rosettig, vereinzelt auch am Blütenstängel, rundlich bis eiförmig, fein gesägt, dunkelgrün. Pflanze nur mit einer einzigen, nickenden, 1,5 cm großen Blüte, Kronblätter weiß, an der Spitze grün, Staubbeutel kräftig-orange; Blütezeit Mai–Juli. Meist schattige, modrig-humose Standorte; in Nadelwäldern; meist in Gebirgslagen.
Wissenswertes Diese Pflanze ist auch unter dem hübschen Namen »Moosauge« bekannt. ▽

Doldiges Winterlieb
Chimaphila umbellata
Wintergrüngewächse

Merkmale 5–15 cm hoch, mehrjährig. Blätter nach den Jahrestrieben gehäuft, immergrün, lanzettlich bis eiförmig, scharf gesägt, Blattoberseite dunkelgrün, Unterseite hellgrün. Blüten in Dolden, rosa; Blütezeit Juni–August. Trockene, sandige, humose Standorte; Sand- oder Lehmböden, Kiefernwälder; selten.
Wissenswertes Das Doldige Winterlieb ist im Rückgang begriffen, eventuell ist dies auf eine immissionsbedingte Schädigung des Wurzelpilzes zurückzuführen. ▽

Kreuzblütler und Verwandte: klare, einfache Formen

Ein lange gültiges Kriterium für die systematische Einteilung der Bedecktsamer (s. Seite 35) war die Anzahl der Keimblätter, mit der das junge Pflänzchen sich aus der Samenschale zwängt.

Bei den Gräsern, einer der größten Familien der Einkeimblättrigen, ist bei der Keimung allerdings gar kein Keimblatt zu sehen. Wenn die Rasensaat oder das Wintergetreide auf dem Acker aufgehen und sich die ersten zartgrünen Spitzen zeigen, gehören diese Teile bereits zur folgenden Blattgeneration. Das eigentliche Keimblatt ist umgewandelt und bleibt im Korn, um hier die Stoffreserven aus dem Nährgewebe zu mobilisieren. Auch bei vielen Zweikeimblättrigen zeigen sich die Keimblätter beim Keimvorgang nicht, denn sie sind oft ihrerseits Nährstoffspeicher und verbleiben dann bis zur völligen Erschöpfung der Reserven in der Erde.

Wegen seiner Inhaltsstoffe verwendet man das Gewöhnliche Barbarakraut (Barbaraea vulgaris) auch gerne als Wildgemüse.

Aller Anfang ist einfach...

Bei den Zweikeimblättrigen stellten die Pflanzensystematiker schon immer diejenigen Verwandtschaftsgruppen an den Anfang, die sich durch besonders einfache Merkmale oder Merkmalskombinationen auszeichnen. Dazu gehört unter anderem eine Blütenkonstruktion, bei der die Einzelteile der Blütenhülle nicht miteinander verwachsen wie beim Blütentyp Glockenblume oder Fingerhut, sondern bis

Das Gewöhnliche Sonnenröschen (Helianthemum nummularium) vertritt eine kleine Pflanzenfamilie, die man heute zur neuen Klasse der Echten Zweikeimblättrigen stellt.

zur Ansatzstelle am Stängel getrennt bleiben. Später zeigte es sich, dass zur Beurteilung von Entwicklungshöhe auch weitere, auf den ersten Blick nicht so leicht zugängliche Merkmale hinzugezogen werden müssen. Dazu gehören beispielsweise die Details, wie die Samenanlagen im Fruchtknoten untergebracht sind, ob nur ein Fruchtknoten vorliegt oder gar ein ganzes Bündel und welche Inhaltsstoffe die Pflanze besitzt.

Einen ziemlich einfachen Blütenaufbau zeigen zum Beispiel die Sonnentau- und die Hahnenfußgewächse. Letztere ist eine weltweit (vor allem in den Außertropen der Nordhalbkugel) mit über 2500 Arten vertretene und damit recht artenreiche Familie. In der heimischen Flora stellen sie rund 100 Arten. Die meisten davon sind Kräuter.

Innerhalb dieser Familie ist am Beispiel gut zu verfolgen, wie sich aus einer einfachen Blütenhülle, die nur aus gleichartigen Blättern besteht wie bei der Tulpe, allmählich eine doppelte Blütenhülle mit verschieden gestalteten Kelch- und Kronblättern entwickelte. Eine Schlüsselrolle fällt dabei den eigenartigen Nektarblättern zu. Nektarblätter sind eine Besonderheit vieler krautiger Arten der Hahnenfußgewächse. Bei der Gattung Hahnenfuß , der Typgattung der Familie, sind die goldgelb glänzenden Nektarblätter am weitesten in Richtung Kronblätter entwickelt. Die Nektardrüse befindet sich unter einer kleinen Schuppe an der Blattbasis. Die eigentliche Blütenhülle besteht nur aus kleinen, unauffälligen grünen Hüllblättern, die man zunächst oft für die Kelchblätter hält.

Bei den Schneerosen sind die Unterschiede wesentlich auffälliger: Hier sind die Nektarblätter zu kleinen trichterig-tütenförmigen Gebilden ausgestaltet und stehen als eigener Kreis zwischen den Staubblättern und den Bestandteilen der Blütenhülle. Diese ist nur eine einfache Hülle wie bei vielen Einkeimblättrigen aus der Lilienverwandtschaft. Beim Narzissenblütigen Windröschen und den Kuhschellen liegt nur eine einfache Blütenhülle vor. Im Vergleich der beiden Gattungen ist zu sehen, dass die gewöhnlichen Stängelblätter immer weiter an die Blütenhülle heranrücken, dabei gestaltlich vereinfacht werden und schließlich zu Kelchblättern wurden.

Eine Dreiklassengesellschaft

Außer solchen Merkmalsvergleichen sind heute vor allem äußerst detaillierte vergleichende Analysen aus dem molekularen Bereich von Belang. Der Vergleich solcher Daten zeigt mit fast mathematischer Exaktheit, dass sich die durch besonders ursprüngliche Merkmale ausgezeichneten Hahnenfußgewächse ebenso wie die Mohngewächse aus den übrigen Zweikeimblättrigen deutlich herausheben. Das führte konsequenterweise zu der

Beim Narzissenblütigen Windröschen (Anemone narcissiflora) übernehmen die blütennahen Stängelblätter die Rolle der Kelchblätter.

neuen Auffassung, dass die Bedecktsamer tatsächlich nicht – wie bisher angenommen – nur aus den zwei Klassen Einkeimblättrige und Zweikeimblättrige bestehen, sondern tatsächlich drei getrennte Gruppen, nämlich Einkeimblättrige, Alt-Zweikeimblättrige sowie Echte Zweikeimblättrige umfassen. Die wenigen und nicht besonders artenreichen Verwandtschaftsgruppen um die Hahnenfußgewächse gehören also nach der neueren Auffassung in die ältere Basisgruppe der Klasse Alt-Zweikeimblättrige, während der sehr viel größere Teil die so genannten Echten Zweikeimblättrigen einschließt.

Die genaue Grenze verläuft zwischen den in diesem Kapitel vorgestellten Pflanzenfamilien: Nach

Die leuchtend blaue Farbe des Rauhaarigen Veilchens (Viola hirta) stammen von ähnlichen Farbpigmenten wie bei Rittersporn und Kornblume.

Die farbkräftige Kartäuser-Nelke (Dianthus carthusianorum) besitzt völlig andere Blütenfarbstoffe als beispielsweise die Rote Bete.

dem Prinzip, von den am höchsten entwickelten Artengruppen zu den einfacheren vorzugehen, beginnt die Familienfolge in diesem Kapitel mit verschiedenen Beispielen der Echten Zweikeimblättrigen (von den Resedagewächsen bis zu den Gänsefußgewächsen), während von den Erdrauchgewächsen bis zu den Hahnenfußgewächsen die Gruppe der Alt-Zweikeimblättrigen eingestreut ist.

Man mag solche Umstellungen in der systematischen Einteilung vielleicht etwas spöttisch mit dem Neusortieren einer Briefmarkensammlung vergleichen. Es ist jedoch zu bedenken, dass es nicht nur um das Verteilen von Arten auf verschiedene Schubladen geht, die der ordnenden Übersicht dienen, sondern letztlich auch praktisch wichtige Gesichtspunkte eine Rolle spielen: So erlaubt die moderne biologische Systematik begründete Aussagen z. B. darüber, wie sich verschiedene Verwandtschaftsgruppen – vermutlich – entwickelt haben und wo sich ganz besonders wertvolle, weil arzneilich verwertbare Inhaltsstoffe finden.

Auf den Inhalt kommt es an

Als Carl von Linné im 18. Jahrhundert damit begann, die Pflanzen und Tiere nach bestimmten Gesichtspunkten zu ordnen und mit Namen zu versehen, verwendete er vor allem gestaltliche Merkmale. Blütenpflanzen teilte er zum Beispiel nach der Anzahl der Staubblätter ein. Dieses Kriterium erwies sich im Laufe der weiteren Forschung als nicht besonders tragfähig, und daher wurde der Kriterienkatalog ständig erweitert und verfeinert.

Ein auch in der modernen Pflanzensystematik sehr wichtiges Kriterium sind die Inhaltsstoffe der Pflanzen. Deren Aufspüren und genaueres Kennzeichnen hat durchaus auch praktische Konsequenzen.

Bei den Hahnenfußgewächsen kommen zum Beispiel Inhaltsstoffe vor, die man der großen Gruppe der Alkaloide zuweist. Die meisten dieser Verbindungen sind ziemlich giftig. Der zu den Hahnenfußgewächsen gehörende Blaue Eisenhut ist wegen seiner Alkaloide die mit Abstand giftigste Pflanze Europas. Solche Stoffe sind – aus der Perspektive der Pflanze betrachtet – Bestandteil ihrer chemischen Kampfführung, denn sie wehrt sich damit dagegen, von allen möglichen Pflanzenfressern gefressen zu werden. Andererseits eröffnen die starken Wirkungen, die die pflanzlichen Alkaloide im tierischen und menschlichen Organismus entfalten, auch praktische Anwendungen: In der richtigen Dosierung sind viele Alkaloide aus Arten der Hahnenfußverwandtschaft wertvolle Arzneibestandteile. Sogar den hochgradig giftigen Eisenhut verwendet man als Arzneibestandteil, zumindest in der Homöopathie.

Ein anderes bemerkenswertes Beispiel für Alkaloidpflanzen sind die Erdrauchgewächse, zu denen der Hohle Lerchensporn gehört, und vor allem die Mohngewächse. Ihre Alkaloide weisen eine völlig andere stoffliche Struktur auf als diejenigen der Hahnenfußgewächse. Besonders bekannt sind die als Opiate zusammengefassten Wirkstoffe des Schlaf-Mohns. Unkritisch als Droge konsumiert führen sie unweigerlich in die Abhängigkeit, aber aufgereinigt und gezielt eingesetzt sind sie unentbehrliche Hilfsmittel in der Behandlung schwerster Schmerzzustände.

Ein anderes interessantes Beispiel aus der Welt der Inhaltsstoffe sind die Blüten- und Fruchtpigmente in der Verwandtschaft der Nelkengewächse. Wie bei der Kartäuser-Nelke gehören alle roten Farbstoffe dieser Familie chemisch zu den Anthocyanen. Sie färben auch Kornblume, Rittersporn oder Rauhaariges Veilchen. Bei den mit den Nelkengewächsen sehr eng verwandten Gänsefuß- und Portulakgewächsen kommen dagegen völlig anders aufgebaute Pigmente vor. Man bezeichnet sie als Betalaine, weil sie in der Roten Bete entdeckt wurden. Diese Rübe ist, wie jeder weiß, ganz besonders farbkräftig.

Der Hohle Lerchensporn (Corydalis cava) enthält Substanzen – so genannte Alkaloide –, die auf das Zentrale Nervensystem wirken. Deshalb gilt er als giftig.

Die einfach konstruierten Blüten des Rundblättrigen Sonnentau (Drosera rotundifolia) sind lang gestielt. So stehen sie in sicherer Entfernung von den Fangblättern. Blütenbesuchende Insekten laufen deshalb nicht Gefahr, in die Falle zu gehen.

Kreuzweise gruppiert

Auch bei der am Beginn dieses Kapitels stehenden Pflanzenfamilie, den Kreuzblütlern, spielen die Inhaltsstoffe als Familienmerkmal eine besondere Rolle: Es sind die als Senfölglykoside bezeichneten Stoffe, die beim Zerstören von Blattgewebe besonders charakteristische Duftnoten verströmen lassen. Im Aufbau ähneln diese Substanzen den Lauchölen so bekannter Pflanzen wie Zwiebel und Knoblauch – die zu den Kreuzblütlern gehörende und besonders geruchsintensive Knoblauchrauke trägt ihren Namen daher völlig zu Recht. Auch viele andere Vertreter entfalten beim Zerreiben die typischen geruchlichen Qualitäten von Barbarakraut, Senf, Kohl, Rettich und anderen bekannten Zutaten aus der Küche.

In der Blütenstruktur sind die Vertreter dieser Familie jedenfalls völlig unverkennbar. Kelch- und Kronblätter sind jeweils in Vierzahl vorhanden und stehen sich paarweise exakt gegenüber, woraus sich die typische Kreuzform des Blütengrundrisses ergibt, die für die Namensgebung dieser Familie ausschlaggebend war. Auch bei den Staubblättern gab es ursprünglich einmal zwei Kreise zu je vier Elementen. Beim äußeren Kreis sind allerdings zwei Staubblätter weggefallen, so dass die Gesamtzahl nur noch sechs beträgt. Bei den Fruchtblättern sind ebenfalls zwei eingespart: Die familientypische Fruchtform, die je nach Abmessung Schote oder Schötchen genannt wird, entwickelt sich aus nur zwei randlich verwachsenen Fruchtblättern.

Gelber Wau
Reseda lutea
Resedagewächse

Merkmale 30–60 cm hoch, ein- bis mehrjährig. Stängel aufrecht, wenig verzweigt. Blätter doppelt fiederspaltig, am Rande gewellt, Blattstiele schmal geflügelt. Blüten in zunächst kurzer, später bis 30 cm langer Traube, hellgelb; Blütezeit Mai–September. Nährstoff- und basenreiche, meist sandige Standorte; Trockenrasen, Schotterfluren.
Wissenswertes Die Pflanze enthält gelb färbende Flavonoide, wirtschaftliche Bedeutung als Färberpflanze erlangte der verwandte Färber-Wau, *Reseda luteola*.

Acker-Hederich
Raphanus raphanistrum
Kreuzblütler

Merkmale 30–60 cm hoch, einjährig. Stängel insbesondere unten rau behaart. Untere Blätter gefiedert, obere ungeteilt. Kronblätter meist weiß mit violetten Adern, stellenweise hellgelb, dunkler geadert; Blütezeit April–September. Schoten perlschnurartig eingeschnürt. Unkrautfluren, Äcker, Gärten.
Wissenswertes Die Art stellt die Wildpflanze von Rettich und Radieschen dar. Die durch den Gehalt an Senfölen scharf schmeckenden jungen Triebe können roh oder gekocht gegessen werden.

Meersenf
Cakile maritima
Kreuzblütler

Merkmale 10–40 cm hoch, einjährig, reich verzweigt. Blätter wechselständig, dicklich fleischig, fiederspaltig bis ungeteilt. Blütenstand kopfig, Krone rosa bis lila, selten weiß; Blütezeit Juli–September. Stickstoffreiche, salzhaltige Böden; Strände, Dünen, Ruderalstandorte; an den Küsten Europas häufig.
Wissenswertes Die Pflanze ist, wie viele Küstenpflanzen, als Anpassung an salzhaltige Standorte sukkulent. Die Früchte sind durch ein lufthaltiges Gewebe mehrere Monate lang schwimmfähig.

Meerkohl
Crambe maritima
Kreuzblütler

Merkmale Bis 70 cm hoch, mehrjährig, kahl, etwas fleischig. Blätter bläulich bereift, wechselständig, sparrig, Spreite bis zu 50 cm lang, am Rande wellig, gebuchtet bis gezähnt. Dichte, abgeflachte Blütenstände, Blüten weiß, Kelchblätter hellhäutig umrandet; Blütezeit Mai–Juli. Schötchen abgeflacht, obere kugelig. Meist auf salz- und stickstoffhaltigen Böden; Spülsäume und Vordünen in Küstengebieten; selten.
Wissenswertes Die Art wurde früher in den Küstengegenden als Wildgemüse verwendet. ▽

Acker-Senf
Sinapis arvensis
Kreuzblütler

Merkmale 30–60 cm hoch, einjährig. Stängel abstehend behaart. Blätter wechselständig, oval, buchtig gezähnt. Blüten bis 1,5 cm breit, leuchtend schwefelgelb, gelblich grüne Kelchblätter waagerecht abstehend; Blütezeit Mai–September. Schoten deutlich geschnäbelt, Samen schwarzbraun. Nährstoffreiche Böden; Äcker, Wege.
Wissenswertes Stammt aus dem Mittelmeergebiet, in den gemäßigten Zonen heute weltweit verbreitet. Die Samen sind bis zu 50 Jahre lang keimfähig.

Raps
Brassica napus
Kreuzblütler

Merkmale Bis 1,2 m hoch, einjährig. Rosettenblätter fiederlappig, Stängelblätter nach oben hin ganzrandig. Blüten gelb; Blütezeit April–September. Schoten bis 10 cm lang. Nährstoffreiche, tiefgründige Böden; Äcker, Wege.
Wissenswertes Das aus den Samen gewonnene Öl wird als Kraftstoff genutzt. Für Speiseöl werden Sorten gezüchtet, die möglichst frei von der unangenehm schmeckenden Erucasäure sind. Im Frühjahr prägen leuchtend gelb blühende Rapsfelder das Landschaftsbild.

Pfeilkresse
Cardaria draba
Kreuzblütler

Merkmale 20–50 cm hoch, mehrjährig, aufrecht. Blätter buchtig gezähnt, an der Basis herzförmig-pfeilförmig, stängelumfassend, meist kahl, hellgrün. Blüten in doldiger Trauben, weiß; Blütezeit Juni–Juli. Schötchen herzförmig. Nährstoffreiche, warme Standorte; Schotter, Wegränder, Bahndämme, Böschungen, Brachen, Rohbodensiedler.
Wissenswertes Die aus Vorderasien stammende Pflanze wanderte erst im 18. Jh. ein. Sie vermehrt sich vegetativ durch Wurzelsprosse.

Brillenschötchen
Biscutella laevigata
Kreuzblütler

Merkmale 15–30 cm hoch, mehrjährig, formenreich. Grundständige Rosette, Rosettenblätter lang gestielt, keilförmig, etwas borstig, wenige schmale, sitzende Stängelblätter. Blüten in lockerer Traube, gelb; Blütezeit Mai–Juli. Steinige, meist kalkhaltige Böden; Felsspalten, lückige Matten; Mittelgebirge, Alpenvorland und Alpen.
Wissenswertes Die beiden rundlich abgeflachten, geflügelten Teilfrüchte bleiben bei Fruchtreife miteinander verbunden und erinnern an eine Brille.

Acker-Hellerkraut
Thlaspi arvense
Kreuzblütler

Merkmale Bis 30 cm hoch, einjährig, kahl. Stängel kantig. Grundblätter gestielt, Stängelblätter sitzend, pfeilförmig, unregelmäßig gezähnt. Blüten weiß, in endständiger, abgeflachter Traube; Blütezeit Mai–September. Schötchen breit geflügelt. Nährstoffreiche, lehmige Böden; Äcker, Weinberge, Schuttplätze.
Wissenswertes Die rundlichen, großen Schötchen erinnern an Münzen, insbesondere wenn nach der Fruchtreife nur noch die silbrigen Scheidewände verbleiben, daher kommt auch der Name »Hellerkraut«.

Berg-Hellerkraut
Thlaspi montanum
Kreuzblütler

Merkmale 10–20 cm hoch, mehrjährig, oft truppweise auftretend. Blätter in Grundrosette eiförmig, wintergrün, Stängelblätter meist stängelumfassend. Blüten in doldiger bis verlängerter Traube, weiß, Staubbeutel gelb; Blütezeit April–Mai. Schötchen auf waagerechten Stielen, breit geflügelt, herzförmig. Frische, nährstoffarme, meist kalkhaltige Böden; Wald- oder Gebüschsäume, lichte Kiefern- oder Eichenwälder; selten.
Wissenswertes Der Wurzelstock bildet lange ausläuferartige Verzweigungen.

Rundblättriges Hellerkraut
Thlaspi rotundifolium
Kreuzblütler

Merkmale 5–15 cm hoch, mehrjährig, rasenbildend. Stängel im Geröll kriechend. Blätter oval, bläulich, etwas fleischig, Grundblätter ganzrandig, Stängelblätter mit Öhrchen. Blüten in doldiger Traube, violett; Blütezeit Juni–September. Schötchen an waagerecht abstehenden Stielchen nach oben gewendet. Feuchte, meist kalkhaltige, lockere Schuttböden; Schutthalden, Pionierstandorte; Alpen, in 1600–2700 m Höhe vorkommend.
Wissenswertes Die Pflanze weist meist zahlreiche nicht blühende Rosetten auf.

Bauernsenf
Teesdalia nudicaulis
Kreuzblütler

Merkmale 8–15 cm hoch, einjährig, kahl. Blätter in grundständiger Rosette, meist tief fiederspaltig gefiedert, Stängelblätter in der Regel fehlend. Blüten in kopfiger Traube, weiß, Kronblätter ungleich lang; Blütezeit April–Mai. Schötchen verkehrt herzförmig, leicht geflügelt. Nährstoffarme, kalkfreie Sandböden; Sandrasen, Dünen, Äcker, Wege; selten.
Wissenswertes Der Name Bauernsenf war früher für mehrere Arten aus der Familie gebräuchlich, die scharf schmeckende Samen aufweisen.

Gämskresse
Pritzelago alpina
Kreuzblütler

Merkmale Bis 10 cm hoch, mehrjährig, rasenbildend. Blätter in grundständiger Rosette, gefiedert oder ungeteilt, kahl, glänzend, dicklich. Blütenstängel blattlos, Blütenstand gedrungen traubig, Blüten weiß; Blütezeit Mai–August. Schötchen an behaarten Stielen länglich eiförmig, zugespitzt, 4–6 mm lang. Feuchter, kalkhaltiger Felsschutt, Matten.
Wissenswertes Die Art tritt in den Alpen bis in Höhen oberhalb 3000 m auf, wird aber von Flüssen auch in tiefere Lagen geschwemmt.

Hirtentäschelkraut
Capsella bursa-pastoris
Kreuzblütler

Merkmale 20–40 cm hoch, ein- bis zweijährig, formenreich. Rosettenblätter buchtig gelappt, Stängelblätter lanzettlich, pfeilförmig. Blüten in lockerer, Traube, weiß; Blütezeit Januar–Dezember. Schötchen herzförmig dreieckig. Nährstoffreiche, offene Standorte; Äcker, Gärten, Brachen, Wegränder.
Wissenswertes Alte Heilpflanze, die gegen Blutungen verwendet wurde. Sie eignet sich auch gut als Wildgemüse. Die Schötchenform erinnert an die früher von Hirten getragenen Feldtaschen.

Finkensame
Neslia paniculata
Kreuzblütler

Merkmale 15–80 cm hoch, einjährig, locker behaart. Untere Stängelblätter gestielt, obere sitzend, stängelumfassend, mit pfeilförmigem Grund. Blüten in dichter, später verlängerter Traube, goldgelb; Blütezeit Mai–Juli. Schötchen einsamig, kugelig aufgeblasen, öffnen sich bei Fruchtreife nicht. Nährstoff- und meist kalkreiche Lehmböden; Äcker, insbesondere auf Getreidefeldern.
Wissenswertes Die Art steht unter Schutz, sie ist in ihrem Bestand durch Herbizide stark zurückgegangen.

Kugelschötchen
Kernera saxatilis
Kreuzblütler

Merkmale 10–30 cm hoch, mehrjährig, formenreich, Stängel kantig, unten behaart, oben kahl. Blätter der Rosette lang gestielt, spatelförmig, Stängelblätter eiförmig, oft halb stängelumfassend. Blüten in lockerer Traube, Kronblätter weiß, Kelchblätter gelblich grün; Blütezeit Juni–August. Schötchen fast kugelig. Kalkreiche Böden; Felsspalten, Gerölle an Bachufern; 800–2200 m.
Wissenswertes Der Gattungsname erinnert an den schwäbischen Botaniker Johann Simon von Kerner.

Pyrenäen-Löffelkraut
Cochlearia pyrenaica
Kreuzblütler

Merkmale 15–30 cm hoch, mehrjährig, kahl. Stängel aufrecht oder aufsteigend. Grundblätter nierenförmig, lang gestielt, Spreite bis 3 cm lang, Stängelblätter kleiner, sitzend bis stängelumfassend. Blüten weiß; Blütezeit April–Juli. Schötchen 4–7 mm lang, eiförmig, beiderseits zugespitzt. Sickernasse, kühle, kalkhaltige Standorte; Bachufer, Moorgräben, Quellfluren, in lückigen Pioniergesellschaften; selten.
Wissenswertes Der Name leitet sich von den löffelartig aussehenden Grundblättern ab.

Steinschmückel
Petrocallis pyrenaica
Kreuzblütler

Merkmale Bis 8 cm hoch, mehrjährig, dichte Polster bildend. Stämmchen verholzend. Blätter in grundständiger Rosette, abstehend behaart, 5–10 mm lang, keilförmig, drei- bis fünfspaltig. Blüten rosa bis lila, süßlich duftend; Blütezeit Juni–Juli. Schötchen oval, um 5 mm lang. Sonnige, exponierte Standorte auf kalkhaltigem Gestein; Geröll, Felsspalten; in den Kalkalpen, in 1700–3400 m Höhe.
Wissenswertes Die Gattung besteht nur aus dieser Art. Sie kommt nicht nur in den Pyrenäen vor. ▽

Immergrünes Felsenblümchen
Draba aizoides
Kreuzblütler

Merkmale 5–10 cm hoch, mehrjährig. Blätter in grundständiger Rosette, immergrün, ledrig, linealisch lanzettlich, am Rand bewimpert. Gelbe Blüten, zu 3–18 in traubigem Blütenstand; Blütezeit März–August. Schötchen lanzettlich, 6–12 mm lang, meist kahl. Schutt, Felsspalten; in den Alpen.
Wissenswertes Bei dieser Art werden die Blütenknospen bereits im Herbst angelegt und weit vorgebildet, sodass die Pflanze, selbst wenn noch Schnee liegt, zu den ersten Blühern des Jahres zählt. ▽

Filziges Felsenblümchen
Draba tomentosa
Kreuzblütler

Merkmale 3–7 cm hoch, mehrjährig. Blätter durch Sternhaare graufilzig, dichte, grundständige Rosette, am Stängel 1–3 Blätter. Blüten weiß; Blütezeit Juli–August. Schötchen oval, an beiden Enden abgerundet. Sonnige, exponierte Standorte auf kalkhaltigem Gestein; Felsspalten, in den Kalkalpen; in 1700–3000 m Höhe; nur in den Alpen, zerstreut.
Wissenswertes Die Pflanze ist sehr frost- und trockenheitsresistent, die dichte Behaarung dient der Pflanze als Lichtschutz. ▽

Frühlings-Hungerblümchen
Erophila verna
Kreuzblütler

Merkmale 5–15 cm hoch, einjährig. Blätter in grundständiger Rosette, elliptisch bis lanzettlich, ganzrandig, zuweilen mit 1–2 Zähnen, mit zwei- bis vierstrahligen Haaren. Blüten weiß, teils rötlich, tief zweispaltig; Blütezeit März–Juni. Schötchen oval, bis 8 mm lang, kahl. Wege, Äcker, Sandrasen; verbreitet.
Wissenswertes Die Pflanze keimt im Herbst, überwintert als Rosette und blüht im Frühling. Der Name kommt vom griechischen *er* = Frühling und *phile* = Freundin.

Kelch-Steinkraut
Alyssum alyssoides
Kreuzblütler

Merkmale 5–20 cm hoch, einjährig. Graufilzig, mit Sternhaaren besetzt, Stängel aufrecht oder aufsteigend. Blätter gestielt, oval bis linealisch, bis 2 cm lang. Blüten in zunächst dichter, später bis zu 15 cm langer Traube, blassgelb; Blütezeit April–September. Schötchen flach, kreisrund, Kelch auch an der Frucht noch vorhanden. Offene, sonnige, meist kalkhaltige Standorte; Pionierpflanze.
Wissenswertes Treffen Regentropfen auf die reifen Früchte, so werden die Samen fortgeschleudert.

Berg-Steinkraut
Alyssum montanum
Kreuzblütler

Merkmale 10–20 cm hoch, mehrjährig. Durch Sternhaare weiß- bis graufilzig erscheinend. Blätter lanzettlich, bis 2,5 cm lang. Blüten in zunächst dichter, später bis zu 15 cm langer Traube, goldgelb; Blütezeit März–Mai. Schötchen bauchig, rund bis oval, 3–4 mm. Sonnige, trockene Standorte; Felsen, steinige Hänge, Sandrasen.
Wissenswertes Die Art eignet sich als reich blühende Zierpflanze für Steingärten. Das Rhizom bildet zahlreiche Stängelaustriebe. ▽

Ausdauerndes Silberblatt
Lunaria rediviva
Kreuzblütler

Merkmale Bis 1,5 m hoch, mehrjährig. Stängel aufrecht, v. a. am Grund abstehend behaart. Blätter gestielt, groß, herzförmig. Blüten duftend, rosaviolett bis weißlich, Kronblätter bis 2 cm lang; Blütezeit Mai–Juli. Früchte länglich elliptisch, an beiden Enden zugespitzt. Feuchte, schattige, nährstoffreiche Standorte; Hang- und Schluchtwälder.
Wissenswertes Bei der Fruchtreife fallen die beiden Fruchtklappen ab, übrig bleibt die silbrige, pergamentartige Scheidewand. ▽

Turmkraut
Arabis glabra
Kreuzblütler

Merkmale Bis 1,2 m hoch, mehrjährig. Aufrecht, sehr schlank, bläulich bereift. Blätter in grundständiger Rosette buchtig gezähnt, mit Sternhaaren, Stängelblätter ganzrandig, lanzettlich, den Stängel pfeilförmig umfassend. Gelblich weiße Blüten in langgestreckter Traube; Blütezeit Mai–Juli. Schmale, vierkantige Schoten. Sommerwarme, humose Standorte; Waldsäume, Böschungen, Wegränder.
Wissenswertes Die Samen der Pflanze wurden früher gegen Würmer und bei Harnwegserkrankungen eingesetzt.

Sand-Schaumkresse
Cardaminopsis arenosa
Kreuzblütler

Merkmale 10–40 cm hoch, einjährig, zuweilen auch mehrjährig. Unten abstehend behaart. Blätter in grundständiger Rosette fiederspaltig oder grob gezähnt, Stängelblätter buchtig gezähnt. Blüten weiß oder rötlich, 5–10 mm; Blütezeit April–August. Schmale Schoten 2–4 cm lang. Meist kalkhaltige Böden, etwas schattige Standorte; Felsfluren, Bahndämme, Kiesflächen, Sandrasen; selten.
Wissenswertes Die Pflanze verbreitet sich gern an Eisenbahnlinien, da ihre Samen sehr leicht sind (Fahrtwind!).

Wasser-Sumpfkresse
Rorippa amphibia
Kreuzblütler

Merkmale 40–120 cm hoch, mehrjährig. Stängel gefurcht. Untere Blätter fiederspaltig, obere ungeteilt, sitzend. Blüten in meist verzweigten Trauben, gelb; Blütezeit Mai–August. Schötchen eiförmig, 2–6 mm lang. Ufer an stehenden und fließenden Gewässern, Sumpfstandorte, Verlandungsgesellschaften.
Wissenswertes Als Anpassung an aquatische Lebensräume ist der Stängel hohl und besonders an Wasserstandorten aufgedunsen, beides ermöglicht auch untergetauchten Pflanzenteilen den Gasaustausch.

Wilde Sumpfkresse
Rorippa sylvestris
Kreuzblütler

Merkmale 20–60 cm hoch, mehrjährig. Stängel kantig. Blätter gefiedert, untere Blätter oft mit gekerbten oder gezähnten Fiederblättchen. Blüten goldgelb; Blütezeit Juni–September. Schoten dünn, oft etwas aufwärts gekrümmt. Nährstoffreiche, feuchte, zuweilen auch überflutete Standorte; Äcker, Gräben, Ufer.
Wissenswertes Die Pflanze bildet Ausläufer, sie tritt daher auch rasenartig auf. Mit ihren tiefen Wurzeln trägt sie zur Bodenbefestigung bei. Die jungen Blätter sind als Gemüse geeignet.

Gewöhnliches Barbarakraut
Barbaraea vulgaris
Kreuzblütler

Merkmale 20–90 cm hoch, zweijährig, kahl. Stängel aufrecht. Untere Blätter in Grundrosette, gestielt, fiederspaltig mit 1–5 Fiederpaaren und großer Endfieder, obere Blätter meist ungeteilt. Blüten in länglichen Trauben, goldgelb; Blütezeit April–Juni. Wegränder, Ufer, Böschungen; in Europa weit verbreitet.
Wissenswertes Die Blätter liefern ein schmackhaftes Gemüse. Auch im Winter (Barbaratag, 4. Dezember) kann man die Rosettenblätter noch ernten; die Pflanze wurde früher auch angebaut.

Echte Brunnenkresse
Nasturtium officinale
Kreuzblütler

Merkmale 50–80 cm lang, mehrjährig. Stängel oft untergetaucht, schwimmend oder kriechend. Blätter mit rundlichen Fiedern, wechselständig, etwas dicklich, im Winter grün bleibend. Blüten weiß, nach der Blüte lila; Blütezeit Mai–August. Nasse Standorte, meist an fließenden Gewässern, Gräben, Bächen, Quellfluren; in Europa weit verbreitet.
Wissenswertes Die Blätter bieten bereits im Vorfrühling ein schmackhaftes, an Vitamin-C-reiches Wildkraut für Salat oder Gemüse, wird auch kultiviert.

Wiesen-Schaumkraut
Cardamine pratensis
Kreuzblütler

Merkmale 10–50 cm hoch, mehrjährig. Stängel, rund, hohl. Grundblätter rosettig, mit 2–12 Fiederpaaren und 1 Endblättchen, Stängelblätter wechselständig, schmal gefiedert. Blüten rosa bis violett, selten weiß, bis 2 cm breit; Blütezeit April–Mai. Feuchte, nährstoffreiche Wiesen, Weiden, Auwälder; in Europa häufig.
Wissenswertes Der Name »Schaumkraut« verweist auf die oft an den Stängeln vorzufindenden, von einer schaumigen Hülle umgebenen Zikadenlarven.

Bitteres Schaumkraut
Cardamine amara
Kreuzblütler

Merkmale Bis 50 cm hoch, mehrjährig. Stängel aufrecht, kantig, nicht hohl. Blätter mit 3–5 Fiederpaaren. Blüten weiß, bis 1,2 cm breit, Staubbeutel violett; Blütezeit April–Juni. Nasse, nährstoffreiche, schattige Standorte, Bäche, Gräben, Nasswiesen, Feuchtwälder; in Mitteleuropa weit verbreitet.
Wissenswertes Die Pflanzen bilden Ausläufer und treten so oft truppweise auf. Die Art ähnelt der Brunnenkresse, diese trägt jedoch gelbe Staubbeutel. Blätter essbar, schmecken aber bitter.

Zwiebel-Zahnwurz
Cardamine bulbifera
Kreuzblütler

Merkmale 40–70 cm hoch, mehrjährig. Stängel aufrecht. Untere Blätter unpaarig gefiedert, obere ungeteilt, Fiedern gesägt. Blüten in lockerer Traube, rosa bis violett, bis 2,5 cm breit; Blütezeit April–Mai. Lichte, humusreiche Laub-, meist Buchenwälder.
Wissenswertes Die Vermehrung der Pflanze erfolgt überwiegend vegetativ. Die Pflanze trägt in den Blattachseln dunkelviolette Brutzwiebeln, die abfallen und oft von Ameisen verschleppt werden. Zudem bildet das Rhizom zahlreiche Ausläufer.

Finger-Zahnwurz
Cardamine pentaphyllos
Kreuzblütler

Merkmale 20–40 cm hoch, mehrjährig. Blätter wechselständig, untere Stängelblätter fünfzählig gefingert, obere dreizählig. Blüten rotviolett, selten weiß; Blütezeit April–Mai. Feuchte, nährstoffreiche Laub-, meist Buchenwälder, Schluchtwälder; in den Alpen und benachbarten Mittelgebirgen.
Wissenswertes Der Name Zahnwurz leitet sich von den Rhizomanhängen her. »Cardamine« ist der mittelalterliche Begriff für Kresse und verweist auf den entsprechenden Geschmack einiger Vertreter dieser Gattung.

Acker-Schöterich
Erysimum cheiranthoides
Kreuzblütler

Merkmale 20–60 cm hoch, einjährig. Blätter lanzettlich, schwach unregelmäßig gezähnt oder ganzrandig, anliegend behaart. Blüten gelb, 4–8 mm; Blütezeit April–Juli. Schoten aufrecht, vierkantig, fast kahl, 1–3 cm lang. Nährstoffreiche, frische, lockere Böden; Äcker, Schuttplätze, an Ufern.
Wissenswertes Die Art wurzelt bis zu 50 cm tief im Boden und tritt oft als Pionierpflanze auf. Sie besitzt herzwirksame Glykoside, die sich v. a. in den Samen finden. Als Arznei wird sie heute aber nicht mehr verwendet. Giftig.

Schweizer Schöterich
Erysimum helveticum
Kreuzblütler

Merkmale 15–50 cm hoch, mehrjährig. Blätter lanzettlich, meist ganzrandig, obere zuweilen leicht gezähnt. Blüten gelb, Kronblätter 15–20 mm lang; Blütezeit Juni–Juli. Samen an der Spitze geflügelt. Trockene, offene Standorte; Felsen, Felsschutt, Hänge, Trockenrasen; Zentralalpen und Südalpen.
Wissenswertes Die Pflanze wird von Wildbienen-Arten gerne besucht. Insbesondere die Samen enthalten Herzglykoside. Verwandte Arten werden gerne als Gartenzierpflanzen genutzt, so z. B. der Goldlack, *Erysimum cheiri*.

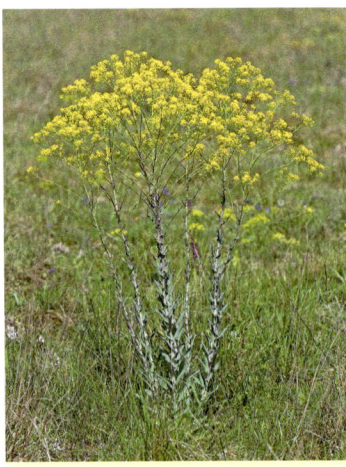

Färber-Waid
Isatis tinctoria
Kreuzblütler

Merkmale 40–130 cm hoch, zwei- bis zuweilen mehrjährig. Stängel an der Basis weich behaart. Untere Blätter gestielt, obere sitzend, lanzettlich, mit pfeilförmigem Grund stängelumfassend, bläulich grün. Blüten in lockeren Rispen, gelb; Blütezeit Mai–Juni. Schötchen zur Fruchtreife schwarzbraun. Warme, trockene Standorte; Weinberge, Mauern, Wegränder, Steinbrüche, Magerrasen.
Wissenswertes Eine früher oft angebaute Färberpflanze, aus der man den blau färbenden Indigo gewann.

Weg-Rauke
Sisymbrium officinale
Kreuzblütler

Merkmale 30–60 cm hoch, einjährig. Stängel steif, sparrig verzweigt. Blätter tief fiederspaltig. Blüten in endständigen Trauben, blassgelb, 2–4 mm breit; Blütezeit Mai–Oktober. Schoten bis 2 cm lang, schmal zylindrisch, dem Stängel anliegend. Nährstoffreiche Standorte; Wegränder, Ruderalstellen, Pionierpflanze; in Europa weit verbreitet, mit Ausnahme des Berglandes häufig.
Wissenswertes Die Pflanze wurde früher als Heilpflanze verwendet; sie enthält giftige, herzwirksame Glykoside.

Knoblauchsrauke
Alliaria petiolata
Kreuzblütler

Merkmale Bis 100 cm hoch, zwei- oder mehrjährig. Blätter wechselständig, lang gestielt, buchtig gekerbt, untere nierenförmig, obere herzförmig. Blüten in endständiger Traube, weiß, bis 6 mm breit; Blütezeit April–Juni. Stickstoffreiche, frische Böden; Weg- und Waldränder, Parkanlagen; in Europa weit verbreitet, häufig.
Wissenswertes Das knoblauchartige, beim Zerreiben der Blätter deutliche Aroma entsteht durch Senfölglykoside. Blätter und Blüten eignen sich als Salat.

Rotfrüchtige Zaunrübe
Bryonia dioica
Kürbisgewächse

Merkmale Bis 4 m lang, mehrjährig. An Pflanzen und Zäunen kletternd. Blätter gelappt, variabel, Ranken aus Spross und Blatt gebildet, führen kreisförmige Suchbewegungen aus. Zweihäusig, Blüten weiß-gelblich, grün geadert; Blütezeit Juni–September. Rote Beerenfrüchte. Nährstoffreiche Böden; Wegränder, Hecken, Zäune.
Wissenswertes Bildet eine große Speicherrübe, wurde seit alters als starkes Abführmittel verwendet. Alle Teile sind durch Cucurbitacine stark giftig.

Wohlriechendes Veilchen
Viola odorata
Veilchengewächse

Merkmale 5–15 cm hoch, mehrjährig. Blätter lang gestielt, herzförmig. Blüten einzeln, blauviolett mit hellgelbem Sporn; Blütezeit April–Juni. Kalkarme, nährstoffreiche Standorte; Magerrasen, lichte Wälder, Wegränder; in Europa weit verbreitet.
Wissenswertes Die durch ätherische Öle angenehm duftenden Blüten können zur Verzierung und Aromatisierung von Speisen verwendet werden. In der Volksmedizin wird die Pflanze bei Atemwegserkrankungen empfohlen. Die Samen werden von Ameisen verschleppt.

Rauhaariges Veilchen
Viola hirta
Veilchengewächse

Merkmale 5–15 cm hoch, mehrjährig. Blätter in grundständiger Rosette, lang gestielt, herzförmig, beiderseits behaart, Nebenblätter vier- bis sechsmal länger als breit, ganzrandig oder kurz gefranst. Blüten einzeln, blauviolett, am Grund weiß, Sporn dunkler gefärbt, meist hakig aufgebogen; Blütezeit April–Mai. Meist kalkhaltige, mäßig trockene, lichte Standorte; Gebüschsäume, Waldränder, lichte Wälder; häufig.
Wissenswertes Die Blüten dieser Art duften nicht. Die Pflanze bildet keine Ausläufer.

Hunds-Veilchen
Viola canina
Veilchengewächse

Merkmale 5–15 cm hoch, mehrjährig. Stängel aufsteigend, schwach behaart. Blätter nicht rosettig, lang gestielt, Spreite herzförmig. Blüten blauviolett mit auffallend bis 7 mm langem Sporn; Blütezeit April–Juni. Kalkarme, etwas saure Standorte; Magerrasen, Heiden, lichte Wälder; fast überall in Europa, bis auf den Südosten; verbreitet.
Wissenswertes Der Name »Hunds-Veilchen« bedeutet im Sinn von »hundsgemein« so viel wie »gewöhnlich« und bezieht sich auf die Geruchlosigkeit der Blüten.

Sumpf-Veilchen
Viola palustris
Veilchengewächse

Merkmale 5–15 cm hoch, mehrjährig, unterirdische Ausläufer. Blätter in einer Grundrosette, nierenförmig bis rundlich, kahl. Blüten einzeln auf langen Stielen, blass violett, rötlich oder selten auch weiß, das untere Kronblatt dunkler geadert, Sporn 3 mm lang, gerade; Blütezeit Juni–Juli. Nasse, nährstoffarme, saure Böden; Flachmoore, Gräben, Nasswiesen, Bruchwälder, Ufer; in Europa weit verbreitet.
Wissenswertes Die Pflanze vermehrt sich neben der Samenverbreitung auch vegetativ über Ausläufer.

Wald-Veilchen
Viola reichenbachiana
Veilchengewächse

Merkmale 10–25 cm hoch, mehrjährig. Stängel aufrecht oder aufsteigend. Blätter in grundständiger Rosette sowie am Stängel, herzförmig, meist länger als breit. Blüten einzeln, gestielt, hell violettblau, Sporn gerade; Blütezeit März–Mai. Frische, nährstoffreiche, meist lehmige Böden; krautreiche Laub- und Mischwälder; häufig.
Wissenswertes Der Name würdigt den deutschen Botaniker Heinrich Gottlieb Ludwig Reichenbach, der im 19. Jh. die sächsische Flora erforscht hat.

Hohes Veilchen
Viola elatior
Veilchengewächse

Merkmale 20–50 cm hoch, mehrjährig. Stängel aufrecht, kräftig, an der Spitze kurz behaart. Blätter stängelständig, nicht rosettig, lanzettlich, bis 10 cm lang, flaumig behaart. Blüten hellblau, seltener bis weiß, blau geadert, am Grund weiß; Blütezeit März–April. Feuchte bis nasse, meist kalkhaltige Tonböden; Auwälder, Flusstäler, Mulden, Pfeifengraswiesen; selten.
Wissenswertes Durch Trockenlegung von Feuchtgebieten ist die Art in ihren Beständen zurückgegangen. ▽

Langsporniges Veilchen
Viola calcarata
Veilchengewächse

Merkmale 5–10 cm hoch, mehrjährig, lange Ausläufer bildend. Blätter grundständig, eiförmig lanzettlich, meist länger als breit, Seitenränder mit 1–5 Kerben, Nebenblätter dreispaltig oder ganzrandig. Blüten einzeln, lang gestielt, bis 4 cm groß, dunkelviolett, seltener gelb, weiß oder mehrfarbig, Sporn erreicht die Länge der Kronblätter; Blütezeit Juni–Juli. Frucht aufrecht, kahl. Auf lange schneebedeckten, kalkarmen, feinerdereichen Standorten; Felsflächen, Feinschuttfluren, Matten; alpine Stufe zwischen 1600 und 2800 m Höhe, v. a. in den Westalpen vorkommend; selten.
Wissenswertes Die Blüten mit dem langen, dünnen Sporn weisen darauf hin, dass sie überwiegend von langrüsseligen Faltern besucht werden, während die meisten Tieflandarten von Bienen bestaubt werden. Im Sporn sitzen die Nektardrüsen. Die Ausbeutung ihres Nektars erfordert längere Kontaktzeiten. So erhöht sich die Chance der Bestäubung. ▽

Gelbes Veilchen
Viola lutea
Veilchengewächse

Merkmale 10–25 cm hoch, mehrjährig, Ausläufer bildend, in Trupps auftretend. Stängel kräftig, am Grunde niederliegend. Blätter eiförmig bis lanzettlich, kahl oder schwach behaart, Nebenblätter fingerförmig oder drei- bis fünfspaltig. Blüten lang gestielt, 1,5–3 cm groß, kräftig gelb, seltener bläulich oder bunt gefärbt, Kronblätter mit dunkler Zeichnung; Blütezeit Juni–August. Frische, kalkarme Lehmböden; magere Wiesen und Weiden; bis in 1200 m Höhe; selten.
Wissenswertes Die Kronblattstriche weisen Insekten den Weg. ▽

Acker-Stiefmütterchen
Viola arvensis
Veilchengewächse

Merkmale 5–20 cm hoch, einjährig. Stängel verzweigt, kahl oder schwach behaart. Blätter oval bis spatelig, Nebenblätter fiederig geteilt, Endfieder schmal. Blüten einzeln, lang gestielt, 1–2 cm groß, hellgelb, obere Kronblätter oft weiß, seltener violett; Blütezeit Mai–November. Nährstoffreiche, meist kalkreiche Böden; Äcker, Wegränder, Schuttplätze, Brachen; in Europa häufig.
Wissenswertes Heilpflanze gegen Hautkrankheiten. Die Samen können im Boden über 20 Jahre lang keimfähig bleiben.

Wildes Stiefmütterchen
Viola tricolor
Veilchengewächse

Merkmale 10–30 cm hoch, ein- bis mehrjährig. Blätter rundlich bis lanzettlich, Nebenblätter fiederförmig geteilt. Blüten bis 3 cm breit, dreifarbig, weiß oder gelb, die oberen Kronblätter meist blau; Blütezeit April–September. Nährstoffreiche, meist saure Standorte; Wiesen, Wege, Äcker; fast überall in Europa.
Wissenswertes Die Pflanze ist mit der vorstehenden Art eng verwandt. Die dreiklappigen Kapselfrüchte schleudern bei Fruchtreife die Samen bis zu 2,5 m weit aus. Die Ölkörper der Samen dienen der Ameisenverbreitung.

Zweiblütiges Veilchen
Viola biflora
Veilchengewächse

Merkmale 5–15 cm hoch, mehrjährig. Blätter nierenförmig, gesägt. Blüten einzeln oder oft zu zweien, goldgelb, bis 1,5 cm groß, seitliche Kronblätter nach oben weisend, unteres Kronblatt mit dunklen Längsstreifen und Saftmalen; Blütezeit Mai–August. Feuchte, schattige kalkhaltige, geschützte Standorte; Felshänge, Bergwälder; Alpenvorland und Alpen; bis über 2000 m.
Wissenswertes Die kurzgespornte Blüte wird überwiegend von Fliegen bestäubt. Daneben tritt in ungeöffneten Blüten Selbstbestäubung auf.

Gewöhnliches Sonnenröschen
Helianthemum nummularium
Zistrosengewächse

Merkmale 10–20 cm hoch, mehrjährig, formenreich. Stängel liegend bis aufsteigend, am Grund verholzt. Blätter gegenständig, oval bis länglich, unterseits weiß-filzig behaart, Rand oft eingerollt, wintergrün. Blüten in lockerer Traube, goldgelb, Kronblätter etwas zerknittert, Staubblätter zahlreich; Blütezeit Juni–Oktober. Mäßig trockene Standorte; Magerrasen, Säume, lichte Kiefernwälder.
Wissenswertes Die Blüten öffnen sich nur bei Temperaturen über 20 °C und verwelken noch am gleichen Tag.

Alpen-Sonnenröschen
Helianthemum alpestre
Zistrosengewächse

Merkmale 5–15 cm hoch, mehrjährig, Halbstrauch. Stängel bogig aufsteigend. Blätter gegenständig, lanzettlich, kahl oder borstig behaart. Blüten zu 2–6 in Wickeln, gelb, fünfzählig; Blütezeit Juni–August. Frucht dreiteilig. Sonnige, steinige Standorte; Felsen, Geröllhalden, Matten; in Höhen von 1000–2900 m.
Wissenswertes Die geöffneten Blüten wenden sich zur Sonne. Die zahlreichen Staubblätter bewegen sich bei Berührung aktiv nach außen, was die Bepuderung der bestäubenden Insekten fördert.

Apenninen-Sonnenröschen
Helianthemum apenninum
Zistrosengewächse

Merkmale 10–30 cm hoch, mehrjährig. Blätter linealisch, an den Rändern stark eingerollt, beiderseits graufilzig behaart, Nebenblätter länglich fädlich. Blüten weiß, am Grunde zitronengelb; Blütezeit Mai–Juli. Trockene, sonnige, kalkreiche Standorte; selten.
Wissenswertes Zu der Familie der Zistrosengewächse gehören zahlreiche Arten, die an Blättern und auch Zweigen ein aromatisches Harz ausscheiden. Dieses Harz wird auch medizinisch genutzt. ▽

Zwerg-Sonnenröschen
Fumana procumbens
Zistrosengewächse

Merkmale 5–20 cm hoch, mehrjährig, niederliegend, verholzt. Blätter wechselständig, nadelförmig, etwa 1 cm lang. Blüten einzeln oder in Wickeln in den Blattachseln, gestielt, gelb, fünfzählig, Kronblätter an den Enden eckig; Blütezeit Mai–Juli. Frucht dreiteilig, nach unten gebogen. Trockene, warme, meist kalkhaltige Standorte; Trockenrasen, felsige Hänge.
Wissenswertes Bildet tiefe Wurzeln aus. Die Blüten öffnen sich nur vormittags und bestäuben sich meist selbst.

Rundblättriger Sonnentau
Drosera rotundifolia
Sonnentaugewächse

Mittlerer Sonnentau
Drosera intermedia
Sonnentaugewächse

Langblättriger Sonnentau
Drosera longifolia
Sonnentaugewächse

Merkmale Bis 10 cm hoch, mehrjährig. Blätter in grundständiger, dem Boden anliegender Rosette, runde Spreite, grünlich bis dunkelrot, auf der Oberseite mit lang gestielten, an der Spitze mit klebrigen Tröpfchen besetzten Drüsenhaaren (Fangtentakel), Blüten in wenigblütiger, nickender Traube, 3–7 mm breit, weiß, jeweils nur eine Blüte geöffnet; Blütezeit Juni–August. Saure, feuchte, nährstoffarme Torfböden; Hoch-, Nieder- und Heidemoore. **Wissenswertes** Wie bei allen Sonnentau-Arten dienen die auffällig gestalteten Blätter dem Kleintierfang zur Aufbesserung der Versorgung mit organischen Stickstoffverbindungen (vgl. Mittlerer Sonnentau, rechts). Für die Pflanze stellt sich dabei das Problem, dass angesichts der tödlichen Klebefallen nicht die für die Bestäubung wichtigen Blütenbesucher unplanmäßig weggefangen werden. Die Sonnentau-Arten umgehen dieses Risiko, indem sie ihre Blüten an unverhältnismäßig langen Stängeln und damit weit außerhalb der Gefahrenzone der Rosettenblätter tragen. ▽

Merkmale 5–15 cm hoch, mehrjährig. Blätter in grundständiger Rosette, Spreiten bis 1 cm lang, schmal, Drüsenhaare meist nur im Randbereich. Blütenschaft bogig aufsteigend, weiß; Blütezeit Juli–August. Nasse, oft überflutete Standorte an Übergangs- und Hochmooren. **Wissenswertes** Die mit klebrigem Schleim besetzten Drüsenhaare dienen dem Fang kleiner Insekten. Sonnentau verdaut seine Beute mit Eiweiß zersetzenden Enzymen der Blattoberseite und deckt so seinen Bedarf an organischen Stickstoffverbindungen. ▽

Merkmale 5–20 cm hoch, mehrjährig. Blätter in Grundrosette, lang gestielt, meist aufgerichtet. Spreite schmal länglich, Krone weiß; Blütezeit Juni–August. Nasse, zeitweise überschwemmte, mäßig saure Standorte; Hochmoore. **Wissenswertes** Die Pflanze wird in der Phytomedizin als schleimlösendes Hustenmittel genutzt. Der Bedarf wird aus Importen gedeckt, v. a. aus dem südlichen Afrika, wo die Gattung verbreitet vorkommt. Durch Übersammlung sind die Bestände gebietsweise stark zurückgegangen. ▽

Wasserfalle
Aldrovanda vesiculosa
Sonnentaugewächse

Tüpfel-Johanniskraut
Hypericum perforatum
Johanniskrautgewächse

Geflügeltes Johanniskraut
Hypericum tetrapterum
Johanniskrautgewächse

Sumpf-Johanniskraut
Hypericum elodes
Johanniskrautgewächse

Merkmale 10–30 cm lang, mehrjährig, untergetaucht lebende, wurzellose Wasserpflanze. Blätter in sechs- bis neunzähligen Quirlen, borstig behaart. Blüten einzeln; Blütezeit Juni–August. Nährstoffreiche, seichte, stehende, sich im Sommer erwärmende Gewässer; selten. **Wissenswertes** Die Pflanze zählt, wie die *Drosera*-Arten, zu den insektenfangenden Arten und klappt die Blätter bei Berührung entlang der Mittelrippe ein. Die Verbreitung erfolgt u. a. über Wasservögel. ▽

Merkmale 30–70 cm hoch, mehrjährig, formenreich. Stängel zweikantig. Blätter gegenständig, oval. Blüten in pyramidenförmiger Rispe, goldgelb, bis 2,5 cm breit; Blütezeit Juni–August. Lichte, offene Standorte; Wegränder, Magerrasen. **Wissenswertes** Die Kronblätter geben beim Zerreiben roten Pflanzensaft ab. Hält man die Blätter gegen das Licht, erscheinen sie perforiert; dies wird durch die durchscheinenden Öldrüsen hervorgerufen. Alte Heilpflanze, wird zur Stimmungsaufhellung verwendet.

Merkmale 30–60 cm hoch, mehrjährig. Stängel mit 4 etwa 2 mm breiten Flügeln. Blätter gegenständig, breit elliptisch, halb stängelumfassend, 2–4 cm lang, dicht punktiert mit durchscheinenden Öldrüsen. Blüten in dichtem, doldenartigem Blütenstand, gelb; Blütezeit Juli–August. Nasse, nährstoffreiche Standorte; Röhrichte, Graben, Bachufer. **Wissenswertes** Der Stängel ist hohl, dadurch wird der Gasaustausch zu den evtl. im Wasser stehenden Teilen gewährleistet.

Merkmale 10–30 cm hoch, mehrjährig, weich behaart, wirkt dadurch graugrün, Stängel rund, niederliegend bis aufsteigend, am Grund Wurzeln bildend. Blätter oval bis rundlich, schwach stängelumfassend, bis 1,5 cm lang. Blüten in wenigblütigen Rispen, gelb, wenig geöffnet, Kelchblätter eiförmig, am Rand mit roten Drüsen; Blütezeit Juni–August. Nasse, nährstoffarme, torfige Böden; Wiesen, Heiden, Moore, Ufer; selten. **Wissenswertes** Pflanze aus dem atlantischen Nordwesteuropa. ▽

Weg-Malve
Malva neglecta
Malvengewächse

Merkmale 10–40 cm hoch, ein- bis mehrjährig. Stängel niederliegend bis aufsteigend. Blätter und Stängel abstehend behaart, untere Blätter nierenförmig, fünflappig, obere handförmig drei- bis siebenteilig gelappt. Blüten einzeln, hellrosa mit dunkleren Adern, bis 2 cm breit; Blütezeit Juni–September. Nährstoffreiche Böden; Wegränder, Schuttstellen, Mauern, Gärten; fast überall in Europa verbreitet.
Wissenswertes Die Pflanze ist ein Stickstoffzeiger und kommt auch in Siedlungen und Städten regelmäßig vor.

Wilde Malve
Malva sylvestris
Malvengewächse

Merkmale 50–1,50 cm hoch, ein- bis mehrjährige. Blätter lang gestielt, handförmig in 3–7 Lappen geteilt, gezähnt. Blüten zu mehreren in den oberen Blattachseln, rosarot, dunkler gestreift, bis 4 cm breit, Kelchblätter bis zur Mitte verwachsen; Blütezeit Juni–September. Sonnige, warme, nährstoffreiche Standorte; Schuttstellen, Wegränder, Gärten.
Wissenswertes Die Blüten werden wegen ihrer roten Farbstoffe für Tees verwendet. Sie wirken zudem durch einen hohen Gehalt an Schleimstoffen hustenlindernd.

Moschus-Malve
Malva moschata
Malvengewächse

Merkmale 20–80 cm hoch, mehrjährig. Stängel aufrecht, abstehend behaart. Untere Blätter nierenförmig, fünflappig, obere handförmig drei- bis siebenteilig gelappt, mit schmalen Zipfeln. Blüten rosa oder weiß, dunkler geadert; Blütezeit Juni–Oktober. Früchte dicht behaart. Nährstoffreiche, meist kalkarme, warme, sonnige Standorte; Wiesen, Wegränder, Straßenböschungen; selten.
Wissenswertes Die Blüten, manchmal auch die trockenen Blätter, duften nach Moschus. Die Art ist als Zierpflanze geeignet.

Echter Eibisch
Althaea officinalis
Malvengewächse

Merkmale 50–120 cm hoch, mehrjährig. Stängel aufrecht. Blätter drei- bis fünflappig, filzig behaart, graugrün. Blüten in Trauben, rosa-violett, oder weiß, Staubblätter röhrig verwachsen, Staubbeutel auffällig purpurn; Blütezeit Juli–September. Früchte bilden einen Kranz einsamiger Teilfrüchte. Feuchte, nährstoffreiche Standorte; v. a. in Küstennähe, verträgt Salz.
Wissenswertes Die Pflanze wird als Heilpflanze kultiviert, Blätter und Wurzeln werden bei Atemwegserkrankungen eingesetzt. ▽

Sechsmänniger Tännel
Elatine hexandra
Tännelgewächse

Merkmale Bis 20 cm lang, ein- bis zweijährig, Wasserpflanze. Blätter gegenständig, länglich schmal. Blüten gestielt, einzeln in den Blattachseln, rosa bis weiße Krone, dreizählig; Blütezeit Juni–August. Früchte eine Kapsel bildend. Kalkarme, humose Böden; in oder an flachen, stehenden Gewässern und Ufern.
Wissenswertes Die Pflanze wird von Wasservögeln verbreitet. Der Namensteil *hexandra* = sechsmännig bezieht sich auf die für die Art typische Anzahl von 6 Staubblättern.

Dreimänniger Tännel
Elatine triandra
Tännelgewächse

Merkmale Bis 15 cm lang, einjährig. Blätter gegenständig, länglich schmal. Blüten sitzend, einzeln in den Blattachseln, Krone rot oder weiß, je 3 Kelch-, Kron- und Staubblätter; Blütezeit Juni–September. Nasse, kalkarme, nährstoffreiche Standorte; an stehenden Gewässern, zeitweise überschwemmte, schlammige Ufer; selten.
Wissenswertes Der Namensteil *triandra* = dreimännig bezieht sich auf die 3 Staubblätter. *Elatine* ist der alte griechische Name für »Tanne«.

Grasnelke
Armeria maritima
Bleiwurzgewächse

Merkmale 5–40 cm hoch, mehrjährig, formenreich, polsterbildend. Blätter in dichter Rosette, grasartig, dicklich. Blütenstand lang gestielt, kopfig, auf trockenhäutigen Hochblättern, Blüten trichterförmig, kräftig rosa; Blütezeit Mai–September. Sandige, felsige Standorte; Dünen, Salzwiesen, Klippen; an der Küste und im Binnenland.
Wissenswertes Zur Artengruppe der Grasnelke zählen mehrere Kleinarten, darunter auch Schwermetall ertragende Pflanzen. ▽

Gewöhnlicher Strandflieder
Limonium vulgare
Bleiwurzgewächse

Merkmale Bis 50 cm hoch, mehrjährig, oft truppweise auftretend. Blätter immergrün, in grundständiger Rosette, ledrig, breit oval, bis 20 cm lang, stachelspitzig. Blüten in einseitswändiger Rispe, blauviolett, 3–8 mm lang; Blütezeit Juni–September. Salz- und Wattwiesen an der Nord- und Ostseeküste.
Wissenswertes Wie einige andere Küstenpflanzen besitzt auch der Strandflieder Drüsen, über die Salz ausgeschieden wird. Die Blütenstände verwendet man für Trockensträuße. ▽

Vogel-Knöterich
Polygonum aviculare
Knöterichgewächse

Merkmale 10–50 cm lang, einjährig. Stängel niederliegend oder aufsteigend, dunkel gestreift. Blätter wechselständig, sitzend, eiförmig bis lanzettlich, 1–3 cm lang. Blüten zu wenigen in den Blattachseln, rötlich; Blütezeit Juni–Oktober. Trockene, nährstoffreiche Böden; Wege, Pflasterfugen, Äcker, Gärten; heute weltweit verbreitet.
Wissenswertes Charakteristische Art der Trittpflanzengesellschaft, darin meist zusammen mit Breit-Wegerich *(Plantago major)* und Einjährigem Rispengras *(Poa annua)*.

Wasserpfeffer
Persicaria hydropiper
Knöterichgewächse

Merkmale 20–60 cm hoch, einjährig. Blätter wechselständig, lanzettlich, bis 12 cm lang, am Rand mit wenigen borstigen Wimpern. Blüten in dünner, bis 6 cm langer, ähriger Traube, hellrosa oder weiß, dicht gelb drüsig punktiert; Blütezeit Juli–September. Nasse, zeitweise überflutete, kalkarme, stickstoffreiche Standorte; Waldwege, Pfützen, Gräben, Ufer; häufig.
Wissenswertes Die Pflanze enthält sehr scharf schmeckende ätherische Öle, die vor Tierfraß schützen. Schwach giftig.

Milder Knöterich
Persicaria dubia
Knöterichgewächse

Merkmale 15–50 cm hoch, einjährig. Blätter wechselständig, lanzettlich, an beiden Enden verschmälert, später rötlich, verwachsene häutige Nebenblätter (Ochrea) fransig bewimpert. Blüten in schlanken Ähren, hellrosa; Blütezeit Juli–September. Frucht 3–4 mm lang, glänzend. Nasse, offene, nährstoffreiche Standorte; Waldwege, Gräben, Unkrautfluren.
Wissenswertes Die Pflanze ähnelt der vorstehenden Art, schmeckt jedoch nicht pfefferartig und die Blütenhülle ist nicht gelb punktiert.

Wasser-Knöterich
Persicaria amphibia
Knöterichgewächse

Merkmale Bis 15 cm lang, mehrjährig. In 2 Formen auftretend: aquatische Form kahl mit schwimmenden Blättern, Landpflanze mit klebrig behaarten, bis 10 cm langen Blättern und aufrechtem Stängel. Blüten in dichten Scheinähren, rosarot, angenehm duftend; Blütezeit Juni–September. Stehende Gewässer, Ufer, Nasswiesen; fast überall in Europa verbreitet.
Wissenswertes Die Wasserform weist als Anpassung an die aquatische Lebensweise einen hohlen Stängel sowie Spaltöffnungen auf der Blattoberseite auf.

Schlangen-Knöterich
Bistorta officinalis
Knöterichgewächse

Merkmale 50–100 cm hoch, mehrjährig. Stängel aufrecht. Grundblätter lang gestielt, länglich, Stängelblätter kurz gestielt oder sitzend, Basis herzförmig. Blüten in bis zu 5 cm langer Scheinähre, zahlreich, rötlich weiß; Blütezeit Mai–Juli. Nährstoffreiche, kalkarme, feuchte Standorte; Feucht- und Nasswiesen, Bach- und Grabenränder, Staudenfluren.
Wissenswertes Das stärkereiche Rhizom ist als Gemüse, die jungen Blätter sind sehr gut als Salat zu verwenden. Alte Heilpflanze gegen Durchfall.

Knöllchen-Knöterich
Bistorta vivipara
Knöterichgewächse

Merkmale Bis 30 cm hoch, mehrjährig. Stängel kahl, aufrecht, unverzweigt. Blätter schmal lanzettlich, nur die unteren gestielt, Blattrand aufwärts gebogen. Blüten in ährigem Blütenstand, weiß; Blütezeit Juni–August. Frische, kalkarme Standorte; Magerrasen, Bergwiesen; bis in eine Höhe von 2000 m.
Wissenswertes Im unteren Teil des Blütenstands sitzen purpurne Brutknospen zur vegetativen Vermehrung. Sie werden auch über den Umweg der Verdauung von Schneehühnern verbreitet.

Säuerling
Oxyria digyna
Knöterichgewächse

Merkmale Bis 30 cm hoch, mehrjährig, kräftig, kahl. Grundblätter nierenförmig, sehr lang gestielt, Stängel beinahe unbeblättert. Blütenstand lang gestreckt, 4 rötliche Hüllblätter, die beiden inneren der Frucht anliegend und deutlich größer als die äußeren; Blütezeit Juni–August. Früchte linsenförmig, zweiflügelig. Frische, kalkarme, oft auch bewegte Standorte; Steinschuttböden; im Hochgebirge; selten.
Wissenswertes Die ähnlichen *Rumex*-Arten tragen 6 Hüllblätter.

Großer Sauerampfer
Rumex acetosa
Knöterichgewächse

Merkmale Bis 120 cm hoch, mehrjährig, Pflanze, Stängel aufrecht. Grundblätter gestielt, Stängelblätter sitzend, Blätter pfeilförmig mit spitzen Ecken. Blüten in lockeren Rispen, rötlich grün; Blütezeit Mai–Juni, Pflanze zweihäusig. Frische, nährstoffreiche Standorte; Wiesen, Weiden, Wege; in Europa häufig.
Wissenswertes Die Blätter enthalten Oxalsäure und schmecken säuerlich. Sie sind beliebt als Salat und Gemüse. Die dauerhafte Aufnahme von Oxalsäure kann nierenschädigend wirken.

Kleiner Sauerampfer
Rumex acetosella
Knöterichgewächse

Merkmale Bis 30 cm hoch, mehrjährig. Stängel aufrecht, oft rot überlaufen. Pfeilförmige Ecken der Grund- und Stängelblätter meist aufwärts gebogen, untere Blätter sitzend, stängelumfassend, obere Blätter gestielt. Blüten in schlanken Rispen, klein, grünlich rot, zweihäusig; Blütezeit Mai–Juli. Trockene, warme, kalkarme, saure Standorte; Wegränder, Sandfluren, Heiden, Dünen; in Europa weit verbreitet.
Wissenswertes Die Art trägt als Pionierpflanze mit Wurzelsprossen zur Bodenbefestigung bei.

Strand-Ampfer
Rumex maritimus
Knöterichgewächse

Merkmale 10–60 cm hoch, einjährig. Blätter lineal lanzettlich, Blütenstandsachse beblättert, länglich, mit dicht gedrängt stehenden Blüten; Blütezeit Juli–September. Früchte auffallend goldgelb. Nasse, zeitweise überflutete sowie trockenfallende Standorte; nährstoffreiche, oft salzhaltige Böden; an stehenden Gewässern, Gräben, Viehtränken.
Wissenswertes Zur Bestimmung von *Rumex*-Arten ist die Beschaffenheit der Fruchtvalven charakteristisch. Diese Art trägt daran schmale Borstenzähne, die länger sind als die Valve selbst.

Stumpfblättriger Ampfer
Rumex obtusifolius
Knöterichgewächse

Merkmale Bis 1 m hoch, mehrjährig, kräftig. Stängel aufrecht. Grundblätter an der Basis herzförmig, stumpf, meist mit gewelltem Rand, bis 30 cm lang. Blütenstand unbeblättert, Blüten grünlich; Blütezeit Juni–August. Fruchtvalven oft rot, unterschiedlich lang gezähnt. Stickstoffreiche Böden; Ruderalstellen, Äcker, Ställe, Wegränder; häufig.
Wissenswertes Die Pflanze ist ein typischer Vertreter der Dorfflora. Sie bildet bis zu 2 m tief reichende Wurzeln sowie Wurzelsprosse aus, dadurch ist sie als Unkraut schwer zu entfernen.

Fluss-Ampfer
Rumex hydrolapathum
Knöterichgewächse

Merkmale Bis 2 m hoch, mehrjährig, groß, kräftig. Stängel aufrecht. Blätter bis 1 m lang, ledrig, breit lanzettlich. Blütenstände verzweigt, mit dicht quirlständigen, grünlichen Blüten; Blütezeit Juli–August. Fruchtvalve dreieckig, beiderseits mit länglicher Schwiele. Am Rand stehender oder auch fließender Gewässer.
Wissenswertes Der nährstoffreiche, feuchte und lichte Standort begünstigt das starke Wachstum der Pflanze. Die schwimmfähigen Früchte werden vom fließenden Wasser verbreitet.

Kornrade
Agrostemma githago
Nelkengewächse

Merkmale Bis 100 cm hoch, einjährig. Blätter gegenständig, linealisch lanzettlich, seidig behaart. Blüten einzeln, bis 4 cm breit, rosarot, Schlund heller, Kronblätter von spitzen Kelchblättern überragt; Blütezeit Juni–September. Getreideäcker, Brachland.
Wissenswertes Die Pflanze, v. a. die Samen, enthalten giftige Saponine. Früher wuchs sie oft in Getreideäckern und führte als Verunreinigung des Brotmehls zu Vergiftungen. Heute durch Herbizide stark zurückgegangen. ▽

Kuckucks-Lichtnelke
Silene flos-cuculi
Nelkengewächse

Merkmale 30–80 cm hoch, mehrjährig. Blätter in der grundständigen Rosette spatelförmig, Stängelblätter gegenständig, linealisch. Blüten bis 4 cm breit, Kronblätter hellrosa, tief vierspaltig mit schmalen Zipfeln, Kelch rötlich; Blütezeit Mai–Juli. Feuchte, nährstoffreiche Böden; Wiesen, Waldränder, Gräben.
Wissenswertes An den Stängeln sitzen oft Larven der Schaumzikaden, die von einem weißen, schaumigen Schleim umgeben sind; dieser wurde im Volksmund als Kuckucksspeichel bezeichnet.

Pechnelke
Silene viscaria
Nelkengewächse

Merkmale 30–60 cm hoch, mehrjährig, aufrecht. Blätter lanzettlich, in grundständiger Rosette sowie gegenständig am Stängel. Blüten in Rispen, purpurrot, Kelch rötlich; Blütezeit Mai–Juli. Trockene, lichte, kalkarme Standorte; Felsen, Magerrasen, Heiden.
Wissenswertes Der Stängel trägt im oberen Abschnitt einen schwärzlich klebrigen, an Pech erinnernden, breiten Ring. So werden stängelaufwärts laufende Insekten, wie Ameisen, aufgehalten. Die Art ist als Zierpflanze geeignet.

Felsen-Leimkraut
Silene rupestris
Nelkengewächse

Merkmale 10–20 cm hoch, mehrjährig. Blätter lanzettlich, bläulich grün. Blüten in sparriger, lockerer Rispe, bis 1,5 cm breit, rosa bis weiß, Kronblätter tief ausgerandet; Blütezeit Juni–September. Nährstoff- und kalkarme Böden; Felsspalten, Mauern, Schutthalden, Trockenrasen; in 1500–2800 m Höhe.
Wissenswertes Die Art bildet neben zwittrigen Blüten auch eingeschlechtige, meist weibliche Blüten aus. Die Bestäubung erfolgt meist durch Falter aber auch durch Fliegen und Hummeln.

Nickendes Leimkraut
Silene nutans
Nelkengewächse

Merkmale Bis 50 cm hoch, mehrjährig. Stängel aufrecht, oft klebrig behaart. Grundblätter spatelig, weiter oben lanzettlich; Blüten in Gruppen, einseitswändig, nickend, weiß oder hellrosa, tief zweispaltig, Kelch mit roten Drüsen; Blütezeit Juni–August. Trockene, meist kalkhaltige Standorte; Magerrasen, Felsfluren, lichte Wälder; in Europa weit verbreitet.
Wissenswertes Die Blüten duften erst abends intensiv und locken Nachtfalter als Bestäuberinsekten an. Kleinstinsekten nutzen die Blüte auch als Brutstätte.

Taubenkropf-Leimkraut
Silene vulgaris
Nelkengewächse

Merkmale 20–50 cm hoch, mehrjährig. Stängel aufrecht. Blätter länglich lanzettlich, bläulich grün, kahl. Blüten weiß, tief zweispaltig, Narben und Staubblätter ragen aus der Kronröhre, Kelch aufgeblasen, netzadrig, rötlich; Blütezeit Juni–August. Wegränder Trockenrasen, Böschungen; in Europa verbreitet.
Wissenswertes Nach der Signaturenlehre erinnert der kugelig aufgeblasene Kelch an eine Harnblase, was bedeutete, dass die Pflanze bei Harnwegserkrankungen eingesetzt wurde.

Weiße Lichtnelke
Silene latifolia
Nelkengewächse

Merkmale 30–120 cm hoch, mehrjährig, behaart. Stängel aufrecht. Blätter breit lanzettlich, randlich bewimpert. Blüten in Rispen, weiß oder hellrosa, bis 2 cm breit, zweihäusig; Blütezeit Juni–September. Nährstoff- und kalkreiche, lichte Standorte; Äcker, Wege, Bahndämme; in Europa weit verbreitet.
Wissenswertes Die rübenförmige Wurzel enthält Saponine, die man früher wegen der seifigen Wirkung zum Waschen genutzt hat. Die intensiv duftenden Blüten öffnen sich erst abends (Nachtfalterbestäubung).

Rote Lichtnelke
Silene dioica
Nelkengewächse

Merkmale Bis 100 cm hoch, mehrjährig, abstehend behaart. Stängel aufrecht. Blätter schmal eiförmig. Blüten bis 2,5 cm breit, in lockeren, gabeligen Rispen, rot oder rosa, mit weißer Nebenkrone, zweihäusig; Blütezeit April–September. Frische, nährstoffreiche, eher saure Böden, Waldränder, feuchte Wiesen, Gräben, Ufer; in Europa fast überall häufig.
Wissenswertes Die Art blüht tagsüber – im Gegensatz zu den weiß blühenden Arten – und wird von Hummeln und Tagfaltern besucht.

Stängelloses Leimkraut
Silene acaulis
Nelkengewächse

Merkmale Bis 5 cm hoch, mehrjährig, Polster bildend. Blätter dachziegelartig am Stängel angeordnet, schmal linealisch, Blattrand oft bewimpert. Blüten einzeln, gestielt, purpurrot, etwa 1,5 cm breit, Kelch meist rot überlaufen; Blütezeit Juni–September. Kalkhaltige, steinige Böden; 2000–3700 m.
Wissenswertes Die Blüten sind weit sichtbar und duften stark, so werden die in den Höhenlagen raren Insekten von weither angelockt. In den Polstern sammelt die Pflanze ihren eigenen Humus.

Ohrlöffel-Leimkraut
Silene otites
Nelkengewächse

Merkmale 20–60 cm hoch, zwei- bis mehrjährig, unten klebrig behaart. Blätter gestielt, Grundblätter löffelförmig, Stängelblätter linealisch. Blüten in reichblütiger Rispe, gelb grünlich; Blütezeit Juni–Juli. Sonnige, trockene, steinige Standorte; Sandrasen, Dünen, Trockenrasen, Kiefernwälder; selten.
Wissenswertes Die Pflanze ist zweihäusig, dennoch weisen die männlichen Blüten oft noch Fruchtknotenreste auf. Die Bestäubung erfolgt v. a. durch Tagfalter.

Sprossende Felsennelke
Petrorhagia prolifera
Nelkengewächse

Merkmale 10–40 cm hoch, einjährig. Stängel aufrecht. Blätter in grundständiger Rosette, am Stängel gegenständig, paarweise unten verwachsen, linealisch, graugrün, Ränder rau. Büscheliger Blütenstand von trockenhäutigen Hochblättern umschlossen, Blüten um 6 mm, blassrosa; Blütezeit Juni–Oktober. Trockenwarme, meist kalkarme Standorte; Magerrasen, Dünen, Böschungen.
Wissenswertes Pionierpflanze. Im Herbst keimende Exemplare überwintern als Rosette.

Pracht-Nelke
Dianthus superbus
Nelkengewächse

Merkmale Bis 60 cm hoch, mehrjährig, nicht blühende Nebenrosetten. Stängel aufrecht. Blätter linealisch lanzettlich, grün, kahl. Blüten einzeln oder zu wenigen in den Achseln, bis 6 cm breit, Krone rosa bis purpurn, sehr fein in lange, schmale Zipfel zerschlitzt; Blütezeit Juni–September. Kalkarme Böden; Heiden, Moorwiesen, lichte Wälder; überwiegend in Süddeutschland.
Wissenswertes Nur langrüsselige Hummeln und Falter erreichen durch die Blütenröhre den Nektar. ▽

Raue Nelke
Dianthus armeria
Nelkengewächse

Merkmale 30–60 cm hoch, zweijährig, rau behaart. Stängel verzweigt. Blätter linealisch lanzettlich, dunkelgrün. Blüten bis 1 cm breit, kurz gestielt, zu 2–10 in gedrängten, endständigen Büscheln auf langen, grünen Tragblättern, Krone purpurn, gepunktet; Blütezeit Juni–Juli. Sonnige, warme, mäßig saure, kalkarme Standorte, Magerrasen, Waldsäume, Trockengebüsche, Hänge, v. a. in den Mittelgebirgen; selten.
Wissenswertes Die Punkte auf den Kronblättern täuschen zusätzliche Staubblätter vor. ▽

Kartäuser-Nelke
Dianthus carthusianorum
Nelkengewächse

Merkmale 20–50 cm hoch, mehrjährig. Stängel kahl. Blätter schmal lanzettlich, gegenständig, an der Basis verwachsen, steil aufrecht. Blüten bis 2,5 cm breit, kurz gestielt, in endständigen Büscheln, diese sind umgeben von schuppenartigen Hochblättern, Kronblätter eiförmig, an der Spitze gezähnt; Blütezeit Juni–September. Felsspalten, Magerrasen, Gebüsche; in Mitteleuropa weit verbreitet.
Wissenswertes Die Blüten weisen durch das ätherische Öl Eugenol einen angenehmen Duft auf. ▽

Stein-Nelke
Dianthus sylvestris
Nelkengewächse

Merkmale 10–40 cm hoch, mehrjährig. Dichte Rasen bildend. Blätter schmal lanzettlich, 1–2 mm breit, dunkelgrün, mit rauem Rand. Stängel ein- bis vierblütig, Blüten rosarot, 2–4 Außenkelchblätter, etwa halb so lang wie die Kronröhre; Blütezeit Juni–August. Warme, trockene, flachgründige Böden; Steinrasen, Felsen; in der subalpinen und alpinen Stufe; selten.
Wissenswertes In höheren Lagen entwickelt die Art meist nur sehr kurze, einblütige Stängel, an tiefer gelegenen Standorten mehrblütige. ▽

Pfingst-Nelke
Dianthus gratianopolitanus
Nelkengewächse

Merkmale Bis 25 cm hoch, mehrjährig, Dichte Rasen bildend. Blätter blaugrün, gegenständig, schmal lanzettlich. Blüten lang gestielt, einzeln, bis 2,5 cm breit, Kelch röhrenförmig, Kronblätter hellrosa, gezähnt; Blütezeit Mai–Juli. Trockene, warme, offene, flachgründige Standorte; Felsspalten, Trockenhänge, lichte Kiefernwälder; selten.
Wissenswertes Die Pflanze wird von Tagfaltern bestäubt, die mit ihren langen Rüsseln an den Nektar gelangen können. Gartenformen dieser Art werden als Zierpflanze genutzt.

Busch-Nelke
Dianthus seguieri
Nelkengewächse

Merkmale 20–60 cm hoch, mehrjährig. Untere Blätter eine Rosette bildend, Stängelblätter gegenständig, an der Basis verwachsen, linealisch lanzettlich. Blüten einzeln oder zu mehreren, um 3 cm breit, rosa bis purpurn, am Schlund mit dunklen Punkten; Blütezeit Juni–August. Stickstoff- und kalkarme Böden, lichte Standorte; Halbtrockenrasen, Steinfluren; in Höhenlagen bis etwa 1600 m.
Wissenswertes Der wissenschaftliche Name erinnert an den französischen Botaniker Jean François Séguier.

Heide-Nelke
Dianthus deltoides
Nelkengewächse

Merkmale 15–40 cm hoch, mehrjährig. Stängel verzweigt, behaart. Blätter gegenständig, schmal lanzettlich. Blüten meist einzeln, lang gestielt, bis 18 mm breit, purpurrot, mit weißen Flecken und dunklen Querstreifen, 2 schuppige Außenkelchblätter; Blütezeit Juni–September. Trockene, kalkarme, saure, etwas lückige Standorte; Magerrasen, Magerweiden, Heiden; in Europa verbreitet, in Deutschland meist selten.
Wissenswertes Die Art ist durch Vergrasung gefährdet. ▽

Kleines Seifenkraut
Saponaria ocymoides
Nelkengewächse

Merkmale 10–30 cm hoch, mehrjährig. Besitzt rasenbildende nichtblühende Triebe, Stängel niederliegend. Blätter oval, bis 3 cm lang. Blütenstand klebrig, Blüten leuchtend rosa bis rot, duftend, Kelch röhrenförmig, bis 1 cm lang, dicht drüsig behaart; Blütezeit Mai–Juni. Trockenwarme, bewegte Standorte; Geröllflächen, Böschung; selten.
Wissenswertes Die Art sieht man oft als Zierpflanze in Steingärten. Bestäuber sind wegen der schmalen Kelchröhre v. a. langrüsselige Tagfalter.

Gewöhnliches Seifenkraut
Saponaria officinalis
Nelkengewächse

Merkmale 30–70 cm hoch, mehrjährig, kräftig. Blätter gegenständig, breit lanzettlich, 5–10 cm lang. Blüten in Scheindolden, rosa oder weißlich, bis 3 cm breit, Kelch röhrig; Blütezeit Juli–September. Nährstoffreiche, mäßig saure Böden; Wegränder, Flussufer; verbreitet.
Wissenswertes Die Rhizome enthalten Saponine, die wegen ihrer Schaumwirkung zum Waschen verwendet wurden (Name). In der Phytomedizin wird die Pflanze wegen der schleimlösenden Wirkung bei Husten geschätzt.

Kriechendes Gipskraut
Gypsophila repens
Nelkengewächse

Merkmale 10–20 cm hoch, mehrjährig, bläulich bereift. Stängel aufsteigend. Blätter gegenständig, linealisch, bis 3 cm lang. Blüten in Rispen, weiß oder rötlich; Blütezeit Mai–August. Sonnige, trockene Standorte; Felsen, Geröll, Flussschotter; in 1800–2700 m Höhe vorkommend.
Wissenswertes Die Pflanze hält sich im lockeren Geröll durch eine reich verzweigte Pfahlwurzel sowie eine Vielzahl verholzter Zweige, die sich bewurzeln. Sie gedeiht auch auf Gipsgestein und erhielt daher ihren Namen.

Einjähriger Knäuel
Sceleranthus annuus
Nelkengewächse

Merkmale 5–15 cm hoch, einjährig, verzweigt. Blätter gegenständig, am Grund häufig miteinander verwachsen, nadelblattartig, bis 2 cm lang. Blüten in endständigen Knäueln, fast sitzend, Krone fehlend, Kelch grün, weiß berandet; Blütezeit April–Oktober. Nährstoffreiche, kalkarme, mäßig saure Sandböden; Äcker, Wege, Schuttplätze; häufig.
Wissenswertes Die kleinen, unauffälligen Blüten bestäuben sich meist selbst. Die Frucht ist einsamig und bildet mit den Kelchblättern eine Klettfrucht.

Niederliegendes Mastkraut
Sagina procumbens
Nelkengewächse

Merkmale 1–5 cm lang, mehrjährig. Stängel niederliegend, verzweigt. Blätter gegenständig, kahl, bis 1,5 cm lang, schmal linealisch, Spitze kurz begrannt. Blüten meist vierzählig, Kronblätter weiß, Kelchblätter etwa doppelt so groß; Blütezeit Mai–Oktober. Schattige, feuchte, nährstoffreiche, kalkarme Standorte; Wege, Äcker, Gärten; häufig.
Wissenswertes Die an ein Moos erinnernde kleine Pflanze ist trittfest und kommt daher häufig in Siedlungsgebieten vor, meist in Pflasterfugen und zwischen Gehwegplatten.

Knotiges Mastkraut
Sagina nodosa
Nelkengewächse

Merkmale 5–15 cm hoch, mehrjährig. Zahlreiche Stängel aus der Grundrosette aufsteigend. Blätter linealisch, gegenständig, nach oben hin kleiner werdend. Blüten zu 1–3 am Stängelende, Kronblätter weiß, doppelt so lang wie der Kelch; Blütezeit Juni–August. Feuchte bis nasse, meist kalkhaltige Torf- oder Lehmböden; Wege, Moorwiesen, Gräben; selten.
Wissenswertes In den Blattachseln sitzen kleine Blattbüschel, dadurch erscheint die Pflanze eigenartig knotig gegliedert. ▽

Frühlingsmiere
Minuartia verna
Nelkengewächse

Merkmale 5–15 cm hoch, mehrjährig, formenreich, polsterbildend. Blätter linealisch. Blütenstände drei- bis achtblütig, Blütenstiele drüsig bewimpert, Kronblätter weiß, etwas länger als die Kelchblätter, Kelch deutlich dreinervig, Staubblätter purpurn; Blütezeit Juni–August. Trockene, warme, nährstoffarme Standorte; Kalkmagerrasen; selten.
Wissenswertes Diese Art ähnelt der vorigen, unterscheidet sich aber im Größenverhältnis der Kelch- und Kronblätter. ▽

Wasserdarm
Stellaria aquatica
Nelkengewächse

Merkmale 15–100 cm hoch, mehrjährig, drüsig behaart. Blätter breit herzförmig. Blütenstand gabelig verzweigt, Kronblätter tief zweispaltig, weiß, Blüten bis 1,5 cm; Blütezeit Juni–September. Nasse, nährstoffreiche Böden; Waldwege, Gräben, Ufersäume, Auwälder; bis in Höhen von 1300 m.
Wissenswertes Die Herkunft des Namens »Wasserdarm« erklärt sich, wenn man den Stängel auseinander zieht. Im Innern liegt ein darmartiger Strang, der die zentralen Leitbündel enthält.

Große Sternmiere
Stellaria holostea
Nelkengewächse

Merkmale 10–40 cm hoch, mehrjährig. Stängel vierkantig, verzweigt. Blätter gegenständig, schmal lanzettlich, wintergrün. Blüten in mehrfach gegabeltem Blütenstand, lang gestielt, Kronblätter tief zweispaltig, weiß, Blüten bis 2 cm breit; Blütezeit April–Juni. Mäßig saure Böden; Laub- und Mischwälder, Lichtungen, Wegränder; überall in Europa häufig.
Wissenswertes Der wissenschaftliche Gattungsname leitet sich von lateinisch *stellaris* = sternförmig ab und bezieht sich auf die meist sternförmigen Kronen.

Vogel-Miere
Stellaria media
Nelkengewächse

Merkmale 10–30 cm lang, einjährig. Stängel niederliegend bis aufsteigend, mit linienförmiger Haarleiste. Blätter eiförmig, spitz. Kronblätter weiß, tief zweispaltig, so lang wie die Kelchblätter; Blütezeit ganzjährig. Nährstoffreiche Böden; Äcker, Weinberge, Gärten, Parkrasen; häufig, in den gemäßigten Breiten heute weltweit verbreitet.
Wissenswertes Die Blätter und Blüten schmecken mild und eignen sich als Zutat für Salate und Gemüse. Die Pflanze wird auch als Vogelfutter verwendet.

Gras-Sternmiere
Stellaria graminea
Nelkengewächse

Merkmale 10–50 cm hoch, mehrjährig. Stängel vierkantig , aufsteigend, schlaff, stützt sich auf anderen Pflanzen ab, Spreizklimmer. Blätter schmal lanzettlich, kahl, grasgrün. Blütenstand vielblütig, wiederholt gabelig verzweigt, 5 Kronblätter, tief zweiteilig, weiß, Kelchblätter etwa gleich lang; Blütezeit Mai–Juli. Kalkarme, mäßig saure, meist sandige Lehmböden; Magerwiesen und -weiden, Äcker, Wege.
Wissenswertes Die vegetative Vermehrung findet durch niederliegende und sich bewurzelnde Sprosse statt.

Doldige Spurre
Holosteum umbellatum
Nelkengewächse

Merkmale 5–25 cm hoch, einjährig. Stängel schwach behaart. Blätter bläulich grün, länglich eiförmig, in grundständiger Rosette sowie am Stängel gegenständig. Blüten zu 5–12 in einer Dolde, nacheinander aufblühend, Blütenstiele im verblühten Zustand zurückgeschlagen, Kronblätter fein gezähnt, weiß, länger als die Kelchblätter; Blütezeit März–Mai. Meist kalkarme, sandige, lockere Böden; Äcker, lückige Sandrasen, Dämme.
Wissenswertes Die Art tritt häufig in Pioniergesellschaften auf.

Ackerhornkraut
Cerastium arvense
Nelkengewächse

Merkmale 10–30 cm hoch, mehrjährig, kurz behaart, an den Knoten wurzelnd. Blätter linealisch lanzettlich, grün, in den Achseln mit kleinen Blattbüscheln. Blüten in gabeligem Blütenstand, Kronblätter weiß, an der Spitze eingekerbt, doppelt so lang wie die Kelchblätter; Blütezeit April–September. Trockenwarme, sonnige Standorte; Trockenrasen, Äcker, Wegränder, Mauern; in Europa fast überall häufig.
Wissenswertes Da Ameisen die Früchte verschleppen, wächst die Pflanze oft auf oder über Ameisenburgen.

Einblütiges Hornkraut
Cerastium uniflorum
Nelkengewächse

Merkmale Bis 6 cm hoch, mehrjährig, bildet dichte Rasen. Blätter oval, gelblich grün, zottig behaart. Blüten einzeln, Kronblätter weiß, an der Spitze eingekerbt, bis zu doppelt so lang wie die Kelchblätter; Blütezeit Juli–August. Meist kalkarme, feinerdereiche Standorte; Schuttfluren, Steinrasen; subalpine bis alpine Stufe.
Wissenswertes Die in Silikatgebieten auftretenden Art wird auf Kalkstandorten durch das Breitblättrige Hornkraut *(C. latifolium)* vertreten; sie sind also stellvertretende oder vikariierende Arten.

Dreinervige Nabelmiere
Moehringia trinervia
Nelkengewächse

Merkmale 10–25 cm hoch, einjährig. Stängel aufsteigend. Blätter eiförmig, zugespitzt, mit 3 deutlichen Blattadern, Rand bewimpert. Kronblätter weiß mit grünem Mittelstreifen, zugespitzt, halb so lang wie die Kelchblätter; Blütezeit Mai–Juli. Schattige, meist kalkfreie Standorte; Laub- und Mischwälder.
Wissenswertes Hält man die Blätter gegen das Licht, so sieht man durchscheinende Punkte. Diese werden durch besonders große Kalziumoxalatkristalle (Drusen) hervorgerufen.

Thymianblättriges Sandkraut
Arenaria serpyllifolia
Nelkengewächse

Merkmale Bis 20 cm hoch, ein- bis zweijährig. Stängel stark verzweigt. Blätter gegenständig, sitzend, eiförmig zugespitzt, bis 1 cm lang, am Rand bewimpert. Blüten bis 8 mm breit, Kronblätter schmal, weiß, Kelchblätter mit häutigem Rand; Blütezeit April–September. Trockene, warme, sandige Standorte; Äcker, Wege, Mauern, bis in mittlere Gebirgslagen; in Europa weit verbreitet.
Wissenswertes Zahlreiche der bis zu 200 Arten zählenden Gattung sind Hochgebirgspflanzen.

Kahles Bruchkraut
Herniaria glabra
Nelkengewächse

Merkmale Bis 15 cm lang, ein- bis mehrjährig, niederliegend, stark verzweigt, kahl oder schwach behaart. Blätter hellgrün, oval, bis 1 cm lang, meist wechselständig. Blüten in kleinen Knäueln, ungestielt, gelbgrün, nur ca. 2 mm; Blütezeit Juni–Oktober. Warme, kalkarme, sandige Standorte; Dünen, Dämme, Wege.
Wissenswertes Der wissenschaftliche Gattungsname leitet sich von lateinisch *hernia* = Leistenbruch ab und gibt damit den Anwendungsbereich der ehemals als Heilpflanze genutzten Art an.

Rote Schuppenmiere
Spergularia rubra
Nelkengewächse

Merkmale Bis 25 cm hoch, ein- bis mehrjährig, drüsig behaart. Stängel aufsteigend. Blätter gegenständig, linealisch, grannenspitzig, kahl, silbrige Nebenblätter. Blüten in Scheindolden, Kronblätter rosa, etwas kürzer als die Kelchblätter; Blütezeit Mai–September. Kalkarme, sandige, offene Böden, Wege, Äcker, Ufer; heute weltweit verbreitet.
Wissenswertes Die flachwurzelnde, auch auf verdichteten Böden wachsende und salzverträgliche Pflanze tritt zunehmend an Straßenrändern auf.

Ackerspark
Spergula arvensis
Nelkengewächse

Merkmale 10–40 cm hoch, einjährig, aufrecht. Stängel drüsig behaart. Gegenständige Blätter mit Blattbüscheln in den Achseln, daher scheinbar wirtelig, linealisch, etwas dicklich, Längsfurche auf der Blattunterseite. Kronblätter weiß, etwas länger als die Kelchblätter; Blütezeit Juni–Oktober. Nährstoffreiche, kalkarme, etwas saure Böden; Ruderalstellen, Äcker, Unkrautfluren.
Wissenswertes Vom Mittelalter bis noch in die Mitte des 20. Jh. baute man Kultursorten des Acker-Sparks als Grünfutter an.

Frühlings-Spark
Spergula morisonii
Nelkengewächse

Merkmale 5–25 cm hoch, einjährig. Stängel niederliegend bis aufsteigend, kahl. Blätter linealisch, etwas dicklich. Blütenstand locker, Kronblätter weiß, so lang wie die Kelchblätter; Blütezeit April–Juni. Samen mit breitem, häutigem Rand, Windverbreitung. Nährstoffarme, etwas saure, sandige Böden, lückige Standorte, in Pioniergesellschaften offener Sandflächen; Dünen, Brachen, Wege; selten.
Wissenswertes Die Pflanze ähnelt der vorigen Art, weist jedoch keine gefurchten Blätter auf.

Knorpelblume
Illecebrum verticillatum
Nelkengewächse

Merkmale 5–10 cm hoch, einjährig. Stängel niederliegend ausgebreitet, rötlich, vierkantig. Blätter gegenständig, oval, hellgrün, 2–3 mm lang, kahl. Blüten glänzend, knäuelig in den Blattachseln, Kronblätter weiß, Kelchblätter knorpelig verdickt, grannenspitzig, weiß; Blütezeit Juni–September. Kalkarme, etwas saure, sandige, feuchte Böden, lückige Standorte, Pionierpflanze auf offenen Sandflächen; sandige Ufer, Wege; selten.
Wissenswertes Der Name bezieht sich auf die recht festen Stängel. ▽

Europäischer Portulak
Portulaca oleracea
Portulakgewächse

Merkmale 10–20 cm hoch, mehrjährig. Stängel niederliegend bis aufsteigend. Blätter länglich, verkehrt eiförmig, fleischig, unter den Blüten und am Stängelende gedrängt auftretend. Je 1–3 Blüten in den Gabelungen des Stängels, gelb, 8–12 mm; Blütezeit Juni–September. Trockenwarme, nährstoffreiche, offene Standorte; Weinberge, Gärten, Pflasterfugen.
Wissenswertes Die etwas größere, kultivierte Unterart *P. oleracea* ssp. *sativa* dient, etwas säuerlich schmeckend, als Salat oder Gemüse.

Bach-Quellkraut
Montia fontana
Portulakgewächse

Merkmale 2–50 cm lang, ein- bis mehrjährig, Wasser- oder Landpflanze, niederliegend oder flutend bzw. untergetaucht, oft rasenbildend. Stängel häufig rötlich. Blätter gegenständig, lanzettlich oder verkehrt eiförmig. Blüten in Büscheln, meist 5 weiße Kronblätter, 2 Kelchblätter; Blütezeit Juni–September. Nasse, kalkarme Standorte.
Wissenswertes Der Gattungsname erinnert an den italienischen Botaniker G. Monti. Der Artname leitet sich von *fontana* = Quelle ab.

Gewöhnliche Brennnessel
Urtica dioica
Brennnesselgewächse

Merkmale 30–200 cm hoch, mehrjährig, lange Brennhaare. Stängel aufrecht, unverzweigt. Blätter gegenständig, am Grund herzförmig, gesägt. Blüten zahlreich in Rispen, unscheinbar grün, zweihäusig; Blütezeit Juni–Oktober. Stickstoffreiche, meist feuchte Standorte; Wegränder, Ruderalstellen, Siedlungen; in den gemäßigten Breiten heute weltweit verbreitet, Kulturbegleiter.
Wissenswertes Die Blätter eignen sich als Salat, Gemüse oder Tee. Die Fasern wurden einst zu Nesseltuch verarbeitet.

Kleine Brennnessel
Urtica urens
Brennnesselgewächse

Merkmale 10–60 cm hoch, einjährig. besitzt Brennhaare. Stängel aufrecht, unverzweigt. Blätter gegenständig, elliptisch bis eiförmig, gesägt. Blütenstände höchstens 2 cm lang, einhäusig; Blütezeit Mai–Oktober. Sehr stickstoffreiche Standorte; Unkrautfluren, Mistplätze, Äcker, Gärten, Wegsäume; in den gemäßigten Zonen heute weltweit verbreitet.
Wissenswertes Brennt mehr als die vorigen Arten. Die Haare wirken wie eine Injektionskanüle, enthalten Ameisensäure, Histamin und Acethylcholin.

Hopfen
Humulus lupulus
Hanfgewächse

Merkmale Bis 6 m hoch, mehrjährig, kletternd, mit Widerhaken besetzt. Blätter tief drei- bis fünfteilig gelappt. Blüten grün, Pflanze zweihäusig, männliche Blüten in länglichen Rispen, weibliche Blüten in lang gestielten »Hopfendolden«; Blütezeit Juli–August. Feuchte, nährstoffreiche Böden; Auwälder, Ufer.
Wissenswertes Auf den Tragblättern der weiblichen Blüten sitzen Harzdrüsen, die Bitterstoffe bilden, welche als Bierwürze verwendet werden. Hopfen wird in Stangenkulturen angebaut.

Weißer Fuchsschwanz
Amaranthus albus
Fuchsschwanzgewächse

Merkmale 10–50 cm hoch, einjährig, sparrig. Stängel weißlich, meist kahl. Blätter bis 2,5 cm lang, länglich bis verkehrt-eiförmig, Rand gewellt, mit Stachelspitze. Blüten knäuelig in den Blattachseln; Blütezeit Juli–Oktober. Nährstoffreiche, auch salzige Böden, Ruderalstellen; Heimat Nordamerika.
Wissenswertes Bei dieser Art, wie auch bei vielen verwandten Arten, eignen sich die jungen Blätter und Stängel als Gemüse, die ausgedroschenen Samen können wie Getreide z. B. als Brei gekocht werden.

Queller
Salicornia europaea
Gänsefußgewächse

Merkmale 5–25 cm hoch, einjährig, formenreich. Stängel verzweigt, liegend oder aufrecht, dickfleischig. Blätter klein, schuppenförmig reduziert, Blüten unscheinbar, eingesenkt; Blütezeit August–Oktober. Salzbeeinflusste Schlickböden an der Küste, Salzstellen im Binnenland.
Wissenswertes Ab Spätsommer verfärben sich die Pflanzen attraktiv blut- bis karminrot. Die Stammsukkulenz ist eine Anpassung an den salzigen Standort und wird durch Plasmaquellung hervorgerufen. Alle *Chenopodium*-Arten werden vom Wind bestäubt.

Spieß-Melde
Atriplex prostrata
Gänsefußgewächse

Merkmale 30–90 cm hoch, einjährig, oft truppweise auftretend, Stängel liegend oder aufrecht. Untere Blätter gegenständig, obere wechselständig, dreieckig spießförmig, glattrandig oder gezähnt. Blüten zahlreich in knäueliger Ährenrispe, Perigon unscheinbar grünlich, Blüten eingeschlechtlich; Blütezeit Juni–September. Sehr nährstoffreiche, feuchte Böden; Ruderalstellen, Ufer, Küstenspülsäume; fast überall in Europa häufig.
Wissenswertes Die Pflanze ist, wie die meisten *Atriplex*-Arten, salzverträglich.

Weißer Gänsefuß
Chenopodium album
Gänsefußgewächse

Merkmale Bis 1,5 m hoch, einjährig, formenreich. Stängel verzweigt, aufsteigend oder aufrecht. Blätter wechselständig, rautenförmig bis lanzettlich, oft gelappt, mehlig bestäubt, dadurch graugrün. Blüten zahlreich in Rispen, weißlich grün; Blütezeit Juli–September. Stickstoffreiche Böden; Schuttstellen, Äcker, Gärten, Wegränder; in Europa fast überall häufig.
Wissenswertes Die Art schmeckt als Gemüse spinatähnlich, die zahlreichen Samen (pro Pflanze bis zu 100 000) können zu Mehl vermahlen werden.

Guter Heinrich
Chenopodium bonus-henricus
Gänsefußgewächse

Merkmale 20–60 cm hoch, mehrjährig. Stängel meist unverzweigt, Wurzel rübenartig. Blätter dreieckig spießförmig, unterseits mehlig. In dichter endständiger, kegelförmiger Rispe, Blütenhülle gelblich grün; Blütezeit Juni–September. Nährstoffreiche, oft ammoniakalische Böden; Unkrautfluren.
Wissenswertes Die Pflanze ist ein typischer Vertreter der so genannten Dorfflora: Sie kommt an Dungplätzen, Viehlagerplätzen und im Trauf von Höfen und Ställen vor.

Gewöhnlicher Erdrauch
Fumaria officinalis
Erdrauchgewächse

Merkmale 10–30 cm hoch, einjährig. Blätter wechselständig, doppelt gefiedert, bläulich grün. Blüten in aufrechten Trauben, Krone dunkelrot mit grünem Kiel, oberes Kronblatt gespornt; Blütezeit April–Oktober. Nährstoffreiche, lehmige Böden; Weinberge, Äcker, Wege.
Wissenswertes Die Pflanze ist durch Alkaloide schwach giftig. Sie wird als Heilpflanze gegen Schuppenflechte eingesetzt. Als Alteinwanderer wurde die Art bereits in der Jungsteinzeit mit dem Ackerbau eingeschleppt. Giftig.

Rankender Lerchensporn
Ceratocapnos claviculata
Erdrauchgewächse

Merkmale 50–100 cm lang, einjährig, zart. Stängel, mit Hilfe von Blattranken kletternd. Blätter blassgrün, doppelt gefiedert und mit einer gabeligen Endranke. Blüten 5–6 mm lang, milchig weiß, kurz gespornt; Blütezeit Mai–September. Fruchtkapsel mit 2–3 Samen. Saure Sand- und Lehmböden; lichte Wälder, Gebüsch, Felsen, Heiden; selten.
Wissenswertes Der Name Lerchensporn geht darauf zurück, dass der Blütensporn an die Form von Lerchenzehen erinnern soll.

Gefingerter Lerchensporn
Corydalis solida
Erdrauchgewächse

Merkmale 15–30 cm hoch, mehrjährig. Kugelige Knolle nicht hohl, Stängel am Grunde mit einer etwa 2 cm langen, ovalen Schuppe. Blätter zwei- bis dreifach dreiblättrig. Blüten fünf- bis zwanzigblütig, purpurn, seltener hellrot oder weiß, gerade gespornt, Hochblätter zwischen den Blüten fingerförmig geteilt; Blütezeit März–Mai. Kalkarme Böden; Laubwälder, feuchte Wiesen, Auenwälder; in Mitteleuropa weit verbreitet.
Wissenswertes Die Blüten sind auf ihrem Stiel um 90° gedreht. Giftig.

Mittlerer Lerchensporn
Corydalis intermedia
Erdrauchgewächse

Merkmale 10–20 cm hoch, mehrjährig. Knolle nicht hohl, Stängel am Grund mit 2 cm langer Schuppe. Blätter zwei- bis dreifach dreiblättrig. Blüten in aufrechter Traube, ein- bis achtblütig, purpurn, selten weiß, gerade gespornt, Hochblätter ganzrandig; Blütezeit März–April. Kalkarme, nährstoffreiche Böden; Laub- oder Mischwälder; selten.
Wissenswertes Ameisen verschleppen die Samen, da die Tiere sie wegen des Elaiosom genannten, nahrhaften, ölhaltigen Anhängsels in den Ameisenbau tragen. Giftig.

Hohler Lerchensporn
Corydalis cava
Erdrauchgewächse

Merkmale 10–30 cm hoch, mehrjährig. Stängel meist mit 2 Blättern. Blätter doppelt dreizählig, kahl, oberseits bläulich grün, unterseits weißlich grün. Blüten zu 10–20 in aufrechter Traube, Kronen purpurn, häufig auch weiß, selten gelblich, Sporn nach unten gebogen, Hochblätter zwischen den Blüten ungeteilt; Blütezeit März–Mai. Feuchte, nährstoffreiche Lehmböden; Buchenwälder, Auen.
Wissenswertes Die Pflanze verdankt ihren Namen dem Umstand, dass die unterirdische Knolle hohl ist. Giftig.

Klatsch-Mohn
Papaver rhoeas
Mohngewächse

Merkmale 30–80 cm hoch, einjährig. Blätter wechselständig, fiederteilig bis gefiedert. Blütenstiel lang, abstehend borstig behaart, Blüten bis 8 cm breit, kräftig rot, am Grund meist mit dunklen Saftmalen, 2 borstig behaarte Kelchblätter fallen frühzeitig ab; Blütezeit Mai–Juli. Kapsel eiförmig. Sonnige, nährstoffreiche Standorte; Getreidefelder, Wegränder, Schuttstellen.
Wissenswertes Die Pflanze führt einen weißen Milchsaft. In Teemischungen werden die Kronblätter als farbgebendes Element beigemischt.

Rhätischer Alpen-Mohn
Papaver rhaeticum
Mohngewächse

Merkmale 5–15 cm hoch, mehrjährig, gesellig vorkommend. Blätter in grundständiger Rosette, einfach fiederteilig. Blütenstiel lang, unverzweigt, abstehend borstig behaart, Kelchblätter dunkelbraun behaart, Blüten gelb; Blütezeit Juli–August. Kapsel verkehrt eiförmig, behaart. Sonnige, bewegte Standorte auf kalkhaltigem Gestein; Geröllhalden, Schuttfluren, Flussschotter, trägt zur Schuttbefestigung bei; selten.
Wissenswertes Die ganze Pflanze duftet intensiv. ▽

Schöllkraut
Chelidonium majus
Mohngewächse

Merkmale 30–70 cm hoch, mehrjährig. Stängel behaart, verzweigt. Blätter wechselständig, ungleich fiederspaltig bis gefiedert, unterseits bläulich. Blüten zu 2–6 in lockeren Dolden, gelborange, bis 2 cm breit; Blütezeit Mai–September. Kapsel schmal, bis 5 cm lang, Samen schwarz mit weißem Elaiosom. Nährstoffreiche Böden; Wegränder, Gärten, Mauern; fast überall in Europa häufig.
Wissenswertes Alle Teile führen gelben Milchsaft, der in der Volksmedizin als Warzenmittel verwendet wird.

Gelbe Wiesenraute
Thalictrum flavum
Hahnenfußgewächse

Merkmale Bis 120 cm hoch, mehrjährig, aufrecht. Stängel verzeigt, gerillt. Blätter mehrfach gefiedert. Blüten duftend, zahlreich in endständigen Rispen, bilden kopfige Büschel, Perigonblätter weißlich, Staubbeutel hellgelb; Blütezeit Juni–August. Nasse, nährstoffreiche Böden; Moorwiesen, Gräben, Auengebüsche, entlang größerer Flüsse; selten.
Wissenswertes Die Wurzeln enthalten das Alkaloid Berberin und Substanzen, die sich zum Gelbfärben von Wolle eignen. Vermehrung durch Ausläufer.

Kleine Wiesenraute
Thalictrum minus
Hahnenfußgewächse

Merkmale 40–120 cm hoch, mehrjährig, aufrecht. Stängel verzweigt, gerillt bis gefurcht. Blätter wechselständig, bläulich grün, mehrfach gefiedert. Blüten in lockeren Rispen, Perigon grünlich gelb, Staubbeutel hängend; Blütezeit Mai–Juni. Sonnige, meist kalkreiche Standorte; lichte Wälder, Säume; selten.
Wissenswertes Die langen und leicht beweglichen Staubbeutel sind eine Anpassung an Windbestäubung; Letzteres ist eine Ausnahme in der Familie der Hahnenfußgewächse.

Akeleiblättrige Wiesenraute
Thalictrum aquilegifolium
Hahnenfußgewächse

Merkmale 40–120 cm hoch, mehrjährig, aufrecht. Blätter wechselständig, mehrfach gefiedert. Blüten in endständigen Rispen, Kronblätter früh hinfällig; Blütezeit Mai–Juli. Nährstoffreiche, meist kalkhaltige, nasse Standorte; Auenwälder, Hochstaudenfluren.
Wissenswertes Die vielen, büschelig abstehenden, keulig verdickten, hellvioletten Staubblätter locken Bestäuber an. Diese Form der Blüte wird als Übergang zur Windbestäubung interpretiert (s. vorige Art).

Scharfer Hahnenfuß
Ranunculus acris
Hahnenfußgewächse

Merkmale 30–100 cm hoch, mehrjährig, meist weich behaart. Grundblätter lang gestielt, tief drei- bis siebenspaltig, grob gezähnt, Stängelblätter nach oben hin sitzend, in linealische Abschnitte geteilt. Blüten in lockerer Rispe, leuchtend goldgelb; Blütezeit Mai–September. Früchte mit gebogenem Schnabel. Nährstoffreiche, feuchte Wiesen und Wegränder.
Wissenswertes Die Pflanze enthält Ranunculin, das bei Weidetieren zu Vergiftungen führen kann. Das getrocknete Heu ist jedoch unschädlich. Giftig.

Acker-Hahnenfuß
Ranunculus arvensis
Hahnenfußgewächse

Merkmale 15–60 cm hoch, einjährig, gesellig auftretend. Unterste Grundblätter spatelförmig, obere sowie die Stängelblätter tief dreispaltig, nochmals geteilt. Blüten hellgelb; Blütezeit Mai–Juli. Nährstoffreiche, eher saure Lehmböden; in Getreideäckern.
Wissenswertes Die Früchte sind lang bestachelt und krumm geschnäbelt und dienen damit der Klettverbreitung. Die an einen Vogelfuß erinnernden Blätter verschiedener Arten der Gattung waren namengebend für den Hahnenfuß. Giftig. ▽.

Gift-Hahnenfuß
Ranunculus sceleratus
Hahnenfußgewächse

Merkmale 15–60 cm hoch, einjährig. Stängel hohl. Blätter dicklich, untere Blätter lang gestielt, tief dreiteilig, gelappt, obere Blätter sitzend mit lanzettlichen Abschnitten. Blüten gelb; Blütezeit Juni–Oktober. Fruchtstand eiförmig. Sehr nährstoffreiche, nasse, zeitweilig überschwemmte Standorte; Ufer stehender Gewässer, Gräben.
Wissenswertes Enthält stark giftiges Protoanemonin, das zu Haut und Schleimhautentzündungen führt, wird aber in homöopathischer Dosierung gegen Gürtelrose eingesetzt.

Kriechender Hahnenfuß
Ranunculus repens
Hahnenfußgewächse

Merkmale 15–40 cm hoch, mehrjährig, lange Ausläufer. Blätter dreizählig, Abschnitte eingekerbt, mittlerer Abschnitt gestielt. Blüten glänzend goldgelb, auf langen, gefurchten Stielen; Blütezeit Mai–August. Feuchte, nährstoffreiche, lehmige Böden; Wiesen, Wege, Äcker, Brachen, Gärten; in den gemäßigten Breiten heute weltweit häufig.
Wissenswertes Die schnellwüchsige Pflanze tritt häufig als Pionier auf. Ihre Ausläufer bewurzeln sich an den Knoten und dienen so der vegetativen Vermehrung. Giftig.

Knolliger Hahnenfuß
Ranunculus bulbosus
Hahnenfußgewächse

Merkmale 15–35 cm hoch, mehrjährig. Stängel am Grund zu einer Knolle verdickt. Untere Blätter lang gestielt, tief dreiteilig, gelappt, stängelaufwärts Blätter kurzstielig bis sitzend, Abschnitte schmaler. Wenige Blüten auf behaarten Stielen, Blüten goldgelb, bis 3 cm; Blütezeit Mai–Juli. Früchte mit gekrümmtem Schnabel. Meist kalkhaltige, lockere Lehmböden; Magerrasen, magere Weiden, Böschungen.
Wissenswertes Attraktiv, eignet sich sehr für Wildpflanzengärten. Giftig.

Brennender Hahnenfuß
Ranunculus flammula
Hahnenfußgewächse

Merkmale 20–30 cm hoch, mehrjährig. Stängel liegend oder aufsteigend. Blätter ungeteilt, schmal lanzettlich, Grundblätter gestielt, Stängelblätter sitzend. Blüten einzeln oder in lockerer Rispe, gelb, bis 1,5 cm breit; Blütezeit Mai–September. Nasse, meist saure Böden; Sumpfwiesen, Röhrichte, Ufer, Niedermoore; in Europa weit verbreitet.
Wissenswertes Namengebend für diese Hahnenfußart war die hautreizende Wirkung sowie der scharfe Geschmack. Giftig.

Zungenblättriger Hahnenfuß
Ranunculus lingua
Hahnenfußgewächse

Merkmale 50–150 cm hoch, mehrjährig. Blätter lanzettlich, bis 25 cm lang, Grundblätter lang gestielt, obere Stängelblätter mit einer Blattscheide stängelumfassend. Blüten bis zu 4 cm groß; Blütezeit Juni–August. An bzw. in stehenden oder langsam fließenden, kalkarmen Gewässern; Röhrichte; selten.
Wissenswertes Die Art ist eine attraktive Zierpflanze in Gartenteichen. *Ranunculus* bedeutet »Fröschchen«, was auf die bevorzugt feuchten Standorte vieler Arten hinweist. Giftig. ▽

Flutender Wasserhahnenfuß
Ranunculus fluitans
Hahnenfußgewächse

Merkmale Bis 5 m lang, mehrjährig, Wasserpflanze. Flutende Stängel, Blätter alle untergetaucht, bis 25 cm lang, dicklich fadenförmig, mehrfach zipflig geteilt. Blüten einzeln auf langen Stielen über der Wasseroberfläche, bis 3 cm breit, weiß mit gelbem Grund; Blütezeit Juni–August. Kühle, sauerstoffreiche, meist schnell fließende Bäche und Flüsse, Gewässergrund schlammig oder kiesig.
Wissenswertes Die Stängel enthalten ein schwammiges Gewebe, das dem Gasaustausch und dem Auftrieb dient.

Gewöhnlicher Wasser-Hahnen-fuß *Ranunculus aquatilis* Hahnenfußgewächse

Merkmale Bis 3 m lang, ein- bis mehrjährig, Wasserpflanze. Flutende Stängel. Schwimmblätter dreiteilig, untergetauchte Blätter haarfein zerschlitzt. Blüten einzeln in den oberen Blattachseln, langgestielt aus dem Wasser ragend, duftend, bis 1,5 cm, weiß; Blütezeit Mai–September. Nährstoffreiche, kalkarme, flache, stehende oder langsam fließende Gewässer; Schwimmblattpflanzengürtel.

Wissenswertes Die untergetaucht ausgebreiteten Blätter fallen außerhalb des Wassers pinselförmig zusammen.

Efeublättriger Hahnenfuß *Ranunculus hederaceus* Hahnenfußgewächse

Merkmale 10–40 cm hoch, ein- bis mehrjährig, Wasserpflanze, auf dem Schlamm kriechend. Blätter zahlreich, ungeteilt, nieren- oder herzförmig, schwach gelappt, glänzend. Blüten weiß, 3–6 mm, Nektar- und Kelchblätter etwa gleich lang; Blütezeit Mai–September. Nasse, nährstoff- und basenarme, saure, offene Standorte; Schlammflächen, Gräben, Quellen, langsam fließende Bäche.

Wissenswertes Die Blätter der Pflanze erinnern im Umriss entfernt an Efeu. Giftig.

Pyrenäen-Hahnenfuß *Ranunculus pyrenaeus* Hahnenfußgewächse

Merkmale 10–30 cm hoch, mehrjährig. Blätter grund- und stängelständig, ungestielt, lineal lanzettlich, ganzrandig, kahl, blaugrün. Blüten meist nur eine pro Pflanze, weiß, Kelch weißlich, Blüten 2,5 cm; Blütezeit Mai–Juli. Meist kalkhaltige Böden; feuchte Rasen, Schneeböden; subalpin bis meist alpin.

Wissenswertes Die Hauptnerven der Blätter verlaufen weitgehend parallel, im nicht blühenden Zustand erinnert die Pflanze daher an Spitz-Wegerich (*Plantago lanceolata*), der jedoch andere Standorte besiedelt. Giftig.

Alpen-Hahnenfuß *Ranunculus alpestris* Hahnenfußgewächse

Merkmale 8–12 cm hoch, mehrjährig, kahl. Blätter dunkelgrün glänzend, Grundblätter rundlich, fünflappig, lang gestielt, Stängelblätter sitzend, mit 3 linealischen Lappen. Blüten meist einblütig, weiß, 2 cm breit, Kelch kahl, hinfällig; Blütezeit Juni–Oktober. Feuchte, kalkhaltige Standorte; Rasen und Felsen, Schneetälchen; subalpin und alpin, bis in Höhen von 2800 m.

Wissenswertes Niedrigwüchsige Art, die wie viele Arten der Höhenstufe im Winter auf den Schutz der Schneedecke angewiesen ist. Giftig.

Eisenhutblättriger Hahnenfuß *Ranunculus aconitifolius* Hahnenfußgewächse

Merkmale 20–80 cm hoch, mehrjährig. Stängel aufrecht. Blätter tief drei- bis fünfteilig, einfach oder doppelt gesägt, Grundblätter lang gestielt, Stängelblätter sitzend. Vielblütig, Kelch oft rötlich überlaufen, hinfällig, weiß blühend, bis 2,5 cm; Blütezeit Mai–Juli. Nasse, nährstoffreiche, kalkarme Standorte; Wälder, Bachufer; bis in hochmontane Lagen.

Wissenswertes Fliegen werden von der weißen Blütenfarbe angezogen und sind die Hauptbestäuber dieser Pflanzenart. Giftig.

Gletscher-Hahnenfuß *Ranunculus glacialis* Hahnenfußgewächse

Merkmale 5–20 cm hoch, mehrjährig. Stängel niederliegend oder aufsteigend. Blätter fleischig, glänzend grün, überwiegend grundständig, in 3–5 gestielte Abschnitte geteilt, obere Stängelblätter sitzend, mit schmal lanzettlichen Abschnitten. Blüten zunächst weiß, später rosa bis purpurrot, 1,5–3 cm, Kelchblätter rotbraun behaart, nicht hinfällig; Blütezeit Juli–August. Felsspalten, Moränen, kalkarmer Gesteinsschutt, oft in der Nähe von Schneeflecken; oberhalb von 2300 m.

Wissenswertes Der Gletscher-Hahnenfuß ist sehr gut an den beweglichen Schuttuntergrund seines Standortes angepasst. Der knollig verdickte Wurzelstock ist mit zahlreichen Faserwurzeln im Untergrund verankert. Die Grundblätter werden von scheidigen Nebenblättern vor Verletzungen geschützt. Die Art zählt zu den am höchsten kletternden Blütenpflanzen der Alpen. Sie konnte auf dem Finsteraarhorn noch in 4275 m Höhe gefunden werden. Giftig. ▽.

Scharbockskraut *Ranunculus ficaria* Hahnenfußgewächse

Merkmale 5–15 cm hoch, mehrjährig. Blätter gestielt, herzförmig, dunkelgrün glänzend. Blüten mit 3 kelchartigen Hüllblättern, 8–12 kronblattartige, gelbe, glänzende Honigblätter, 3–5 cm breit; Blütezeit März–Mai. Feuchte, nährstoffreiche Standorte; Auenwälder, Feuchtwiesen, Bachufer, meist gesellig.

Wissenswertes Die früh blühende Pflanze treibt aus länglichen Wurzelknöllchen aus. Vegetative Vermehrung durch weißliche Brutknospen, die sich in den Blattachseln entwickeln. Giftig.

Mäuseschwänzchen
Myosurus minimus
Hahnenfußgewächse

Merkmale 5–10 cm hoch, einjährig. Blätter in grundständiger Rosette, schmal linealisch, grasblattähnlich, Stängel blattlos. Blüten in länglicher, schlanker Ähre, Blüten unauffällig grünlich, gespornter Kelch hinfällig; Blütezeit April–Juni. Warme, feuchte, nährstoffreiche Standorte; Wege, Ufer, Ackerränder, Pionierpflanze; selten.
Wissenswertes Der an einen Mäuseschwanz erinnernde dünne Blütenstand, der sich zur Fruchtreife auf 6 cm verlängert, war für die Pflanze namensgebend.

Gewöhnliche Kuhschelle
Pulsatilla vulgaris
Hahnenfußgewächse

Merkmale 10–20 cm hoch, mehrjährig, zottig behaart. Grundständige Blätter erst nach der Blüte erscheinend, Stängelblätter zu 3 quirlständig, am Grund verwachsen, dreispaltig, in zahlreiche schmale Zipfel zerschlitzt. Blüten mit 6 violetten Hüllblättern; Blütezeit März–Mai. Nährstoffarme, kalkhaltige Böden, trockenwarme Standorte; Magerrasen, lichte Kiefernwälder.
Wissenswertes Die langen, behaarten Griffel dienen der Frucht als Flugorgan. Außerdem können sie sich in den Boden einbohren. Giftig. ▽

Frühlings-Kuhschelle
Pulsatilla vernalis
Hahnenfußgewächse

Merkmale 5–25 cm hoch, mehrjährig. Grundblätter mit 3–5 eiförmigen dreispaltigen Fiedern, ledrig, nach der Blüte erscheinend, aber wintergrün, 3 miteinander verwachsene, zerschlitzte Stängelblätter unterhalb der Blüte. Blüten einzeln, 6 cm, weiß, Außenseite der Hüllblätter und Stängel goldgelb behaart; Blütezeit April–Juni. Warme, trockene Standorte; Magerrasen, Heiden, Kalk-Kiefernwälder; selten.
Wissenswertes Besonders auffällig ist die dichte bronzefarbene Behaarung. Giftig. ▽

Wiesen-Kuhschelle
Pulsatilla pratensis
Hahnenfußgewächse

Merkmale 10–50 cm hoch, mehrjährig, formenreich, zottig behaart. Grundblätter zwei- bis dreifach gefiedert, 3 an ihrer Basis miteinander verwachsene Stängelblätter. Blüten einzeln, glockig, nickend, dunkelviolett, selten innen gelblich weiß; Blütezeit April–Mai. Basenreiche, humose, sandige Böden; Trockenrasen; selten.
Wissenswertes Die Pflanze lieferte das in der Homöopathie verwendete Mittel »Pulsatilla«. Ihr Verbreitungsschwerpunkt liegt im kontinentalen Osteuropa. Giftig. ▽

Weiße Alpen-Kuhschelle
Pulsatilla alpina alpina
Hahnenfußgewächse

Merkmale 15–30 cm hoch, mehrjährig, zerstreut behaart. Grundständige Blätter gestielt, dreizählig, doppelt fiederschnittig, Stängelblätter ähnlich, ebenfalls gestielt. Blüten aufrecht, becherförmig, bis 5 cm, weiß, außen oft bläulich violett überlaufen, meist 3 laubblattähnliche Hüllblätter; Blütezeit April–Juni. Sommerwarme, lichte Standorte, kalkreiche Böden; alpine Wiesen, Hänge; 1500–2800 m Höhe.
Wissenswertes Trägt zur Blütezeit noch keine Blätter. Giftig. ▽

Schwefelgelbe Alpen-Kuhschelle
Pulsatilla alpina sulphurea
Hahnenfußgewächse

Merkmale Sehr ähnlich der nah verwandten vorigen Art, unterscheidet sich aber durch die gelbe Blütenfarbe und in den Bodenansprüchen – wächst nicht auf Kalk, sondern bevorzugt saure Böden.
Wissenswertes Kuhschellen-Arten benötigen magere Standorte und verschwinden bei Düngung. Alle Arten der Gattung sind geschützt. Die Blätter führen das giftige Anemonol, das nur in den frischen Blättern wirksam ist. Die Früchte tragen den fedrig behaarten Griffel als Flugorgan. Giftig. ▽

Leberblümchen
Hepatica nobilis
Hahnenfußgewächse

Merkmale 10–15 cm hoch, mehrjährig. Blätter nach den Blüten erscheinend, grundständig, dreilappig, oft rötlich braun, teils wintergrün. Blüten einzeln auf langen Stielen, 3 kelchartige Hoch-, 5–10 blauviolette Kronblätter, selten rosa oder weiß; Blütezeit März–April. Kalkhaltige, sommerwarme Standorte.
Wissenswertes Die Signaturenlehre las aus den leberlappenartig geformten Blättern deren Wirksamkeit gegen Leberleiden heraus, eine Wirkung ist nicht belegt. Giftig. ▽

Großes Windröschen
Anemone sylvestris
Hahnenfußgewächse

Merkmale 10–35 cm hoch, mehrjährig. 2–6 lang gestielte grundständige Blätter, bis zum Grund drei- bis fünfteilig, in der Mitte des Stängels 3 Stängelblätter. Meist nur eine Blüte pro Pflanze, Hüllblatt weiß, außen behaart; Blütezeit April–Juni. Trockenwarme, kalkhaltige Standorte; lichte Wälder, Böschungen, Halbtrockenrasen; selten.
Wissenswertes Die Pflanze bildet zur Fruchtreife Nüsschen mit langer, weißer Behaarung; diese Früchte werden vom Wind verbreitet. Giftig. ▽

Busch-Windröschen
Anemone nemorosa
Hahnenfußgewächse

Merkmale 5–20 cm hoch, mehrjährig. Grundständige Blätter gestielt, handförmig geteilt, Stängelblätter in einem dreizähligen Hochblattquirl. Blüten einzeln, reinweiß oder hellrosa überlaufen, meist 6 Kronblätter; Blütezeit Februar–April. Frische, nährstoffreiche Böden; Laub- und Mischwälder, Auen, Bergwiesen.
Wissenswertes Im Frühjahr bildet die Pflanze zuweilen großflächige weiß blühende Teppiche aus. Bei kühl-trübem Wetter öffnen sich die Blüten nicht und neigen sich nach unten. Giftig.

Narzissenblütiges Windröschen *Anemone narcissiflora*
Hahnenfußgewächse

Merkmale 20–40 cm hoch, mehrjährig, behaart. Grundständige Blätter rundlich, drei- bis fünfteilig, Abschnitte nochmals geteilt, Stängelblätter wechselständig. Blüten bis 3 cm, zu dritt bis acht in doldigem Blütenstand, 5–6 weiße, kahle Hüllblätter; Blütezeit Mai–Juli. Frische, meist kalkhaltige Standorte; lichte Wälder, Rasen in Bergregionen; selten.
Wissenswertes Die weiße Blütenfarbe entsteht durch Lichtreflektion an luftgefüllten Gewebe und nicht durch spezielle Pigmente. Giftig. ▽

Gelbes Windröschen
Anemone ranunculoides
Hahnenfußgewächse

Merkmale 10–20 cm hoch, mehrjährig, waagerechter Wurzelstock. Grundständige Blätter erscheinen erst nach der Blüte, Stängelblätter sehr kurzstielig, zu dritt quirlständig, tief dreiteilig, Abschnitte gezähnt. Meist pro Pflanze 2 kurz gestielte, gelbe Blüten; Blütezeit März–Mai. Feuchte, nährstoffreiche Böden; Laubmischwälder, Auenwälder; in Mitteleuropa weit verbreitet, in Deutschland selten.
Wissenswertes Die Pflanze ist giftig durch das hautreizende Protoanemonin. ▽

Sommer-Adonisröschen
Adonis aestivalis
Hahnenfußgewächse

Merkmale 25–50 cm hoch, einjährig. Schwach verzweigter, kahler Stängel. Blätter mehrfach gefiedert, sehr schmalzipflig. Blüten 1–3 cm breit, zinnoberrot, selten blassgelb, Kronblätter an der Basis mit schwarzem Saftmal; Blütezeit Mai–Juli. Fruchtstand dicht, länglich. Warme, nährstoff- und kalkreiche Standorte; Getreidefelder und Böschungen; selten.
Wissenswertes Bestäuber sind Pollen sammelnde Insekten, da im Unterschied zu anderen Arten der Familie der Nektar fehlt. Giftig. ▽

Frühlings-Adonisröschen
Adonis vernalis
Hahnenfußgewächse

Merkmale Bis 40 cm hoch, mehrjährig. Stängelbasis mit bräunlichen Schuppen. Blätter mehrfach gefiedert mit sehr feinen, zipfligen Endabschnitten. Blüten 4–7 cm breit, viele goldgelbe Kronblätter; Blütezeit April–Mai. Trockenwarme, meist kalkhaltige Standorte; Trockenrasen, Kiefernwälder; in Deutschland Nordwestgrenze der Verbreitung; selten.
Wissenswertes Enthält herzwirksame Glykoside (Heilpflanze). Die Samen tragen Ölkörper und werden von Ameisen verbreitet. Giftig. ▽

Wolfs-Eisenhut
Aconitum lycoctonum
Hahnenfußgewächse

Merkmale 50–150 cm hoch, mehrjährig. Untere Stängelblätter in 7–8 Abschnitte geteilt. Langer, schmaler Blütenstand, Blüten blassgelb, obere Blütenblätter helmförmig nach oben gewölbt; Blütezeit Juni–August. Schattige, feuchte, nährstoffreiche Standorte; Auen- und Schluchtwälder; selten.
Wissenswertes Der griechische Namensteil *lycoctonum* bedeutet »Wolfsgift« und verweist darauf, dass mit der giftigen Pflanze früher Füchse und Wölfe getötet wurden. Giftig. ▽

Blauer Eisenhut
Aconitum napellus
Hahnenfußgewächse

Merkmale 50–150 cm hoch, mehrjährig. Stängel stark beblättert, untere Blätter handförmig fünf- bis siebenteilig, zerschlitzt. Blüten blauviolett, Helm nicht höher als breit; Blütezeit Mai–August. Feuchte bis nasse, nährstoffreiche Standorte; Flussauen, Quellen, Hochstaudenfluren.
Wissenswertes Auf Bestaubung durch Hummeln spezialisiert, da es nur kräftige Insekten schaffen, den Helm hochzudrücken, um im Innern an den Nektar zu gelangen. Giftig. ▽

Acker-Rittersporn
Consolida regalis
Hahnenfußgewächse

Merkmale 20–50 cm hoch, einjährig. Blätter mehrfach geteilt mit schmal lanzettlichen Zipfeln. Blüten in lockerer Traube, dunkelblau, seltener rötlich oder weiß, mit etwa 2 cm langem Sporn; Blütezeit Mai–August. Warme, nährstoff- und meist kalkreiche Standorte; Getreideäcker, Wegsäume; selten.
Wissenswertes Durch Herbizide stark zurückgegangen. Die Pflanze enthält giftige Alkaloide. Die fast giftfreien, blauen Blütenblätter werden Teemischungen beigefügt. Giftig. ▽

Schwarzviolette Akelei
Aquilegia atrata
Hahnenfußgewächse

Merkmale Bis 30 cm hoch, mehrjährig. Blätter zweifach dreizählig geteilt. Blüten nickend, dunkelpurpurn, 5 abstehende Blütenblätter und 5 blütenblattartige Honigblätter, die jeweils einen umgebogenen Sporn bilden, Staubblätter ragen weit über die Krone hinaus; Blütezeit Mai–Juli. Kalkreiche, sommerwarme Standorte, lichte Bergwälder, Wiesen, Gebüsch; Moorwiesen; sehr selten.
Wissenswertes Die Trichteröffnung der Blüte hat passenderweise die Größe eines Hummelkopfes. Giftig. ▽

Gewöhnliche Akelei
Aquilegia vulgaris
Hahnenfußgewächse

Merkmale Bis 30 cm hoch, mehrjährig. Der vorigen Art sehr ähnlich, aber Blüten größer, blauviolett, seltener rosa oder weiß, Staubblätter überragen die Krone nicht oder kaum; Blütezeit Mai–Juni. Kalkreiche, sommerwarme Standorte, Mischwälder, Wiesen; selten.
Wissenswertes An den in den gekrümmten Spornenden vorhandenen Nektar gelangen nur langrüsselige Hummeln oder Falter. Kurzrüsselige Bienen beißen den Sporn direkt an. Die Akelei ist in vielen Sorten eine beliebte Zierpflanze. ▽

Christophskraut
Actaea spicata
Hahnenfußgewächse

Merkmale Bis 60 cm hoch, mehrjährig, aufrecht. Stängel wenig verzweigt. Blätter wechselständig, lang gestielt, doppelt dreizählig. Blüten in dichten Trauben, vierzählig, weiß, etwa 1 cm groß; Blütezeit Mai–Juli. Beeren glänzend schwarz, Vogelverbreitung. Feuchte, schattige Standorte, Schlucht- und Hangwälder, Hochstaudenfluren.
Wissenswertes Die Blätter riechen beim Zerreiben unangenehm. Die Pflanze spielte eine große Rolle im Volksglauben und ist nach dem Heiligen Christoph benannt.

Acker-Schwarzkümmel
Nigella arvensis
Hahnenfußgewächse

Merkmale 10–30 cm hoch, einjährig. Blätter wechselständig, zwei- bis dreifach gefiedert, in linealisch feinen Zipfeln. Blüten hellblau mit grünen Blattadern, sehr nektarreich; Blütezeit Juli–September. Früchte verwachsen, mit lang geschnäbelten Narben eine Sternform bildend. Nährstoff- und kalkreiche Böden, Brachen, Getreideäcker.
Wissenswertes Durch den Rückgang von Brachflächen gefährdet. Die verwandte Jungfer im Grünen *(N. damascena)* ist eine traditionelle Zierpflanze in Bauerngärten. ▽

Winterling
Eranthis hyemalis
Hahnenfußgewächse

Merkmale 5–15 cm hoch, mehrjährig. Grundständige Blätter lang gestielt, rundlich, fünf- bis siebenteilig, erst nach der Blüte gebildet, Stängelblätter unter der Blüte zu dritt im Quirl, handförmig geteilt. Blüte 2–4 cm breit. An der Basis der gelben Hüllblätter sitzen gestielte, röhrige Honigblätter, zahlreiche Staubblätter; Blütezeit Februar–März.
Wissenswertes Stammt aus Südost-Europa, kommt meist angepflanzt in Gärten und Parks vor, selten verwildert in Obstwiesen oder Weinbergen.

Stinkende Nieswurz
Helleborus foetidus
Hahnenfußgewächse

Merkmale 20–80 cm hoch, mehrjährig, Halbstrauch. Blätter wintergrün, gestielt, mit 7–11 gezähnten Abschnitten handförmig geteilt. Blüten in lockerer Rispe, glockig, nickend, gelbgrün, rot gesäumt; Blütezeit Februar–Mai. Nährstoffreiche, mäßig saure Böden, steinige Hänge, Gebüsche, lichte Laubwälder, Waldsäume, oft gesellig vorkommend.
Wissenswertes Die Pflanze erhielt ihren Namenszusatz »stinkend« wegen der unangenehm riechenden Blüten. In allen Teilen leicht giftig. ▽

Grüne Nieswurz
Helleborus viridis
Hahnenfußgewächse

Merkmale 15–50 cm hoch, mehrjährig. Stängel bis zum Blütenstand unbeblättert. Blätter sommergrün, von einem Punkt aus mehrfach geteilt, mit gesägten Abschnitten. Blüten gelbgrün, ohne rötlichen Saum, flach ausgebreitet, ohne Duft; Blütezeit März–April. Nährstoffreiche, meist kalkhaltige Böden, Wälder, Gebüsche, von der Ebene bis ins Gebirge.
Wissenswertes Die leicht giftige Pflanze enthält das herzwirksame Glykosid Helleborin. Wurde früher als Heilpflanze kultiviert und verwilderte stellenweise.

Christrose
Helleborus niger
Hahnenfußgewächse

Merkmale 15–50 cm hoch, mehrjährig. Blätter geteilt, nur leicht gezähnt. Blüten meist einzeln, weiß; Blütezeit Januar–April. Frische, nährstoffreiche, meist kalkhaltige Standorte, Wälder; selten.
Wissenswertes Da die Pflanze zu den wenigen um Weihnachten blühenden Pflanzen zählt, galt sie als heilig und damit als Mittel gegen Krankheiten und böse Geister. Der ebenfalls gebräuchliche Name »Schwarze Nieswurz« kommt von der Verwendung der gemahlenen Wurzel in Niespulver. ▽

Trollblume
Trollius europaeus
Hahnenfußgewächse

Sumpfdotterblume
Caltha palustris
Hahnenfußgewächse

Gewöhnliches Hornblatt
Ceratophyllum demersum
Hornblattgewächse

Weiße Seerose
Nymphaea alba
Seerosengewächse

Merkmale Bis 50 cm hoch, mehrjährig. Stängel aufrecht, unverzweigt. Blätter handförmig geteilt, gezähnt. Blüten 3–5 cm breit, leuchtend hellgelb, Blütenblätter kugelig zusammengeneigt; Blütezeit Mai–Juni. Nasse Lehmböden; Bachufer, Nasswiesen, Niedermoore, Quellbereiche; bis in Höhen über 2000 m.
Wissenswertes Kleine Fliegen und Käfer zählen zu den wichtigsten Bestäubern der Trollblume. Einige Fliegen entwickeln sich sogar in den fast immer halb geschlossenen Blüten vom Ei zur Larve. ▽

Merkmale Bis 40 cm hoch, mehrjährig. Stängel hohl. Blätter herz- bis nierenförmig, bis 10 cm groß, glänzend dunkelgrün. Blüten dottergelb, Staubblätter zahlreich; Blütezeit April–Mai. Nasse, nährstoffreiche Lehmböden; Sumpfwiesen, Auenwälder.
Wissenswertes Die Angaben zur Verwendung als Wildgemüse sind mit Vorsicht zu genießen, da es auch Vergiftungen gab. Die Inhaltsstoffe sind wohl regional unterschiedlich und auch die Zubereitungsart ist entscheidend für die Verminderung der Giftigkeit.

Merkmale 30–80 cm hoch, mehrjährig, Wasserpflanze, wurzellos, schwimmend oder mit dem Spross im Boden verankert. Blätter wirtelig, gabelteilig, mit nadelförmigen, gezähnten Zipfeln. Blüten selten, untergetaucht, grün, eingeschlechtlich; Blütezeit Juni–September. Nussfrüchte mit 2 Stacheln. Stehende, nährstoffreiche Gewässer.
Wissenswertes Lufteinschlüsse in den Gewebeteilen verleihen der Pflanze Auftrieb. Die Blüten werden über das Wasser bestäubt, die Früchte von Wasservögeln verbreitet.

Merkmale 10–30 cm lang, mehrjährig, Wasserpflanze, im Schlamm wurzelnd, Blätter schwimmend. Blüten weiß, seltener rötlich, nur bei Sonne geöffnet; Blütezeit Juni–August. Stehende oder langsam fließende Gewässer, v. a. in etwa 1 m Wassertiefe, selten tiefer.
Wissenswertes Mit einem Blütendurchmesser von bis zu 20 cm zählt die Art zu den großblütigsten einheimischen Arten. In Sorten eine beliebte Zierpflanze. Das Rhizom ist im Herbst stärkereich und wurde in Notzeiten dem Mehl beigemischt. ▽

Gelbe Teichrose
Nuphar lutea
Seerosengewächse

Kleine Teichrose
Nuphar pumila
Seerosengewächse

Gewöhnliche Osterluzei
Aristolochia clematitis
Osterluzeigewächse

Europäische Haselwurz
Asarum europaeum
Osterluzeigewächse

Merkmale 10–40 cm lang, mehrjährig, Wasserpflanze. Ledrige Schwimmblätter oval, untergetauchte Blätter dünner, hellgrün. Blüten gelb, 6 cm; Blütezeit Juni–September. Nährstoffreiche, stehende oder langsam fließende Gewässer; in 0,5–6 m Wassertiefe.
Wissenswertes Die Früchte reifen unter Wasser und zerfallen in Teilfrüchte, welche einen blasigen Schleim enthalten und dadurch schwimmfähig sind. Die vegetative Verbreitung findet über Rhizome statt. ▽

Merkmale 5–15 cm lang, mehrjährig, Wasserpflanze. Schwimmblätter eiförmig, herzförmig eingeschnitten, Unterwasserblätter durchscheinend, schlaff. Blüten gelb, bis 4 cm; Blütezeit Juni–Oktober. Stehende, kalte, nährstoffarme, saure Gewässer; Moor- und Gebirgsseen; bis in 1,5 m Wassertiefe; sehr selten.
Wissenswertes Die Pflanze ist ein Eiszeitrelikt und kommt in Regionen vor, die in der letzten Eiszeit vergletschert waren. ▽

Merkmale 30–80 cm hoch, mehrjährig, unverzweigt. Blätter wechselständig, lang gestielt, herzförmig. Blüten zu mehreren in den Blattachseln, tütenförmig, unten bauchig, 3–5 cm lang, hellgelb; Blütezeit Mai–Juni. Stickstoffreiche Lehmböden; Weinberge, Mauern, Auen; Heimat ist der Mittelmeerraum, in Deutschland verwildert.
Wissenswertes Früher Heilpflanze zur Geburtsförderung. Wegen der jedoch vermuteten krebserregenden Wirkung heute nicht mehr genutzt.

Merkmale 5–10 cm hoch, mehrjährig, Bodendecker. Stängel dick, kriechend, an den Knoten wurzelnd. Blätter wintergrün, ledrig, nierenförmig, oberseits glänzend. Blüten einzeln, glockig, rötlich braun, Kelch dreizipflig; Blütezeit März–Mai. Schattige, kalkhaltige Standorte; Laub- und Mischwälder; selten.
Wissenswertes Die Pflanze ist durch das ätherische Öl Asaron stark giftig. Sie war eine germanische Heil- und Zauberpflanze, im Mittelalter auch Zutat für Hexensalben.

Farne, Moose, Algen und Flechten: Stufen zum Ursprung

Die heimische Pflanzenwelt nehmen wir vor allem als Blütenpflanzen wahr, eben als auffällig artenreiche Versammlung von Bäumen, Sträuchern, Gräsern und Kräutern. Die so genannten Niederen Pflanzen spielen dagegen in unserer Wahrnehmung meist eine ziemlich untergeordnete Rolle, obwohl sie für sich betrachtet mindestens so formschön sind wie Blumen und für den Naturhaushalt schlicht unentbehrlich sind.

Ordnung für die Lebewesen

Carl von Linné, der bedeutende schwedische Naturforscher des 18. Jahrhunderts, war einer der ersten, die Ordnung in die bis zu diesem Zeitpunkt unübersichtliche Natur brachten und eine Systematik entwickelten. In seinem 1753 erschienenen Hauptwerk über das System der Natur verteilte er die Blütenpflanzen nach Merkmalen des Blütenbaus auf 23 verschiedene Klassen. Pflanzen ohne erkennbare Blüten fasste er zur Klasse 24 zusammen – und darin sämtliche Algen, Pilze, Moose und Farne sowie die damals noch nicht als Tiere erkannten Schwämme und Korallen.

Er nannte sie Kryptogamen (»Verborgenblütige«), weil die Details ihrer Vermehrung damals nicht klar waren. Goethe hat sich seinerzeit sehr darüber aufgeregt, dass die Vermehrungsweisen und damit die Sexualität der Pflanzen überhaupt ein Einteilungskriterium sein sollten. Außer den Farnen und Moosen bezeichnet man auch die Algen gelegentlich noch heute als Kryptogamen, obwohl Schildfarn, Sternmoos und Sägetang untereinander ebenso wenig verwandt sind wie Seestern, Regenwurm und Weinbergschnecke.

Einfacher und dennoch kompliziert

Die hier aus einer ungleich größeren Formenfülle ausgewählten Arten führen über Farne, Moose, Algen und Flechten stufenweise zu immer einfacheren und ursprünglicheren Verwandtschaftsgruppen.

Die Farnpflanzen, zu denen neben den Wedelfarnen wie dem Gewöhnlichen Tüpfelfarn auch die Bärlappe wie der Keulen-Bärlapp und die Schachtelhalme gehören, haben mit den Blütenpflanzen gemeinsam, dass ihre Stängel und Blätter ein gut ausgebildetes Stofftransportsystem besitzen. Damit leiten sie das Wasser aus dem Boden gegebenenfalls viele Meter hoch zu ihren im Luftraum ausgebreiteten Blattorganen. Den Moosen fehlt diese nützliche Einrichtung noch, weswegen sie über Dezimeterabmessungen nicht hinauswachsen. Dennoch ist bei den heutigen Moosen ein bemerkenswerter Fortschritt erhalten: Zumindest bei den Laubmoosen wie etwa dem Kahlmützenmoos deutet sich die von den übrigen Landpflanzen vertraute Gliederung des Pflanzenkörpers in Wurzel-, Stängel- und Blattorgane an. Bei der anderen großen Verwandtschaftsgruppe, den Lebermoosen, liegen die Dinge meist viel einfacher: Sie bestehen – ebenso wie die meisten mehrzelligen Algen – aus einem allenfalls lappig oder blättrig gegliederten Lager, dem so genannten Thallus.

Eine Art – zwei Generationen

Gemeinsam ist den Farnen und Moosen ein Lebens- und Fortpflanzungszyklus, bei dem sich jeweils zwei verschiedene und völlig unterschiedlich aussehende Generationen abwechseln: Auf eine Generation, die sich geschlechtlich mit Eizellen und Spermatozoiden fortpflanzt, folgt eine Generation mit ungeschlechtlicher Vermehrung über Sporen. Bei den Farnen sind die Wedel mit ihren in braunen Strichen oder Häufchen zusammen stehenden Sporenbehältern immer die Sporenbildner. Die Geschlechtspflanzen sind dagegen nicht einmal fingernagelgroß. Man sieht sie allenfalls einmal bei Farnen in Fensterbankkultur als kleine, schuppenförmige Gebilde auf der Blumentopferde.

Von zwei häufigen heimischen Waldfarnen, dem Wurmfarn und dem Wald-Frauenfarn nahm Linné irrtümlich an, dass der eine die männlichen, der andere die weiblichen Individuen darstelle. Er nannte sie entsprechend Männlicher Farn *(Filix mas)* und Weiblicher Farn *(Filix femina)*, heute wissenschaftlich *Dryopteris filix-mas* und *Athyrium filix-femina* genannt. Doch erst im frühen 19. Jahrhundert fand man die tatsächlichen Abläufe heraus und entdeckte einige Jahrzehnte später, dass auch die geschlecht-

liche Fortpflanzung der Blütenpflanzen nach dem gleichen Prinzip abläuft wie bei Farnen und Moosen.

Bei den Moosen liegen die Dinge offensichtlicher. Was man als Moospolster oder Moosrasen sieht, ist immer die Geschlechtspflanze – sie ist bei diesen Pflanzen also deutlich größer als bei den Farnen und stellt die dominante Phase. Die Moos-Sporenbildner sind aber dennoch gut zu sehen: Es sind die hübschen und meist lang gestielten Sporenkapseln. Sie bleiben mit der Geschlechtspflanze ständig verbunden. Ein Moospflänzchen mit laternenförmiger Kapsel repräsentiert also immer zwei verschiedene Generationen aus dem Lebenszyklus dieser Pflanzen.

Bei Moosen wie dem Kahlmützenmoos (Atrichum undulatum) *werden die Sporen in den lang gestielten Kapseln auf den großen, grünen Geschlechtspflanzen gebildet.*

Zu den Farnpflanzen gehören auch die seltsamen Bärlappe wie der Keulen-Bärlapp (Lycopodium clavatum). *Seine Sporenbehälter trägt er in Gruppen an langen Stängeln. Die zugehörige Geschlechtsgeneration ist nur so groß wie ein winziges Samenkorn.*

Wedelfarne wie der Gewöhnliche Tüpfelfarn (Polypodium vulgare) *vermehren sich über Sporen. Erst im 19. Jahrhundert erkannte man die Besonderheiten ihrer Fortpflanzung.*

Moose und Moore

Was man in Norddeutschland ein Moor nennt, heißt in Süddeutschland gewöhnlich Moos. Dieser Begriffsbildung liegt mehr als nur ein zufälliges Buchstabenspiel zugrunde. Moose sind nämlich nicht nur wichtige und artenreich vertretene Moorpflanzen, sondern an der Moorentstehung ursächlich beteiligt.

Moore sind spezielle festländische Lebensräume mit positiver Wasserbilanz – sie erhalten über direkten Zufluss oder Niederschlag weitaus mehr Wasser, als durch Verdunstung oder Abfluss wieder verloren geht. Ständig durchfeuchteter oder gar staunasser Boden ist, wie die im Blumentopf ertränkten Zimmerpflanzen beweisen, jedoch ein schwieriger Lebensraum, der nur von besonders angepassten Pflanzen zu besiedeln ist. Moose schaffen das allerdings mit mancherlei überraschenden Tricks.

Blasentang

Meersalat

Seeampfer

Knorpeltang

Fleckenalge

Der Blasentang (Fucus vesiculosus) gehört zu den Braunalgen, der dünnhäutige Meersalat (Ulva lactuca) zu den Grünalgen. Der blattähnliche Seeampfer (Delesseria sanguinea) und der gabelig verzweigte Knorpeltang (Chondrus crispus) sind Rotalgen. Diese können auch krustenförmig wachsen wie die Fleckenalge (Hildenbrandia rubra).

Algen: am Anfang der Entwicklung

Unter Algen stellen sich die meisten Mitmenschen glitschige, schleimige, überriechende oder sonstwie unangenehme Massen vor, die in dichten Watten im Gartenteich treiben und an Urlaubsküsten das Badevergnügen schmälern. Gewiss können Algen zu Problemorganismen werden, wenn eine überreichliche Nährstofffracht in ihrem Wohngewässer die Vermehrung zu stark ankurbelt. Unter Normalbedingungen sind sie jedoch für das Funktionieren der Binnengewässer ebenso wie der Meere völlig unentbehrlich. Zudem zeigt der genauere Blick, dass die meisten Algen außerordentlich formschön sind – sozusagen Ästhetik pur darstellen.

Als Algen fasst man höchst uneinheitliche und variantenreiche Bauplantypen zusammen, die eigentlich nur gemeinsam haben, anders aufgebaut zu sein als die Höheren Pflanzen. Algen gibt es in der gesamten Bandbreite vom mikroskopisch kleinen Einzeller bis hin zu vielzelligen Makroalgen oder Tangen, die sogar etliche Meter lang werden können. Außerdem überraschen sie mit einer beachtlichen Farbpalette: Während die üblichen Landpflanzen – von ihren Blüten und Früchten abgesehen – fast nur abgestufte Grünnuancen aufweisen, gibt es bei den Algen vielerlei abweichende Farbprogramme. Bei den wichtigsten Verwandtschaftsgruppen wurden sie sogar zu den jeweiligen Klassenbezeichnungen. Entsprechend unterscheidet man außer den Grünalgen, deren Farbstoffbestand dem der höheren Pflanzen gleicht, auch Braun- und Rotalgen. Die früher als »Blaualgen« bezeichneten Formen, die sich durch ein eigenartiges Blaugrün auszeichnen, rechnet man heute wegen ihrer andersartigen Zellstruktur nicht mehr zu den eigentlichen Algen, sondern grenzt sie als Cyanobakterien aus.

Üblicherweise rechnet man mit Algen in aquatischen Lebensräumen. Einige wenige Spezialisten haben sich jedoch auch festländische Lebensräume erobert und kommen als Überzüge auf Baumrinden und Gestein vor. Einige von ihnen stellen die photosynthetisch aktiven Partner in der Flechtensymbiose. Auch in einem weiteren Lebensraum spielen Mikroalgen eine oft unterschätzte Rolle, weil sie der Beobachtung entgehen: In jeder Handvoll Garten-, Acker- oder Waldboden stellen Algen einen erheblichen Teil der lebenden Biomasse.

Erfolgreiche Lebensgemeinschaft

Flechten sind eine höchst eigenartige Lebensform, mit der die Wissenschaft lange Zeit ganz besondere Probleme hatte. Schon im 19. Jahrhundert war aber klar, dass in einer Flechte immer (mindestens) zwei verschiedene Arten von Organismen leben: Die Masse einer Flechte stellt mit meist über 90 Prozent eine Pilzart. Der kleinere, aber bedeutendere Teil sind Mikroalgen. Meistens sind es Grünalgen. Nur in wenigen Flechten leben auch Blaualgen (Cyanobionten).

Die Algenpartner sind zur Photosynthese befähigt und stellen alle Stoffe her, die sie selbst und die Flechtenpilze benötigen.

Unter dem wechselseitigen Einfluss nimmt die Lebensgemeinschaft Flechte ein völlig anderes Aussehen an als Pilz und Algen allein. Dabei kommen verschiedene Wuchsformen zustande, zum Beispiel Krusten wie bei der Landkartenflechte oder strauchförmige Gestalten wie bei den Bartflechten. Flechten können so extreme Standorte wie etwa von der Sonne durchglühte Dächer, staubtrockene Wüsten und klirrend kalte Felsen im Hochgebirge besiedeln, an denen weder ein Pilz noch eine Alge alleine überdauern könnte.

Die Bartflechten (Gattung Usnea) bevorzugen als Lebensraum Stämme und Äste von Bäumen in nebelfeuchten Bergwäldern.

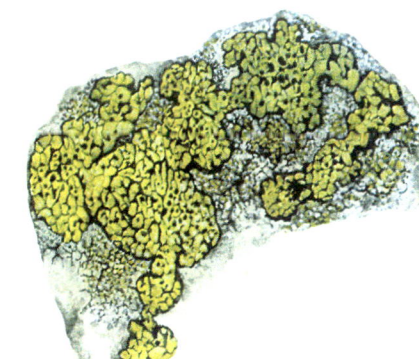

Eine Landkartenflechte (Rhizocarpon geographicum) sieht völlig anders aus als ein Pilz oder eine Alge: Die Pilz- und Algenpartner bilden in der Lebensgemeinschaft eine eigene Wuchsform.

Gewöhnlicher Schwimmfarn
Salvinia natans
Schwimmfarngewächse

Merkmale Bis 20 cm breit, einjährig. Schwimmend, wurzellos, polsterbildend. Stängel mit zweizeilig angeordneten, 10–15 mm langen, oberseits beborsteten Schwimmblättern und wurzelähnlich zerschlitzten 3–5 cm langen Wasserblättern. Sporen in kugeligen Behältern an der Basis der Wasserblätter; Sporenreife August–Oktober. In nährstoffreichen, warmen Altwassern, Teichen; sehr selten.
Wissenswertes Die Schwimmblätter sind durch ihre Beborstung unbenetzbar, sodass die Blattoberseiten stets trocken bleiben. ▽

Gewöhnlicher Pillenfarn
Pilularia globulifera
Kleefarngewächse

Merkmale 5–15 cm hoch, ausdauernd, dichte Rasen bildend, amphibischer Wasserfarn mit kriechendem Stängel. Blätter binsenartig, 4–15 cm lang, 1 mm dick, zu 1–5 an den Knoten des Stängels. Sporen in runden behaarten, etwa 3 mm großen Behältern, erst gelbgrün, dann hell bräunlich und zuletzt schwarz; Sporenreife Juli–August. In flachen, meist nährstoffreichen, kalkarmen Gewässern, auf zeitweise überschwemmten Schlammflächen; recht selten, v. a. in der norddeutschen Tiefebene, vielerorts sicher bisher auch übersehen.

Wissenswertes Dieser sehr unscheinbare Farn ist sehr leicht mit grasartigen Pflanzen, v. a. bestimmten Binsengewächsen und Sauergräsern, zu verwechseln. Man erkennt ihn am sichersten an seinen jungen Blättern. Diese sind vor der Entfaltung an der Spitze spiralig eingerollt, wie andere junge Farnwedel auch. Die pillenartigen Sporenbehälter werden v. a. dann ausgebildet, wenn die Wuchsorte trockenfallen. Sie enthalten männliche und weibliche Sporenkapseln und können offenbar mehrere Jahre im trockenen Erdreich überdauern.

Vierblättriger Kleefarn
Marsilea quadrifolia
Kleefarngewächse

Merkmale 5–12 cm hoch, ausdauernd. Stängel kriechend. Blätter kleeblattartig, 4–12 mm lange, breit keilförmige Teilblättchen. Sporen in ca. 6 mm großen, bohnenförmigen, lang gestielten Sporenbehältern an der Basis der Blattstiele; Sporenreife September–Oktober. An schlammigen Ufern nährstoffreicher Teiche und Tümpel, auf zeitweise überschwemmten Flächen; sehr selten und nur an warmen Orten, z.B. im Elsass, Burgenland, Raum Karlsruhe.
Wissenswertes Die Sporenbehälter können lange im Trockenen lagern.

Großer Algenfarn
Azolla filicoides
Algenfarngewächse

Merkmale 1–10 cm lang, ein- bis mehrjährig. Schwimmend, Stängel fiederig verzweigt. Blätter schuppenförmig, sich überlagernd, bis 2,5 mm lang, blaugrün, zum Herbst hin rötlich gefärbt. Sporen in 1–2 mm großen Kapseln an untergetauchten Blattlappen; Sporenreife August–Oktober. Auf der Oberfläche nährstoffreicher, stehender bis langsam fließender Gewässer; v. a. am Oberrhein, aus Amerika eingebürgert.
Wissenswertes Tritt jahrweise in sehr unterschiedlicher Häufigkeit auf.

Rippenfarn
Blechnum spicant
Rippenfarngewächse

Merkmale 30–75 cm hoch, mehrjährig. Dichte Blattrosette. Sterile Blätter flach ausgebreitet bis schräg aufwärtsgerichtet, bis 50 cm lang, 7 cm breit, einfach fiederteilig, mit 30–60 wechselständigen, 3–5 mm breiten Abschnitten. Fertile Blätter steil aufgerichtet, viel länger (bis 75 cm) und mit viel schmäleren Abschnitten (1–2 mm breit) als die sterilen. Sporenkapseln in 2 dichten Reihen an den Unterseiten der fertilen Blattabschnitte, bilden einen zusammenhängenden Sporangienstreifen; Sporenreife

Juli–September. Meist auf nährstoffarmen, sauren Böden; in schattigen Nadelwäldern; weit verbreitet, im Bergland viel häufiger als in der Ebene.
Wissenswertes Einer der wenigen heimischen Farne mit deutlich zweigestaltigen Blättern. Er wurde durch den verstärkten Anbau von Fichten sehr gefördert und kommt heute an vielen Stellen vor, an denen er ursprünglich nicht heimisch war. An zu trockenen Standorten kümmert er häufig und bildet dann z. B. keine fertilen Blätter aus.

Straußfarn
Matteuccia struthiopteris
Wurmfarngewächse

Merkmale 50–170 cm hoch, ausdauernd, Wurzelstock kurz, aufrecht, Ausläufer bis 60 cm lang. Sterile Blätter steil aufgerichtet, einen dichten Trichter bildend, einfach bis doppelt gefiedert, hellgrün gefärbt. Fertile Blätter in der Mitte des Trichters, nur 1/3 so lang wie die sterilen, reif dunkelbraun, straußenfederartig zusammengerollt; Sporenreife Juli–September. Halbschattige Stellen nahe Bächen und Flüssen; nicht häufig.
Wissenswertes Die Sporen überwintern in den fertilen Blättern. ▽

Ruprechtsfarn
Gymnocarpium robertianum
Wurmfarngewächse

Merkmale 10–50 cm hoch, ausdauernd, kriechender Wurzelstock. Blätter einzeln stehend, breit dreieckig, lang gestielt, zwei- bis dreifach gefiedert, unteres Fiederpaar kleiner als die restliche Blattspreite. Fertile Blätter gleichen den sterilen, Sporenkapseln unterseits in rundlichen Häufchen (Sori), ohne Schleier; Sporenreife Juli–August. Meist auf Steinschuttböden in den Kalkalpen und kalkreichen Mittelgebirgen; nicht häufig.
Wissenswertes Die Art ist ein guter Zeiger für bewegte Kalkschuttböden.

Eichenfarn
Gymnocarpium dryopteris
Wurmfarngewächse

Merkmale 5–40 cm hoch, ausdauernd, weit kriechender Wurzelstock. Einzeln stehende Blätter. Sehr ähnlich dem Ruprechtsfarn, aber Blätter deutlich zarter und unteres Fiederpaar etwa so groß wie die übrige Blattspreite. Blattstiel oben kahl (beim Ruprechtsfarn im oberen Teil drüsig). Meist in schattigen, etwas feuchten und meist sauren Laub- und Nadelwäldern; in den meisten Gebieten ziemlich häufig.
Wissenswertes Unterscheidet sich auch durch seine ökologischen Ansprüche recht klar vom Ruprechtsfarn.

Gelappter Schildfarn
Polystichum aculeatum
Wurmfarngewächse

Merkmale 30–100 cm hoch, ausdauernd, Wurzelstock holzig. Blätter wintergrün, ziemlich derb, lanzettlich, zweifach gefiedert, beiderseits mit 40–50 Fiedern aus jederseits bis 20 sichelförmig gebogenen, zugespitzten Fiederchen. Sori mit schildförmigem, rundem Schleier; Sporenreife Juni–Oktober. An feuchten und schattigen Stellen, in Schluchtwäldern; im Flachland selten, in den Mittelgebirgen und Alpen häufiger.
Wissenswertes Formenreich; einige dieser Formen sind auch als Gartenpflanzen sehr beliebt. ▽

Lanzen-Schildfarn
Polystichum lonchitis
Wurmfarngewächse

Merkmale 30–60 cm hoch, ausdauernd, Wurzelstock kurz. Blätter wintergrün, sehr derb, schmal lanzettlich, einfach gefiedert; an jeder Seite 30–50 sichelförmig zur Blattspitze gebogene, bis 3 cm lange, am Rand spitzzähnig gesägte Fiedern. Sori meist nur in der oberen Blatthälfte, schildförmiger, runder Schleier; Sporenreife Juni–September. Meist an etwas feuchten, schattigen, kalkreichen Stellen; in den Alpen (bis 2700 m) recht häufig, in den Mittelgebirgen selten.
Wissenswertes Bildet mit dem Gelappten Schildfarn Hybriden. ▽

Zerbrechlicher Blasenfarn
Cystopteris fragilis
Wurmfarngewächse

Merkmale 10–30 cm hoch, ausdauernd, Wurzelstock kurz, liegend bis aufsteigend. Blätter länglich eiförmig bis lanzettlich, sehr zart, zwei- bis dreifach gefiedert; unterstes Fiederpaar etwas kleiner als das folgende. Sori rundlich, zunächst mit zartem Schleier bedeckt, der später zurückgeschlagen ist; Sporenreife Juli–September. Meist an kalkhaltigen, schattigen und etwas feuchten Felsen und Mauern; relativ häufig.
Wissenswertes Findet an frisch angelegten Mauern rasch neue Standorte.

Wald-Frauenfarn
Athyrium filix-femina
Wurmfarngewächse

Merkmale 50–100 cm hoch oder höher, ausdauernd, Wurzelstock kurz. Blätter länglich eiförmig bis lanzettlich, zwei- bis dreifach gefiedert; Blattspindel oberseits rinnig. Sori länglich bis hakenförmig gebogen, bis zur Reife mit an der Längsseite festsitzendem Schleier bedeckt; Sporenreife Juli–September. An schattigen bis halbschattigen Stellen, v. a. in etwas feuchten, nicht zu kalkreichen Wäldern; bei uns fast überall häufig.
Wissenswertes Der sehr ähnliche, nur in Bergwäldern vorkommende Gebirgs-

Frauenfarn *(A. distendifolium)* hat runde Sori, die nur am Anfang von einem sehr kleinen, später abfallenden Schleier bedeckt sind. Der Name *filix-femina* bedeutet soviel wie Farn-Frau und stammt aus einer Zeit, als man noch wenig über die Fortpflanzung der Farne wusste. Man hielt damals den etwa ebenso häufigen Gewöhnlichen Wurmfarn *(filix-mas* = Farn-Mann) mit seinen weniger fein zerteilten und meist noch größeren Blättern für den männlichen Partner des Frauenfarns.

Gewöhnlicher Wurmfarn
Dryopteris filix-mas
Wurmfarngewächse

Merkmale 30–140 cm hoch, ausdauernd, Wurzelstock kurz. Blätter in trichterförmiger Rosette, lanzettlich, einfach gefiedert, an jeder Seite mit 20–35 tief fiederspaltigen Fiedern. Sori rundlich, zweireihig an der Unterseite des oberen Blattabschnittes, mit nierenförmigem Schleier; Sporenreife Juli–September. In schattigen Wäldern fast überall häufig.
Wissenswertes Es gibt noch einige weitere, z.T. ebenfalls häufige *Dryopteris*-Arten, die aber fast alle zwei- bis dreifach gefiederte Blätter besitzen.

Mauerraute
Asplenium ruta-muraria
Streifenfarngewächse

Brauner Streifenfarn
Asplenium trichomanes
Streifenfarngewächse

Grüner Streifenfarn
Asplenium viride
Streifenfarngewächse

Jura-Streifenfarn
Asplenium fontanum
Streifenfarngewächse

Merkmale 3–10 cm hoch, ausdauernd, kurz kriechender, verzweigter Wurzelstock. Blätter ziemlich derb, überwinternd, dreieckig, zwei- bis dreifach gefiedert, mit jederseits 4–5 wechselständigen, rautenförmigen Fiedern. Sori streifenförmig, am Schluss die ganze Blattunterseite ausfüllend; Sporenreife Juli–August. An meist kalkhaltigen Felsen und Mauern; allgemein verbreitet.
Wissenswertes Die Mauerraute erträgt, anders als die meisten Farne, auch längere Trockenzeiten und wächst daher auch auf stark besonnten Mauern.

Merkmale 5–25 cm hoch, ausdauernd, kurzer, stark verzweigter Wurzelstock. Blätter wintergrün, im Umriss linealisch lanzettlich, einfach gefiedert, mit kurzem, dunkel rotbraunem Stiel und ebenso gefärbter Spindel (Rhachis) und jederseits 15–40 rundlichen Fiedern. Sori streifenförmig, zuletzt fast die ganze Unterseite bedeckend; Sporenreife Juli–August. Meist an schattigen Felsen und Mauern; relativ häufig.
Wissenswertes Die Fiedern fallen im Frühjahr von der Spindel ab; diese bleibt dann noch längere Zeit erhalten.

Merkmale 5–20 cm hoch, ausdauernd, rasenartig verzweigter Wurzelstock. Blätter linealisch lanzettlich, einfach gefiedert; Blattstiel nur im unteren Teil braun und fest, sonst wie die Blattspindel grün und weich. Sori streifenförmig an der Unterseite der Blattfiedern; Sporenreife Juli–August. Meist an schattigen Kalkfelsen, Mauern, oft mit Mauerraute und Braunstieligem Streifenfarn; in Kalkgebirgen regelmäßig, sonst selten.
Wissenswertes Bei dieser Art fallen die Fiedern nicht von der Spindel ab, sondern das Blatt welkt als Ganzes.

Merkmale 5–25 cm hoch, ausdauernd, sehr zierlich. Blätter lanzettlich, doppelt gefiedert, jederseits mit 12–24 Fiedern, von denen die mittleren am größten sind; Blattstiel nur am Grund braun, sonst wie die Spindel grün oder gelblich. Sori kurz oval, an der Unterseite der Fiedern; Sporenreife Juli–September. An sonnigen bis schattigen, meist trockenen Kalkfelsen; sehr selten geworden, in Deutschland nur noch von der Schwäbischen Alb bekannt.
Wissenswertes Die Blätter dieses Farnes bleiben auch im Winter grün.

Hirschzunge
Asplenium scolopendrium
Streifenfarngewächse

Nördlicher Streifenfarn
Asplenium septentrionale
Streifenfarngewächse

Schriftfarn
Asplenium ceterach
Streifenfarngewächse

Merkmale 15–60 cm hoch, ausdauernd, aufrechter oder aufsteigender Wurzelstock. Blätter ungeteilt, länglich zungenförmig, zur Spitze verschmälert und mit tief herzförmigem Grund, ledrig und etwas glänzend; von der Mittelrippe schräg abzweigende, gabelig geteilte Seitennerven. Sori streifenförmig, auf den Seitennerven an der Blattunterseite; Sporenreife Juli–September. An schattig-feuchten Stellen auf meist kalkreichem Gestein oder in Schluchtwäldern, v. a. in wintermilden Lagen; im Flachland selten, im Bergland etwas häufiger, besonders im westlichen Mitteleuropa.
Wissenswertes Die Hirschzunge wird von den meisten Autoren in einer eigenen Gattung *(Phyllitis)* geführt. In jüngster Zeit hat sich aber wieder die Auffassung durchgesetzt, dass dieser Farn so nahe mit den übrigen Streifenfarnen verwandt ist, dass eine Zusammenfassung der Gattungen richtiger erscheint. Außer an natürlichen Standorten wuchs die Hirschzunge früher regelmäßig auch in Brunnenschächten.▽

Merkmale 5–15 cm hoch, ausdauernd, kurz kriechender Wurzelstock. Blätter lederig, wintergrün, unregelmäßig gabelig bis dreizählig geteilt, grasartige Blattabschnitte. Sori auf der ganzen Unterseite; Sporenreife Juli–Oktober. Trockene, meist besonnte Felsen und Mauern; auf kalkarmem Gestein meist nicht selten, v. a. in Süddeutschland.
Wissenswertes Bildet gelegentlich mit dem Braunstieligen Streifenfarn einen Hybriden, den Deutschen Streifenfarn *(Asplenium* x *alternifolium)*.

Merkmale 5–20 cm hoch, ausdauernd, kurzer Wurzelstock. Blätter wintergrün, lederartig, regelmäßig fiederteilig und länglich lanzettlich, unterseits dicht hellbraun beschuppt. Sori streifenförmig, anfangs unter den Schuppen der Blattunterseite verborgen; Sporenreife Juli–Oktober. An trockenen, meist kalkarmen Mauern und Felsen; bei uns fast nur in Wärmegebieten; ziemlich selten.
Wissenswertes Rollt bei Trockenheit die Blätter so zusammen, dass die Unterseiten nach oben weisen. ▽

Gewöhnlicher Buchenfarn
Phegopteris connectilis
Sumpffarngewächse

Merkmale 15–40 cm hoch, ausdauernd, dünner, kriechender Wurzelstock. Blätter entfernt stehend, dreieckig eiförmig, schmal zugespitzt, einfach gefiedert, jederseits mit 12–20 fiederspaltigen Fiedern, unterstes Paar abwärtsgerichtet. Sori rund, dem Blattrand genähert, ohne Schleier; Sporenreife Juli–September. An schattigen, etwas feuchten und meist kalkarmen Stellen; v. a. in Buchen- und Fichtenmischwäldern; ziemlich häufig. **Wissenswertes** Die Art ist durch das stark abgewinkelte untere Fiederpaar kaum zu verwechseln.

Gewöhnlicher Sumpffarn
Thelypteris palustris
Sumpffarngewächse

Merkmale 20–100 cm hoch, ausdauernd, weit kriechender, verzweigter Wurzelstock. Blätter entfernt stehend, breit lanzettlich, am Grund kaum verschmälert, einfach gefiedert mit jederseits 10–30 fiederspaltigen Fiedern. Sori rundlich, mit nierenförmigem, bald abfallendem Schleier, vom umgerollten Blattrand teils bedeckt; Sporenreife Juli–September. In sumpfigen Wiesen, Wäldern, v. a. im Flachland; nicht häufig. **Wissenswertes** Durch den eingerollten Blattrand unterscheiden sich die fertilen Blätter etwas von den sterilen.

Gewöhnlicher Adlerfarn
Pteridium aquilinum
Adlerfarngewächse

Merkmale 30–200 cm hoch, ausdauernd, sehr stattlich, tief unterirdisch kriechender Wurzelstock. Blätter bis 2 m lang gestielt, bogig überhängend, dreieckig, zwei- bis vierfach gefiedert. Sori unter dem umgerollten Blattrand; Sporenreife Juli–September. Auf sauren, mäßig feuchten Böden in Laub- und Nadelwäldern; fast überall recht häufig. **Wissenswertes** Im Querschnitt durch den Blattstiel bilden die Leitbündel ein Muster, das an einen fliegenden Adler erinnert (Name!). Verbreitet sich oft rein vegetativ über den Wurzelstock.

Gewöhnlicher Tüpfelfarn
Polypodium vulgare
Tüpfelfarngewächse

Merkmale 10–35 cm hoch, ausdauernd, kriechender Wurzelstock. Blätter lederig, wintergrün, fiederteilig, mit jederseits bis 28 wechselständig angeordneten, linealischen Blattabschnitten. Sori rundlich (»tüpfelförmig«), ohne Schleier; Sporenreife Juli–September. Meist an halbschattigen, mäßig trockenen und etwas sauren Stellen; in den meisten Gebieten nicht selten. **Wissenswertes** Der Gewöhnliche Tüpfelfarn ist einer der wenigen heimischen Farne, die regelmäßig auch epiphytisch, also auf Bäumen, wachsen.

Rollfarn
Cryptogramma crispa
Rollfarngewächse

Merkmale 20–35 cm hoch, ausdauernd, unterirdisch kriechender Wurzelstock. Blätter zart, lang gestielt, dreieckig eiförmig, drei- bis vierfach gefiedert. Fiederchen der fertilen Blätter mit nach unten eingerolltem Rand, bedeckt eiförmige Sori völlig, dadurch viel schmäler als bei den sterilen Blättern; Sporenreife August–September. Auf Steinschutthalden, Blockmeeren, Felsen in Silikatgebirgen; v. a. in den Urgesteinsalpen über 1000 m, sehr vereinzelt in den Mittelgebirgen. ▽

Englischer Hautfarn
Hymenophyllum tunbrigense
Hautfarngewächse

Merkmale 2–6 cm hoch, ausdauernd, sehr zierlich, stark verzweigter, kriechender Wurzelstock, im Aussehen sehr an ein Moos erinnernd. Blätter sehr zart, dunkelgrün, eiförmig, doppelt fiederteilig, mit linealischen, teilweise zweispaltigen Zipfeln. Sori nahe der Rhachis in der oberen Blatthälfte, rundlich, von einem zweiklappigen, am Rand gesägten Schleier eingehüllt; Sporenreife August. An feuchten, schattigen Sandsteinfelsen in Gebieten mit hoher Luftfeuchte; sehr selten und an vielen früheren Fundorten ausgestorben, in Deutschland nur ein Standort in der Eifel, weitere Fundorte in Luxemburg und im Elsass. **Wissenswertes** Den Blättern fehlt, anders als denen anderer Farne, die schützende Epidermis. Sie sind aus nur einer Zellschicht aufgebaut. Die Art ist daher stets durch Austrocknung gefährdet und überlebt nur an dauernd luftfeuchten Standorten. Sie reagiert offenbar sehr empfindlich auf waldbauliche Maßnahmen, durch die sich z. B. die Beschattungsverhältnisse ändern.

Königsfarn
Osmunda regalis
Rispenfarngewächse

Merkmale 50–160 cm hoch, ausdauernd, verholzter, stark verzweigter Wurzelstock. Blätter lang gestielt, eiförmig, jederseits mit 7–9 Fiedern. Fertile Blätter unten mit 1–5 sterilen Fiederpaaren, übrige deutlich verkürzt und dicht mit Sporenkapseln besetzt; Sporenreife Juni–Juli. Meist in Bruchwäldern; im nordwestdeutschen Flachland recht verbreitet, sonst selten bis fehlend. **Wissenswertes** Die Sporen sind austrocknungsgefährdet und daher nur kurze Zeit keimfähig. ▽

Gewöhnliche Natternzunge
Ophioglossum vulgatum
Natternzungengewächse

Merkmale 5–30 cm hoch, ausdauernd, kurzer, unterirdischer Wurzelstock. In jedem Jahr nur 1 Blatt (selten 2), in sterilen und fertilen Abschnitt unterteilt. Steriler Blattabschnitt eiförmig, ganzrandig, gelbgrün, fertiler Abschnitt überragt ihn meist weit und endet in 2–5 cm langer Sporangienähre; Sporenreife Juni–Juli. In Sümpfen, auf feuchten, meist kalkhaltigen Magerwiesen; recht selten, doch teils auch in riesigen Mengen.
Wissenswertes Der Farn ist wahrscheinlich viel häufiger als angenommen, da er sehr leicht übersehen wird.

Echte Mondraute
Botrychium lunaria
Natternzungengewächse

Merkmale 5–30 cm hoch, ausdauernd, kurzer, unterirdischer Wurzelstock. Blätter in sterilen und fertilen Abschnitt unterteilt. Steriler Abschnitt 1–6 cm lang, einfach gefiedert, jederseits mit 2–9 halbmondförmigen Fiedern, fertiler Abschnitt in 0,5–9 cm langer Sporangienrispe endend; Sporenreife Juni–August. Offene, meist trockene, eher saure, magere Standorte; auf Magerrasen, Bergwiesen (bis 3000 m); ziemlich selten.
Wissenswertes Die Pflanze richtet ihre Blätter in Nord-Süd-Richtung aus (Kompasspflanze). ▽

Ästige Mondraute
Botrychium matrecariifolium
Natternzungengewächse

Merkmale 5–20 cm hoch, ausdauernd, kurzer, unterirdischer Wurzelstock. Steriler Blattabschnitt eiförmig, ein- bis zweifach fiederteilig, fertiler Abschnitt mit zwei- bis dreifach gefiederter Sporangienrispe; Sporenreife Juni–Juli. Offene bis halbschattige, magere, mäßig saure Standorte, z. B. in Kiefernwäldern, auf feuchten Bergwiesen; sehr selten.
Wissenswertes Die Pflanze erscheint an manchen ihrer wenigen Standorte nur in Einzelexemplaren, die aber über viele Jahre immer wieder beobachtet werden können. ▽

Winter-Schachtelhalm
Equisetum hyemale
Schachtelhalmgewächse

Merkmale 30–150 cm hoch, ausdauernd, unterirdisch kriechender Wurzelstock. Oberirdische Sprosse meist aufrecht, unverzweigt, wintergrün, sehr rau und hart. Stängelglieder mit 1,5 cm langer, eng anliegender Blattscheide, unten und oben mit schwärzlicher Querbinde. Fertile Stängel wie die sterilen, oben mit Sporangienähre; Sporenreife Juli–August. In feuchten Wäldern auf kalkhaltigem Untergrund; meist recht häufig, v. a. in den Flusstälern.
Wissenswertes Kann mit ihrem verzweigten Wurzelstock viele Ar bedecken.

Acker-Schachtelhalm
Equisetum arvense
Schachtelhalmgewächse

Merkmale 5–50 cm hoch, ausdauernd, tief im Boden kriechender, stark verzweigter Wurzelstock. Sterile Sprosse grün und stark verzweigt, mit aufrecht abstehenden, verzweigten Ästen; Stängel und Äste deutlich gerippt, mit ziemlich anliegenden, 10–12 mm langen Scheiden und 6–20 halb so langen Zähnen. Fertile Sprosse im zeitigen Frühjahr vor den sterilen erscheinend, nur bis 20 cm hoch, unverzweigt, hell gelbbraun, mit bauchigen, bis 20 mm langen Scheiden und 8–12 ebenso langen Zähnen, am Ende mit 10–40 mm langer Sporangienähre; Sporenreife März–April. Feuchte, nährstoffreiche Böden; an Ufern, Wegen; fast überall häufig.
Wissenswertes Für den Acker-Schachtelhalm gibt es eine Reihe unterschiedlichster Namen. Besonders gebräuchlich ist der Name »Zinnkraut«. Er geht darauf zurück, dass man die Pflanze (wie andere Schachtelhalm-Arten) seit alters wegen ihres hohen Kieselsäuregehaltes zum Putzen von Geschirr, v. a. aus Zinn, verwendete.

Sumpf-Schachtelhalm
Equisetum palustre
Schachtelhalmgewächse

Merkmale 20–60 cm hoch, ausdauernd, bis über 1 m tief reichender Wurzelstock. Stängel tief gefurcht, rau, oft mit Seitenästen, Stängelscheiden doppelt so lang wie breit, mit 4–12 dünnhäutig weiß gesäumten Zähnen. Fertile und sterile Sprosse enden mit stumpfer Sporangienähre; Sporenreife Juni–September. Ufer, Moore, feuchte Wiesen; fast überall recht häufig.
Wissenswertes Gefürchtetes Weideunkraut, da sie für das Vieh (auch als Heu) giftig ist. Giftig.

Riesen-Schachtelhalm
Equisetum telmateia
Schachtelhalmgewächse

Merkmale 50–150 cm hoch, ausdauernd, tief im Boden kriechender Wurzelstock. Sterile Sprosse grün, mit vielen dünnen, unverzweigten Ästen. Fertile Sprosse bis 25 cm hoch, gelbbraun oder rötlich, astlos, am Ende mit 4–9 cm langer Sporangienähre; Sporenreife Juni–August. An halbschattigen, feuchten, meist kalkreichen Stellen; in Wäldern, an Böschungen; meist nicht selten.
Wissenswertes Vermehrt sich v. a. durch Ausläufer, bildet an manchen Standorten kaum fertile Sprosse.

Farne, Moose, Algen, Flechten

Schweizer Moosfarn
Selaginella helvetica
Moosfarngewächse

Merkmale Bis 20 cm lang, ausdauernd. Kriechend, moosähnlich, Sprosse gabelig verzweigt, mit 2 Reihen 2–3 mm langer, rechtwinklig abstehender Seitenblätter und 2 Reihen 1–1,5 mm langer, dem Stängel anliegender Dorsalblätter. Sporangien in lockeren Ähren an aufrechten, bis 8 cm hohen, beblätterten und oft gegabelten Trieben; Sporenreife Juni–August. Halbschattige, etwas feuchte Standorte mit lückigem Bewuchs; an Wegböschungen, Mauern und auf Magerrasen; v. a. in den Alpen und im Alpenvorland; recht selten.

Gezähnter Moosfarn
Selaginella selaginoides
Moosfarngewächse

Merkmale 3–10 cm lang, ausdauernd. Moosähnlich, kriechende oder aufsteigende Sprosse. Blätter abstehend, lanzettlich, 2–3 mm lang, am Rand mit jederseits 1–5 schmalen Zähnen. Fertile Sprosse aufrecht, bis 20 cm hoch, mit nicht deutlich abgesetzter Sporangienähre; Sporenreife Juni–September. Offene, meist feuchte, kalkreiche Standorte; Alpen, Alpenvorland, Schwarzwald; gebietsweise nicht selten.
Wissenswertes Kam früher auch an verschiedenen Stellen im Harz vor, ist dort aber mittlerweile verschollen.

Alpen-Flachbärlapp
Diphasiastrum alpinum
Bärlappgewächse

Merkmale 5–10 cm hoch, ausdauernd. Etwa 60 cm weit oberirdisch kriechende Sprosse. Sterile Zweige blaugrün, gabelig verzweigt, aufsteigend, mit 4 Reihen gekrümmter, lanzettlicher Blätter. Sporangien in 12–16 mm langen, schwach abgesetzten Ähren an den Enden vorjähriger Triebe; Sporenreife August–September. Saure, alpine Matten, Magerrasen; Alpen (bis 2800 m) und Hochlagen der Mittelgebirge; recht selten.
Wissenswertes Bildet im Schatten kaum Sporangien und verträgt daher keine Konkurrenz. ▽

Gewöhnlicher Flachbärlapp
Diphasiastrum complanatum
Bärlappgewächse

Merkmale 10–40 cm hoch, ausdauernd. Meist unterirdisch kriechende, bis 1 m lange Sprosse. Sterile Zweige grasgrün, locker gabelig verzweigt, oft fächerförmig angeordnet, mit 4 Reihen lanzettlicher Blätter. Sporangienähren meist zu 2–4 an den Enden gabelig verzweigter Stiele; Sporenreife im Juli. Meist an offenen Stellen in sauren Nadelwäldern; überall selten.
Wissenswertes Der ähnliche Zypressen-Flachbärlapp *(Diphasiastrum tristachyum)* besitzt dichter verzweigte, blaugrüne Sprosse. ▽

Sprossender Bärlapp
Lycopodium annotinum
Bärlappgewächse

Merkmale Bis 30 cm hoch, ausdauernd. Oft mehrere Meter kriechende, oberirdische Sprosse, am Ende mit gabelig verzweigten Ästen. Blätter lanzettlich, 5–8 mm lang, waagerecht abstehend. Sporangienähren einzeln, ungestielt an den Zweigspitzen; Sporenreife Juli–September. Halbschattige bis schattige Stellen in sauren Wäldern; recht häufig, im Flachland seltener.
Wissenswertes Von der Bildung des Vorkeims bis zur fertigen Pflanze vergehen mehr als 10 Jahre. ▽

Keulenbärlapp
Lycopodium clavatum
Bärlappgewächse

Merkmale 5–30 cm hoch, ausdauernd. Bis 4 m weit kriechende, oberirdische Sprosse, am Ende mit wiederholt gabelig verzweigten, aufstrebenden Ästen. Blätter lineal lanzettlich, bis 4 mm lang, in eine weiße, etwa gleich lange Haarspitze auslaufend. Sporangienähren zu 2–5 an gemeinsamem Stiel; Sporenreife Juni–August. Saure, meist offene, trockene Stellen in Wäldern, auf Magerrasen; gebietsweise nicht selten.
Wissenswertes Vermehrt sich oft über Brutknospen. ▽

Sumpfbärlapp
Lycopodiella inundata
Bärlappgewächse

Merkmale Bis 20 cm lang, ausdauernd. Kriechende, gabelig verzweigte Sprosse, oberseits mit linealisch zugespitzten Blättern besetzt und durch zahlreiche Wurzeln im Boden verankert. Sporangienähren 2–5 cm lang, am Ende aufstrebender, bis 10 cm hoher, locker beblätterter Äste; Sporenreife Juni–Oktober. Offene, saure Feuchtflächen, z. B. in Mooren und Sandgruben; selten.
Wissenswertes Bildet in Sandgruben teils große Bestände, verschwindet aber nach wenigen Jahren wieder. ▽

Tannenbärlapp
Huperzia selago
Bärlappgewächse

Merkmale 5–30 cm hoch, ausdauernd. Gabelig verzweigte, aufstrebende Zweige, meist ohne Kriechsprosse. Blätter schmal lanzettlich, um 8 mm lang. Sporangien in den Achseln normaler Laubblätter im oberen Teil der Zweige; Sporenreife Juni–August. In Nadelwäldern; meist recht verbreitet bis häufig, im Flachland und Kalkgebieten seltener.
Wissenswertes Die Pflanze bildet in den Blattachseln oft Brutknospen, die abfallen und neue Pflanzen bilden können. ▽

167

Leuchtmoos
Schistostega pennata
Leuchtmoose

Merkmale Bis 15 mm hoch, einjährig. Blaugrünes Laubmoos mit ausdauerndem Vorkeim. Sterile Stämmchen mit zweizeilig in einer Ebene angeordneten, lanzettlichen Blättern. Fertile Stämmchen oben mit Blättern in 5 Reihen, bis 4 mm lang gestielte, rundliche Sporenkapsel; Sporenreife Frühjahr–Sommer. An sauren, feuchten, dunklen Stellen; im Harz, Fichtelgebirge, Schwarzwald und in den Silikatalpen; selten.
Wissenswertes Am Vorkeim bilden sich linsenartige Zellen, die einfallendes Licht goldgrün reflektieren.

Koboldmoos
Buxbaumia aphylla
Koboldmoose

Merkmale Bis 2 cm hoch, einjährig. In kleinen Gruppen wachsendes Laubmoos mit ausdauerndem Vorkeim. Eigentliche Moospflanze (Gametophyt) winzig, zur Zeit der Kapselreifung nicht mehr zu erkennen. Sporenkapsel asymmetrisch, eiförmig, 3–4 mm lang, schräg gestellt, schwach gewölbte, grüne Oberseite, stärker gewölbte, meist rötliche Unterseite, am Ende mit aufwärtsgerichtetem, schmal kegelförmigem Peristom; Stiel ziemlich dick; Sporenreife meist im zeitigen Frühjahr. Auf sauren Böden in trockenen Wäldern; selten.

Wissenswertes Das schwer zu findende Moos tritt an seinen Fundorten meist in sehr geringer Individuenzahl auf. Es ist sehr konkurrenzschwach und kann nur an Stellen wachsen, die längere Zeit offen bleiben. Die Kapseln erscheinen bereits im Spätherbst und sind bis zum zeitigen Frühjahr zu finden. Alle Kapseln eines Bestandes wenden ihre grüne Oberseite dem Licht zu. Ist nach der Sporenreife der haubenartige Deckel vom Peristom abgefallen, können die Sporen z. B. durch Regentropfen wie aus einem Blasebalg ausgestoßen werden.

Blasenmoos
Diphyscium foliosum
Koboldmoose

Merkmale Bis 1 cm hoch, ausdauernd. Rasen bildendes Laubmoos. Sterile Pflanzen mit Rosetten zungenförmiger Blätter, die bei fertilen Pflanzen allmählich in Blätter mit grannenartig weit austretender Mittelrippe übergehen. Sporenkapseln schief eiförmig, ungestielt, 3–4 mm lang, mit schräg aufwärtsgerichtetem Peristom; Sporenreife im Sommer. Offene, saure Böden in Wäldern, meist an eher schattigen Orten; ziemlich selten.
Wissenswertes Auch dieses unverwechselbare Moos richtet seine Sporenkapseln nach dem Licht aus.

Vierzahnmoos
Tetraphis pellucida
Vierzahnmoose

Merkmale 1–3 cm hoch. In dichten Rasen wachsend, verzweigte Stämmchen. Untere Blätter schuppenförmig, obere eiförmig lanzettlich. Sporenkapseln nur in luftfeuchten Lagen regelmäßig entwickelt, 1–2 cm lang gestielt, schmal zylindrisch, mit nur 4 großen Peristomzähnen; Sporenreife im Sommer. Meist auf morschem Totholz; häufig.
Wissenswertes Bildet am Ende ihrer Stämmchen regelmäßig schüsselförmige Körbchen mit winzigen Brutkörpern. Sie dienen der vegetativen Vermehrung.

Sparriges Kranzmoos
Rhytidiadelphus squarrosus
Schlafmoose

Merkmale Bis 10 cm hoch. In dichten Rasen wachsendes, meist gelbgrünes Laubmoos. Stämmchen aufsteigend, unregelmäßig verzweigt. Blätter breit eiförmig, plötzlich in eine lange und dünne, fast rechtwinklig zurückgebogene, weißliche Spitze auslaufend. Sehr selten fruchtend, Kapsel eiförmig, waagerecht, an langem, gebogenem Stiel. Nährstoffreiche, offene Stellen; sehr häufig.
Wissenswertes Typischer Kulturfolger. Bildet v. a. auf regelmäßig gemähten Zierrasen dichte Bestände.

Schönes Kranzmoos
Rhytidiadelphus loreus
Schlafmoose

Merkmale Bis 20 cm hoch. In lockeren Rasen wachsendes, graugrünes bis olivgrünes Laubmoos. Stämmchen niederliegend oder aufsteigend, unregelmäßig verzweigt. Blätter lang und schmal zugespitzt, schräg abstehend bis zurückgebogen. Kapseln selten entwickelt, kurz eiförmig, 2–4 cm lang gestielt; Sporenreife im Winter. An feucht-schattigen Stellen in sauren Nadelwäldern, v. a. im Bergland; ziemlich häufig.
Wissenswertes Kann sich durch abgebrochene Sprossstücke vermehren.

Etagenmoos
Hylocomium splendens
Schlafmoose

Merkmale Bis 15 cm lang. Gelbgrünes bis olivgrünes, in stockwerkartig aufgebauten Rasen wachsendes Laubmoos. Stämmchen überhängend, mit zweizeiligen, gefiederten Ästen, jedes Jahr immer weitere »Etagen« bildend. Sporenkapseln etwa 3 cm lang gestielt, kurz eiförmig, selten entwickelt. Meist in Wäldern; überall häufig.
Wissenswertes Die Art ist durch die charakteristische Wuchsform mit keinem anderen heimischen Laubmoos zu verwechseln.

Federmoos
Ptilium crista-castrensis
Schlafmoose

Merkmale 10 cm hoch. In lockeren Rasen wachsendes Laubmoos. Stämmchen aufrecht, mit zweizeilig angeordneten, waagerecht abstehenden, etwa 2 cm langen Ästen. Blätter aus breiter Basis in schmale, sichelförmig zurückgebogene Spitze verlängert. Sporenkapseln selten, stark gebogen, bis über 5 cm lang gestielt. Auf feuchten, sauren Waldböden; gebietsweise nicht selten.
Wissenswertes Die durch Fichtenanbau geförderte Art scheint in der letzten Zeit seltener geworden zu sein, ohne dass die Gründe bekannt sind.

Geradbüchsenmoos
Orthothecium rufescens
Schlafmoose

Merkmale 10 cm lang. In rötlich braunen bis grünen Rasen wachsendes Laubmoos. Stämmchen niederliegend oder aufsteigend, mit ca. 3 mm langen, aus breitem Grund lang und schmal zugespitzten Blättern. Sporenkapseln zylindrisch, aufrecht, etwa 3 cm lang gestielt, selten entwickelt. An feuchten, schattigen, oft auch überrieselten Kalkfelsen; in den Kalkalpen ziemlich verbreitet, im Alpenvorland selten.
Wissenswertes Standorte außerhalb der Alpen sind Relikte der Eiszeit; die meisten sind heute höchst gefährdet.

Zypressenförmiges Schlafmoos
Hypnum cupressiforme
Schlafmoose

Merkmale In dichten, flachen Rasen wachsendes Laubmoos. Stämmchen mit meist fiederig angeordneten Ästen oder unregelmäßig verzweigt. Blätter lanzettlich mit sichelförmig gebogener Spitze. Sporenkapseln schmal zylindrisch, geneigt, mit geschnäbeltem Deckel; Sporenreife im Herbst und Winter. Auf Totholz, Gestein, Erde; fast überall häufig.
Wissenswertes Schwer von verwandten Arten abzugrenzen. Galt im Mittelalter als gutes Schlafmittel und wurde oft für Kissenfüllungen verwendet.

Krückenförmiges Kurzbüchsenmoos *Brachythecium rutabulum* Kurzbüchsenmoose

Merkmale In ausgedehnten, dichten, niedrigen Rasen wachsendes Laubmoos. Stämmchen kriechend, mit unregelmäßig verteilten, aufgerichteten Ästen. Blätter eiförmig mit kurzer, scharfer Spitze, an den Ästen etwas kleiner als an den Stämmchen. Kapseln fast waagerecht, gekrümmt, spitz kegelförmiger Deckel; Sporenreife Herbst–Frühjahr. Auf Holz und Erde an sehr verschiedenen Standorten; fast überall häufig.
Wissenswertes Sehr formenreich, bei uns eines der häufigsten Moose.

Thujamoos
Thuidium tamariscinum
Thujamoose

Merkmale 10 cm hoch, in lockeren Rasen wachsendes Laubmoos. Stämmchen bogig aufsteigend, ziemlich regelmäßig dreifach gefiedert. Blätter breit eiförmig, schmal zugespitzt. Sporenkapseln zylindrisch, gekrümmt, mit lang geschnäbeltem Deckel, etwa 3 cm lang gestielt, selten entwickelt. In Wäldern auf nicht zu sauren Böden; recht häufig.
Wissenswertes Ähnelt dem Etagenmoos, ihm fehlt aber die etagenartige Wuchsform und der für diese Art typische Glanz der ganzen Pflanze.

Gewelltes Neckermoos
Neckera crispa
Neckermoose

Merkmale In hell- bis gelbgrünen, sehr großen Polstern wachsend. Stämmchen niederliegend oder hängend, an den Enden aufsteigend, unregelmäßig gefiedert. Blätter zungen- bis eiförmig mit kurzer Spitze, deutlich querwellig. Sporenkapseln länglich, aufrecht, lang geschnäbelter Deckel, bis 15 mm lang gestielt; Sporenreife Winter–Frühjahr. Auf Baumrinde und Kalkfelsen; im Bergland gebietsweise nicht selten.
Wissenswertes Reagiert empfindlich auf Luftverschmutzung und Waldbau.

Brunnenmoos
Fontinalis antipyretica
Brunnenmoose

Merkmale 20–40 cm hoch. Büschelig verzweigtes, dunkelgrünes bis schwarzes Wasserlaubmoos. Stämmchen auf Steinen oder Holzstücken. Blätter in 3 Reihen, locker anliegend, auf der Rückenseite gekielt, Sprosse scheinbar dreikantig. Sporenkapseln eiförmig, an kurzen Seitensprossen, teils zwischen Blättern verborgen, sehr selten entwickelt. In – auch zeitweise trockenfallenden – Gewässern; ziemlich häufig.
Wissenswertes Sporenkapseln bilden sich nur an trockengefallenen Orten.

Flügelblattmoos
Hookeria lucens
Flügelblattmoose

Merkmale In meist ausgedehnten, Polstern wachsendes Laubmoos. Stämmchen bis 6 cm lang, niederliegend, flach beblättert. Blätter 4–6 mm lang, eiförmig, mit grobmaschigem, mit Lupe gut erkennbarem Zellnetz. Sporenkapseln eiförmig, waagerecht, mit lang geschnäbeltem Deckel, 1–2 cm lang gestielt; Sporenreife im Winter. Meist an quelligen Hängen und Bachufern in niederen Lagen des Berglands; ziemlich selten.
Wissenswertes Fast all seine Verwandten leben in den Tropen und Subtropen.

Gestieltes Goldhaarmoos
Orthotrichum anomalum
Goldhaarmoose

Gewelltes Sternmoos
Plagiomnium undulatum
Sternmoose

Ontario-Rosenmoos
Rhodobryum ontariense
Birnmoose

Silber-Birnenmoos
Bryum argenteum
Birnmoose

Merkmale 5–20 mm hoch. In dunkelgrünen oder bräunlichen Polstern wachsendes Laubmoos. Blätter länglich lanzettlich, Rand bis zur Spitze umgerollt. Sporenkapseln, länglich zylindrisch, deutlich gestielt und über das Polster emporgehoben, mit goldgelber, behaarter Haube; Sporenreife im Frühjahr. Meist auf Kalkfelsen und Steinen, auch auf Beton allgemein verbreitet, seltener an Baumstämmen.
Wissenswertes Bei den anderen *Orthotrichum*-Arten sind die Sporenkapseln meist in das Polster eingesenkt.

Merkmale Bis 15 cm lang. In lockeren, hell- bis dunkelgrünen Rasen wachsendes Laubmoos. Sterile Stämmchen peitschenförmig übergebogen; fertile aufrecht, oben schopfig beblättert und mit bogenförmigen Seitenästen. Blätter länglich zungenförmig, bis 15 mm lang, 3 mm breit, stark querwellig. Sporenkapseln länglich oval, nickend, bis 3 cm lang gestielt; Sporenreife im Frühjahr. Meist in feucht-schattigen Wäldern; häufig.
Wissenswertes Die kaum verwechselbare Art lässt sich leicht in Terrarien kultivieren.

Merkmale Bis 3 cm hoch. In dunkelgrünen Rasen wachsendes Laubmoos. Stämmchen teils unterirdisch kriechend und aufsteigend, unten schuppig, am Ende rosettig beblättert. Rosettenblätter meist über 20, spatel- bis eiförmig, am Ende zugespitzt. Sporenkapseln nickend, länglich zylindrisch, ca. 3 cm lang gestielt; Sporenreife im Winter. Im kalkhaltigen Bergland; meist nicht selten.
Wissenswertes Das Echte Rosenmoos *(Rhodobryum roseum)* hat meist unter 20 Rosettenblätter und wächst an kalkarmen Standorten.

Merkmale Bis 2 cm hoch. In silbrigen bis weißlich grünen Polstern wachsendes Laubmoos. Blätter breit eiförmig, scharf zugespitzt, dachziegelartig dicht die Stämmchen bedeckend. Kapseln eiförmig, nickend, an 1–2 cm langen Stielen; Sporenreife meist Herbst–Frühjahr. Auf kalkarmem wie kalkreichem Untergrund, z. B. in Gesteinsritzen, an Wegen, auf Brachäckern, auch auf stark begangenen und befahrenen Flächen; überall eines der häufigsten Moose.
Wissenswertes Bildet gelegentlich in den Blattachseln winzige Brutknöllchen.

Brandstellen-Drehmoos
Funaria hygrometrica
Drehmoose

Krummfußmoos
Plagiopus oederi
Apfelmoose

Androgynes Streifensternmoos
Aulacomnium androgynum
Streifensternmoose

Verstecktkapseliges Spalthütchen *Schistidium apocarpum*
Kissenmoose

Merkmale Bis 2 cm hoch. Dichte, hellgrüne Rasen bildendes Laubmoos. Blätter länglich eiförmig, kurz zugespitzt, bei Trockenheit zwiebelförmig zusammenneigend. Sporenkapsel birnenförmig, meist nickend, mit großer fast die ganze Kapsel einhüllender, geschnäbelter Haube und schwanenhalsartigem, bis 5 cm hohem Stiel. Auf offenen Böden, oft auf alten Brandflächen; häufig.
Wissenswertes Die Kapselstiele krümmen sich unterschiedlich stark je nach Luftfeuchtigkeit.

Merkmale Bis 6 cm hoch. In dunkelgrünen Polstern wachsend. Stämmchen mit rostfarbenem Wurzelfilz. Blätter schmal lanzettlich, gestreifte Zelloberfläche, schräg abstehend. Sporenkapseln kugelig, 10–15 mm lang gestielt; Sporenreife im Sommer. An feucht-schattigen Kalkfelsen; in den Kalkalpen und kalkreichen Mittelgebirgen teils nicht selten.
Wissenswertes Das Echte Apfelmoos *(Bartramia pomiformis)* hat noch schmälere Blätter mit fein warziger Zelloberfläche. Nur an kalkarmen Standorten.

Merkmale 1–3 cm hoch. In gelbgrünen, polsterförmigen Rasen wachsend. Blätter breit lanzettlich, an der Spitze gesägt. Sporenkapseln schmal elliptisch, jung aufrecht, später geneigt, selten entwickelt; Sporenreife im Frühsommer. Regelmäßig mit 5–10 mm lang gestielten, kugeligen, etwa 1 mm großen Köpfchen aus zahlreichen eiförmigen Brutkörperchen (Pseudopodien) zur vegetativen Vermehrung. In feuchten Wäldern auf morschem Holz, torfigem Boden; ziemlich häufig.

Merkmale Bis 4 cm hoch. In olivgrünen bis dunkelbraunen Polstern wachsend. Blätter eiförmig lanzettlich, mit umgerollten Rändern, an der Spitze mit kurzem Glashaar. Sporenkapseln zwischen den oberen Blättern eingesenkt, dunkelbraun mit roten Peristomzähnen; Sporenreife im Frühjahr. Auf kalkhaltigem Gestein; ziemlich häufig.
Wissenswertes Dieses Moos wird heute in viele schwer bestimmbare Kleinarten mit sehr speziellen Ansprüchen aufgeteilt.

Polster-Kissenmoos
Grimmia pulvinata
Kissenmoose

Merkmale 1–2 cm hoch. Sehr dichte, graugrüne, silbrig behaarte Polster bildend. Blätter länglich eiförmig, zugespitzt, in ein langes, glattes Glashaar auslaufend. Kapseln eiförmig, kurz geschnäbelter Deckel, an eingekrümmtem Stiel ins Polster versenkt; Sporenreife im Frühjahr. An sonnigen Kalkfelsen und Mauern; fast überall häufig, auch in Siedlungen, nur vereinzelt an Rinde.
Wissenswertes Die trockenen Stiele der voll ausgereiften Kapseln strecken sich etwas, sodass die Sporen leichter ausgestreut werden können.

Stachelspitziges Drehzahnmoos *Tortula subulata*
Pottmoose

Merkmale 1–3 cm hoch. In leuchtend grünen Rasen wachsend. Blätter an der Stämmchenspitze schopfig genähert, länglich lanzettlich bis spatelförmig, am Ende meist zugespitzt. Sporenkapseln schmal zylindrisch, aufrecht, leicht gekrümmt, bis 25 mm lang gestielt, Peristomzähne sehr lang, ein- bis zweimal links gewunden, schmale Röhre bildend; Sporenreife Frühjahr–Sommer. Auf lehmigen, offenen Böden; recht häufig.
Wissenswertes Formenreiche Art mit mehren Varietäten, die sich u. a. in ihrer Blattform z.T. deutlich unterscheiden.

Mauer-Drehzahnmoos
Tortula muralis
Pottmoose

Merkmale Bis 2 cm hoch. In blaugrünen, bei Trockenheit weißlich grauen, polsterförmigen Rasen wachsend. Blätter zungen- bis spatelförmig, in langes Glashaar auslaufend, bei Trockenheit gedreht, feucht schräg abstehend. Kapseln schmal zylindrisch, aufrecht, bis 2 cm lang gestielt, sehr lange, zwei- bis dreimal links gewundene Peristomzähne; Sporenreife im Frühjahr. Auf kalkreichen, meist besonnten Felsen, Mauern, Dächern, auch auf künstlichen Substraten; v. a. in Siedlungen fast überall häufig.

Gemeines Glockenhutmoos
Encalypta vulgaris
Glockenhutmoose

Merkmale Ca. 1 cm hoch. In polsterförmigen, hell- bis bräunlich grünen Rasen wachsendes Laubmoos. Blätter zungenförmig, abgestumpft oder zugespitzt, manchmal mit kurzem Glashaar. Kapsel zylindrisch, bis 1 cm lang gestielt, ohne Peristom, mit langer Haube (Kalyptra), die die Kapsel nach unten überragt; Sporenreife Frühjahr–Sommer. Auf kalkhaltigen, offenen Böden; in einigen Mittelgebirgen verbreitet, sonst eher selten.
Wissenswertes Das hübsche Moos ist außerhalb der Kalkgebirge stark zurückgegangen.

Weißmoos
Leucobryum glaucum
Gabelzahnmoose

Merkmale Bis 20 cm hoch. In festen, halbkugeligen, weißgrünen Polstern wachsend. Blätter lanzettlich, zur Spitze hin röhrenförmig eingerollt. Sporenkapseln stark gekrümmt, auf 1–2 cm langen Stielen, fruchtet sehr selten. Auf kalkfreien, feuchten oder zeitweise nassen Böden, v. a. in Nadelwäldern; meist recht häufig, nur in reinen Kalkgebieten (z. B. der Schwäbischen Alb) fast fehlend.
Wissenswertes Sehr beliebt für Osternester und Weihnachtskrippen. Die Art ist aber geschützt. ▽

Besenartiges Gabelzahnmoos
Dicranum scoparium
Gabelzahnmoose

Merkmale Bis über 5 cm hoch. In dichten Rasen wachsend. Stämmchen mit braunem bis weißlichem Wurzelfilz. Blättchen aus lanzettlichem Grund in lange, schmale, deutlich gebogene Spitze ausgezogen. Sporenkapseln schmal, gebogen, 3–5 cm lang gestielt; Sporenreife Frühjahr–Herbst. Nicht zu trockene, kalkarme, saure Böden, v. a. in Wäldern; fast überall häufig.
Wissenswertes Die Art vermehrt sich oft vegetativ durch abgebrochene Blätter oder Bruchstücke der Stämmchen.

Hornzahnmoos
Ceratodon purpureus
Gabelzahnmoose

Merkmale Bis 3 cm hoch. In gelbgrünen bis bräunlich grünen Rasen wachsend. Blätter lanzettlich mit umgerollten Rändern, gekielt, trocken anliegend, feucht aufrecht abstehend. Kapseln regelmäßig ausgebildet, geneigt, oft recht aufrecht, auf purpurroten Stielen; Sporenreife Frühjahr–Sommer. Auf trockenen, sonnigen, meist kalkarmen Böden, auch in Siedlungen; fast überall sehr häufig.
Wissenswertes Vermehrt sich manchmal auch durch fadenförmige Brutkörper in den Blattachseln.

Birnmoosähnliches Spaltzahnmoos *Fissidens bryoides*
Spaltzahnmoose

Merkmale Ca. 1 cm hoch. In meist lockeren Rasen wachsend. Stämmchen zweizeilig beblättert, mit 5–12 zungenförmigen, scharf zugespitzten Blattpaaren, mit einem Saum durchscheinender Zellen. Kapseln an der Spitze der Stämmchen, aufrecht, ca. 1 cm lang gestielt; Sporenreife Winter–Frühjahr. Auf offenen, kalkarmen, meist halbschattigen Böden; meist ziemlich häufig.
Wissenswertes Unterscheidet sich v. a. durch die aufrechten Sporenkapseln gut von ähnlichen Verwandten.

Glashaar-Haarmützenmoos
Polytrichum piliferum
Haarmützenmoose

Merkmale 3–5 cm hoch. In lockeren, graugrünen Rasen wachsendes Laubmoos. Blätter aus breitem Grund schmal lanzettlich, in langes, gezähntes Glashaar auslaufend. Kapsel vierkantig, 2–3 cm lang gestielt, mit kurz geschnäbeltem Deckel, ganz von der hell braunfilzigen, glockenförmigen Haube eingehüllt; Sporenreife Frühjahr–Sommer. Sonnige, kalkarme Stellen; nicht selten.
Wissenswertes An den Stämmchenspitzen befinden sich oft leuchtend rote, blütenähnliche Gametangienstände (die Geschlechtszellen bildenden Behälter).

Filzmützenmoos
Pogonatum aloides
Haarmützenmoose

Merkmale 1–2 cm hoch. In lockeren, dunkelgrünen Rasen wachsendes Laubmoos. Blätter lanzettlich mit breitem, scheidigem Grund, am Rand gesägt und am Ende zugespitzt. Kapsel eiförmig zylindrisch, 15–40 mm lang gestielt, kurz geschnäbelter Deckel, von filzartiger, hellbrauner Haube eingehüllt; Sporenreife Herbst–Winter. An offenen, kalkarmen, sonnigen bis schattigen Standorten; meist nicht selten.
Wissenswertes Wächst auf ausdauerndem Vorkeim, der als grüner, filziger Teppich den Boden bedeckt.

Kahlmützenmoos
Atrichum undulatum
Haarmützemmoose

Merkmale Bis 8 cm hoch. In dunkelgrünen Rasen wachsendes Laubmoos. Blätter zungenförmig, zur Spitze verschmälert, deutlich querwellig, am Rand gezähnt, bis 10 mm lang. Kapseln zylindrisch, geneigt, 2–4 cm lang gestielt, lang geschnäbelter Deckel, unbehaarte Haube; Sporenreife Winter–Frühjahr. An kalkarmen, offenen und schattigen Böden in Wäldern; fast überall häufig.
Wissenswertes Das Moos ist auch unter dem ungültigen Gattungsnamen *Catharinea* (nach Katharina der Großen) und als »Katharinenmoos« bekannt.

Torfmoos
Sphagnum palustre
Torfmoose

Merkmale 10–20 cm hoch. In dichten, hohen Rasen wachsendes Moos. Stängel von unten her absterbend und an der Spitze ständig weiter wachsend, oben palmenartig verzweigt, mit ca. 2 cm langen Seitenästen. Blätter zungenförmig, mehr oder weniger den Stängeln anliegend. Sporenkapseln nicht häufig, kugelig, am Schopf der Pflanze; Sporenreife im Sommer. Sumpfige, kalkarme Stellen, v. a. in Wäldern; ziemlich häufig.
Wissenswertes Torfmoose sind die wichtigsten Torfbildner und können viel Wasser speichern. ▽

Sackmoos
Frullania dilatata
Haarklappenmoose

Merkmale In flachen, matt schwarzgrünen Rasen wachsendes Lebermoos. Stämmchen um 1,5 mm breit, unregelmäßig gabelig verzweigt. Blattoberlappen breit eiförmig, Unterlappen in einen nur etwa halb so großen, kappenförmigen Wassersack umgebildet. Sporenkapseln kugelig, kurz gestielt. Auf Baumrinde, seltener auch auf kalkfreien Felsen; v. a. im Bergland; meist nicht selten.
Wissenswertes Reagiert empfindlich auf stärkere Luftverschmutzung und ist im Flachland deutlich zurückgegangen.

Kratzmoos
Radula complanata
Kratzmoose

Merkmale In flachen, gelbgrünen Rasen wachsendes Lebermoos. Stämmchen 1,5–2,5 mm breit, unregelmäßig verzweigt. Blattoberlappen breit eiförmig, sich dachziegelartig überdeckend, Unterlappen nur etwa ein Viertel so groß, rechteckig bis quadratisch. Sporenkapseln in einer abgeflachten Hülle an den Enden der Stämmchen. In Wäldern auf Baumrinde oder am Boden; nicht selten.
Wissenswertes Wächst oft mit dem Sackmoos, vermehrt sich durch scheibenförmige Brutkörper am Blattrand.

Verschiedenblättriges Kammkelchmoos *Lophocolea heterophylla* Erdkelchmoose

Merkmale In dichten, gelb- bis dunkelgrünen, flachen und z. T. großen Rasen wachsendes Lebermoos. Blätter im unteren Teil des Stängels zu etwa ein Drittel in 2 dreieckige Lappen geteilt, im oberen Teil nur mit leichter Einbuchtung. Sporenkapseln meist reich entwickelt, eiförmig, lang gestielt; Sporenreife Frühjahr–Sommer. Auf saurem Boden, v. a. morschem Nadelholz; meist häufig.
Wissenswertes Die reifen Kapseln öffnen sich mit 4 Klappen; die Sporen werden vom Wind verbreitet.

Haarkelchmoos
Trichocolea tomentella
Haarkelchmoose

Merkmale An ein Laubmoos erinnerndes, in lockeren Rasen wachsendes Lebermoos. Stämmchen meist 2–3 cm hoch, regelmäßig gefiedert. Blätter in haarfeine Lappen zerschlitzt, dadurch weiche, filzartige Oberfläche. Sporenkapseln sehr selten, auch keine Brutkörper. Nur an immer feuchten, kalkreichen Stellen, v. a. an Quellen, Bachufern; ziemlich selten.
Wissenswertes Verbreitet sich vermutlich durch abgebrochene und verschleppte Stängelstücke.

Beckenmoos
Pellia epiphylla
Beckenmoose

Merkmale Lebermoos mit hell- bis dunkelgrünem, bis 5 cm langem, 15 mm breitem, gabelig geteiltem Lager (Thallus) mit etwas gewellten Rändern, bedeckt bis Quadratmeter große Flächen. Sporenkapseln kugelig, ca. 2 mm Durchmesser, bis 6 cm langer, aus einer Schuppe am Thallusrücken hervorkommendem Stiel; Sporenreife im Frühjahr. Meist an feuchten, quelligen, teils auch überfluteten, sauren Böden; meist häufig.
Wissenswertes Die Kapselstiele wachsen sehr schnell, bei guten Bedingungen manchmal innerhalb eines Tages.

Sternlebermoos
Riccia glauca
Sternlebermoose

Merkmale In grünen bis blaugrünen Rosetten von 1–2 cm Durchmesser wachsendes Lebermoos. Lager ein- bis zweimal, gelegentlich dreimal gabelig geteilt, längs gefurcht. Sporenkapseln im Innern des Lager, auf der Oberseite als rundliche Erhebung zu erkennen; Sporenreife im Herbst–Winter. Auf offenen, etwas feuchten Rohböden, besonders auf abgeernteten Stoppelfeldern; in den meisten Gegenden nicht selten.
Wissenswertes Die Sporen überdauern lange im Boden; v. a. in feuchten Jahren erscheint das Moos zahlreich.

Schwimmendes Wasserlebermoos *Ricciocarpos natans*
Sternlebermoose

Merkmale Kleines, auf dem Wasser schwimmendes Lebermoos. Bildet gabelig verzweigte Rosetten oder Teilrosetten mit herzförmigem Umriss. Lager breit lappenförmig, an der Spitze abgerundet, oben grün, unten bräunlich violett. Auf der Oberseite gegabelte Mittelfurchen, unterseits Büschel von Wurzelfasern. Sporenbildung sehr selten und nur auf trockengefallenen Schlammböden. Stehende, meist kleinere Gewässer, auch Teichufer; ziemlich selten.
Wissenswertes Vermehrung durch Längsteilung, bildet rasch Teppiche.

Preiss-Moos
Preissia quadrata
Brunnenlebermoose

Merkmale Lebermoos mit matt hellgrünem, am Rand oft rot gefärbtem, bis 5 cm langem, 1 cm breitem Thallus, auf der Unterseite meist purpurrot. Weibliche Geschlechtsorgane in halbkugeligen bis abgerundet viereckigen Schirmen auf 5–10 cm hohen Stielen, männliche scheibenförmig, bis 2 cm lang gestielt; Sporenreife Frühjahr–Sommer. An meist schattigen, feuchten Kalkfelsen, am Boden, auf Mauern; nicht häufig.
Wissenswertes Die Art bildet im Unterschied zum ähnlichen Brunnenlebermoos keine Brutbecher aus.

Brunnenlebermoos
Marchantia polymorpha
Brunnenlebermoose

Merkmale Lebermoos mit dunkelgrünem, bis 10 cm langem, 1,5 cm breitem, gabelig verzweigtem Lager, oberseits mit schwärzlicher Mittelrippe. Weibliche Geschlechtsorgane in 2–8 cm lang gestielten, schirmgestellartigen Trägern, männliche schirmartig, am Rand eingekerbt; Sporenreife im Sommer. Feuchtschattige, bisweilen auch besonnte Böden; fast überall ziemlich häufig.
Wissenswertes Auf der Lageroberseite findet man ca. 3 mm breite Brutbecher mit linsenförmigen Brutkörpern.

Kegelkopfmoos
Conocephalum conicum
Kegelkopfmoose

Merkmale Lebermoos mit bis über 20 cm langem, 2 cm breitem, gabelig verzweigtem, hellgrünem Lager. Oberfläche regelmäßig sechseckig gefeldert, Felder in der Mitte mit deutlicher Atempore. Weibliche Geschlechtsorgane in hutförmigen, 4–6 cm lang gestielten Trägern, männliche scheibenförmig, ungestielt am Thallusende; Sporenreife im Frühjahr. Feuchte, kalkreiche Felsen und Böden; meist nicht selten.
Wissenswertes Konkurrenzkräftig, kann mehrere Quadratmeter bedecken.

Kugelträgermoos
Sphaerocarpos michelii
Bläschenmoose

Merkmale Kleines Lebermoos mit rundem, 5–10 mm großem, gelbgrünem, am Rand gelapptem Lager. Oberseite mit schlauchförmigen Hüllen, in denen die Geschlechtsorgane liegen, weibliche birnenförmig, männliche drei- bis fünfmal so lang wie breit; Sporenreife Frühjahr–Sommer. In wärmebegünstigten Gebieten auf kalkreichen Rohboden, in Weinbergen und an Wegrändern; v. a. am Oberrhein; recht selten.
Wissenswertes Reagiert empfindlich auf Überdüngung und Pestizide.

Dunkelsporiges Hornmoos
Anthoceros agrestis
Hornmoose

Merkmale Lebermoos mit rosettenförmigem, 3–5 cm breitem, am Rand zerschlitztem, gekräuseltem Lager. Im Innern zahlreiche Schleimhöhlen (dunkle Punkte). Sporenkapseln hornförmig, aufgerichtet, 0,5–6 cm lang, Sporen schwarz, stark bestachelt; Sporenreife Spätsommer–Herbst. Meist auf abgeernteten Getreidefeldern und trockengefallenen Teichböden; nicht häufig.
Wissenswertes Die Sporenkapseln öffnen sich bei der Reife mit 2 Klappen.

Armleuchteralge
Chara sp.
Armleuchteralgen

Merkmale Gelbgrüne bis graugrüne, 20–50 cm hohe Alge. Quirlständige, verzweigte Kurztriebe in regelmäßigen Abständen an einer geraden Hauptachse, durch Kalkeinlagerung etwas brüchig. Die meist nur schwer unterscheidbaren Arten bilden Unterwasserwiesen in Stillgewässern, selten auch in langsam fließenden Seitenarmen. Nur in Kalkgebieten; selten.
Wissenswertes Armleuchteralgen haben besonders große, schon mit einer Lupe erkennbare Zellen. Alle Armleuchteralgen sind Reinwasseranzeiger, da sie nur in unbelasteten Gewässern gedeihen. Die Bestände sind wichtige Lebensräume für Kleintiere. Viele Arten dieser auch fossil bekannten Verwandtschaftsgruppe stehen auf der Roten Liste.

Fadenalge
Cladophora sp.
Grünalgen

Merkmale In zahlreichen Arten und ziemlich weit verbreitete, häufige Gattung mit grasgrünen bis dunkelgrünen, haarfeinen, verzweigten Fäden, die größere Büschel oder im Wasser flutende Watten bilden. Größere Exemplare können 50 cm bis fast 1 m lang werden. Je nach Artzugehörigkeit in stehenden oder fließenden Gewässern.
Wissenswertes Auf den fühlbar leicht rauen Achsen und Zweigen dieser Algen leben zahlreiche mikroskopisch kleine Wasserorganismen wie Kieselalgen und Rädertiere. Weil sie in dem Feinbau ihrer Zellen einige Besonderheiten besitzen, stellt man die *Cladophora*-Arten innerhalb der Grünalgen in eine eigene Klasse.

Fuchsrote Samtfadenalge
Trentepohlia aurea
Grünalgen

Merkmale Kleine, nur wenige Millimeter hohe Alge mit wenig verzweigten Zellfäden auf einer krustenförmigen Basis. Sie bilden mit ihren dichten Beständen samtig filzige, an kleine Kissen erinnernde Lager bis etwa 1 cm Durchmesser. Auf beschatteten Felsen und Baumrinden in luftfeuchten Lagen v. a. in Reinluftgebieten.
Wissenswertes Obwohl diese Algen zimtbraun bis fuchsrot gefärbt sind, gehören sie zu den Grünalgen. Sie bilden die ökologisch interessante und ungewöhnliche, aber recht artenarme Gruppe der Atmophyten (Luftalgen), die nie im Wasser vorkommen. *Trentepohlia*-Arten sind die Algenpartner in vielen Flechten.

Froschlaichalge
Batrachospermum moniliforme
Rotalgen

Merkmale Unregelmäßig verzweigte Alge mit mehrreihiger Zentralachse und einzellreihigen, quirlig gestellten Seitenzweigen; diese etwa 5–10 cm lang, sehr weich und äußerst schleimig, sodass sich die Alge wie Amphibienlaich anfühlt. Meist olivbraun bis (standortabhängig) braunrot. Nur in sauberen Kaltwasserbächen, seltener auch in Stillgewässern.
Wissenswertes Rotalgen sind überwiegend im Meer beheimatet. Nur sehr wenige Arten kommen auch im Süßwasser vor. Die Froschlaichalge gehört davon zu den bekanntesten Formen. Die Gattung führt einen komplizierten Generationswechsel mit Stadien durch, die man als *Chantransia*-Arten beschrieben hat

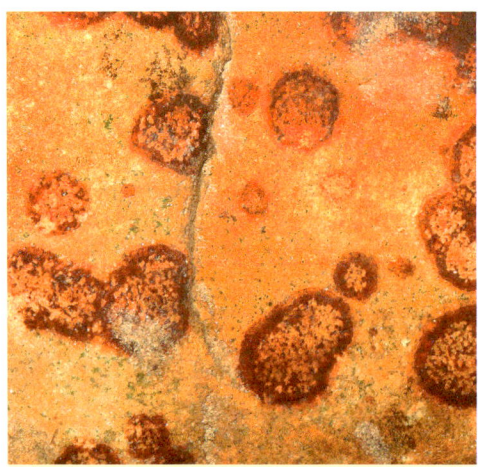

Bachkrustenalge
Hildenbrandia rivularis
Rotalgen

Merkmale Krustenförmig wachsende, unverkalkte Rotalge, bildet unregelmäßige, rundliche Flecken von 1–3 cm Durchmesser, meist auffällig karminrot bis dunkel blutrot gefärbt, fühlen sich nicht schleimig an. Ziemlich selten an beschatteten Stellen auf Gestein, meist in Bächen des Berglandes, seltener auch in Stillgewässern.
Wissenswertes Rötliche Krusten auf Bachgeröllen, die sich glitschig-schleimig anfühlen, sind meist Lager von Blaualgen. Eine verwandte *Hildenbrandia*-Art ist an Felsküsten eine der häufigsten Krustenrotalgen. Die Art pflanzt sich offenbar nur vegetativ fort, denn Gametophyten sind unbekannt.

Gewöhnliche Gallertalge
Nostoc commune
Blaualgen

Merkmale Schwarz-grünliche, kugelige bis blättrige Lager, fühlen sich bei Feuchtigkeit gummiartig weich, aber kaum klebrig an. Sie zeigen sich im mikroskopischen Bild als unverzweigte, gewundene Zellfäden mit kugeligen Einzelzellen. Weltweit verbreitet auf Feuchtböden von Äckern, Gärten und Weiden.
Wissenswertes Die in Mitteleuropa vorkommenden *Nostoc*-Arten sind nur schwer voneinander zu unterscheiden. Einige davon sind Flechtenpartner, beispielsweise in den tintenschwarzen *Verrucaria*- und *Lichina*-Flechtenarten, die an Felsküsten vorkommen. Andere Arten leben als frei driftende Watten auf nährstoffreichen Gewässern.

Meersalat
Ulva lactuca
Grünalgen

Merkmale Einjährige, dünnhäutige und meist grasgrüne Meeresalge von variablem Umriss, manchmal wellig-faltig, handflächengroß oder größer, mit glatten, oft fetzig zerrissenen Rändern, irisiert im Wasser bläulich. Sie ist in allen Weltmeeren von den gemäßigten Breiten bis in die Tropen zu finden, v. a. in der Gezeitenzone; auch in der westlichen Ostsee.

Wissenswertes Meersalat wird in vielen Küstengegenden roh, getrocknet oder nach Zubereitung gegessen. In Japan ist er Bestandteil eines Aonori genannten Gewürzes von leicht fischartiger Note. In Frankreich ist er getrocknet im »Salade des pêcheurs« enthalten. Alle Meeresalgen sind ausgesprochen vitamin- und mineralstoffreich.

Blasentang
Fucus vesiculosus
Braunalgen

Merkmale Etwa 20–70 cm lange, mehrjährige Alge mit 0,2–2 cm breiten, ledrig derben und bandartig flachen Zweigen, gabelig verzweigt, mit kräftiger Mittelrippe; Ränder glatt. Beidseits der Mittelrippe (meist) mit paarigen, hohlen Blasen, diese etwa 1 cm lang und bis 7 mm breit, sie können bei manchen Formen auch fehlen. Häufige Art in der oberen Gezeitenzone an Felsküsten. Atlantik, Nordsee sowie westliche Ostsee.

Wissenswertes Der Blasentang ist zweihäusig – die männlichen und weiblichen Exemplare sind nur mit einer starken Lupe anhand der Vermehrungsstrukturen an den Zweigenden zu unterscheiden. Am abgebildeten Exemplar sind sie noch nicht entwickelt.

Zuckertang
Laminaria saccharina
Braunalgen

Merkmale Mehrjährige Braunalge, dunkel- bis olivbraun, mit langem, ungeteiltem Blattorgan, rundlichem, flexiblem Stielabschnitt und verzweigter Haftkralle; Blatt ledrig, dicklich, bis über 3 m lang und 30 cm breit, entweder glatt (Helgoland) oder runzlig gefeldert (übrige Atlantikküsten). An Felsküsten von der Niedrigwasserlinie bis in 20 m Wassertiefe, von der Arktis bis Nordspanien.

Wissenswertes Die blattartigen Hauptteile werden in Westeuropa wie Gemüse zubereitet. Sie enthalten bis zu 15 % Protein bei nur 0,5 % Fett neben reichlich Mineralien (Calcium, Magnesium, Jod) sowie Vitaminen. Die Zellwandstoffe verwendet man als Stabilisatoren beispielsweise in Jogurth und Speiseeis.

Fingertang
Laminaria digitata
Braunalgen

Merkmale Bis 3 m lange, mehrjährige Braunalge mit fingerdickem, drehrundem Stielabschnitt und einem handförmig geteilten, ledrigen Blattorgan, meist dunkel olivbraun, hält sich mit einer verzweigten Haftkralle auf Steinen oder Fels fest. An Felsküsten von der Niedrigwasserlinie bis in etwa 20 m Wassertiefe. Von Norwegen bis Gibraltar.

Wissenswertes Zusammen mit weiteren Großtangen der Gattung bildet diese Art ausgedehnte Bestände, die Laminarien-Wälder. Sie sind der Lebensraum und Laichplatz zahlreicher Tierarten. Oft sind die Blattorgane dicht von den garuweißen Kolonien des Blättermoostierchens überkrustet.

Korallenmoos
Corallina officinalis
Rotalgen

Merkmale Bis 10 cm hohe, mehrjährige, durch Kalkeinlagerungen brüchig versteifte, buschig verzweigte Alge mit runden bis wenig abgeflachten und um 1 mm dicken Achsen und Zweigen. Meist grauviolett gefärbt, an den Spitzen weißlich. An geschützten Felsküsten. Atlantik, Nordsee, westliche Ostsee und Mittelmeer.

Wissenswertes In der näheren Verwandtschaft dieser Kalkrotalge gibt es viele Arten von krustenformigem Wuchs. Sie bilden – wie der Moosteppich in Wäldern – den Unterwuchs der höheren Tangvegetation. In den Felstümpeln der Gezeitenzone überkleiden sie mit ihren Krusten das gesamte anstehende Gestein.

Gabeltang
Furcellaria lumbricalis
Rotalgen

Merkmale Bis 25 cm lang, fest, etwas knorpelig, mit aufrechten, drehrunden, regelmäßig spitzwinklig verzweigten Achsen, zur Spitze hin verdünnt, dunkel purpurrot bis bräunlich rot, mit verzweigter Haftkralle. Die sehr ähnliche *Polyides rotundus* besitzt eine Haftscheibe. Ganzjährig auf Steinen und Felsen in der unteren Gezeitenzone. Nördlicher Atlantik sowie Ostsee.

Wissenswertes Aus Gabeltang gewinnt man ein gelierfähiges Polysaccharid (Agar bzw. Carragheenan), das ähnlich wie Gelatine in der Lebensmitteltechnologie eingesetzt wird. Ähnlich verwendet man auch einige nahe verwandte Rotalgen-Arten.

Gruftflechte
Gyalecta jenensis
Gruftflechten

Merkmale Krustenflechte mit dünnem, weißlichem bis hellgrauem, manchmal kaum sichtbarem Lager und ebenso gefärbtem, zartem Vorlager. Fruchtkörper (Apothecien) dem Lager aufsitzend, bis 1,2 mm breit, anfangs kugelig geschlossen, später mit rosa-orangefarbener Scheibe und strahlig gezähntem, weißlichem Rand. Auf feucht schattigem Kalkgestein, seltener auf Moosen, Holz; v. a. im Bergland; teils nicht selten.
Wissenswertes Nach der Stadt Jena, ihrem ersten Fundort, benannt. Sie enthält Algen der Gattung *Trentepohlia*.

Landkartenflechte
Rhizocarpon geographicum
Napfflechten

Merkmale Krustenflechte mit zitronengelbem bis gelbgrünem, durch Risse gefeldertem Lager, am Rand mit deutlichem, schwarzem Vorlager. Fruchtkörper bis 1,5 mm Durchmesser, mit oder ohne Rand, zwischen den eckigen Feldern des Lagers, oft zu kleinen Gruppen oder Linien zusammenfließend. Sonnige Stellen auf kalkarmem Gestein; recht häufig, in reinen Kalkgebieten selten.
Wissenswertes Größere Bestände mit den durch ihre linienförmigen, schwarzen Vorlager getrennten Lagern erinnern an eine Landkarte.

Bläulichweiße Blasenflechte
Toninia sedifolia
Kuchenflechten

Merkmale Krustenflechte mit blasigschuppigem, bläulich weiß bereiftem, bräunlichem bis grauem Lager. Lagerschuppen bis 3 mm groß, dicht gedrängt und gestielt, mehr oder weniger gewölbt, aber sehr verschieden geformt. Fruchtkörper schwarz, rundlich, unbereift oder bereift, bis 2 mm breit. Sonnige, kalkreiche, offene Böden, in Kalkfelsspalten; im Bergland stellenweise nicht selten.
Wissenswertes Ist oft zusammen mit einigen meist bunten Flechten Bestandteil der auf Trockenrasen verbreiteten »Bunten Erdflechtengesellschaft«.

Kleinleuchterflechte
Candelariella vitellina
Kuchenflechten

Merkmale Krustenflechte mit dickem, gelbgrünem bis zitronengelbem, oft rissig gefeldertem, körnigem Lager. Fruchtkörper scheibenförmig oder unregelmäßig geformt, bis 1,5 mm breit, wie das Lager gefärbt oder bräunlich gelb bis schmutzig gelblich, am Rand gekerbt. Auf besonntem Silikatgestein weit verbreitet und fast überall häufig, regelmäßig auch auf Grabsteinen und Denkmälern, sogar auf rostigem Eisen.
Wissenswertes In felsfreien Gebieten wächst die Art ebenso wie in Kalkgebieten nur auf künstlichen Substraten.

Blutaugenflechte
Ophioparma ventosa
Kuchenflechten

Merkmale Krustenflechte mit gelbgrünem bis grauem, bis 3 mm dickem, runzligem, rissig gefeldertem Lager. Fruchtkörper mit dunkel blut- bis braunroter, rundlicher oder unregelmäßig geformter, flacher Scheibe, bis 3 mm breit. An offenen, voll beregneten Steilflächen von Silikatfelsen, in Grobblockhalden, meist in Höhe der Waldgrenze und darüber; in einigen Mittelgebirgen und den Silikatalpen stellenweise nicht selten.
Wissenswertes Aus der Flechte gewann man früher rotbraunen Farbstoff.

Mauer-Kuchenflechte
Lecanora muralis
Kuchenflechten

Merkmale Krustenflechte mit hell grünlich grauem, rundem, am Rand schmal gelapptem, flachem Lager, bis 10 cm Durchmesser. Randlappen strahlig ausgerichtet, sich gegenseitig berührend oder teils überdeckend. Fruchtkörper scheibenförmig, bis 1,5 mm Durchmesser, hellbraun, zur Mitte hin dichter und größer. Auf Silikat- und Kalkgestein, auch auf Beton, Asphalt; überall häufig.
Wissenswertes Sehr widerstandsfähig gegenüber Luftschadstoffen, kommt sogar in Industriegebieten vor.

Fleckflechte
Arthonia tumidula
Fleckflechten

Merkmale Krustenflechte mit dünnem, weißlichem bis ockerfarbenem, unter der Rindenoberfläche wachsendem Lager. Fruchtkörper sternförmig verästelt, bis 1,5 mm Durchmesser, innen braunrot, oft weißlich bereift, am Rand leuchtend zinnoberrot. Auf basenreicher Rinde von Weichhölzern, v. a. Eschen, seltener an anderen Laubhölzer; meist in Auwäldern; nicht häufig.
Wissenswertes Verträgt weder sauren Regen noch Algenbewuchs der Bäume, ist daher teils stark zurückgegangen.

Schriftflechte
Graphis scripta
Schriftflechten

Merkmale Krustenflechte mit dünnem, meist unter der Rinde wachsendem, hell- bis weißlich grauem Lager. Fruchtkörper schwarz, mehr oder weniger lang gestreckt, oft geschlängelt oder gabelig bis sternförmig verzweigt, nicht selten an Schriftzeichen erinnernd, bis 2 mm groß. Auf glattrindigen Baumstämmen, v. a. von Buchen und anderen Laubbäumen, auch an Tannen; in Gewässernähe weit verbreitet, teils häufig, in Norddeutschland aber durch Luftverschmutzung schon selten geworden.

Braune Köpfchenflechte
Baeomyces rufus
Schriftflechten

Merkmale Krustenflechte mit graugrünem, schuppigem bis körnig-krustigem Lager. Fruchtkörper pilzförmig, mit bis 4 mm hohen, weißlichen, meist mit grauen Körnchen besetzten Stielen und halbkugeligen oder unregelmäßig geformten, bis 2 mm breiten, braunen Köpfchen. Auf sauren, offenen Bodenstellen, auch auf flachen Steinen oder Felsen; meist recht häufig, nur in Kalkgebieten selten.
Wissenswertes Die deutlich seltenere Rosa Köpfchenflechte *(Dibaeis baeomyces)* hat rosa gefärbte Apothecien.

Kammförmige Leimflechte
Collema cristatum
Leimflechten

Merkmale Blattflechte mit feucht dunkel olivgrünem oder dunkelbraunem, trocken fast schwarzem, am Rand schmal gelapptem, oft stark gekräuseltem Lager. Fruchtkörper oft in größerer Zahl entwickelt, scheibenförmig, rotbraun, mit ringförmigem Lagerrand, bis 3 mm Durchmesser. Auf Kalkfelsen, v. a. an Stellen, an denen sich Regenwasser eine Zeit lang hält; im kalkreichen Bergland meist nicht selten.
Wissenswertes Die Flechte enthält Algen der Gattung *Nostoc* und quillt wie diese bei Nässe stark gallertig auf.

Graue Wimperflechte
Anaptychia ciliaris
Schwielenflechten

Merkmale Strauchige Flechte mit bis 20 cm breitem, grauem bis braunem Lager, der unregelmäßig in 1–2 mm breite, am Rand mit Wimpern besetzte Lappen geteilt ist. Fruchtkörper meist in größerer Zahl entwickelt, scheibenförmig, dunkelbraun und oft bereift, dem Lager aufsitzend oder kurz gestielt, 2–6 mm Durchmesser. An der Rinde frei stehender Bäume; stellenweise, v. a. im Bergland, noch verbreitet.
Wissenswertes Empfindlich gegenüber Luftverunreinigungen, daher teils schon recht selten geworden.

Feuerflechte
Fulgensia fulgens
Gelbflechten

Merkmale Blattflechte mit rosettenförmigem, hellgelbem, oft weißlich bereiftem Lager. Fruchtkörper v. a. in der Mitte des Lagers, rundlich scheibenförmig, orange bis dunkelbraun, 1–2 mm Durchmesser. Auf offenen Bodenstellen in lückigen Kalkmagerrasen; v. a. in Wärmegebieten, ziemlich selten, doch stellenweise in größeren Beständen.
Wissenswertes Die Feuerflechte ist die markanteste Art der »bunten Erdflechtengesellschaft«, zu der auch die viel häufigere Bläulichweiße Blasenflechte *(Toninia sedifolia)* gehört.

Wand-Gelbflechte
Xanthoria parietina
Gelbflechten

Merkmale Blattflechte mit gelbem bis gelborangem, an schattigen Stellen auch gelbgrünem bis graugrünem, rosettenförmigem Lager, am Rand mit zusammenfließenden, 1–5 mm breiten Lappen. Fruchtkörper rund oder unregelmäßig, zur Lagermitte größer, bis 4 mm Durchmesser, meist kräftiger gefärbt als das Lager. Auf Baumrinde, Kalksteinen, alten Dachziegeln; recht häufig.
Wissenswertes Wurde früher zum Färben verwendet; galt außerdem als Heilmittel, z. B. gegen Wechselfieber.

Lungenflechte
Lobaria pulmonaria
Lungenflechten

Merkmale Auffallend große Blattflechte mit oft mehr als 10 cm großem, graubis olivgrünem, in feuchtem Zustand leuchtend grünem, tief gelapptem Lager. Oberfläche mit netzartig verzweigten Leisten, dazwischen grubig vertieft. Fruchtkörper selten entwickelt, rotbraun, meist am Lagerrand. Auf Baumrinde in Reinluftgebieten, fast nur noch im Bergland; ziemlich selten.
Wissenswertes Reagiert sehr empfindlich auf Luftverunreinigungen, Lager meist bräunlich verfärbt. ▽

Hundsflechte
Peltigera praetextata
Schildflechten

Merkmale Auffallend große Blattflechte mit bis ca. 25 cm breitem, grau bis braun gefärbtem, breit gelapptem Lager, an den Rändern meist hochgebogen. Fruchtkörper oft entwickelt, sattelförmig und rotbraun gefärbt, bis 6 mm groß, auf schmalen Lappen am Lagerrand. An feucht-schattigen Stellen, v. a. am Fuß bemooster Baumstämme, auf Moosen und nackter Erde; meist recht häufig.
Wissenswertes Die Art vermehrt sich oft durch Isidien, kleinen stiftförmigen Auswüchsen auf der Lageroberfläche.

Sackflechte
Solorina saccata
Schildflechten

Merkmale Blattflechte mit trocken graugrünem, feucht leuchtend hellgrünem, nur schwach gelapptem Lager. Unterseite weißlich bis hell bräunlich, ohne dunkle Adern. Fruchtkörper rotbis schwarzbraun, in Gruben in der Mitte des Lagers eingesenkt, 2–6 mm breit. Kalkhaltige Böden, Kalkfelsen, zwischen Moosen; im Bergland teils nicht selten.
Wissenswertes Die Art ist durch die eingesenkten Fruchtkörper unverwechselbar, nur in den Hochlagen der Alpen kommen mehrere ähnliche Arten vor.

Gewimperte Nabelflechte
Umbilicaria cylindrica
Nabelflechten

Merkmale Blattflechte mit rundem, nabelartig nur in der Mitte am Untergrund festgeheftetem, grauem Lager, meist ca. 3 cm breit. Lagerrand unregelmäßig gelappt, mit vielen schwarzen, z.T. verzweigten Borsten. Fruchtkörper meist zahlreich, rund oder unregelmäßig geformt, schwarz, bis 1,5 mm Durchmesser. Auf offenen Silikatfelsen im höheren Bergland und in den Alpen; recht selten, doch an den Fundorten meist in größerer Zahl.
Wissenswertes Die Lager sind in trockenem Zustand sehr brüchig.

Fingerblättrige Korallenflechte
Stereocaulon dactylophyllum
Strauchflechten

Merkmale 2–5 cm hohe, auf Gestein festgewachsene, weißlich graue, korallenartige Strauchflechte. Äste des Lagers unregelmäßig verzweigt, dicht mit ca. 1 mm großen, fingerförmigen Schuppen besetzt. Fruchtkörper rot- bis schwarzbraun, halbkugelig, bis 1,5 mm Durchmesser, an der Spitze kurzer Seitenäste. Auf Silikatgestein an mehr oder weniger offenen Standorten; im Bergland und in den Alpen in Nadelwäldern; recht selten.
Wissenswertes Im höheren Bergland kommen einige sehr ähnliche Arten vor.

Rotfrüchtige Säulenflechte
Cladonia macilenta
Strauchflechten

Merkmale Strauchflechte mit aus graugrünen, schuppenförmigen Blättchen zusammengesetztem grundständigem Lager und daraus wachsenden, stiftförmigen, manchmal verzweigten, bis ca. 2 cm hohen Fruchtkörper tragenden Teilen (Podetien); diese am Ende mit leuchtend roten, meist dicht geknäuelten Fruchtkörpern. Auf nährstoffarmen, sauren Böden und morschem Holz; gebietsweise nicht selten.
Wissenswertes Tritt in mehreren verschiedenen Formen auf, die z.T. auch als eigene Arten betrachtet werden.

Trompetenflechte
Cladonia fimbriata
Strauchflechten

Merkmale Strauchflechte mit aus sehr kleinen, graugrünen Blättchen zusammengesetztem, oft nur schwach ausgebildetem, grundständigem Lager und lang gestielten, trompetenförmigen, außen fein mehligen, bis 2 cm hohen, oben meist etwa 4 mm breiten Podetien. Fruchtkörper nur selten entwickelt, als kleine, braune Punkte am Becherrand. An offenen Stellen; recht häufig.
Wissenswertes Bei der Warzigen Becherflechte *(Cladonia pyxidata)* sind die Podetien gedrungener und oben nicht so plötzlich erweitert.

Graue Rentierflechte
Cladonia portentosa
Strauchflechten

Merkmale Stark verzweigte, bis 8 cm hohe Strauchflechte mit grünlich bis weißlich grauen, an den Spitzen oft gebräunten Zweigen. Zweigspitzen gleichmäßig nach allen Seiten ausgerichtet, Verzweigungen meist dreiästig. Ohne bodenständige Lagerschuppen. Fruchtkörper selten ausgebildet. Auf sauren Sandböden in Heidegebieten, lockeren Wäldern; v. a. im norddeutschen, küstennahen Flachland ziemlich häufig.
Wissenswertes Gehört zum Nahrungsspektrum der Rentiere.

Islandflechte
Cetraria islandica
Moosflechten

Merkmale Dunkelbraune bis olivgrüne, geweihartig verzweigte Strauchflechte mit rinnig vertieften, 2–6 mm breiten Endabschnitten, oft am Rand gezähnt. Fruchtkörper selten entwickelt, als 2–8 mm große Scheiben an den Zweigenden. Auf sandigen oder steinigen, sauren Böden oder lückigen Kalktrockenrasen; teils nicht selten, besonders im norddeutschen Flachland.
Wissenswertes Die Art ist ein altbewährtes Heilmittel, v. a. bei Atemwegserkrankungen.

Moosflechte
Platismatia glauca
Moosflechten

Merkmale Blattflechte mit hell- bis grüngrauem oder etwas bläulichem, unterseits braunem bis fast schwarzem, unregelmäßig gelapptem, an den Enden aufsteigendem, bis 2 cm breitem, 8 cm langem Lager, am Rand zahlreichen Soralen (staubartige Ansammlungen vegetativer Vermehrungskörper) oder Isidien. Fruchtkörper sehr selten. Auf saurer Baumrinde, Silikatgestein in luftfeuchten Lagen; im Bergland und den Alpen teils noch recht häufig, in niederen Lagen selten.

Lippen-Schüsselflechte
Hypogymnia physodes
Schüsselflechten

Merkmale Blattflechte mit hellgrauem bis leicht bläulichem, rosettenförmigem, bis etwa 5 cm breitem, unterseits dunkelbraunem bis schwarzem Lager, am Rand mit 1–3 mm breiten, von unten her etwas aufgeblähten Lappen. Lappenenden älterer Lager mit lippenförmigen Soralen. Fruchtkörper selten. Meist auf saurer Baumrinde; eine unserer häufigsten Blattflechten.
Wissenswertes War vor Einführung der Kfz-Katalysatoren deutlich zurückgegangen, hat wieder zugenommen.

Schüsselflechte
Parmelia sulcata
Schüsselflechten

Merkmale Grünlich bis bläulich graue Blattflechte mit rosettenförmigem, bis 8 cm breiten, am Rand in breite, flache Lappen geteiltem Lager. Oberfläche des Lagers mit netzartig verzweigten, erhabenen Linien, auf denen sich stellenweise weißliche Sorale bilden. Fruchtkörper schüsselförmig, braun, selten entwickelt. Auf leicht saurer, mäßig nährstoffreicher Rinde; fast überall häufig.

Wissenswertes Kommt verhältnismäßig gut mit Luftverunreinigungen zurecht und kann daher auch neben viel befahrenen Straßen überleben.

Essigflechte
Parmelia acetabulum
Schüsselflechten

Merkmale Blattflechte mit dunkel olivgrünem oder etwas bläulichem, oft grau bereiftem, in bis 25 cm breiten Rosetten wachsendem Lager, ohne vegetative Vermehrungskörper (Isidien, Sorale). Fruchtkörper regelmäßig entwickelt, hell- bis schwarzbraun, zunächst rundlich-scheibenförmig, später mit stark verbogenen, deutlich erhabenen Rändern, bis 25 mm breit. Auf nährstoffreicher Rinde frei stehender Laubbäume; v. a. im Bergland meist nicht selten.

Wissenswertes Bei Luftverunreinigung bleichen die Lager aus und sterben ab.

Bandflechte
Pseudevernia furfuracea
Schüsselflechten

Merkmale Strauchflechte mit bandförmigem, oberseits grauem und unterseits schwarzem, gabelig verzweigtem bis 10 cm langem, 5 mm breitem, seitlich herabgebogenem und dadurch unterseits ausgehöhltem Lager. Oberseite mit vielen stiftförmigen oder verzweigten Isidien. Fruchtkörper selten, scheibenförmig. An offenen Stellen auf saurer Baumrinde; v. a. im Bergland weit verbreitet und fast überall häufig.

Wissenswertes Die Art ist sehr variabel in der Wuchsform, besonders in der Breite der Lagerlappen.

Pflaumenflechte
Evernia prunastri
Bartflechten

Merkmale Grünlich graue bis gelbgrüne, unterseits weißliche Strauchflechte mit bandartig flachem, stark gabelig verzweigtem Lager. Oberseits und an den Lagerrändern mit vielen mehligen Soralen. Fruchtkörper sehr selten. Auf Baumrinde überall sehr häufig.

Wissenswertes Wurde im alten Ägypten für die Gewinnung von Duftstoffen zur Einbalsamierung benutzt. Auch heute noch findet sie bei der Parfümherstellung (wie die Bandflechte) Verwendung. Die Duftstoffe werden mit besonderen Lösungsmitteln gewonnen.

Grubige Astflechte
Ramalina fraxinea
Bartflechten

Merkmale Strauchflechte mit breit bandförmigem, graugrünem bis gelblich grauem, wenig verzweigtem, hängendem, bis 20 cm langem, 2–10 mm breitem Lager. Fruchtkörper regelmäßig entwickelt, schüsselförmig, 2–10 mm breit, an den Rändern und auf der Fläche der Lagerlappen. An frei stehenden Laubbäumne, v. a. an Straßenbäumen; fast überall selten geworden.

Wissenswertes Reagiert empfindlich auf Luftschadstoffe, man findet heute fast nur noch Kümmerexemplare.

Wolfsflechte
Letharia vulpina
Bartflechten

Merkmale Strauchflechte mit leuchtend zitronen- bis grünlich gelbem, stark verzweigtem, hängendem, bis 10 cm langem Lager. Zweige rundlich oder abgeflacht, bis 2,5 mm breit. Fruchtkörper selten, 4–7 mm groß, dunkelbraun. In alpinen Lagen auf der Rinde von Nadelbäumen, v. a. von Zirben und Lärchen, auch auf Totholz; in den Alpen weit verbreitet und gebietsweise nicht selten.

Wissenswertes Verdankt ihre Färbung der sehr giftigen Vulpinsäure; diente früher dem Vergiften von Wolfsködern.

Scheiben-Bartflechte
Usnea florida
Bartflechten

Merkmale Bis 10 cm hohe, buschförmige Strauchflechte mit ca. 1 mm dicken, runden, gabelig verzweigten Ästen, diese mit zahlreichen kurzen Warzen (Papillen) und dünnen, geraden oder gekrümmten Seitenzweigen (Fibrillen). Fruchtkörper regelmäßig entwickelt, an den Astenden, flach scheibenförmig, bis 10 mm Durchmesser, am Rand lang bewimpert. In Laubbäumen, v. a. Eichen, Ebereschen, im Bergland; recht selten.

Wissenswertes Schwer zu finden, fällt bei Sturm öfters mit Zweigen zu Boden.

Gewöhnliche Bartflechte
Usnea filipendula
Bartflechten

Merkmale Strauchflechte mit grau bis gelblich grünem, stark verzweigtem, hängendem bis 15 cm, gelegentlich 30 cm langem Lager. Äste um 1 mm dick, dicht mit bis 1 cm langen Fibrillen und Isidien oder Soralen besetzt. Fruchtkörper sehr selten entwickelt. An Bäumen in luftfeuchten Lagen, v. a. in süddeutschen Mittelgebirgen und den Alpen.

Wissenswertes Die Art ist fast nur noch im höheren Bergland gut entwickelt, in niederen Lagen finden sich fast ausschließlich Kümmerexemplare.

Der dritte Weg des Lebens: Pilze

So verschieden Torfmoos, Tanne und Thymian auch sind, haben sie doch eine bemerkenswerte Gemeinsamkeit – sie enthalten als grüne Landpflanzen ebenso wie Algen den grünen Blattfarbstoff Chlorophyll und bauen praktisch nur aus Licht und Luft im Wege der Photosynthese organische, energiereiche Substanzen auf. Von diesen Stoffen ernährt sich der gesamte Rest der Biosphäre entweder direkt oder indirekt.

Täubling und Tintling gehören dagegen nicht in diese Aufzählung, denn sie führen – obwohl sie recht bunt und auffällig sein können – keine Chlorophylle und sind folglich auch nicht zum einzigartigen Prozess der Photosynthese fähig. Sind sie als Pilze nun lediglich verhinderte Pflanzen oder etwas völlig Eigenständiges?

Eigenartige Wesen

Obwohl viele Menschen die Pilze zumindest auf dem Umweg über Kochbuch oder Menükarte schätzen, erscheinen diese seltsamen Lebewesen auf Wiesen, Brachland oder im Wald manchem vielleicht doch nicht ganz geheuer. Pilze fühlen sich nämlich oft ein wenig schleimig an, sehen mitunter leicht eklig aus, wachsen gar in geheimnisvollen Kreisen und verbreiten in manchen Fällen einen fürchterlichen Gestank.

Auch ihr sprichwörtlich rasches Wachstum, das sie gleichsam über Nacht aus der Erde schießen lässt, macht sie ziemlich mysteriös. So verwundert es im Grunde nicht, dass man für das Auftauchen der Pilze noch bis ins 19. Jahrhundert den Satan, die Hexen oder Blitz- und Donner verantwortlich machte. Eine 1804 erschienene Schrift bringt sie gar mit Sternschnuppen in Zusammenhang.

Tatsächlich beeindrucken die schon immer als besonders eigenartig empfundenen Pilze mit zahlreichen Merkwürdigkeiten. Mit ausgefallenen Inhaltsstoffen retten sie fiebergeschüttelten Patienten das Leben. Andere lassen mit recht erbarmungslosen stofflichen Attacken ganz buchstäblich das Dach über dem Kopf einstürzen. Etliche Vertreter sind klangvolle Verheißungen auf der Menükarte, andere verderben binnen weniger Tage die ganze Ernte eines vielversprechenden Sommers. Manche Pilze sollen sogar die Pforten zu angeblich ungeahnten Weiten neuer Wahrnehmung öffnen. Manche sind essbar, doch ein paar ziemlich giftige Arten durchtrennen unerbittlich und meist auch unwiderruflich den Lebensfaden, eventuell sogar nur wenige Stunden nach dem verbotenen Genuss.

Die Rede ist vom Antibiotika produzierenden Pinselschimmel, vom alles zersetzenden Hausschwamm, von der Trüffel, die den Feinschmecker verzückt, vom Ernte gefährdenden Schwarzrost, vom Rausch erzeugenden Fliegenpilz und vom tödlich toxischen Knollenblätterpilz. Die Pilze sind in ihrer Gesamtheit also (nicht nur) nach rein biologischen Kriterien erheblich vielfältiger und interessanter als das üblicherweise zitierte Ensemble von Steinpilz, Champignon und Pfifferling.

Allein aus menschlicher Sicht sind sie also durchaus nicht nur für Wehe, sondern auch für das Wohl zuständig und in dieser Aufgabenstellung sogar völlig unentbehrlich. So sind gerade die sonst nur wenig wahrgenommenen und fast immer kritisch beäugten Mikropilze in der modernen Lebensmitteltechnologie nicht wegzudenken, denn ihre Spur reicht von der Back- bis zur Braustube und von der Edelfäule der feinen Trockenbeerenauslesen bis zum delikaten Blauschimmel im Käseregal. Etliche Zubereitungsverfahren wie Brot backen, Bier brauen und die Um-

Der Kahle Krempling (Paxillus involutus) *gilt als giftiger Hutpilz. Sein Myzel kooperiert mit den Wurzeln von Nadelbäumen.*

wandlung verderblicher Milch in lagerfähigen Käse sind schon seit Jahrtausenden bekannt und erprobt. Vor allem die Mikropilze stehen also gleichsam am Beginn der Biotechnologie, die somit keineswegs eine Errungenschaft unserer Zeit darstellt.

Ein eigenes Reich für die Pilze

Seit Aristoteles teilt die abendländische Wissenschaft die Dinge sehr gerne nach gegensätzlichen Begriffsgefügen wie tot/lebendig, subjektiv/objektiv, warm/kalt, makroskopisch/mikroskopisch und die Lebewesen eben in Pflanzen und Tiere ein. Soweit die seltsamen Pilze bei solchem einfachen Denken überhaupt berücksichtigt wurden, galten sie mehrheitlich als Bestandteil des Pflanzenreichs und fielen somit zunächst in die Zuständigkeit der Botanik.

Selbst manche modernen Lehrbücher der Botanik verstehen die Pilze immer noch als stark vereinfachte bzw. irgendwie verhinderte oder verkommene Pflanzen, denen irgendwann einmal die Fähigkeit zur Photosynthese abhanden

Auch der Echte Pfifferling (Cantharellus cibarius) *bildet mit Waldbäumen eine Pilzwurzel (Mykorrhiza).*

Der Fichtensteinpilz (Boletus edulis) *gehört wie die meisten Arten mit hutförmigem Fruchtkörper zu den Ständerpilzen.*

gekommen ist, und auch in diesem Band schließen sie die Revue der verschiedenen Pflanzenverwandtschaften ab. In systematischen Auflistungen erscheinen die Pilze gelegentlich gar als eigene Abteilung Mycophyta (»Pilzpflanzen«). Argumente für diese Zuordnung waren zum Beispiel die Vermehrung über Sporen, wie sie die Algen, Moose und Farne ebenfalls handhaben, sowie das Vorkommen einer stabilen Zellwand, wie sie bei den meisten Pflanzen üblich ist, den Tieren jedoch fehlt.

Das unkritische Einsortieren von Lorchel und Morchel, Parasol und Pantherpilz bei den Pflanzen stößt jedoch auf mancherlei Widersprüche. Pilze praktizieren nämlich ein besonderes Vermehrungssystem, enthalten außerdem spezielle, sonst in der Natur nicht vorkommende Stoffe und besorgen sich ihre Nahrung auf besondere und ansonsten recht unübliche Weise. Daher

Die Bunte Tramete (Trametes versicolor) ernährt sich von Totholz.

men lassen sie sich von den Einzellern (Protisten) ableiten, und diese gehen im Wurzelbereich auf die noch einfacheren Bakterien zurück. Das ohnehin schon erstaunliche Bild von der Vielfalt des Lebens ist demnach weitaus facettenreicher und bunter, als die beiden Grundmuster Pflanze und Tier bisher ahnen ließen.

Pilze als Partner und Parasiten

Grüne Pflanzen sind photosynthetisch aktiv und ernähren sich praktisch nur von Licht, Luft und Wasser. Tiere leben gleichsam von pflanzlicher Fertignahrung, die sie portionsweise abbeißen und verschlucken, oder von Pflanzenfressern: Auch räuberische Arten sind demnach letztlich von der Biomasseproduktion der grünen Pflanzen abhängig.

Pilze sind ebenfalls auf organische Stoffe als Materialquellen und Energieträger angewiesen. Sie zerlegen die energiereichen Ausgangsstoffe mit speziellen Wirkstoffen jedoch immer außerhalb ihres Fadengeflechts und nehmen sie dann mit ihrer gesamten Oberfläche auf.

Drei Routen der Nahrungsbeschaffung stehen den Pilzen dabei offen: Als Parasiten befallen sie lebende Organismen und saugen sie bis an die Grenze von deren Lebensfähigkeit aus, wie Hallimasch und Schwefelporling. Andere Pilze bauen dagegen nur organische Totstoffe (darunter auch unsere konservierten Lebensmittel) ab, so die Bunte Tramete und der Spaltblättling. Sie sind damit als so genannte Saprobionten wichtige Mitglieder der großen natürlichen Recyclingbetriebe, ohne die jedes Ökosystem am eigenen Abfall ersticken müsste. Eine dritte Gruppe von Pilzen gründet mit pflanzlichen Partnern zum gegenseitigen Nutzen besondere Betriebsgemeinschaften. Beispiele dafür sind die unersetzlichen Mykorrhiza-Pilze, die die hilfreiche Pilzwurzel der Waldbäume organisieren. Der Fliegenpilz gehört in diese Artengruppe ebenso wie Pfifferling und Goldröhrling. Einige im Boden lebende Mikropilze verhalten sich erstaunlicherweise sogar räuberisch – sie fangen nämlich kleine Fadenwürmer mit ausgelegten Leimruten oder strangulierenden Schlingen.

Auch Pilze haben Sporen

Pilze vermehren sich überwiegend durch pulverfeine Sporen, die bei den größeren Arten an oder in besonderen Fruchtkörpern entstehen. Je nach Art der Sporenbildung unterscheidet man Schlauchpilze wie beispielsweise die Speisemorchel und Ständerpilze wie den Fichtensteinpilz oder den Kahlen Krempling. Was man auf der Wiese oder im Wald als »Pilz« zu sehen

bekommt, ist tatsächlich nur der jahreszeitlich entwickelte Fruchtkörper, der die Sporen bildet. Alle Konsolen, Hüte, Kappen, Mützen, Seitlinge, Blättlinge, Boviste oder andere extravaganten Gestalten sind also streng genommen nicht der Pilzorganismus als solcher, sondern lediglich seine Vermehrungsstruktur. Der eigentliche Pilzorganismus besteht aus einem feinen, reich verzweigten Fadengeflecht, Myzel genannt. Bei den Schimmelpilzen auf Käse oder Konfitüre ist es mit einer Lupe gerade erkennbar. Sonst verbirgt es sich gewöhnlich im Boden, im Holz oder in anderen Substraten. Nur selten erreichen besonders kräftige Myzelstränge einmal die Abmessungen von Schnürsenkeln.

Wenn die Außenbedingungen stimmen, wachsen Pilze enorm schnell. Verpackt man eine feuchte Brotscheibe unter Klarsichtfolie, kann man das rasche Wachstum der Fadengeflechte, erkennbar an den weißlichen oder grüngrauen Flecken, fast mit bloßem Auge verfolgen. Ähnlich verläuft auch das Wachstum der Fruchtkörper, der Pilzhüte oder Schwammerl, die bei spätsommerlicher Wärme und genügend Bodenfeuchte nach Regen binnen Stunden zahlreich aus dem Boden dringen.

Ganz kommt man bei den Pilzen ohne bestimmte Fachbegriffe, die ihre besonderen Strukturen benennen, nicht zurecht. All diese für den Laien unbekannten Bezeichnungen sind jedoch im Glossar ausgiebig erklärt.

Der Pilzhut – hier der giftige Fliegenpilz (Amanita muscaria) – ist nur zur Zeit der Vermehrung sichtbar. Den größeren Teil des Pilzes sieht man meist nicht.

unterbreitete der amerikanische Entomologe Robert H. Whittacker schon 1969 der Vorschlag, den typenreichen Pilzen gleichrangig neben den unstrittigen Pflanzen und Tieren ein eigenes Organismenreich zuzugestehen.

Dieser Vorschlag fand schon bald breite Zustimmung. Danach besetzen die Schlauch- und Ständerpilze, die vielen Schimmel und Schwammerl, die Roste, Mehltaue, Becherlinge, Leistlinge, Röhrlinge und Egerlinge einen nach biochemischen und strukturellen Kriterien gut unterscheidbaren eigenen Kronenteil am weit verzweigten Stammbaum des Lebens. Alle zusam-

Die Speisemorchel (Morchella esculenta) ist ein Vertreter der Schlauchpilze. Ihre wabenartigen Fruchtkörper sind anders aufgebaut als übliche Pilzhüte.

Stinkmorchel
Phallus impudicus
Stinkmorchelartige

Merkmale Junge Fruchtkörper (Hexen-eier – in diesem Zustand essbar!) zu-nächst unterirdisch, kugelig bis eiförmig, weißlich bis cremefarben, mit dickem, weißem Myzelstrang. Der weiße, ge-kammerte Stiel (Rezeptakulum) bricht auf 17–20 cm Länge hervor und hebt ein wabig gekammertes Hütchen mit der dunkelgrünen, bald verschleimenden, stark stinkenden Sporenmasse (Gleba) empor. Erscheint Juni–November. In Laub- und Nadelwäldern örtlich häufig. **Wissenswertes** Die Verbreitung erfolgt durch Fliegen.

Tintenfischpilz
Anthurus archeri
Stinkmorchelartige

Merkmale Entwicklung wie bei der Stinkmorchel aus kugeligen Hexenei-ern, diese 3–5 cm breit, schmutzig graubräunlich bis weißlich. Rezeptaku-lum sternförmig, mit kurzem Stiel und 3–8 ca. 3–10 cm langen Armen, ober-seits leuchtend rot, unterseits blasser, auf ganzer Länge zunächst mit oliv-brauner, verschleimender, stark aasar-tig stinkender Sporenmasse bedeckt. Arme jung an der Spitze verwachsen, jedoch bald getrennt, selten auch alt noch verwachsen bleibend. Verbrei-tung durch Fliegen (zoochor). Erscheint

Juni–November. In Europa seit ca. 1920 (erste Beobachtung westliche Vogesen) aus Australien eingeschleppt. Heute weit verbreitet, in manchen Regionen (Rheintal) sehr häufig in Laubwäldern und Wiesen auf sauren Böden und in wärmebegünstigten Lagen.
Wissenswertes Auch eine mechani-sche Zerstörung (z. B. Vierteilung) der Hexeneier hindert den Pilz nicht an sei-ner weiteren Entwicklung und Ausrei-fung der Sporen. In Südeuropa wächst der nahe verwandte Gitterling, dessen Rezeptakulum netzförmig ist.

Hundsrute
Mutinus caninus
Stinkmorchelartige

Merkmale Entwicklung aus einem zu-nächst unterirdischen Hexenei, dieses kleiner als bei der Stinkmorchel. Rezep-takulum ohne abgegrenzten Hut, weiß, ocker oder orangefarben, an der Spitze rot. Sporenmasse olivgrün, verschlei-mend, mit schwächerem Aasgeruch. Verbreitung durch Insekten. Erscheint Juni–November. In Laub-, selten Nadel-wäldern, auf humusreichen Böden, auch auf morschem Holz; örtlich häufig. **Wissenswertes** 3 weitere Arten der Gattung (z. B. Himbeerrote Hundsrute) treten in Europa neu auf (Neophyten).

Gewimperter Erdstern
Geastrum fimbriatum
Erdsternartige

Merkmale Fruchtkörper zunächst ku-gelig geschlossen, 1–4 cm Durchmes-ser, unterirdisch, mit doppelter Außen-haut. Äußere Hülle (Exoperidie) an der Innenseite weißlich cremefarben, in 7–11 Segmente sternförmig aufreißend und so den inneren Teil (blass graubräun-liche Endoperidie, im Inneren die Spo-ren) nach oben hebend, ganzer Pilz aus-gebreitet 2–7 cm groß. Innerer Teil des Fruchtkörpers (Endoperidie) sitzend, kugelig, 7–26 mm breit, an der Spitze mit nicht abgesetztem, nicht gefurch-

tem, faserig-bewimpertem Peristom (Öffnung zur Sporen-Entleerung). Er-scheint August–Oktober. Am Boden in Nadel- und Laubwäldern (v. a. Buchen-wälder), auf Kalkböden; Ebene bis hö-here Mittelgebirgslagen; örtlich häufig. **Wissenswertes** Wie die Boviste lassen auch Erdsterne ihre Sporen vom Wind verbreiten. Ein Regentropfen kann Mil-lionen von ihnen in den Luftstrom kata-pultieren. Der ähnliche Rötende Erdstern (*G. rufescens*) besitzt etwas dickeres, rötendes Fleisch sowie größere Sporen.

Kleiner Nesterdstern
Geastrum quadrifidum
Erdsternartige

Merkmale Junge Pilze kugelig, unter-irdisch, mit deutlicher Myzel-Hülle; die-se bleibt bei der Aufspaltung der Exope-ridie in 4 hell gefärbte Segmente im Bo-den zurück, wo sie ein »Nest« bildet, auf dem der ca. 3 cm hohe Fruchtkörper auf-sitzt. Endoperidie kugelig, kurz gestielt, breit, grau. Peristom gewimpert, mit scharf abgegrenztem, hellem Hof. Er-scheint Mai–November. Nadelwälder auf Kalkböden; zerstreut.
Wissenswertes In Europa gibt es ca. 25 Erdstern-Arten.

Zitzen-Stielbovist
Tulostoma brumale
Stielbovistartige

Merkmale Fruchtkörper aus kugeli-gen bis etwas abgeplattetem Kopfteil und holzigzähem Stiel, dieser weißlich bis blass ocker, etwas schuppig, alt kahl. Kopfteil ocker bis hellbraun, bovistartig, rundlich, 4–10 mm breit, apikal mit zit-zenförmiger, dunkelbraun gehöfter Mündung, innen faserigfilzig, zimt-braun durch die Sporenmasse. Erscheint Oktober–November. Tiefebene bis in mittlere Gebirgslagen.
Wissenswertes Wächst in Trockenra-sen und auf Mauerkronen (Kalk).

Birnenstäubling
Lycoperdon pyriforme
Bovistartige

Merkmale Birnförmig oder gestielt kopfig, braun. Außenhaut mit dicht stehenden, feinen Warzen, ohne Stacheln. Jung innen weiß (essbar), dann über grünlich nach braun verfärbend (ungenießbar). Erscheint Juni–November. Oft auf morschem Holz in Wäldern.
Wissenswertes Der Birnenstäubling ist durch die dicken Myzel-Stränge gut erkennbar.

Tiegelteuerling
Crucibulum laeve
Nestpilze

Merkmale Jung rundlich, dann tonnenförmig, tief trichterförmig, gelb bis ocker gefärbt. Jung geschlossen durch orangegelbes bis weißes Häutchen (Epiphragma). Dieses reißt und gibt den Blick frei auf viele gelbbraune, linsenförmige Peridiolen (Sporen enthaltende Körperchen), die die Fruchtschicht enthalten. Juni–November. An Holz- und Pflanzenresten; häufig.

Gestreifter Teuerling
Cyathus striatus
Nestpilze

Merkmale Fruchtkörper trichterförmig, außen braun zottig. Epiphragma weiß. Becher-Innenseite deutlich längs gefurcht, braun-weißlich gestreift (Name!). Peridiolen zahlreich, linsenförmig, bis 2 mm breit, hellgrau. Oft auf humoser Erde und meist an Holzresten (Laubholz) in vielen verschiedenen Waldtypen. Juni–November, überständig das ganze Jahr. Nicht essbar.

Dickschaliger Kartoffelbovist
Scleroderma citrinum
Hartbovistartige

Merkmale Fruchtkörper knollig, fast kugelig, bis 10 cm breit, fast ungestielt. Peridie bräunlich schuppig, sonst blass bis lebhaft gelb oder gelbbraun, zäh, 2–5 mm dick. Gleba jung weißlich, bald dunkel blaugrau und dann schwarz. Sporen braun, kugelig. Erscheint Juli–November. In Wäldern, auf sauren Böden; örtlich häufig. Leicht giftig.

Rötlicher Wurzeltrüffel
Rhizopogon roseolus
Wurzeltrüffel

Merkmale Fruchtkörper rundlich, knollig, 2–5 cm breit, unterirdisch, später oft teilweise oberirdisch, anfangs weiß, bald gelblich, olivbraun, bei Berührung rötlich anlaufend. Gleba jung weißgelblich, bald gelbbraun bis oliv-rotbraun, reif zerfließend. Erscheint Juli–November. Leben in Symbiose mit der Kiefer (Mykorrhizapilz), v. a. auf Kalkböden; verbreitet.

Echter Speitäubling
Russula emetica
Täublingsähnliche

Merkmale Hut 4–10 cm, kirsch- bis mohnrot, fettig glänzend, alt manchmal zu gelblich, rosa oder weißlich verblassend. Haut leicht abziehbar. Lamellen rein weiß, an der Schneide glatt, splitternd. Stiel schlank, weiß, 10–20 cm dick, brüchig. Geschmack sehr scharf, also giftig. Geruch angenehm. Sporenpulver weiß. Juli–Oktober. Auf sauren Böden unter Nadelbäumen.

Rotbrauner Milchling
Lactarius rufus
Täublingsähnliche

Merkmale Hut rot- bis rostbraun, spitzer Buckel, trocken, matt, 3–10 cm. Lamellen gedrängt, blasser rötlich braun. Stiel hell rötlich braun. Milch weiß. Geruch säuerlich. Geschmack sehr scharf. Erscheint Juni–November. Mykorrhizapilz von Nadelbäumen auf sauren Böden; örtlich häufig.
Wissenswertes Alle Täublinge und Milchlinge haben rundliche Sporen mit in Jod violett färbendem Ornament.

Samtfußkrempling
Paxillus atrotomentosus
Kremplingsverwandte

Merkmale Hut 8–25 cm, muschel- oder zungenförmig, ocker- bis schwarzbraun, fein filzig-samtig, verkahlend und oft rissig, fleischig. Lamellen cremefarben, gedrängt, stark herablaufend, gegabelt. Stiel exzentrisch bis seitlich, kurz (bis 6 cm), manchmal breiter als lang, stark filzig, dunkel schwarzbraun, wie ganzer Pilz zäh. Erscheint Juli–Oktober. Auf morschem Nadelholz in Wäldern; häufig.

Kahler Krempling
Paxillus involutus
Kremplingsverwandte

Merkmale Hut am Rand eingerollt, 5–15 cm breit, gelboliv bis rötlich braun, jung konvex, bald verflachend, alt oft trichterig vertieft, fein filzig, feucht etwas schmierig. Lamellen ockergelb, dann braun, auf Druck wie ganzer Pilz rotbraun fleckend. Erscheint Juni–November. Oft unter Laub- und Nadelbäumen (Mykorrhizapilz), v. a. auf sauren Böden. Giftig.

Rosa Schmierling
Gomphidius roseus
Schmierlinge

Merkmale Hut 2–5 cm, kirschrot bis blutrot, alt eher rosarot, am Rand mit schmaler weißer Zone, konvex, dann verflachend, schließlich in der Mitte vertieft, glatt, schmierig, schwach schleimig. Lamellen stark herablaufend, erst weißlich grau, später dunkler grau. Stiel zentral oder leicht exzentrisch, 3–6 cm lang, 0,8–1,5 cm breit, zur Basis verjüngt, weiß, mit angedeuteter Ringzone. In sandigen Kiefernwäldern; aufgrund von Stickstoffeinträgen stark zurückgehend.
Wissenswertes Der Rosa Schmierling ist ein Parasit, der das Myzel des Kuhröhrlings (*Suillus bovinus*, Mykorrhizapilz der Kiefer) befällt. Oft, aber nicht immer werden die Fruchtkörper beider Arten deshalb gemeinsam gefunden. Essbar.

Butterpilz
Suillus luteus
Röhrlinge

Merkmale Hut 5–13 cm, jung fast halbkugelig, bald flach konvex, oft mit leichtem Buckel, einheitlich dunkel rot- bis schokoladenbraun, feucht stark schmierig-schleimig und dann mit violetten Beitönen, bei trockener Witterung klebrig, jung von weißer Hülle (Velum) geschlossen. Röhren jung blass, später butter- bis bräunlich gelb. Poren gleichfarben, eng (1–2 pro mm). Stiel meist kurz und kräftig, blassgelb bis bräunlich weißlich, oben mit dunklen Punkten über der schleimigen Ringzone. Bei Kiefer auf Sand-, seltener Kalkböden.
Wissenswertes Molekularbiologische und pigmentchemische Befunde haben gezeigt, dass die Schmierröhrlinge *(Suillus)* eng mit den Wurzeltrüffeln *(Rhizopogon)* verwandt sind. Essbar.

Schmarotzerröhrling
Xerocomus parasiticus
Röhrlinge

Merkmale Hut 2–6 cm, erst halbkugelig, dann konvex, meist nicht vollständig verflachend, oliv- bis braungelb, gedeckt orangebraun bis hell olivbraun, fein filzig, bei Trockenheit oft rissig. Röhren blassgelb bis olivgelb. Poren gleichfarben, im Schnitt ca. 1 mm Durchmesser. Stiel gebogen (Pilz muss um den Wirt herumwachsen), an der Basis verjüngt, 2–6 cm lang, 0,5–1,5 cm breit, ähnlich dem Hut gefärbt bis etwas heller. Fleisch hellgelb, unter der Huthaut bräunlich, unveränderlich. Juli–Oktober. Recht selten, v. a. im Tiefland.
Wissenswertes Parasit auf Fruchtkörpern des dickschaligen Kartoffelbovistes (*Scleroderma citrinum*), an der Basis ansitzend, einzeln oder oft mehrere Fruchtkörper pro Bovist.

Maronenröhrling
Xerocomus badius
Röhrlinge

Merkmale Hut jung halbkugelig, dann polsterförmig, später verflachend, bis 15 cm breit, meist kräftig, heller bis dunkel rotbraun, jung schwach filzig, bald kahl und bei feuchter Witterung schmierig und glänzend. Röhrenschicht jung blassgelb, bald grünlich gelb, auf Druck blauend, mit kleinen bis mittelgroßen Poren. Stiel variabel von lang und dünn bis kurz und bauchig, holzgelblich, braun faserig. Erscheint Juli–November. Häufig in Wäldern auf sauren Böden.
Wissenswertes Der Maronenröhrling gehört zu den Pilzen, die sehr stark radioaktives Caesium aus dem Boden anreichern – seit dem Reaktor-Unfall von Tschernobyl bis heute ein Thema. Essbar.

Fichtensteinpilz
Boletus edulis
Röhrlinge

Merkmale Hut bis 20 cm, gewölbt, dickfleischig, matt, bei feuchtem Wetter und im Alter schmierig, jung oft weißlich, später hell bis dunkel rotbraun, fein runzelig, glatt. Röhrenschicht erst weiß, dann grüngelblich, schließlich olivgrün-bräunlich, mit zunächst sehr kleinen, rundlichen Mündungen. Stiel knollig, keulenförmig, seltener schlank, weißlich oder grau-bräunlich, oben mit feinem Adernetz. Erscheint Juli–Oktober. In Fichtenwäldern auf sauren Böden; recht häufig.
Wissenswertes Weitere Steinpilz-Arten sind der Sommersteinpilz (weit hinabreichendes Stielnetz, an Laubbäumen) und der Kiefernsteinpilz (rotbraun, auf sauren Sandböden). Sehr guter Speisepilz. Essbar.

Gallenröhrling
Tylopilus felleus
Röhrlinge

Merkmale Hut 4–15 cm breit, anfangs halbkugelig, später polsterförmig, feinst filzig, dann kahl, bei Trockenheit fein rissig, hell bis dunkel gelbbraun-rotbraun. Röhrenschicht zunächst weiß, mit engen Poren, später rosa bis graurosa. Stiel bald oliv- bis ockerbräunlich, mit stark erhabenem, braun verfärbendem Netz. Fleisch weiß, unveränderlich. Geschmack stark bitter, ungenießbar. Erscheint Juli–Oktober. Meist in Nadelwäldern auf sauren Böden; recht häufig.
Wissenswertes Schon ein kleiner Fruchtkörper des Gallenröhrlings macht ein Pilzgericht ungenießbar. Es gibt aber selten Personen, die diesen Bitterstoff nicht schmecken können, für sie ist der Pilz essbar.

Flockenstieliger Hexenröhrling
Boletus erythropus
Röhrlinge

Merkmale Hut 6–20 cm breit, halbkugelig bis polsterförmig, fleischig, fein samtig filzig, dunkel rotbraun. Röhren gelb, bei Berührung wie die orangeroten bis roten Röhren und ganzer Fruchtkörper stark blauend. Stiel zylindrisch bis keulig, kaum bauchig, auf gelbem Grund auf ganzer Länge dicht mit feinen roten Flöckchen bedeckt. Fleisch chromgelb, sofort stark blauend. Erscheint Mai–Oktober. Laub- und Nadelwälder auf sauren Böden; örtlich häufig.

Wissenswertes Die meisten Pilzsammler lassen den auch Schusterpilz genannten Pilz stehen, weil sie seinem intensiven Blauen nicht trauen (Verwechslung mit giftigem Satanspilz). Dabei schmeckt er würzig und hat eine feste Konsistenz. Erhitzt essbar.

Echter Birkenpilz
Leccinum scabrum
Röhrlinge

Merkmale Hut 5–12 cm breit, einfarbig in unterschiedlichen Brauntönen (hell creme- bis schwarzbraun), fein filzig, trocken. Röhrenschicht zunächst cremeweißlich, bald fleischbräunlich oder grau. Stiel robust oder schlank, auf weißem bis cremefarbenem Grund mit bräunlichen bis grauschwarzen Schüppchen. Fleisch fest, zunächst meist unveränderlich oder etwas rötend, gelegentlich mit blaugrünen Flecken nahe der Basis. Erscheint Juni–November. Nur unter Birken; verbreitet und häufig in Wäldern, Gärten und Parks, v. a. auf sauren Böden.

Wissenswertes Der Birkenpilz wird in eine Reihe von ähnlichen Arten aufgeteilt, die nur für Spezialisten bestimmbar sind. Guter Speisepilz. Essbar.

Satansröhrling
Boletus satanas
Röhrlinge

Merkmale Hut 10–30 cm breit, kalkweiß, dann grau bis beige, teils am Rand oder an Flecken rosarot, bald glatt. Röhren im Schnitt gelb, mit orange- bis karminroter Porenmündung. Stiel zwiebelförmig, im Vergleich zum Hut kurz, 5–15 cm hoch und ebenso dick, selten schlanker, an der Spitze blass goldgelb, zur Basis karminrot mit feinem rotem Adernetz. Geruch unangenehm. Erscheint Juli–September. Laubwälder über Kalkböden; selten und gefährdet.

Wissenswertes Der Satanspilz wird als Doppelgänger des Hexenröhrlings gefürchtet. Eine Verwechslung ist schon durch den Standort sehr unwahrscheinlich. Hinzu kommen der helle Hut und die sehr kräftigen, dick gestielten Fruchtkörper. Giftig.

Kuhröhrling
Suillus bovinus
Röhrlinge

Merkmale Hut jung konvex, schnell flach polsterförmig, mit langem etwas eingerolltem Rand, orangebraun bis ocker-gelbbraun, bei Nässe schleimig-schmierig, trocken klebrig, bald weichfleischig. Röhrenschicht olivgelb bis bräunlich. Poren recht groß, unregelmäßig eckig, zum Stiel hin teils langgezogen. Stiel schmächtig, oft verbogen, zur Basis hin etwas verjüngt. Fleisch blass gelblich, v. a. im Alter zäh, elastisch. Erscheint August–Oktober. Bei Kiefern auf nährstoffarmen Sandböden; verbreitet, aber zurückgehend.

Wissenswertes Gelegentlich findet man gemeinsam mit ihm den Rosa Schmierling, einen Parasiten (s. Seite 184). Nicht sehr schmackhaft. Essbar.

Hohlfußröhrling
Boletinus cavipes
Röhrlinge

Merkmale Hut konvex bis verflacht, aber meist mit bleibendem stumpfen Buckel, stark feinschuppig aufreißend, selten rein gelb, meist orange- bis dunkel rotbraun. Röhren blass-, dann schwefel- bis olivgelb, kurz, mit auffallend weiten Poren. Stiel von jung an hohl, gleich dick bis schwach keulig, mit wattiger weißlicher Ringzone, oberhalb wie die Röhren, unterhalb wie der Hut gefärbt und schwächer filzig-schuppig. Erscheint Juli–Oktober. Mykorrhizapilz von Lärchen; Ebene bis Hochgebirge; v. a. auf sauren Böden verbreitet.

Wissenswertes Der Hohlfußröhrling ist der einzige heimische Röhrling mit schon früh vollkommen hohlem Stiel. Essbar.

Strubbelkopfröhrling
Strobilomyces strobilaceus
Röhrlinge

Merkmale Hut graubraun bis schwarzbraun, jung gewölbt, alt abgeflacht, dickfleischig, filzig-wollige, bald zu groben Schuppen aufreißende Deckschicht. Röhren erst weißlich grau, dann grau bis graubraun mit recht weiten, eckigen Poren. Stiel grau, später schwarzbraun, fest und zäh, schlank, fast gleich dick, mit vergänglichem, aufsteigendem Ring. Fleisch grauweißlich, im Schnitt über rosa zu rhabarberrot und violettschwärzlich verfärbend. Geruch erdartig. Erscheint Juli–Oktober. Laub-, seltener Nadelwälder auf sauren Böden; örtlich häufig, in Kalkgebieten fehlend.

Wissenswertes Heißt wegen seines Äußeren in Nordamerika »Old man in the woods«. Kein Speisepilz.

Gesäter Tintling
Coprinus disseminatus
Tintlingsähnliche

Merkmale Hut 0,5–1,5 cm breit, walzenförmig, dann glockig, gelbgrau, dunkler graubraun verfärbend, tief gefurcht, kleiig, unter der Lupe feinhaarig, später kahl. Lamellen erst fleischblass, bald grauschwärzlich, nicht zerfließend. Stiel blass, striegelige Basis. Erscheint Mai–November. In Wäldern, Auen, Parks, Gärten, an Laubholz; häufig, oft zahlreich. **Wissenswertes** Wird auch Rasiger Zwergtintling genannt. Tintlinge sind eine artenreiche Gattung, ihre Fruchtkörper benötigen für ihre Entwicklung oft nur Stunden. Kein Speisepilz.

Schopftintling
Coprinus comatus
Tintlingsähnliche

Merkmale Hut geschlossen 6–13 cm hoch, weiß, zunächst am Rand rosa, dann schwärzend, dann ganzer Hut über Rosa zu Schwarz verfärbend und sich zu tintenartiger Flüssigkeit auflösend, faserig und breit schuppig. Lamellen zunächst rein weiß, sehr gedrängt. Stiel weiß, schlank, hohl werdend, faserig, 10–20 cm lang, 1–2 cm breit, mit beweglichem, relativ dauerhaftem Ring. Mai–November. An nährstoffreichen Standorten wie Gärten, Parks, Rasenflächen, innerhalb der Wälder meist an Wegrändern; häufig und ungefährdet.

Wissenswertes Die Tinte (eigentlich Tusche, da Sporen-Suspension) des Schopftintlings und anderer Tintlings-Arten kann zum Schreiben verwendet werden. Der Vorgang der verflüssigenden Selbstauflösung der Lamellen ist bei den Blätterpilzen einmalig. Ein Teil der Tintlings-Arten (z. B. Gesäter Tintling) besitzt dieses Merkmal allerdings nicht. Wie bei allen anderen Tintlings-Arten sind die Sporen dunkelbraun und besitzen einen großen, hellen Keimporus. Jung essbar, solange alle Teile weiß sind. Essbar.

Grünspanträuschling
Stropharia aeruginosa
Träuschlingsähnliche

Merkmale Hut 2–10 cm breit, kegelig, später flach gewölbt oder nach oben umgeschlagen, jung und bei feuchtem Wetter mit blaugrünem Schleim überzogen, in dem vergängliche weiße Schüppchen schwimmen, später und trocken kahl, nach und nach zu gelblichen Tönen verblassend. Lamellen erst blass, dann purpurbraun, an der Schneide anfangs weißflockig. Stiel blass blau oder grünlich, im Alter braun, hohl, jung mit weißem, flüchtigem Ring, weiß-flockig. August–November. In Laub- und Nadelwäldern, auf morschem Holz; teils häufig. Essbar.

Stockschwämmchen
Kuehneromyces mutabilis
Träuschlingsähnliche

Merkmale Hut feucht zweifarbig, Randzone anders gefärbt als ausgeblasste Hutmitte, feucht horn- bis rotbraun, trocken ockergelb, gewölbt, dann ausgebreitet mit gebuckelter Mitte, durchscheinend gerieft. Lamellen blass, dann braun, gedrängt, breit angewachsen. Stiel über dem Ring blass, kahl, darunter rostbraun, mit braunen, sparrig abstehenden, flüchtigen Schüppchen bedeckt. In Büscheln. Häufig an Laub-, seltener an Nadelholz. Essbar.

Wiesen-Champignon
Agaricus campestris
Egerlingsähnliche

Merkmale Hut 5–12 cm breit, jung kugelig, dann gewölbt und verflacht, weiß, alt auch bräunlich, oft mit angepressten bräunlichen Schuppen, faserig-seidig mit dicker, leicht abziehbarer Oberhaut. Lamellen erst rosa, bei Sporenreife dunkel schokoladenbraun, ausgebuchtet. Stiel im Verhältnis zum Hut kurz, 5–8 cm lang, 1–2 cm breit, schmächtig, weißlich, seidig glatt, mit dünnem, am Rand zerrissenem, alt flüchtigem Ring. Fleisch wenig veränderlich, leicht rötend, auf dem Hut auch schwach gilbend. Geruch angenehm, aber nicht anisartig. Erscheint Juli–Oktober. Weit verbreitet und örtlich häufig in Wiesen, Gärten, Parks, auch auf Äckern, heute in vielen Gebieten selten geworden.

Wissenswertes Wächst gerne auf Rinderweiden. Trotzdem reagiert er auf Kunstdünger empfindlich. Fast alle Champignon-Arten (ca. 50 in Mitteleuropa) sind essbar. Giftig ist allerdings der Karbolegerling. Dieser ist durch die auf Druck chromgelb anlaufende Stielbasis am sichersten zu erkennen. Essbar.

Karbol-Egerling (Giftchampignon) *Agaricus xanthoderma*
Egerlingsähnliche

Merkmale Hut oft abgeplattet, bald aber glockig oder verflacht, weiß, selten Formen mit grau bis schwarz schuppigen Hüten. Lamellen rosa, schließlich schokoladenbraun, schmal. Stiel weiß, kahl, schlank, beringt, oft mit deutlicher Knolle. Fleisch in der Stielbasis chromgelb anlaufend, aber auch andere Fruchtkörperteile gilbend. Geruch unangenehm tintenartig, jung aber oft wenig auffällig. Erscheint Ende Mai–Oktober. An nährstoffreichen Standorten, selten auf Wiesen; verbreitet. Giftig.

Parasol, Großer Riesenschirmling
Macrolepiota procera
Schirmlingsähnliche

Merkmale Hut 10–30 cm breit, jung kugelig geschlossen, gleichmäßig hellbraun, bald ausgebreitet und dann grob sparrig schollig-schuppig aufreißend, mit bleibend braunem Buckel, sonst zwischen den Schuppen das weiße Hutfleisch entblößend. Lamellen gedrängt, breit, weiß, frei. Stiel bis 40 cm lang, an der Basis mit hellerer Knolle (dort abrupt stark verbreitert), sonst braun und weiß genattert, mit kräftigem, bald frei verschiebbarem Ring. Juli–November. Häufig an nährstoffreichen Standorten in Wäldern, auf Pferdekoppeln, in Gärten und Parks.
Wissenswertes Die geschlossenen, jungen Fruchtkörper werden wegen ihrer Form als Paukenschlegel bezeichnet. Guter Speisepilz. Essbar.

Kammschirmling
Lepiota cristata
Schirmlingsähnliche

Merkmale Hut 2–6 cm, jung kegelig-glockig, später flach, dünnfleischig, zunächst geschlossen von rötlich brauner (auch hellbrauner) Schicht bedeckt, die bald zu zahlreichen, kleinen, körnigen Schüppchen aufreißt und das weiße Fleisch erkennen lässt. Lamellen weiß, gedrängt, fast bauchig, frei. Stiel mit vergänglichem, schleierartigem Ring, sonst weiß, gegen Basis etwas bräunlich, an der Basis etwas verdickt. Geruch unangenehm stechend. Erscheint Juni–Oktober. Laub- und Nadelwälder (v. a. Wegränder), Auen, Gärten, Parks; häufig an nährstoffreichen Standorten.
Wissenswertes Vorliegende Art ist mikroskopisch durch Sporen gekennzeichnet, die in der Form einem Projektil ähnlich sehen. Giftverdächtig. Nicht essbar.

Grüner Knollenblätterpilz
Amanita phalloides
Wulstlingsähnliche

Merkmale Hut 4–15 cm breit. Jung von weißer Hülle eingeschlossen, von der eine Stielknolle und häutige Stielbasis-Scheide übrig bleiben. Hut meist zumindest in der Mitte irgendwie grünlich gefärbt, oft in Mischtönen mit Braun, gelegentlich auch rein weiß, jung kegelig, bald verflacht. Lamellen weiß, frei. Stiel fein genattert, weiß, mit Manschette und Volva. Geruch süßlich. Bei Laubbäumen (Eiche, Buche); örtlich häufig.
Wissenswertes Ebenso giftig ist der weiß gefärbte Kegelhütige Knollenblätterpilz *(Amanita virosa)*, der gelegentlich helle Brauntöne im Hut aufweist. Verwechslungen mit Champignons sind bei Beachtung von Lamellenfarbe und Stielknolle vermeidbar. Tödlich giftig.

Pantherpilz
Amanita pantherina
Wulstlingsähnliche

Merkmale Hut 4–10 cm, jung halbkugelig, später verflacht, feucht schmierig, trocken matt, gelbbraun, graubraun oder schwarzbraun, mit gerieftem Rand, jung mit vielen kleinen, weißen, leicht abwaschbaren Flocken besetzt. Lamellen weiß. Stiel 6–12 cm lang, 0,5–2 cm breit, meist relativ schmächtig, aber auch gedrungen, mit weißem, ungerieftem Ring und ringartiger Basalknollen-Hülle (»Bergsteigersöckchen«). Juli–Oktober. Laub- und Nadelwälder; örtlich häufig.
Wissenswertes Enthält dieselben Gifte wie der Fliegenpilz, aber höher dosiert. Vorsicht: Er kann mit dem Perlpilz und dem Grauen Wulstling verwechselt werden, die aber beide einen gerieften Ring haben. Giftig.

Fliegenpilz
Amanita muscaria
Wulstlingsähnliche

Merkmale Hut kegelig, später verflacht, leuchtend rot bis orangerot, mit zahlreichen weißen, flüchtigen Flocken besetzt. Unter der abziehbaren Huthaut leuchtend chrom- bis orangegelb. Lamellen weiß. Stiel weiß, mit deutlichem Ring, an der Basalknolle mit gürtelförmigen, warzigen Velumzonen. Juli–November. Bei Laub- und Nadelbäumen auf sauren Böden; häufig. Oft kommt der Fliegenpilz gemeinsam mit dem Fichtensteinpilz und dem Pfefferröhrling vor.
Wissenswertes Der Fliegenpilz enthält nur wenig Muscarin (s. Kegeliger Risspilz, Seite 188), aber große Mengen Ibotensäure bzw. Muscimol, die zusätzlich psychoaktiv wirken. Giftig.

Perlpilz
Amanita rubescens
Wulstlingsähnliche

Merkmale Hut 6–15 cm breit, kegelig-verflachend, blassrötlich bis braunrot, gelbbraun, graugelb oder grauweißlich, mit grauweißen bis rötlich grauen, flachen, warzigen Pusteln bedeckt, werden später abgeschwemmt. Haut vollständig abziehbar (darunter blass rötlich). Lamellen weiß, frei. Stiel bis 16/3 cm, oft kräftig. Knolle keulenartig, wenig abgesetzt, oberseits mit flüchtigen Warzenringen. Ganzer Pilz mit im Alter zunehmend rötlichen Verfärbungen und Flecken, v. a. an Druck- und Fraßstellen. Erscheint Juni–November. Bei Laub- und Nadelbäumen, auf sauren Böden; häufig.
Wissenswertes Von anderen Wulstlingen ist der Perlpilz durch sein Röten zu unterscheiden. Essbar.

Kegeliger Risspilz
Inocybe rimosa
Schleierlingsähnliche

Merkmale Hut 2–10 cm breit, meist heller gelbbräunlich (auch rotbraun, dunkelbraun), v. a. jung und randlich von weißen Velumfasern eingesponnen, später kahl, radial faserig und rissig aufreißend (Gattungsname!), kegelig. Lamellen erst blass, dann grau bis olivbräunlich. Stiel blassbräunlich, faserig, an der Basis meist unverdickt. Erscheint Juni–Oktober. Laub- und Nadelwälder, v. a. bei Buchen über Kalkböden.
Wissenswertes Vorliegende Art und die Mehrzahl der Risspilze enthalten größere Mengen Muscarin und sind deshalb gefährliche Giftpilze. Es gibt zahlreiche, oft ähnliche und nur für Spezialisten bestimmbare Arten. Risspilze und Schleierlinge leben in Symbiose mit Bäumen (Mykorrhiza). Giftig.

Reifpilz, Zigeuner
Rozites caperatus
Schleierlingsähnliche

Merkmale Hut 5–12 cm breit, erst graulila überreift (Name!), dann semmelgelb-strohgelb, trocken, runzelig, gewölbt, relativ fleischig, alt rissig und »zerlumpt« (zweiter Name). Lamellen gedrängt, erst blass lehmfarben, später durch die Sporen rostbraun, an der Schneide blasser und gekerbt. Stiel mit blass gelblichem, erst abstehendem, dann hängendem, häutigem, bald zerrissenem Ring, sonst weiß, gleich dick. Erscheint August–November. Wälder (meist unter Fichte, Kiefer und Buche), auf sauren, nährstoffarmen Böden. Früher mancherorts häufig, heute zurückgehend.
Wissenswertes Wie der Maronenröhrling hat der Reifpilz die unangenehme Eigenschaft, radioaktives Caesium »einzusammeln«. Essbar.

Dunkelvioletter Schleierling
Cortinarius violaceus
Schleierlingsähnliche

Merkmale Hut 5–15 cm breit, dunkel blauviolett bis fast schwarzviolett, zottig-schuppig, trocken, jung glockig gewölbt, dann flach mit stumpfem Buckel, fleischig. Lamellen gleichfarben, später durch die Sporen rostbraun, relativ dick, breit und entfernt stehend. Stiel dunkel violett, keulig-knollig, 8–12 cm lang, 1–3 cm breit, jung mit schnell vergänglichem blauem Schleier. Fleisch grauviolett, weich. Geruch intensiv zedernholzartig. Erscheint August–Oktober.
Wissenswertes Die Gattung der Schleierlinge ist sehr artenreich (mehrere 100 Arten); die Arten sind oft sehr schwierig zu bestimmen. Die vorliegende Art ist jedoch aufgrund ihres Geruches kaum zu verwechseln. Kein Speisepilz.

Ziegelgelber Schleimkopf
Cortinarius varius
Schleierlingsähnliche

Merkmale Hut 5–8 cm, derbfleischig, abgerundet bis schwach gebuckelt, semmelbraun, orangebraun bis rostbräunlich, schmierig, trocken glänzend bis fast matt, jung mit weißlich faserigem Schleier. Lamellen jung schön violett und lange so bleibend, schließlich zimtbräunlich. Stiel erst weiß, später blass ockerbraun, nach unten keulig bis zwiebelartig verdickt. Fleisch weiß, nie violett. Sporenpulver rostbraun. Erscheint Juli–Oktober. Bei Fichten über Kalkböden; örtlich häufig.
Wissenswertes Klumpfüße (Arten mit abgesetzter Stielknolle) und Schleimköpfe sind fleischige Schleierlinge mit zumindest jung schleimig-schmierigem Hut. Viele ähnliche, schwer bestimmbare Arten. Essbar.

Goldzahnschneckling
Hygrophorus chrysodon
Schnecklingsähnliche

Merkmale Hut 3–7 cm breit, weißliche Grundfarbe, aber v. a. am Rand mit schwefelgelben Flockenschüppchen besetzt, gewölbt, später verflacht, feucht schleimig-schmierig, aber leicht abtrocknend. Lamellen weiß, entfernt stehend, dicklich, wachsartig, an der Schneide manchmal gelbflockig. Stiel weiß, mit fast ringförmiger, gelbflockiger, trockener Zone an der Spitze, sonst schleimig. Auf Druck, im Alter und bei Zugabe von Laugen gelb verfärbend. Erscheint August–November, v. a. in Laubwäldern auf kalkhaltigen Böden; zerstreut.
Wissenswertes Schnecklinge haben ihren Namen der starken Schleimigkeit ihrer Hut- und oft auch Stielhaut zu verdanken. Kein Speisepilz.

Wiesenellerling
Comarophyllus pratensis
Schnecklingsähnliche

Merkmale Hut kreiselförmig, 3–10 cm, orange oder braunorange, kahl, glatt, bei trockener Witterung rissig, in der Mitte dickfleischig mit dünnem, zunächst eingerolltem Rand. Lamellen blass rötlich gelb, dick und wachsartig, weit herablaufend. Stiel ockergelb bis gelbrötlich, glatt, faserig, zur Basis meist verjüngt. Fleisch fest, kompakt, weißlich bis cremefarben. Erscheint September–November. Auf extensiv genutzten Wiesen; verbreitet, aber zurückgehend.
Wissenswertes Der Wiesenellerling ähnelt dem ebenfalls essbaren Waldschneckling sehr. Im Gegensatz zum Wiesenellerling hat er einen blasseren, oben bereiften Stiel. Essbar.

Papageien-Saftling
Hygrocybe psittacina
Schnecklingsähnliche

Merkmale Hut 1–4 cm breit, jung intensiv dunkel papageiengrün, mit Olivton, bei sehr seltenen Farbvarianten auch violett oder düster schwarzrot bis ziegelrot, bald entfärbend und dann farblich sehr variabel, z.B. fleischrötlich, orangefarben, blassgelb und schließlich (nach längeren Regenfällen) weißlich, jung stark schleimig, stets zumindest schmierig bleibend. Lamellen meist dottergelb, jung mit grünlichem Ton, am Stiel angeheftet, dick und gelatinös. Stiel schleimig, schließlich faserig, hohl, verbogen und oft zusammengedrückt. September–November, selten im Sommer. Auf nicht zu nährstoffreichen Wiesen, selten in Wäldern und Gebüschen. Speisewert unbekannt.

Mennigroter Saftling
Hygrocybe miniata
Schnecklingsähnliche

Merkmale Hut 1–3 cm breit, jung halbkugelig, dann glockig gewölbt, manchmal schwach gebuckelt, orangerot bis leuchtend zinnoberrot, manchmal fast glatt bis fein samtig, aber typischerweise vor allem in der Mitte feinschuppig aufreißend, trocken. Lamellen orangerötlich bis mennigrot, an den Schneiden gelblich, eher entfernt, breit angewachsen bis schwach herablaufend. Stiel zinnoberrot, später orangefarben, trocken. Erscheint Juni–Oktober, an grasigen Standorten auf extensiv genutzten Wiesen, nährstoffarmen, sauren Böden; heute recht selten und zurückgehend.
Wissenswertes Die gelben und roten Farbstoffe der Saftlinge sind mit denen des Fliegenpilzes chemisch nahe verwandt. Kein Speisepilz.

Großer Samtritterling
Dermoloma cuneifolium
Ritterlingsähnliche

Merkmale Hut 1,5–8 cm breit (ganzer Pilz sehr unterschiedlich in der Größe), trocken samtig, feucht leicht schmierig, hell grau bis nahezu schwarz, meist graubraun, alt oft rissig aufreißend, oft relativ dickfleischig. Lamellen breit, weiß bis weißgrau, am Stiel meist ausgebuchtet, mäßig dicht stehend. Stiel weiß bis blass beige oder grau. Geruch und Geschmack mehlartig bis ranzig. Recht selten in Wiesen, Trockenrasen und Gebüschen über Kalkböden.
Wissenswertes Der Große Samtritterling ist von nah verwandten Arten dadurch zu unterscheiden, dass sich seine (nicht amyloiden) Sporen mit jodhaltiger Lösung nicht verfärben. Bei amyloiden Sporen färben sich die Sporenwände zart blauviolett. Gefährdet.

Schwefelritterling
Tricholoma sulphureum
Ritterlingsähnliche

Merkmale Hut 3–9 cm breit, stumpf gebuckelt, mit oft wellig-flatterigem Rand, einfarbig schwefelgelb oder mit braunen oder violetten Beitönen (auch vollständig purpurfarben), fein schuppig oder kahl, trocken, nicht schmierig. Lamellen breit, dick, entfernt, lebhaft schwefelgelb, meist ausgebuchtet angewachsen. Stiel relativ schmächtig, schwefelgelb, oft mit fuchsigen Fasern, glatt, 5–10 cm lang, 0,5–1 cm breit. Geruch intensiv gasartig. Juli–Oktober. In Laub-, seltener Nadelwäldern.
Wissenswertes Ritterlinge besitzen Lamellen, die meist vor Erreichen des Stieles eine Einbuchtung besitzen. Diese wird als »Burggraben« bezeichnet (wo die Ritter sind). Ungenießbar.

Hallimasch
Armillaria mellea
Ritterlingsähnliche

Merkmale Sehr variabel, einzeln oder meist in großen Büscheln wachsend. Hut in verschiedenen Brauntönen, auch gelblich oder oliv, stets jung sparrig-schuppig, alt oft weithin verkahlend. Lamellen weißlich bis cremefarben, am Stiel angewachsen und kurz streifenförmig herablaufend. Stiel mit dickhäutigem, weichflockigem, weißem, gelbem oder blass bräunlichem Ring, weißlich bis cremefarben oder gelb, unten fast gleich dick oder deutlich keulig verdickt. Häufig in Wäldern auf Laub- und Nadelholz, auch parasitisch an lebenden Bäumen sowie an vergrabenem Holz scheinbar auf Erde.
Wissenswertes In kleinen Mengen guter Speisepilz, roh und in größeren Mengen giftig. Bedingt essbar.

Butterrübling
Rhodocollybia butyracea
Ritterlingsähnliche

Merkmale Hut 4–9 cm, früh ausgebreitet, stumpf gebuckelt, heller bis dunkler rotbraun (typische Form) oder mehr gelbgrau bis graubraun (Form *asema*, »Horngrauer Rübling«), kahl, glatt, feucht fettig glänzend, hygrophan (s. Stockschwämmchen, Seite 186), dünnfleischig. Lamellen weich, mit gekerbter Schneide, weiß bis cremefarben, gedrängt. Stiel dem Hut gleichfarben, kahl, längsfaserig, an der Basis weißfilzig und oft etwas keulig angeschwollen, 4–8 cm hoch. Fleisch eher zäh, mild. Juli–November. Laub- und Nadelwälder, auch an nährstoffreichen Standorten; häufig.
Wissenswertes Rüblinge sind Lamellenpilze mit stark faserigen Stielen. Alle Arten sind Streuzersetzer. Essbar.

Ockerbrauner Trichterling
Clitycybe gibba
Ritterlingsähnliche

Merkmale Hut 3–10 cm, jung stumpf gebuckelt, bald verflachend und auch bald tief trichterförmig, mit im Trichter meist verbleibendem kleinem Restbuckel, blass bis dunkler creme-, leder-, ocker- bis haselbraun, jung am Rand fein filzig, bald kahl, ungerieft, trocken. Lamellen jung weißlich, bald cremefarben, stark herablaufend, gedrängt. Stiel gleich dick oder basal keulig, weißlich oder mit im Vergleich zum Hut deutlich helleren Brauntönen. Fleisch hell lederfarben. Erscheint meist Juli–Oktober. Häufig in Laub- und Nadelwäldern.
Wissenswertes Trichterlinge und andere Streu-Saprophyten sind für den Wald wichtig, weil sie abgestorbene Pflanzenteile (Laub, Nadeln, Holzreste) wieder dem Stoffkreislauf zuführen. Essbar.

Nadelschwindling
Marasmiellus perforans
Ritterlingsähnliche

Merkmale Hut 0,5–1,5 cm breit, flach, aber in der Mitte mit kleiner, fast nabelartiger Vertiefung, fleischbräunlich oder trocken blasser cremeweißlich, glatt bis runzelig, feucht durchscheinend gerieft. Lamellen schmal, fleischbräunlich, relativ entfernt, teils gegabelt. Stiel oben hellbraun, nach unten schwarzbraun, fein samtig behaart, 2–3 cm lang, 0,1 cm breit. Erscheint fast das ganze Jahr über, besonsderrs häufig und oft massenhaft im Spätherbst in Nadelwäldern.
Wissenswertes Schwindlinge verdanken ihren Namen der Tatsache, dass ihre Fruchtkörper eintrocknen und wieder aufleben können. Sie sind deshalb die ersten Pilze, die man nach längeren Trockenperioden frisch findet.

Weißer Rasling
Lyophyllum connatum
Ritterlingsähnliche

Merkmale Ganzer Pilz leuchtend kalkweiß. Selten einzeln, meist größere Büschel bildend. Hut 3–10 cm breit, jung fein bereift, dann glatt, erst kugelig geschlossen, dann gewölbt bis verflacht. Lamellen weiß, alt etwas cremegelblich, gedrängt, meist ausgerandet. Stiel an der Spitze etwas mehlig-flockig, sonst faserig bis glatt, mit gleich dicker Basis. August–November. Auf humoser, oft nährstoffreicher Erde, oft zwischen Kalkschotter auf Waldwegen; recht häufig.
Wissenswertes Der Weiße Rasling galt lange als essbar, trotz der Verwechslungsgefahr mit giftigen Trichterlingen. Heute ist bekannt, dass er erbgutverändernde Substanzen enthält; er kann somit nicht mehr empfohlen werden. Kein Speisepilz.

Fichten-Zapfenrübling
Strobilurus esculentus
Ritterlingsähnliche

Merkmale Hut 1–2,5 (4) cm breit, jung oft weiß, so bleibend oder später meist grau- bis dunkelbraun, erst flach glockig, bald ausgebreitet, kahl, trocken. Lamellen weiß bis grau, mäßig gedrängt, oft breit, fast frei. Stiel mit weiß bereifter Spitze, abwärts rötlich- bis dunkel graubraun, sehr unterschiedlich lang (auf vergrabenen Zapfen mit »Wurzel« bis über 15 cm, auf oberflächlichen oft nur 1–4 cm), fadenförmig dünn. Erscheint meist Dezember–Mai, stets auf Fichtenzapfen in Wäldern und Forsten; sehr häufig.
Wissenswertes In Zapfenrüblingen wurde kürzlich ein neues Antibiotikum entdeckt, das Strobilurin (Gattungsname). Essbar.

Klebriger Helmling
Mycena vulgaris
Ritterlingsähnliche

Merkmale Hut 0,5–1,5 cm breit, bald verflacht, meist dunkel graubraun, mit schleimiger, gummiartig abziehbarer Oberhaut. Lamellen weißlich, fast entfernt, herablaufend, mit abziehbarer, gelatinöser Schneide. Stiel 3–5 cm lang, fadenförmig, graubraun, schleimig und zäh. Erscheint Oktober–November. In der Streu von Nadelwäldern; häufig.
Wissenswertes Helmlinge sind meist schmächtige kleine Lamellenpilze mit weißem Sporenpulver; alle ernähren sich von totem Pflanzenmaterial (Saprophyten). Viele in der Streuschicht lebende Arten wachsen im Spätherbst oft in großen Mengen. Ein Verwandter ist der Rosa Helmling (*M. rosella*). Kein Speisepilz.

Samtfußrübling
Flammulina velutipes
Ritterlingsähnliche

Merkmale Pilze selten einzeln, meist aber in dichten Büscheln. Hut 1,5–6 cm breit, honig- bis orangegelb, in der Mitte auch fuchsig bräunlich, erst glockig mit eingerolltem Rand, dann verflacht, alt oft unregelmäßig wellig, feucht klebrig, glatt, dünnfleischig. Lamellen erst weiß, dann cremegelblich. Stiel zäh, oben gelblich, sonst schwarzbraun, dicht von samtigem Haarfilz überzogen. Hüte essbar. November–April, selten im Sommer. An Laubholz an Bäumen und Sträuchern, auch parasitisch.
Wissenswertes Der Samtfußrübling (und andere Winterpilze) kann mehrmals für kurze oder längere Zeit einfrieren und nach dem Tauen wieder aufleben.

Winterporling
Polyporus brumalis
Stielporlinge

Merkmale Hut 2–6 cm, rundlich, hell bis dunkel graubraun oder rotbraun, am Rand anfangs eingerollt, mit glatter bis leicht filziger Oberfläche, relativ weichfleischig. Poren schmal, rundlich, relativ weit (meist 2–3 pro mm), weiß bis cremefarben. Stiel zentral bis leicht exzentrisch, rund, heller als der Hut gefärbt, zähfleischig. Erscheint Oktober–März (Anfang April). Auf Laubholz, oft in Zweighaufen; häufig.
Wissenswertes Die Stielporlinge (Gattung *Polyporus*) sind vermutlich näher mit Blätterpilzen verwandt als mit anderen Porlingen. Ein Hinweis hierauf ist, dass sie Hindernisse (Zweige, Krautstängel, Moos) nicht wie andere Porlinge umwachsen, sondern zur Seite schieben.

Schuppiger Porling
Polyporus squamosus
Stielporlinge

Merkmale Hut jung weichfleischig, alt eher zäh, 10–40 (60) cm, rundlich bis fächerförmig, auf ockergelbem Grund mit groben, dunkelbraunen, konzentrischen Schuppen. Stiel 3–6 cm lang, exzentrisch bis randständig, feinsamtig, im unteren Teil dunkelbraun bis schwarz, oben ockergelblich. Poren weiß bis creme, relativ groß (1–2 mm weit). Sporen wie bei allen Stielporlingen länglich, relativ klein, farblos. Parasitisch an Laubbäumen (oft Esche, Ahorn, Pappel, Ulme). Einjährig (frisch April–September). Verbreitet v. a. in wärmebegünstigten Tieflagen (Auenwälder).
Wissenswertes Der Schuppige Porling tritt auch in Städten an Stammwunden oft in großer Höhe an alten Laubbäumen auf. Jung essbar.

Krause Glucke (Fette Henne)
Sparassis crispa
Nichtblätterpilze

Merkmale Fruchtkörper 10–40 (60) cm, ältere Fruchtkörper bis zu 5 (20) kg schwer, vielfach ästig (korallenförmig bis blumenkohlartig) verzweigt. Äste kraus gelappt, gesägt gerandet, trocken gebrechlich, gelblich weiß bis blassbräunlich. Fleisch wachsartig, mit würzigem Geruch und Geschmack, guter Speisepilz. Erscheint Juli–November. Parasitisch auf Wurzelholz von Nadelbäumen (meist Kiefer) in Wäldern, v. a. auf sandigen Böden, dort örtlich häufig.
Wissenswertes Die Krause Glucke ist ein sehr guter, wenn auch anstrengender Speisepilz. Beim Wachsen schließt er meist eine größere Zahl an Kiefernadeln und Erdpartikeln ein, weshalb er aufwändig gereinigt werden muss. Essbar.

Korallen-Stachelbart
Hericium coralloides
Nichtblätterpilze

Merkmale Fruchtkörper weichfleischig, bis 20 cm dick, rundlich bis verlängert, oft unregelmäßig, mehrfach blumenkohlartig verzweigt, über und über mit weißen, 1–1,5 cm langen, senkrecht herabhängenden Stacheln bedeckt. Einjährig, (Juli–) September–Anfang November. An lebenden und abgestorbenen Stämmen von Laubbäumen (oft Buche, Ulme). Selten und gefährdet, in naturnahen, älteren Laubwäldern, v. a. in feuchteren Mittelgebirgslagen.
Wissenswertes Stachelbärte sind auf Altholz angewiesen. Deshalb können sie in Wirtschaftswäldern nicht gedeihen und sind fast nur (noch) in Naturwaldreservaten und Schutzgebieten zu finden. Essbar.

Große Herkuleskeule
Clavariadelphus pistillaris
Nichtblätterpilze

Merkmale Fruchtkörper 7–30 cm hoch, 2–6 cm dick, schlank zylindrisch bis dick keulig, mit abgerundeter Spitze, jung hellgelb bis ockergelb, später gelbbraun bis zimtbraun, gelegentlich mit Lilaton, gegen die Basis dunkler braun, mit kahler, etwas längsrunzeliger Oberfläche. Fleisch jung fest, alt schwammig, cremeweißlich. Geschmack bitter, daher ungenießbar. Erscheint August–November. Nur unter Buchen in Wäldern über Kalkböden; örtlich häufig.
Wissenswertes Die Herkuleskeule ist die größte heimische Keulen-Art. Trotzdem ist sie nicht sehr auffällig. Das Fleisch verfärbt sich mit Eisensulfat grün. Kein Speisepilz.

Schweinsohr
Gomphus clavatus
Ziegenbartähnliche

Merkmale Fruchtkörper 4–10 cm hoch, 2–6 cm breit, kreiselförmig, teils einseitig gespalten (ohrförmig), jung eher zylindrisch bis abgestutzt keulig, fleischig, anfangs violett, später gelbbräunlich bis schmutzig graubraun. Fruchtschicht aus gabelig verzweigten, aderigen Leisten bestehend. Fleisch weiß, marmoriert gezont, weich und brüchig. Juli–Oktober. Laub- und Nadelwälder in Gebirgslagen, dort örtlich noch häufig (Kalkalpen), sonst selten und zurückgehend.
Wissenswertes Das Schweinsohr ist nicht, wie man früher glaubte, mit dem Pfifferling, sondern sehr nahe mit Ziegenbärten (*Ramaria*, s. Hahnenkamm) verwandt. Guter Speisepilz. Essbar.

Ochsenzunge
Fistulina hepatica
Nichtblätterpilze

Merkmale Fruchtkörper 10–30 (ausnahmsweise bis 70!) cm lang, 2–8 cm dick, anfangs knollenförmig, später zungen- bis halbkreisförmig, seitlich stielartig verschmälert, auffallend schwer (bis zu 5 kg und mehr). Hutoberseite rot, warzig, verschleimend, trocken klebrig. Fleisch rot, an rohes Fleisch erinnernd, leicht schneid- und zerreißbar. Porenschicht blassgelb, später braunrötlich. Erscheint August–Oktober. Parasitisch an älteren Eichen, in Tieflagen.
Wissenswertes Die Ochsenzunge ist unter den Porlingen einzigartig, indem die Röhren vollständig voneinander getrennt sind. Der Pilz wird deshalb auch als Sammel-Fruchtkörper mit tief becherförmigen Einzel-Fruchtkörpern angesehen. Jung essbar, alt bitter.

Hahnenkamm, Rötliche Koralle
Ramaria botrytis
Ziegenbartähnliche

Merkmale Fruchtkörper 3–20 cm hoch und breit, blumenkohlartig, mit kurzem, dickem, fast knolligem, weißem Strunk, von dem mehrere starke Äste ausgehen, die weitere, bald fein korallenförmig verästelte, aufwärtsragende Zweige ausbilden. Zweigspitzen weinrot, alt braungelblich. Fleisch weiß bis gelblich, zart und saftig, brüchig, nicht zäh. Juli–Oktober. Bei Laubbäumen auf eher sauren Böden; selten.
Wissenswertes Die artenreiche Gattung der Ziegenbärte zerfällt in 2 Gruppen. Die größeren, fleischigen Arten mit dickem Strunk leben in Symbiose mit Bäumen (Mykorrhizapilze), viele sind gefährdet. Kleinere, an der Basis verzweigte Arten wachsen auf morschem Holz, Laub und Nadeln (Saprophyten). Essbar.

Kammkoralle
Clavulina coralloides (C. cristata)
Nichtblätterpilze

Merkmale Fruchtkörper 2–10 cm hoch, mit bis zu 1 cm dickem, kurzem Stiel, reich korallenförmig verzweigt, v. a. an den Spitzen fein verästelt, weißlich bis hell cremefarben, mit glatter Oberfläche. Zweige zerbrechlich, teils flachgedrückt, in fein zerschlitzte, scharf zackige Spitzen auslaufend. Geschmack mild bis bitterlich. Sporen farblos, kugelförmig. Juli–November. Laub- und Nadelwälder, Gebüsche, Parks, auf unterschiedlichen Böden, auf nackter Erde; häufig.
Wissenswertes Die Graue Koralle kommt an ähnlichen Standorten vor, sie unterscheidet sich durch dunklere Farbtöne (stärker grau bis graubraun) und geringer verästelte Verzweigung. Es gibt aber Übergänge zwischen den beiden Arten.

Echter Pfifferling
Cantharellus cibarius
Leistlingsähnliche

Merkmale Hut meist 2–6 (–15!) cm breit, dottergelb auch blassgelb bis fast weiß oder mit violetten Schuppen), fleischig, mit dünnem, anfangs eingerolltem, später wellig-buchtigem Rand. Leisten schmal, gabelig verästelt, weit am Stiel herablaufend. Stiel nach unten verjüngt, gleichfarben. Fleisch fest, mit pfefferigem Geschmack. Erscheint Juni–November. In Laub- und Nadelwäldern; früher häufig, stark rückläufig.
Wissenswertes Der oft beklagte Rückgang wird weniger durch das Sammeln hervorgerufen, sondern durch Biotopveränderungen infolge von Nähr- und Schadstoffeinträgen. Essbar.

Herbsttrompete (Totentrompete)
Craterellus cornucopioides
Leistlingsähnliche

Merkmale Fruchtkörper tief trichterförmig, trompetenartig, nach unten röhrig ausgezogen und bis zur Basis hohl, bis 12 cm hoch, 3–8 cm breit, eher dünnfleischig, etwas zäh. Oberseite in feuchtem Zustand schwarzbraun, trocken braungrau, feinflockig. Außenseite graublau bis blassgrau, fast glatt, schwach runzelig-faltig. Erscheint August–November. Meist in Buchenwäldern über kalkhaltigen Böden; verbreitet und örtlich häufig.
Wissenswertes Trotz des etwas unappetitlichen Aussehens ist die Herbsttrompete ein vorzüglicher Speise- und Würzpilz. Eignet sich gut zum Trocknen. Essbar.

Habichtspilz
Sarcodon imbricatus
Erdwarzenpilzähnliche

Merkmale Hut 6–20 cm breit, fleischig, flach ausgebreitet, bald in der Mitte trichterartig vertieft, dunkel grau- bis etwas rotbraun, vollständig von sparrigen, fast kreisförmig angeordneten, groben, schwarzbraunen Schuppen bedeckt. Stacheln 4–12 mm lang, jung sehr kurz, zuerst weißlich, dann grau, dicht gedrängt, am Stiel herablaufend. Stiel kurz und oft dick, 5–8 cm lang, 2–5 cm breit, weißgrau oder bräunlich, glatt, fest und voll. Geschmack jung mild und aromatisch (Würzpilz), alt rasch bitter. August–November. Nadelwälder, in Gebirgslagen; örtlich häufig, aber zurückgehend. Der Habichtspilz ist zum Färben von Wolle geeignet und ergibt jung braune, alt blaue bis blaugraue Töne.

Tropfender Schillerporling
Inonotus dryadeus
Borstenscheibenähnliche

Merkmale Seitlich angewachsen, konsolenförmig, einzeln oder dachziegelig übereinander, 10–50 cm breit, 3–10 cm dick, jung saftreich, rötlich braun mit gelblich-weißem, abgerundetem Rand, dort oft mit einer Vielzahl brauner Wassertropfen. Oberseite mit dünner, jung feinfilziger Kruste. Poren eng (3–5 pro mm), braun. Am Grunde alter Eichen; selten, in Tieflagen.

Eichen-Feuerschwamm
Phellinus robustus
Borstenscheibenähnliche

Merkmale Fruchtkörper sehr hart, meist rundlich-knollig, kissen- bis hufförmig oder halbkreisförmig, schwer, 6–30 cm breit und fast ebenso dick, mit dünner Kruste, gelb- bis kastanienbraun, oft durch Algenwachstum grünlich, gezont, mit stumpfem Rand. Porenschicht erst gelb, später braun, Poren sehr fein. Fruchtkörper mehrjährig. An lebenden Eichen; recht häufig.

Flacher Lackporling
Ganoderma applanatum
Lackporlingsähnliche

Merkmale Fruchtkörper zäh bis holzig, konsolenförmig, flach bis etwas verdickt. Oberseite grau- bis dunkelbraun, mit harter, brüchiger und eindrückbarer Kruste, oft von braunem Sporenpulver eingestäubt. Röhren geschichtet, mit zuerst weißen, bei Berührung braunen Poren (als kleine Tafel benutzbar!). Häufig in Wäldern und Parks, auf Laubholz.

Zunderschwamm
Fomes fomentarius
Porlinge

Merkmale Fruchtkörper hart, konsolenförmig, 10–40 (–60) cm breit, 7–12 (–20) cm dick, geschichtet (Fruchtkörper mehrjährig). Oberseite konzentrisch gefurcht, mit harter Kruste, glanzlos gelb- bis rostbraun, nach Überwinterung grau. Poren rundlich, Anwuchsregion oben mit weicherem Myzelialkern. Auf Laubbäumen in Wäldern; örtlich häufig.

Rotrandiger Baumschwamm
Fomitopsis pinicola
Porlinge

Merkmale Fruchtkörper mehrjährig, zäh, bis 30 cm breit, variabel geformt, jung meist knollig, später flach halbkreisförmig. Oberseite hartkrustig, orangegelb bis rotbraun, blaugrau bis grauschwarz, konzentrisch gefurcht. Zuwachszone stets hell rotgelblich. Poren rundlich, fein, zitronengelblich bis ockerfarben, alt graubraun. Sehr häufig auf Laub- und Nadelholz.

Bunte Tramete, Schmetterlingstramete
Trametes versicolor
Porlinge

Merkmale Pilze zäh fleischig, dünn, fächerartig, dachziegelig bis rosettenartig. Oberseite fein filzig, später abwechselnd mit kahlen Glanzzonen, dadurch bunt wirkend. Farbeindruck so gelbbraun, rotbraun, grau, blaugrau oder fast schwarz, mit meist hellerem, fast weißem Rand. Poren klein, weiß bis cremefarben. Sehr häufig auf Laub-, seltener auf Nadelholz.

Schwefelporling
Laetiporus sulphureus
Porlinge

Merkmale Büschel aus wenigen bis vielen, flach fächerartig ausgebreiteten Hüten, schwefelgelb bis orange, zuletzt verblassend, im Alter weißlich, bis zu 30 cm breit. Poren schwefelgelb, jung gelbliche Tröpfchen absondernd. Fleisch blassgelb bis weiß, saftig, käseartig, später hart und zäh, trocken brüchig. Geruch und Geschmack säuerlich. Mai–September. Parasitisch an Laubbäumen; häufig. Jung essbar.

Klapperschwamm
Grifolia frondosa
Porlinge

Merkmale Fruchtkörper vielhütig, ein 30–50 cm breiter Rasen aus verzweigten Ästen. Hüte fächerartig, oberseits braungrau, faserig, seitlich den Ästen aufsitzend. Poren weiß, eng, rundlich, am Stiel herablaufend. Erscheint August–Oktober. Parasitisch am Grunde alter Eichen; recht selten.
Wissenswertes Der Name kommt daher, dass die Hüte im Wind hörbar gegeneinanderschlagen. Jung essbar.

Striegeliger Schichtpilz
Stereum hirsutum
Schicht- und Rindenpilze

Merkmale Fruchtkörper flächig ausgebreitet, mit dem oberen Teil hutartig abgebogen, bald muschelförmig, alt konsolenartig, in der Mitte angeheftet. Oberseite weißlich bis gelblich braun, zottig behaart, undeutlich gezont. Unterseite glatt, lebhaft orangegelb bis ockerfarben, trocken bräunlich. Das ganze Jahr über fast überall häufig an Laubholz, oft an frisch geschlagenen Stämmen, auch parasitisch.

Preißelbeer-Nacktbasidie
Exobasidium vaccinii
Nacktbasidienähnliche

Merkmale Verursacht auffällige, bis 1 cm breite, oft stark verdickte Blattgallen an lebenden Blättern der Preißelbeere. Oberseite der befallenen Bereiche hell kirsch- bis blutrot, oft gelb berandet, Unterseite zunächst rosa, dann durch die gebildete Fruchtschicht weißlich bestäubt. Erscheint ab Mai. Selten und gefährdet, v. a. in Hochmooren.
Wissenswertes Die keulenförmigen Sporenbehälter (Nacktbasidien) bilden keine Fruchtkörper. Trotzdem gehören sie zu den Ständerpilzen. Spezialisierte Parasiten an Heidekrautgewächsen.

Erbsen-Wolfsmilch-Rost
Uromyces pisi
Rostpilze

Merkmale Bildet auf Erbsen im Spätsommer kleine, lehmbraune Uredien, später dunkelbraune Telien, die überwintern und aus denen im Frühjahr Basidien keimen. Auf der Wolfsmilch (Wirtswechsel!) ab Mai Bildung punktförmiger, orangefarbener Pyknidien (auf der Blattoberseite), dann becherförmiger, weiß gesäumter, innen orangefarbiger Aecien (Blattunterseite), deren Sporen erneut die Erbse befallen.
Wissenswertes Die befallene Wolfsmilch wird durch den Pilz umgestaltet und kommt nicht zur Blüte.

Geweihförmige Holzkeule
Xylaria hypoxylon
Kernpilze

Merkmale Keulen jung meist einfach, später gegabelt oder auch deutlich verzweigt, 1–8 cm hoch, holzig-zäh. Zuerst vollständig weiß eingestäubt (Staub bleibt am Finger hängen) durch die nach außen gebildete Nebenfruchtform (farblose Konidien). Erst ältere Sammelfruchtkörper (Stromata) bilden an der Basis unauffällige schwarze kugelförmige Fruchtkörper (Perithezien). Sporen groß, dunkelbraun. Ganzjährig zu finden. Sehr häufig an Laubholz, in allen Waldtypen, auch parasitisch an Stammwunden lebender Bäume.

Rauhaarige Erdzunge
Trichoglossum hirsutum
Erdzungenähnliche

Merkmale Fruchtkörper 2–7 cm hoch, schwarzbraun bis schwarz, keulen- bis zungenförmig, oben zugespitzt, meist aber abgesetzt kopfartig verbreitert, seitlich zusammengedrückt, lang gestielt. Fein rau durch feine, schwarze Borsten (dickwandige, braune Setae). Fleisch schwarz, knorpelig, brüchig. Sporen braun, lang und schmal, sechzehnzellig. August–November. Auf humosem Erdboden in feuchten Wäldern, oft gut versteckt zwischen Moosen oder unter Gras in Wiesen und Flachmooren; zerstreut und zurückgehend.

Frühjahrslorchel
Gyromitra esculenta
Lorchelähnliche

Merkmale Pilz in großen Kopfteil und kurzen Stiel gegliedert. Hutteil 2–10 cm breit, hirnartig gewunden mit Wülsten und Falten, unregelmäßig rundlich oder dreieckig, dunkel rotbraun. Stiel grauweiß bis gelblich weiß, schwach filzig, bald hohl werdend, ungleichmäßig, oft faltig oder grubig. Fleisch dünn, wachsartig, zerbrechlich. Erscheint Ende März–Mai. Meist in Verbindung mit Holzresten in Wäldern auf stärker sauren Böden; recht selten, zurückgehend. Gefährlicher Giftpilz.

Herbstlorchel
Helvella crispa
Lorchelähnliche

Merkmale Pilz 2–15 (–20) cm hoch, mit meist langem Stiel und bizarr geformtem, 2–5 cm breitem Kopfteil. Letzteres besteht aus unregelmäßig faltig umgeschlagenen Lappen, diese frei herabhängend oder am Stiel angewachsen, oberseits (Fruchtschicht) weißlich bis graugelb, unterseits weißlich oder graubraun. Stiel weißlich, meist 4–7 cm lang, 1,5–3,5 cm breit, mit erhabenen Rippen, dadurch längsfurchig. Fleisch brüchig. August–November. Laubwälder, besonders an Wegrändern. Essbar.

Speisemorchel
Morchella esculenta
Morchelähnliche

Merkmale Pilz auf meist 4–8 cm langem, 1–2 cm breitem Stiel mit vielgestaltigem, rundlichem bis verlängertem, meist 5–12 cm breitem Kopfteil, dieses stets mit grubiger Oberfläche, jung gelblich grau bis bräunlich. Stiel hell cremefarben, hohl, brüchig wie ganzer Pilz. April–Mai. Auwälder, Parks, v. a. in Tieflagen; verbreitet, aber nicht häufig.
Wissenswertes Von der giftigen Frühjahrslorchel sind Morcheln durch ihre wabenartige Oberfläche zu unterscheiden. Essbar, vorzüglicher Speisepilz.

Spitzmorchel
Morchella conica
Morchelähnliche

Merkmale Im Vergleich zur Speisemorchel mit schmälerem, mehr zugespitztem Kopfteil, dieses graubraun bis schwarzbraun und zum Stiel nur wenig verschmälert. Gruben deutlicher aus Längsrippen aufgebaut. Erscheint März–April. Meist in Nadelwäldern.
Wissenswertes Massenvorkommen von Spitzmorcheln treten um neu angelegte Großgebäude auf, wo mit Nadelbaumborke gemulcht wurde. Dort enthalten sie aber oft Schadstoffe oder sind mit Hundekot verunreinigt.

Judasohr
Auricularia auricula-judae
Ohrenpilze

Merkmale Fruchtkörper gallertig, knorpelig, trocken hornartig, schüssel- oder muschelförmig, rotbraun, trocken mehr graubraun, außen weichfilzig, bis 1,5–5 cm breit, oft in dichten Gruppen. Bei feuchter Witterung ganzjährig. An Ästen von stehenden Sträuchern und Laubbäumen, besonders an Schwarzem Holunder. In Tieflagen, in Auwäldern, Parks und Gärten. Essbar.

Goldgelber Zitterling
Tremella mesenterica
Zitterlinge

Merkmale Fruchtkörper 1–5 cm breit, jung zäh-gelatinös, später weich, wasserreich, zunächst als Reihen von Höckern die Rinde durchbrechend, dann hirn- bis gekröseartig gewunden und gefaltet, zusammenfließend, frisch orangegelb bis goldgelb, später bei Regenwetter blassgelb oder gar weißlich entfärbt. Ganzjährig bei feuchter Witterung. An Laubholzästen.

Schmutzbecherling
Bulgaria inquinans
Inoperculate Becherlinge

Merkmale Pilz erst kugelig mit brauner, flockiger Außenseite, dann die schwarze Fruchtscheibe entblößend. Pilz dann kreiselförmig, zuletzt tellerförmig mit konkaver, dann flacher Scheibe. Fleisch dick, gelatinös. Außenseite bald von schwarzem Sporenpulver bedeckt und dann beim Greifen Finger einfärbend (Name!). April–November. An liegenden Eichenstämmen.

Zinnoberroter Kelchbecherling
Sarcoscypha jurana
Inoperculate Becherlinge

Merkmale Fruchtkörper 1–6 cm breit, schüsselförmig, mit leuchtend kirsch- bis zinnoberroter Fruchtscheibe und fein filzig-faseriger, feucht hellroter, trocken fast weißlicher, faseriger Außenseite, mit kurzem, weißlichem Stiel. Erscheint Dezember–Mai. An Laubholzästen (Linde) am Boden in Wäldern und Gebüschen über Kalkböden; recht selten.

Gemeiner Schildborstling
Scutellinia scutellata
Operculate Becherlinge

Merkmale Fruchtkörper 0,3–2 cm breit, scheiben- bis becherförmig, am Rand und auf der Außenseite mit dicht stehenden, spitz zulaufenden, braunen Borsten besetzt, orange- bis blutrot. April–Dezember. Auf Holz, Rinde und Erde; häufig.
Wissenswertes In dieser Gattung gibt es viel Arten; sie können nur vom Fachmann bestimmt werden.

Orangebecherling
Aleuria aurantia
Operculate Becherlinge

Merkmale Fruchtkörper 2–10 cm breit, ungestielt becherförmig, schüsselförmig mit bald wellig verbogenem oder gelapptem, manchmal eingeschnittenem Rand, dünnfleischig, brüchig. Scheibe leuchtend orangerot bis scharlachrot, Außenseite heller gleichfarben. Mai–Oktober. In Wäldern und Parks, v. a. an gekalkten Wegrändern oft massenhaft. Essbar.

Brezel-Schleimpilz
Hemitrichia serpula
Schleimpilze

Merkmale Fruchtkörper ein oft nur 1–2 cm großes, manchmal aber bis über 10 cm im Durchmesser ausladendes Netz mit oft brezelartig ausgebildeten Verzweigungsmustern. Einzelstränge geschlossen nur ca. 0,5–1 mm breit. Peridie gold- bis orangegelb, bald aufreißend und völlig schwindend. Fasergerüst (Capillitium) bildet ein zusammenhängendes, leuchtend gelbes Netz aus spiralig, dornig ornamentierten Fäden.

Scharlachroter Kelchstäubling
Arcyria denudata
Schleimpilze

Merkmale Fruchtkörper aufrecht, bis 4 mm hoch, mit kurzen Stielen, im Ganzen karmin- bis scharlachrot, alt auch braun entfärbt. Außenhaut (Peridie) früh schwindend und einen kleinen, flachen Becher hinterlassend. Fasergerüst (Capillitium) ein elastisches Netz aus ringartig ornamentierten Fäden, mit dem Stiel verbunden. Erscheint Mai–November. Häufig auf morschem Holz in Wäldern, Parks und Gärten.

Gewöhnliche Lohblüte
Fuligo septica
Schleimpilze

Merkmale Fruchtkörper 1,5–10 cm groß, kissen- bis polsterförmig, unreif schleimig, reif trocken, mit dicker, schaumig-bröckeliger, gelber, kalkhaltiger Kruste, diese sich bald ablösend und den Blick auf die Innereien freigebend. Diese sind eine dunkelbraune Sporenmasse, in welche weißliche bis gelbe, kalkhaltige Fasergerüst-Strukturen eingelagert sind. In Laub- und Nadelwäldern (»gelbe Spucke«), häufig.

Achänen Nussfrüchte, bei denen die Samen- und Fruchtschale fest miteinander verwachsen sind

Aecidien Sporen bildende Organe bei den Rostpilzen

agg. Aggregat; Artkomplex, unter dem mehrere nur schwer unterscheidbare Arten zusammengefasst werden

Ährchen aus meist mehreren ungestielten Einzelblüten zusammengesetzter, windbestäubter Blütenstand der Süß- und Sauergräser

Ähre aus mehreren dicht übereinander angeordneten, ungestielten Blüten zusammengesetzter, kolbenförmiger Blütenstand

Ährenrispe dicht gedrängter, kolbenförmiger Blütenstand, bei dem die Blüten aber nicht ungestielt sind, sondern an kurzen, verzweigten Stielen sitzen

amyloid graue, schwarze oder violette Verfärbung von Pilzfäden oder Sporen durch Jod

Apothecien meist scheibenförmige Fruchtkörper von Schlauchpilzen und Flechten

Art Fortpflanzungsgemeinschaft einander ähnlicher Individuen, die miteinander fruchtbare Nachkommen zeugen. Bei der wissenschaftlichen Namensgebung bezeichnet der zweite (klein geschriebene) Name die Art.

Ascus, Asci schlauchförmiger Sporenbehälter in den Fruchtkörpern der Schlauchpilze

Basidie keulenförmiger Sporenbehälter in den Fruchtkörpern der Ständerpilze

Beere Frucht mit fleischiger Fruchtwand

Blatthäutchen häutiger oder aus Haaren zusammengesetzter, dem Stängel anliegender Saum am Blattgrund von Süßgräsern

Blattspindel stielartiger mittlerer Teil von gefiederten Blättern, der die einzelnen Blattfiedern miteinander verbindet

Blattspreite flächiger Teil des Blattes (also gewissermaßen das Blatt ohne Stiel)

Capillitium Gerüst aus verstärkten Fasern bei Bauch- und Schleimpilzen

Deckspelze unteres Tragblatt einer Süßgrasblüte

Dichasien gabelig verzweigte Blütenstände

Dolde schirmförmiger, also in einer ebenen oder etwas gewölbten Fläche ausgebreiteter Blütenstand, bei dem alle Blütenstiele am Ende des Stängels beginnen. Sind die von der Stängelspit-

ze abzweigenden Stiele nochmals doldig verzweigt, spricht man von einer zusammengesetzten Dolde; der am Ende eines doldig verzweigten Stieles angeordnete Teilblütenstand wird als Döldchen bezeichnet.

Doldenrispe rispenartig (also nicht von gleichen Punkt aus) verzweigter Blütenstand, bei dem die Einzelblüten wie bei einer Dolde schirmförmig angeordnet sind

Dorn durch Umwandlung eines ganzen Organs (z. B. Blatt oder Spross) entstandenes, spitzes Gebilde (z. B. an Schlehenzweigen)

Endoperidie innerer Teil bei zweischichtigen Fruchtkörpern von Bauchpilzen (z. B. bei Erdsternen)

Epiphragma dünnes Häutchen

Exoperidie äußerer Teil bei zweischichtigen Fruchtkörpern von Bauchpilzen (z. B. bei Erdsternen)

Fiederchen flächige Teilblätter eines mehrfach gefiederten Blattes

Fiedern flächige Teilblätter bei einem gefiederten Blatt, bei einem mehrfach gefiederten Blatt die (nochmals gefiederten) Teilblätter 1. Ordnung

Gametangien Organe von Moosen, in denen Geschlechtszellen (Gameten) gebildet werden

Gametophyt Gameten (Geschlechtszellen) bildende Generation einer Pflanze

Gattung Gruppe nahe verwandter, einander ähnlicher Arten, die oft miteinander kreuzbar sind, aber meist nur unfruchtbare Nachkommen hervorbringen. Bei der wissenschaftlichen Namensgebung bezeichnet der erste (groß geschriebene) Name die Gattung.

Gleba aus Pilzfäden und Sporen zusammengesetzte Masse im Innern der Fruchtkörper von Bauchpilzen

Hülse aus einem Fruchtblatt gebildete Frucht, die bei der Reife an der Bauch- und Rückennaht aufspringt

Hymenium Schicht von Pilzfäden in den Fruchtkörpern von Pilzen, in der die Sporen gebildet werden

Hyphen aus Pilzzellen zusammengesetzte Fäden, die das meist unterirdische Pilzgeflecht und die Fruchtkörper der Pilze bilden

Internodien zwischen zwei Knoten des Sprosses liegender Sprossabschnitt

Isidien leicht abbrechende, ungeschlechtliche Vermehrungskörper auf der Oberseite von Flechten

Knolle verdickter Teil des Sprosses oder der Wurzel einer Pflanze, in dem meist Reservestoffe gespeichert werden

Konidien ohne Geschlechtsvorgänge erzeugte Pilzsporen

Lager siehe Thallus

Mykorrhiza von Pilzfäden umsponnene Wurzelspitzen höherer Pflanzen (v. a. von Bäumen), die miteinander eine Lebensgemeinschaft zum gegenseitigen Nutzen, eine so genannte Symbiose, bilden

Myzel meist unterirdisch kriechendes Geflecht aus Pilzfäden, das den eigentlichen Pilz darstellt und an dem sich die Fruchtkörper ausbilden

Nuss Frucht mit einer harten, verholzten Außenwand

Öhrchen zipfelartige Anhänge außen am Blattgrund bei vielen Süßgräsern

Pappus Haarkranz auf den Samen von Korbblütlergewächsen

Peridie Außenhaut der Fruchtkörper bei Bauchpilzen und Schleimpilzen

Peridiolen linsenförmige oder kugelige kleine Körperchen mancher Bauchpilze, die jeweils mehrere Sporen enthalten und bei der Reife aus dem Fruchtkörper als Ganzes herausfallen

Perigon aus gleich gestalteten und gefärbten Kelch- und Kronblättern zusammengesetzte Blütenhülle

Peristom bei Moosen: meist aus Zähnen zusammengesetzter Saum an der Öffnung der Sporenkapsel; bei Bauchpilzen: Öffnung im Fruchtkörper zum Ausstreuen der Sporen

Perithecien kleine, kugelige oder längliche Fruchtkörper von Kernpilzen

Petalen die paarigen, inneren Blütenblätter der Orchideenblüte, die der Lippe gegenüber stehen

Pollinien zu einem Pollenpaket verklebte Pollenkörner einer Orchideenblüte (zwei pro Blüte)

Pyknidien Sporen bildende Organe bei den Rostpilzen

Rezeptaculum schwammiger und sehr streckungsfähiger Teil des Fruchtkörpers bei stinkmorchelartigen Bauchpilzen

Rispe aus Blüten an unregelmäßig verzweigten Stielen zusammengesetzter Blütenstand

Saprophyt Pilz, der sich von toten Pflanzenstoffen ernährt

Schötchen zweiklappige, innen mit einer Scheidewand ausgestattete Frucht eines Kreuzblütlers, die höchstens dreimal so lang wie breit ist

Schote zweiklappige, innen mit einer Scheidewand ausgestattete Frucht eines Kreuzblütlers, die mehr als dreimal so lang wie breit ist

Sepalen die drei äußeren, meist gleich gestalteten Blütenblätter einer Orchideenblüte

Setae dickwandige, braune Pilzzellen

Sorale abgegrenzte Bereiche im Lager einer Flechte, in dem kleine, meist staubartige Vermehrungskörper gebildet werden

Sorus dichte Gruppe von Sporenbehältern an einem Farnblatt

Spindel siehe Blattspindel

Sporophyt Sporen bildende Generation einer Pflanze

Stachel im Gegensatz zum Dorn (siehe dort) durch nur lokale Umwandlung der oberen Zellschichten entstandenes, spitzes Gebilde (z. B. an Rosenzweigen)

Steinfrucht Frucht mit fleischiger äußerer und verholzender innerer Fruchtwand

Symbiose Zusammenleben von zwei Partnern zum gegenseitigen Nutzen

Telien Sporen bildende Organe bei den Rostpilzen

Thallus auch Lager genannt; nicht in Spross und Blätter gegliederter Pflanzenkörper der Flechten, Algen und vieler Lebermoose

Traube aus einzeln gestielten, übereinander angeordneten Blüten zusammengesetzter Blütenstand

Unterart (Rasse) meist durch räumliche Isolierung entstandene, in bestimmten Merkmalen von den übrigen Vertretern der gleichen Art abweichende Individuen, die sich aber nach wie vor fruchtbar mit den übrigen Individuen dieser Art kreuzen lassen. Bei der wissenschaftlichen Namensgebung wird für die Unterart ein dritter (klein geschriebener) Name an den Gattungs- und den Artnamen angehängt. Bei der Nominatunterart (d. h. der zuerst bekannt gewordenen, sozusagen »ursprünglichen« Unterart) wird als dritter Name nochmals der Artname angehängt.

Uredien Sporen bildende Organe bei den Rostpilzen

Velum Hülle bei jungen Pilzfruchtkörpern

Vorkeim algenähnliches oder flächig wachsendes, aus einer Spore keimendes Entwicklungsstadium bei Moosen und Farnen, aus dem sich anschließend die fertige Pflanze entwickelt; bei Farnen entsteht diese (auf dem hier Prothallium genannten Vorkeim) erst nach dem Ablauf von Geschlechtsvorgängen.

Zweiteilige deutsche Namen sind mit dem vorangestellten Gattungsnamen aufgeführt, z. B. »Gewöhnlicher Adlerfarn« unter »Adlerfarn, Gewöhnlicher«. Mit Bindestrich geschriebene Namen sind unter dem ersten Namensteil aufgeführt, also ist z. B. »Acker-Ehrenpreis« unter dem Buchstaben »A« zu finden.

Register

Bildnachweis

Alle Fotos von **Heiko Bellmann**, außer:

Bellmann/Gartenschatz 1/1, 1/4, 1/5, 1/7, 1/8, 12/3, 13/4, 13/5, 13/6, 13/8, 14/1, 14/6, 14/8, 15/3–5, 16/1–3, 16/5, 16/6, 17/5, 18/5, 18/8, 19/8, 20/5, 20/6, 21/3, 21/6, 22/4, 22/6, 23/1–4, 24/4, 24/5, 25/4–6, 26/1, 26/7, 26/8, 27/1, 27/3, 27/5, 28/1, 28/3, 28/4, 28/5, 29/1, 29/7, 30/1–3, 31/4, 31/7, 32/1, 32/4, 32/6, 32/7, 36/3, 36/6, 36/7, 37/1, 37/2, 37/4–8, 38/5, 38/7, 39/1–4, 39/8, 40/1, 40/3, 40/4, 40/5–7, 41/1, 41/2, 41/5, 41/6, 42/3, 42/5, 42/6, 43/4–8, 44/7, 44/8, 45/6, 46/1–3, 46/6, 46/7, 47/2, 47/3, 48/1, 48/4, 48/8, 49/1–3, 50/5, 51/1, 53/1, 54/1, 54/8, 55/1, 55/5, 55/6, 56/4, 57/2, 62/7, 63/5, 64/7, 64/8, 65/5–8, 66/1–4, 67/4, 67/6, 68/1, 68/2, 69/1, 69/3, 69/4, 69/6, 70/1–3, 70/5–8, 71/1, 71/2, 71/4–7, 72/1, 72/3, 72/4, 72/7, 73/1, 73/4, 73/5, 73/7, 73/8, 74/1–4, 75/2–6, 75/8, 76/2, 76/3, 76/7, 77/1, 77/6, 80/4–6, 82/8, 83/1–4, 83/6, 84/1, 84/6, 85/7, 85/8, 86/1, 87/1, 87/2, 87/5–7, 88/1, 88/2, 88/4, 88/6, 88/7, 89/1, 89/5–7, 90/1, 90/2, 90/4–6, 91/1, 91/3, 91/4, 91/5, 91/8, 92/1–5, 93/1–4, 93/7, 93/8, 94/3–5, 95/4–6, 95/8, 96/1–6, 96/8, 97/3, 100/3, 100/6, 101/1, 101/2, 101/5, 101/6, 102/1–7, 103/1, 103/2, 103/6, 104/2, 104/3, 104/7, 104/8, 106/4, 108/3, 108/4, 108/6, 109/1, 109/4–7, 110/1, 110/2, 110/4, 110/5, 111/4–6, 111/8, 112/2, 112/7, 113/2, 113/4–6, 114/2, 114/5, 114/6, 114/8, 118/1, 118/2, 119/5–7, 120/1, 120/2, 121/5, 121/6, 122/2, 122/4, 122/7, 123/1, 123/2, 123/5–7, 124/7, 125/3, 125/6, 125/8, 126/1–4, 126/6, 127/1, 127/3, 128/1–3, 128/7, 128/8, 129/2, 129/5, 130/2, 130/3, 131/2, 131/4–7, 132/1, 132/2, 132/5, 136/1, 136/8, 137/1, 137/6, 138/3, 138/5, 139/6, 140/5, 141/1, 141/2, 141/7, 142/2, 142/4–6, 143/1, 143/4, 143/6, 143/7, 144/3, 145/1, 146/1, 146/5, 146/6, 147/4–6, 147/8, 148/2, 149/1, 149/8, 151/2, 151/6, 152/4, 152/5, 153/2, 153/3, 153/5, 153/8, 154/1, 155/3–5, 155/7, 156/2, 156/6, 157/1–4, 157/8, 158/3, 158/6, 159/1, 159/2, 159/7, 159/8, 162/2, 162/8, 163/6, 163/7, 164/1, 164/2, 164/5, 164/6, 165/3, 166/2, 166/4–6, 167/7; **Janke** 175/1, 175/3–5; **Kajan/Krieglsteiner** 183/5, 185/1, 185/5, 188/5, 189/1, 189/4, 191/3, 191/6, 192/2, 193/9, 195/9; **Kremer** 71/3; **Laux** 184/6, 188/3, 190/2, 190/6; **Müller/Krieglsteiner** 188/4, 189/2, 189/5, 190/1; **Schößler/Krieglsteiner** 189/3, 190/5; **Schrempp** 12/1, 12/6, 14/5, 15/1, 17/1, 17/4, 20/1, 20/2, 20/4, 21/2, 21/4, 21/5, 27/4, 28/2, 29/3, 31/2, 31/3, 31/6, 33/1, 33/2, 33/5, 54/3, 62/5, 62/6, 62/8, 63/1, 63/2, 64/2, 64/3, 64/6, 66/5, 67/3, 68/4, 69/5, 72/8, 73/2, 74/6, 84/8, 90/7, 90/8, 97/2, 100/2, 101/4, 101/7, 104/1, 105/2, 105/5, 105/6, 106/5, 106/7, 107/2, 109/2, 110/3, 113/7, 114/1, 118/3, 119/3, 120/8, 123/8, 124/1, 124/5, 125/1, 126/5, 136/3, 139/1, 139/2, 140/3, 147/1–3, 149/5, 150/5, 150/6, 151/7, 152/1, 152/6, 154/4, 154/5, 182/3, 183/6–8, 184/2, 185/2–4, 185/6, 186/3–6, 187/2, 187/4, 187/6, 188/1, 188/2, 188/6, 189/6, 191/4, 191/5, 192/3, 192/5, 194/5, 195/1

Alle farbigen Zeichnungen von Marianne Golte-Bechtle, außer:
Gabriele Gossner 180 or, 180 ul, 180 ur, 181 Ml, 181 or, 181 ur; Sigrid Haag 100r; Reinhild Hofmann 78oM; Wilfried Weigel 117 ol
Die Schwarzweißzeichnungen auf Seite 8/9 stammen von Wolfgang Lang.

Impressum

Mit 1291 Fotos: 404 Fotos von Bellmann/Gartenschatz, 4 Fotos von Klaus Janke, 11 Fotos von Kajan/Krieglsteiner, 1 Foto von Bruno P. Kremer, 4 Fotos von Hans E. Laux, 4 Fotos von Müller/Krieglsteiner, 2 Fotos von Schößler/Krieglsteiner, 104 Fotos von Heinz Schrempp; die restlichen Fotos stammen von Heiko Bellmann; mit 55 Farbzeichnungen: 46 von Marianne Golte-Bechtle, 6 von Gabriele Gossner, 1 von Sigrid Haag, 1 von Reinhild Hofmann, 1 von Wilfried Weigel sowie 75 Schwarzweißzeichnungen von Wolfgang Lang.

Umschlaggestaltung von eStudio Calamar unter Verwendung von 9 Farbfotos: Echtes Lungenkraut *(Pulmonaria officinalis)*, Stechplame *(Ilex aquifolium)*, Fichtensteinpilz *(Boletus edulis)*, Klebriger Helmling *(Mycena vulgaris)* von Heiko Bellmann; Immergrünes Felsenblümchen *(Draba aizoides)*, Kornrade *(Agrostemma githago)*, Wald-Frauenfarn *(Athyrium filix-femina)*, Eingriffliger Weißdorn *(Crataegus monogyna)*, Stiel-Eiche *(Quercus robur)* von Bellmann/Gartenschatz

Bibliografische Information Der Deutschen Nationalbibliothek
Die Deutsche Nationalbibliothek verzeichnet diese Publikation in der Deutschen Nationalbibliografie; detaillierte bibliografische Daten sind im Internet über http://dnb.ddb.de abrufbar.

Bücher · Kalender · DVD/CD-ROM · Experimentierkästen
Kinder- und Erwachsenenspiele
Natur · Garten · Essen & Trinken · Astronomie
Hunde & Heimtiere · Pferde & Reiten · Tauchen · Angeln & Jagd
Golf · Eisenbahn & Nutzfahrzeuge · Kinderbücher

Informationen senden wir Ihnen gerne zu

KOSMOS Postfach 10 60 11
D-70049 Stuttgart
TELEFON +49 (0)711-2191-0
FAX +49 (0)711-2191-422
WEB www.kosmos.de
E-MAIL info@kosmos.de

Gedruckt auf chlorfrei gebleichtem Papier

© 2007, Franckh-Kosmos Verlags-GmbH & Co. KG, Stuttgart
Alle Rechte vorbehalten
ISBN 13: 978-3-440-10094-3
Projektleitung: Dr. Stefan Raps
Lektorat, Satz und Layout: Barbara Kiesewetter, Redaktionsbüro München
Produktion: Johannes Geyer / Markus Schärtlein
Printed in Germany / Imprimé en Allemagne

Naturführer – natürlich von Kosmos

Hecker/Hecker
**Kosmos-Naturführer
für unterwegs**
352 Seiten, 762 Abbildungen
€/D 5,95; €/A 6,20; sFr 10,70
ISBN 978-3-440-10578-8

- Arten- und Fotofülle pur: Porträts der 550 wichtigsten und bekanntesten Tiere und Pflanzen in 780 brillanten Farbfotos.

- Der handliche und praktische Begleiter für jeden Naturfreund.

Stichmann-Marny/Stichmann
Der Kosmos-Pflanzenführer
448 Seiten, 1528 Abbildungen
€/D 14,95; €/A 15,40; sFr 25,90
ISBN 978-3-440-10223-8

- Die 900 häufigsten und wichtigsten Pflanzen- und Pilzarten Mitteleuropas in über 1300 Farbfotos.

- Zusätzliche Bilder zeigen Einzelheiten wie Blätter, Blüten oder Früchte.

Stichmann/Kretzschmar
Der Kosmos-Tierführer
448 Seiten, 1489 Abbildungen
€/D 14,95; €/A 15,40; sFr 25,90
ISBN 978-3-440-10222-0

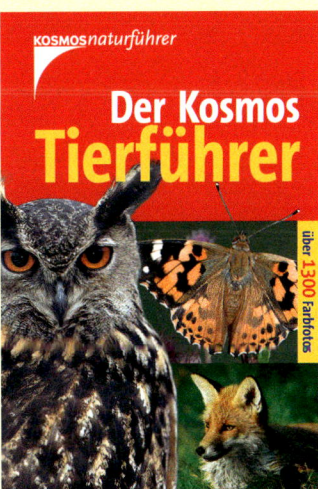

- Porträts von fast 900 Tierarten Mitteleuropas – von der Blattlaus bis zum Elch.

- Mit über 1300 Farbfotos, wichtigen Merkmalen und Wissenswertem, das hilft, sich die Arten leicht einzuprägen.

KOSMOS

Preisänderung vorbehalten

www.kosmos.de